MINGUO JIANZHU GONGCHENG QIKAN HUIBIAN

民國建築工程期刊匯編

《民國建築工程期刊匯編》編寫組 編

27

廣西師範大學出版社
GUANGXI NORMAL UNIVERSITY PRESS
·桂林·

第二十七册目录

工程特刊

中國工程師學會 第十四屆年會

工程特刊

中國工程師學會廣州分會出版

三十五年十月十日

工程師信條

一、遵從國家之國防經濟建設政策實現國父之實業計劃。

二、認識國家民族之利益高於一切願犧牲自由貢獻能力。

三、促進國家工業化力謀主要物資之自給。

四、推行工業標準化配合國防民生之需要。

五、不慕虛名不為物誘維持職業尊嚴遵守服務道德。

六、實事求是精益求精努力獨立創造注重集體成就。

七、勇於任事忠於職守更須有互切互磋親愛精誠之合作精神。

八、嚴以律己恕以待人養成整潔樸素迅速確實之生活習慣。

中國工程師學會廣州分會

第十四屆年會特刊

總編輯　　陳宗南

目　錄

工程瑣聞：

發　刊　詞

陳宗南

　　中國工程師學會第十四屆年會，原擬在東北之瀋陽舉行，後以時局及交通關係，乃改在南京及各地分會分區舉行。今年本分會在廣州舉行年會，想是有分會以來之第一次。茲謹將中國工程師年會之歷史及其所含重大之意義，分爲數點，畧加闡述，以見本特刊之作，除紀念本屆年會外，實具有協助國家工業化並倡導「工程建國」之重要性。

　　一、年會之由來：　中國工程師學會爲一個全國統一性之工程學術領導團體，與中華民國同時誕生，迄今已有三十五年之燦爛歷史。最初的名稱是「中華工程師會」，爲我國工程界先進詹天佑氏於民國元年在廣東所組織。至二十年八月，與我國留美學生所組織之「中國工程學會」合併，改爲今名，並在南京舉行年會，此爲年會之始。

　　二、歷屆之年會：　民國二十四年，本會與中國科學社，中國動物學會，及中國地理學會，合開年會於南寧，開全國學術全體聯合之先聲。二十五年，與中華化學工業會，中國化學工程學會，中國電機工程師學會，中國自動機工程學會，開聯合年會於杭州，是爲聯絡各專門工程學術團體舉行聯合年會之始。嗣後又加入中國土木工程師學會，中國礦冶工程師學會，中國水利工程學會，中國紡織學會等。（見本會沿革）廿九年開第九屆年會於成都，曾決定切實消化國父之「實業計劃」，分各種工業項目爲五十五類，由九個專門工程學會分任研究。同時又議決以六月六日大禹誕辰爲「工程師節」。廿一年在蘭州舉行第十一屆年會，通過「工程師信條」八則，以資信守。（見本刊封面下頁）廿二年在桂林舉行第十二屆年會，此爲歷屆年會中最隆重之一次。那時，會員人數已由二千（二十年）擴展至八千餘人。

　　三、桂林年會之回憶：　桂林年會於廿二年十月廿一日開幕，各地出席會員共達一千餘人，人數之多，爲歷屆年會冠。廣西政府要加強廣西的建設，增加廣西的生產，提出四大問題（水利水力電力、鐵路、礦產及化工、），以爲討論中心。又開宏大之展覽會，以交通工業及機械工業爲中心，旁有電工及礦產之種種陳列，充分表現新中國建設的精神。蓋其目的在使「大衆工程化」，令人倍感工程事業之偉大，與國家工業化之必要。是屆年會，由今追憶，其盛況誠屬空前。

　　四、蔣主席之訓詞：　蔣主席於桂林年會曾頒訓詞，今特錄出如下，作爲此屆年會之獎勉，亦無不可。

　　「經濟建設爲今日建國之要圖，而自力更生必賴於工業之發展。余所著「中國之命運」中，曾云：「今後國民的經濟建設，應以發達工業經濟爲基礎。」又云：中國今後的工業，仍須以最速的進步，與最大的努力，始可與先進諸國高度的技術與集中的經營並駕齊驅。所以我全國青年必須立志爲工程師。」今諸君集會一堂，均有相當學識經驗，

為工業界之先導，為社會人士所推崇，對所研討，於經濟建設前途影響甚鉅！希即殫精竭慮，多所貢獻，務為國防民生兼籌並顧，並領導青年，合力共赴，俾吾國戰時戰後經濟，均有長足之發展，外以切合世界之趨勢，內以適應國家之供需，庶符國父迎頭趕上之訓，亦即余平日所昕夕期望者。」

五、年會之主旨：　由上述年會情形，可見自民國廿四年以後，逐年開會，本會都是與各專門工程學術團體聯合舉行，同人發揮高度的研究精神，以集體研究工程學術，協助國家工程建設為主旨。會中宣讀論文，討論專題，尤其是對於開會所在地工業建設之中心問題，特為注重。此次第十四屆年會，本分會同人定期於十月八九兩日在廣州舉行，當力本主旨，互相切磋，互相策勵，以求對於國家工程建設有更大更光輝之貢獻。

六、工程師之使命：　言及工程上各種建設之貢獻，吾人對於工程師之使命，應先有確切之認識。工程師之工作，可概括為「開採利用大自然之富藏，發揮控制大自然之能力，以供人類之享用」。此項工作，是為工程師獨有之使命。美國工程師施托德氏 H. G. Statt 所作工程學之定義，謂「工程學組織領導羣工，控制大自然之能力與物料，以造福於人類之學術」。今日世界文明國家，莫不注重於「公共工程」之建設，所謂「盡力於人羣之福利」者，最足以表現工程師造福於人類之偉大精神。吾人在紀念年會中，對此項重大之意義，應有確切認識，方可無負於工程師之使命。

七、工程師之道德：　上述施托德氏工程學之定義，考之尚書大禹謨所言「正德利用厚生」，正相符合。所謂正德，就是領導羣工，所謂利用，就是控制自然，所謂厚生，就是造福人類。利用厚生，必以正德為先，此所謂工程師之道德也。工程師必先正其德，方有成功之希望。工程為科學之大規模的應用，科學可以生人，亦可以殺人，工程亦然。原子能之軍用，殺日人無數，然同盟國之軍民，因此而免於戰死者更為無數。雷達火箭為戰爭武器，然可用以探月球。故科學家與工程師多主張用原子能，或其他武器，以發展工業，而不主張軍用，此蓋本乎道德最高之原則也。

吾國教育之歷史傳統精神，注重於人格之修養，故大學言治平工夫，以修身為主。工程師為工業組織之中堅份子，所負使命甚大，必須先正其德，先修其身，方可得羣工之信仰。美國傑克遜 D.C. Jackson 教授論工。教育，其言曰，「目下社會人士，已能認識優越之智慧，為工程事業成就之因，而優秀之德性，則為支持成就之要素。」又謂「工程師視品性較知識更重要。」故工程之為學術，不獨知識與技能而已，實包含高尚純粹之道德，而為人類進化所必需。吾國工業落後，貧弱達於極點，致遭空前大難，國人應痛自覺悟，不可再蹈從前因循苟且，自私自利之惡習。本會第十一屆年會所定之工程師信條中，有犧牲自由，貢獻能力之語，此為今日國內工程專家所當人人自勉者也。

八、本刊之職志：　由上述本會年會之歷史及其所含重大之意義，吾人當各自奮勉，有以配合國家工業建設之需要，及工程師所處之地位。然究應如何針對現實，籌劃將來，以實行所負之重大使命，惟有急起疾追，一面力求學術道德之精進，一面喚起國內人士之注意，以促國家工業化向前邁進，使社會文明亦隨之而向上，此本刊之職志，不徒專為紀念年會而已也。

論　著

八年來鐵路公路梗概及今後興築計劃

凌鴻勛

自抗戰軍興，我鐵路區域，首先淪為戰場。然軍隊調動，糧秣供應，工商物資與難民之疏散，以及國外物資之輸入，猶能與軍事進退相配合者，端賴鐵路及公路新線之增築，能及時完成，始克適應戰時需要。

在抗戰期間，中央以全力建設西南西北交通網。以言鐵路，西南方面：一為趕築湘桂鐵路，衡陽至桂林及桂林至柳州兩段，均已完成。南寧至鎮南關已完成之一段，旋即自行破壞。二為趕築黔桂鐵路，柳州至都勻段，全段完工。三為滇緬川滇兩鐵路之趕築，川滇路昆明至霑益段，業已通車。滇緬路已完工程，旋即自行破壞。

西北方面：隴海路有咸陽至同官支線之趕築。寶天路工程雖艱鉅，仍設法趕工，於卅五年元旦通車。以言公路：一為趕築國際公路，計有港粵滇緬河岳滇越西祥等線，已動工未及完工者有中印線。二為趕築國內各省聯絡幹線。在西南如川湘路川段川滇東路川中樂西等路，在西北如天雙段。同時改善西南西北各省公路，以增強運輸效率。凡此建設，皆以從業路界工程師為主幹，在艱苦環境中，把握時機，竭盡智能所完成對於抗戰貢獻至大。

現敵寇投降，抗戰結束，以我國現有之鐵路公路長度及設備，實不足以應立國需要。中央有鑒於此，經擬定鐵路公路戰後首期五年建設之計劃。將來開發資業，提高文化，改善民生，鞏固國防等復興中國之大業，莫不賴此項計劃之完成，始能逐步實現。

在鐵路方面，戰後首期建設計劃，其原則在增強運輸力量，以開發農礦蘊藏，完成國防經濟建設。故路線之設計，着重在主要幹線網之建立，俾得配合工礦建設，增進國際貿易，開發邊疆文化，促進民生經濟。首五年間，約共須添築新路一萬四千公里。築路用款，除由國內籌措外，幷需要國外投資及器材。新築路線：計有貴陽至威寧，霑益至威寧，重慶至貴陽，重慶至成都，成都至廣元，天水至廣元，天水至蘭州，蘭州至哈密，西營至來賓，清江至酆縣，曲江至贛縣，歙縣至貴溪，貴溪至南平，閩候至南平，南平至漳平，漳平至梅縣，石龍至梅縣，漳平至漳州，包頭至寧夏，蘭州至寧夏，開封至濟南，湘潭至芷江，成都至樂山，內江至樂山，樂山至康定，安寧至蘇達，蘭州至西寧，承德至通遼，長治至清化，花園至襄陽，及三水至柳州等線。倘能於五年內如期完成，連同關內外及台灣現有之鐵路線三萬公里，共可有路線四萬餘公里。以此為基礎，配以日漸充盈之財力物力，則　國父十萬英里鐵路之目標，自可實現。

在公路方面，爲求實現　國父實業計劃，規定全國應有公路一百六十萬公里之數字，經配合經濟建設方案，先擬定第一期五年計劃，確立全國國道網及發展省道之修築，俾由此樹基，再行普遍推進。國道甲種標準九線，總計九，九二九公里，其已完成通車須改善者，計七，二七九公里，新築者計二六五〇公里。乙等標準六十一線，共長四九，三四三公里，其已完成通車須改善者，計三九，六九三公里，新築者九，六五〇公里。省道除利用已成公路八一，九二六公里外，另新建五萬公里，其路線分配，將來視各省需要，再行規定。依此目標邁進，以公路之富於深入性及機動性，自不難普遍建築，對於繁榮經濟，鞏固國防，實具有重大價值。

我國鐵路公路建設計劃，既如上述，而目前國內又值經濟窘迫築路設備缺乏之際，以此五年之時間，完成此偉大之路線，工作至屬艱鉅。凡我服務鐵路公路工程師，尤應不畏艱苦，以完成此築路計劃爲已任，本乎平時之造詣及戰時築路之經驗，善爲運用，達成任務，俾使國家復興，得早實現，現代國防，得早樹立。茲値勝利後第一次工程節，緬懷先賢大禹創造之偉業，益覺吾人使命之重大，尚待最大之努力。謹述我國戰時築路經過及戰後鐵路公路建設計劃之概況，藉以共勉。

編者按：此篇於今歲六六工程師節後接到、故補刊於此。

論述珠江流域全面水利建設

楊華日

水利建設當以全流域爲對象，配合資源之開發，以求水盡其用，地盡其利。故現代水利建設計劃，爲多目標的，全面兼顧的，基於學理與經驗，合乎經濟與民情，方能解決民生之需要。

美蘇水利建設大計劃，異常成功，實予世界各國以無限之鼓勵，尤其美國田納西河管理局之成就，足爲我國之借鑑。該計劃遍及七州，面積四萬餘平方英里，以曾調節洪潦，能管制八，〇〇〇，〇〇〇英畝呎之水流，以曾疏通航道，能建立五七〇〇哩之系統，九尺之平均深度，以曾蓄發電力，能維持一，六〇〇，〇〇〇瓩之數量。本以上之因素，善爲調劑，妥爲利用，並根據雨量水文氣象之指示，高度機械之設備，能操縱於須臾，預防於未然，洪發則蓄之，水枯則盈之，幹強則支減，幹弱則支輔，築塘庫以減堤防，設壩閘以節水流，消極弭除災患，積極開發動力，因之農業極度加工分類化，工礦極度合理化，而土壤之保持，耕植之多法，鄉村之衛生，家庭之順利，社會之富庶，莫不應運而生。若具體而賣，有造林，畜牧，礦冶，開井、抽水，擠奶製酪，冷藏，磨粉，剪毛，鋸木，運升工程，烘製，刈割，製造燐肥等事業，其他一切方興未艾。

我國水利當局，高瞻遠矚，對於各主要河流，於規劃建設之時，亦衆籌並顧，擬分期分年辦理，以適合國家財力物力并配合其他建設部[門]。第一期定爲五年，恐遵照三十四年五月六中全會通過施行之水利建設綱領辦理之，該綱領足爲全面建設方法之圭臬。今就珠江流域，引用綱領，進談珠江流域全面水利建設之趨向與實際。

（綱領　一）　水利建設以袪除水患，增進農產，發展航運，促進工業爲目標。

珠江三角洲地帶，勢處低窪，設山洪暴發，支流并漲，淹沒區域，估計佔耕地面積五，五八七平方公里，約合六百五十萬華畝以上，可能達至八百萬華畝，即以普通洪水而論，亦可影響三百萬華畝。苟能將已耕田加以捍衞，可耕田加以展拓，（如上游高地灌溉墾荒下游珠江口泥灘[門]磨刀門外築坦）農作加以改良，副業加以興辦，則增進農產估計可超過原總額兩倍以上。關於水整治之後，廣西省內通航水淺駛行六〇——二〇〇噸汽船者可達一七〇〇公里，廣東省境內通航水淺駛行一〇〇——五〇〇噸汽船者可達一，〇〇〇公里，直接控制流域面積可達一五〇，〇〇〇平方公里。至於發展水力，都柳江禎武江連江濰江之間，可獲三〇〇，〇〇〇正馬力，以此原動力促進工業，則粤桂藴藏之煤，鐵，鎢，銻，鉍，錫，及推廣之絲，茶，甘蔗，烟葉，苧蔴，皆可望馳騁於華南及海外市場。

（綱領　二）　爲袪除水患，應注重全國各水道根本之治導，并先努力於堤防之鞏固，及湖泊之調護。

天然水道之主要幹支流之整治，爲百年大計，應有根本方案，不外攔，蓄，分，疏，及修築

隄防，整治河槽諸方法，根據勘測資料詳細考慮規劃，經過計劃比較，以定取捨，然後付諸實施。珠江流域多屬邱陵地帶，距海五六百公里，即為上游之雲貴高原，平均海拔二千公尺，漸向東南遞減為數百公尺，納水之邊緣，均有高山為界，五嶺山脈迴旋於東北，苗嶺山脈橫亙於北部，安南山脈環拱於西南，瀕南海之處，勾漏雲浮，尤萦諸山作為屏障，其區內除三角洲外，無廣大平原與湖泊，然邱陵起伏，溪谷錯綜，實饒灌漑水力之利，三角洲平原，尤宜於農墾。夏日東南及西南季風挾來海洋溫氣，秋夏之交，颶風進侵，每年平均雨量在二千公厘左右，逕流奔集，西江之蒼梧，枯水流量為二，二〇〇，秒立方公尺雨季可增至五五，〇〇〇秒立方公尺（二十六年八月十六日），東江之龍石，雨季流量可增至六，〇七〇秒方立公尺，北江之清遠，雨季流量可增至一五，五〇〇秒立方公尺（民四七月）紅水河之東蘭，雨季最大流量可增至九，六七〇秒立方公尺（三十二年七月）鬱江之南寧，雨季最大流量可增至八，四一三秒立方公尺（二六年九月）潯江之桂平雨季流量可增至四三，一四五秒立方公尺（二十六年八月），洪峰延續期發生於六至八月之間，可長達半月以上，幹流全長一，七九〇公里，支流有南北盤江，柳江，黔江，左江，右江，桂江，賀江，羅定江，新興江，潭江，武江，滃江，連江，滬江，綏江，新豐江，秋香江，西枝江，增江，來滙，流域全積三三九，〇〇〇平方公里，韓江流域全面積六，一二〇平方公里，按照地形，水不能分，海口潮汐，可進展至二〇〇公里，則尾閭疏治易覩成效，獨攔蓄問題，關係至大，尚待航測研究。如各支流上游，廣設谷場，下游廣設水匣滾水壩，恩賢瀘更築攔彙其樞紐，上游紅水河柳江擇址殷庫蓄洪，達五萬萬立方公尺，（其他河流上游碍於鐵路公路鄉市林立顧慮太大）其他支流已包含韓江，建庫築塘蓄，達一十萬萬立方公尺，則下游堤防可稍為減低高度，若能支流攔蓄彙施。如臂使指，韓流依勢利用，連環築設壩閘，以綫留水流，則更可增強控制。至於整理河槽，使本身容量達最大之程度，則修正堤距，疏浚沙洲，築壩挑沙，頂冲護岸，裁灣取直，浚深下游，并在山嶺對峙河峽之間，添建閘塊，皆為有效之方法。至若堤防之設，珠江已有六七百年之歷史，西江榕樹峽以下，北江清遠以下，東江惠陽以下，韓江潮安以下，均開始設有堤防，綜互兩岸，但多嫌草率，高度不足，綜計西江應有幹隄三五五公里，北江幹堤三八〇公里，東江幹隄一三〇公里，韓江幹隄一四七公里，共長一千餘公里，均須完成整個幹堤系統，確定堤綫，加高培厚，連附同屬閘涵建築二百五十餘座，務求適合現代工程標準，由政府長期負責養護防救，其他圍堤長度乃數倍於此，則由人民負責管理，政府從旁督導。

（綱領　三）　為增進農產應注重灌漑排水，及土壤之改良與保護。

　　　　查舉辦農田水利。應按照各地之需要，採用適宜之工程，缺水之地。舉辦灌漑，下濕之地。舉辦排水，表土被冲刷之地，舉辦水土保持設施。珠江中游及各支流上游地帶，雖山嶺連縣，平原絕鮮，然河流縱橫，可築壩截流，引水灌漑。廣西省已勘測可資興辦之灌區，大小凡四二〇處。灌漑面積二七〇萬市畝，可繼續增加開發一〇〇萬畝，廣東省東北西北西南及北方已勘測可興辦之灌區，大小凡六〇餘處，灌漑面積四〇餘萬畝，可繼續增加開發二〇萬畝。上述灌區桂粵近年經已完

成多處。至於低地如東江銅湖一帶，粵南路特侶塘一帶，均須兼辦引溝排水，其他各地凡田雨水，亦須利用抽水或虹吸，以資解決，如得大量水電供應可使灌溉排水，易於兼辦，而節成本。

珠江域流多童山濯濯，實由於人工伐研，野火燒山之故，蓋造林組織，管理，及保護，均付缺如，而煤產獨細，仍給於柴薪。今後應開放山權，集資經營，使森林遍佈，發揮吸收水份之功能，保持發積表土之作用。

（綱領　四　）　為發展航運，應注重河道之整理，運河及港灣之開闢，并謀水陸運輸之聯繫；

（綱領　十一）　原有航道及河運，應加整理改進并配合交通之需要，開闢新航道及新運河。

珠江流域擬定航運計劃，當以交通之需要及其未來之發展為根據，尤須針對資源之開發，農品之運輸，及貿易之便利，以及配合其他水利建設。如箬洪水力灌溉開港之類，先擇幹綫舉辦，如廣梧線。三五〇公里，邕梧線，六二八公里，桂平大灣線，一九七公里，廣州清遠綫，二二五公里，石龍至老隆綫，二五〇公里。至於開闢運河，應以收得最繁榮交通地區及航程最短之處暨地形許可之處為宜，如湘貴桂江貫通梧州至零陵一綫六〇七公里，又橫貫三角洲廣州至台山三埠一綫一六〇公里，皆使局部渠化，維持一定深度，可行五〇〇噸汽船　開闢港埠則應與鐵路綫及水道網相配合，使加速儲運。舉凡南方大港包括黃埔港之開闢，汕頭港之改善，使能容納一萬噸以上之海輪，及供應廣大腹地經年貨運總額最大之設備。

（綱領　五　）　為促工業，應注重水利之開發。

珠江開發水力，應就水力蘊藏丰富區域，選擇優良地址，配合工礦業之需要，及配合防洪航運灌溉各工程之建設，而建築水力發電廠，籌設高壓路綫，使能溝通電流供應，足以維持最大的動力負荷，如諭江水電可發六〇，〇〇〇砥以上，狗龍山水電可發六，〇〇〇砥，樂昌楊溪田頭水電可發六，〇〇〇砥，柳江長安及以上多處可發五〇，〇〇〇砥，柳州可發一〇〇，〇〇〇砥以上其他桂江韓江連江各幹支流，均望多設矮壩活壩能以發多量之電力。

（綱領　十五）　全國各河流域之水文氣象測驗應制定整個計劃。

水文氣象積極推進測驗記敘，為設計水利工程最重要根據，珠江流域紀錄已有三十餘年之歷史，今後應（一）調整及擴充測站，普遍收集水文資料，（二）設站原則，顧及水利各項事業之需要，斟酌配置，務求適當，（三）統一測站組織，充實測站設備，確定測驗項目，推行測驗標準，並注重資料之整理統計分析與研究，計珠江流域需設大小站共二三一處。

以上珠江流域水利建設各部門，如能依照中央水利建設綱領實地做去，即為珠江治本計劃，亦即珠江水利全面建設之計劃，草率完稿，錄以質諸高明。

我國電信事業之過去檢討及今後設施

鄒茂桐

電信乃交通之交通，其貢獻於軍事、政治、經濟、教育、以及一切民生之需要者甚大。電信事業之盛衰，實足以代表國家之興替，及國力之強弱。世界各國，靡不盡力建設，以發展其效用。機械之日新月異，設計之力圖完備，彼仿此效，競爭無已。其關係於國計民生之重大，可想見矣。

我國電信事業之初始，距今凡六十餘年。民國以前，側重於有線電報，規模器具。民國成立後，內戰頻仍，政治未上軌道，電信建設，乃陷於停頓狀態中。迄民國十六年，國民政府完成北伐以後，深感通訊交通之需要，始銳意於電信之建設。長途電話與短波無線電同時并進。長途電話則有九省長途電話通訊網之籌設。短波無線電，則除於全國各重要地點，遍設短波機，與有線電相聯并行外，并裝設國際大電台於眞茹、劉行。先後與英、美、德、法、日、澳、及菲律濱、荷蘭等國，直接以無線電通訊。國際通訊之利權，自此不至完全爲大東、大北、大平洋、各水線公司所獨佔。對於有線電報方面，則除利用長途電話幻線，加闢電報電路，整理舊有電報線路外，復採用新式機器，如克利特機之裝置，以提高電報速率。此數年間，電信業務，蒸蒸日上，建設亦已達相當階段。計至七七抗戰開始時止，電報線路達 105,902 公里。長途電話線路 52,245 公里。市內電話 36 處。市內電話用戶 74,000 號。無線電台 170 座。倘能繼續邁進，則前途發展，正未可限量。不幸日寇適於此時稱兵來犯，我國通訊設備，原注重沿海一帶，至此悉遭破壞。幸當時交通當局，立即籌設西北西南兩通訊網，使抗戰期間之軍訊，不至受影响。惟以限於環境及設備，對民衆服務方面，尚未臻滿意地步，此爲無可諱言者。

抗戰勝利後，國家已由復員而進入建設階段。電信事業，正應奮起，作有計劃之統籌建設，以配合於國家復興大計。交通主管當局，已擬有戰後五年電信建設計劃。國內通訊線路，以長途電話爲主。幹線以採用 3.2 公厘徑銅線爲標準。在北部寒帶，酌用 4.0 公厘徑，以期減少增音站。支線則以 2.6 公厘爲標準。長話儘量裝用載波機件，藉以在節省銅錢原則之下，擴充業務容量。載波機以三路爲主。業務特繁者得酌量加設十二路，較簡者改用單路。近距離者仍用實路。惟串接話音增音機，以不超過三具爲限。有線電報則利用幻通，及載波電路，裝用多工印字電報，不再另行架設錢路。支線裝用打字電報機。業務不繁者以電話傳遞電報。至市內電話凡一千號以上者，儘量採用自動式。五百號以上不滿一千號者，用共電式。不滿五百號者，用磁石式。至國際及邊遠通訊，則以無線電爲主，一律以採用高頻式機器爲標準。關於國民營之劃分者，長途電話電報及無線電盡屬國營。惟市內電話除首都及重要市縣應歸公營外，其餘准許公營或民營。

我國電訊事業之比較落後，不待諱言。今國家復興，百端待舉，電信建設，不可須臾緩。建設之原則，雖經交通主管當局決定，而計劃之實施，工作之推動，則有賴我工程界同人所悉力研究，以期貢獻於電信建設者也。

13266

公路管理三聯制之理論與實踐

劉載和

一、緒 論

在抗戰時間，軍事為最重要，舉凡國家一切設施，不論屬於經濟教育內政外交，皆以軍事為決策。故全國上下，戮力同心，共謀軍事上之勝利。然若欲在軍事上爭得勝利，則政治必須能配合軍事。政治能否配合軍事，則視乎行政效率是否提高。提高行政效率之法：一為組織合理化，一為管理科學化。組織合理化則系統不紊亂。管理科學化則工作不重複。蔣主席創辦行政三聯制，目的即在除去以往行政上浪費、敷衍、因循、重複、脫節等弊端，以增進行政效率，使政治得能配合軍事也。此次我國被壓迫起而抗戰，卒能支持八載，且前方士氣不餒，後方政治不亂，行政三聯制之施行，實有莫大之幫助。

現抗戰已完，建國開始。在建國之初，交通實為最要。倘無良好之交通，不特工業不能發展，農村不能振興；而縣省與縣省之間，及各省與中央之間，必甚隔閡，因此政令使易遇困難，行政效率降低；對於經濟建設以及政治建設，皆有妨碍。故欲建國大業早日完成，發展交通中國，實為當今急務。

交通之範圍甚廣，包含空中交通，陸上交通與水面交通三種。空中交通，雖甚快捷，但每次運量不多，且不安全。如遇天氣惡劣，即須停航。水面交通，每次運量雖大，但僅限於有水路可通之地，且速度較緩。空中交通，限於天氣及運量，水面交通，限於速度及地形，故皆不能作為發展交通之主要對象。而三者之中，其最適宜者，則為陸上交通。蓋陸上交通，既不限於天氣，不論晴雨晦明，皆可依舊行駛；又不限於地形，高山峻嶺可以通過，巨川大湖亦可飛渡。且運量多而行駛安全，速度大而轉駁方便。故發展中國交通，實應以陸上交通為主。

在陸上交通之中，其最重要者有二：一為鐵路，一為公路。論運輸量，公路不若鐵路之多；論安全率，公路不若鐵路之大；至於快捷，亦以鐵路為勝。蓋汽車之速度，雖較火車為大，但火車可長年日夜行駛，汽車則不能。由此觀之，則陸上交通，鐵路勝過公路矣。然建築鐵路，比之公路，工作困難，故所耗工款較大，所需時間亦較多。中國財政，原已支絀，經此抗戰，更為貧乏。若欲大舉建築鐵路，以發展中國交通，實不可能。故應退而求其次，注全力於公路建設。況公路交通，亦有四項優點，為鐵路所不及者。第一，工款少而收效大：同一長度，修築公路所需工款，比之鐵路，誠少甚多；而其運輸總量，並不遜色。故公路收效，實較鐵路為大。第二，設備簡而用途多：鐵路設備，甚為繁雜，在路基之上，有鋼軌枕木；在車站兩端，有各種號誌；在車站之內，有站台煤塔水櫃等設置。公路設備，較為簡單，而其用途，則為鐵路所不及。蓋鐵路僅限於行駛具有凸緣鋼輪之車輛，而公路則否，所行駛車輛，種類甚多。就所用之動力而言，由最新式之內燃機汽車以至舊式用人力推曳之兩輪大車；就車輪之種類而言，由橡膠氣輪以至曳引機所用之帶狀鏈輪。且公路建築，不特可以行車，並能利便挑夫與行人。第三，工程小而散佈

廣：建築公路，工程較小，故施工容易，用費不多。若以建築一鐵路之工款，移作建築公路，則所完成之里程較長，所散佈之面積較廣。第四，消耗微而作用宏：汽車引擎所用燃料，價格低廉，數量不多，而所拉曳之重載，則可至數噸。且能沿途適時適處停車，故貨物之裝卸，旅客之上落，皆較火車方便。有此四點，故公路交通，在財政困難、技術缺乏、農村落後、工業不振之我國，比之鐵路交通實為勝過。因財政困難，故須建築工款少而收效大之公路，以減少國家之負擔，因技術缺乏，故須建築設備簡而用途多之公路，以適應各世紀之交通工具。因農村落後，故須建築工程小而散佈廣之公路，使外來文化，深入農村。因工業不振，故須建築消耗微而作用宏之公路，使各地小工業，得以振興。故發展公路交通，乃最適宜中國現時之國情，最切合中國目前之急。皆者也。

公路一詞，顧名思義，則知其公眾之道路。凡屬公眾之事，最重管理，苟無嚴密之管理，則工作紊亂，效率低微，故公路交通，亦以管理為最重要。為使公路組織系統臻於合理化，公路管理工作臻於科學化，故作者倡公路管理三聯制，以發展中國之公路事業焉。

二、　公路管理三聯制之意義

公路交通具有三要素，即運輸、行車、及養路是也，苟缺其一，則公路交通殘廢不全，蓋路不修養，則不能行車，車不能行，安有運輸。故運輸、行車、養路三者，必須全備，公路之作用始顯。而所謂公路管理，亦即運途管理、行車管理及養路管理。運輸、行車、及養路，雖分三部，實則一體，而管理則為其精神，無事體則精神無所附托，無精神則事體不能發揮其最大效能，故事體與精神，皆不可少。以往公路機構，對於運輸，行車以及養路，皆分別劃開，缺少聯繫，故不能構成一體，因是精神渙散，收效甚微。其有將此三項合而為一者，則或偏重於運輸，則或偏重於工程，因此所構成之事體，殘缺偏廢，故其精神，亦不健全。精神渙散，則一事無成，精神不全，又安能奏功。以往公路交通多不能令人滿意者，即此故也。以後欲發展中國之公路交通，必須加強此三者之聯繫，使構成健全之整體，並使公路管理工作能透過此整體之每一部。公路管理三聯制之目的，即在此也。

公路管理三聯制之目的，已如上述，然則運輸管理與行車管理，及行車管理與養路管理，究有何種關係？欲知此點，則必須先明瞭此三者之作用。運輸、行車、及養路之主要作用有二：一為連環作用，一為控制作用。先就連環作用而言：一公路運輸量之大小，必須有評確之統計。苟無評確之統計，則每日能行駛車輛若干，無從預測。每日能行駛車輛之數目，既不能預測，則養路標準，亦無法訂定矣。現時公路等級之決定，乃根據其每日可能行駛車輛之數目為標準。凡每日行車由 1,000 輛至 2,000 輛者定為甲等路線，由 500 輛至 1,000 輛者定為乙等路線，在 500 輛以下者，則為丙等路線。新路之興築，既由行車多少而定等級，則舊路之修養，亦必就行車之多少而分等級矣。由運輸之多寡定行車之次數，由行車之次數定養路之標準，是為運輸、行車、養路之連環作用。

連環作用已明，乃進而研究其控制作用。所謂控制作用者，即路面養護之程度，可以控制行車次數

之多少，行車次數之多少，可以控制運輸量之大小是也。一公路之路面不良，橋樑不固，在路局方面，固不讓車輛行駛，而汽車司機，亦不願在此種路上行駛也。車既不能行駛，則雖有大量貨，亦不能運矣。

運輸、行車、養路三者，乃因其具有連環作用，故在工作上必須互有密切之連繫，否則不能發揮其管理之精神。又因其具有控制作用，故在組織上必須各有獨立之機構，否則不能執行其管理之任務。以不同之機構，執行互相聯繫之工作，是為公路管理三聯制之真意義。

三、公路管理三聯制之理論

公路管理，包含運輸管理、行車管理、及養路管理三種，前已言之耳。然此三種管理，性質並不相同，苟無適宜之聯繫，則工作易於脫節，人事易生糾紛。若欲在此三者之間樹立密切之聯繫，則對此三者之性質，必須明瞭。茲將此三種管理之性質，分述之如下：——

(1)工作之對象

運輸、行車、養路、三者之對象，並不相同。運輸分為兩種：一為客運，一為貨運。客運之對象為客人，貨運之對象為貨物，故運輸之對象，乃為人物。行車之對象，則為車輛。普通行駛於公路之上者，多為汽車，故故謂車輛，亦指汽車而言。至於養路之對象，則為地面上之道路矣。

(2)對象之移動

客人與貨物，散佈於各方，必須集中一處，方能運往他地。及運至他地，則又須分散於各方，運輸之功用始顯，且能繼續，否則壅塞不暢，運輸停矣。故運輸對象之移動，乃為輻射之集散。當車輛放置一處時，並不發生作用，必須移動，方能見功。而其移動方式，乃由一站輾至別站，故於行車對象之移動，乃為縱向之轉移。養路之對象為道路。道路修養方法乃由小而大，故其移動，乃為橫向之擴大。

(3)移動之範圍

人物之移動，既為集散，故其範圍，分為兩種：當旅客貨物由各地向車站集中之時，其移動範圍，乃由面而點；及旅客貨物由車站向各地分散之時，則其移動範圍，乃由點而面矣。當車輛靜止之時，所佔面積，僅為一點，及其移動，乃漸成線，移動停止，復變為點。故車輛之移動範圍，乃由點而線，再由線而點。至於養路之移動，乃為橫向之擴大：最先所急須修補者，僅路面之輪轍；及至修竣，再擴修至全部路面。故其移動範圍，乃由線而面也。

：(4)工作重心

運輸之對象為人物，而人物注重管理，故其工作重心，乃在業務之管理。行車之對象為車輛，而車輛必須修理，故其工作重心，乃在機械之修理。養路之對象為道路，而道路需要修養，故其工作重心，乃在工程之監修焉。

(5)工作地點

運輸對象之移動範圍，既先由面而點，再由點而面，而工作重心，又在業務之管理，則應在此集散

之轉撥點上，設置管理管站，執行管理工作，行車對象之移動範圍，乃由點而線，再由線而點，而其工作重心則為機械之修理，故應在控制線之兩點上車輛停止之處，設置修車廠，執行修理工作，養路對象之移動範圍，乃由線擴大而為面，而其工作重心，則在工程之監修，故應分路線為段，設置工務段，負責養路事宜。

(6) 工作人員

管理站既已成立，則須設員專管運輸業務，而負此責者，應為運務人員。修車廠成立之後，則車輛之修理，機件之檢查，亦須設員專司其事，而負此責者，應為機械技師。工務段內負責監督養路之人員，則應為工程司矣。

(7) 計算單位

人物之運輸，以數量權衡，故其單位，在客為人，在貨為噸。道路之修養，以長短量度，故其單位，採用公里。行車之計算方法，在數量則用人數及噸數，在距離則用公里，故其單位，乃為噸公里或人公里也。

運輸、行車、養路、三者之性質，既已論完，乃進而討論其作用，此三者之作用有二：一為連環作用，一為控制作用，前已言之耳。連環作用乃為各種不同性質之互相連繫，控制作用則為各種不同性質之互相限制，茲為易於明瞭起見，將各種性質間之連繫，繪成下圖：

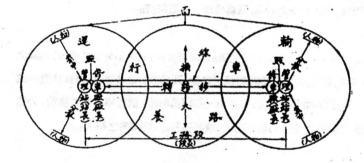

運輸行車養路連環作用示意圖

運輸、行車、養路、之控制作用，共有二項，一為以面制點、以點控線，一為以線制點、以點控面。茲分述之如下：

(1) 以面制點、以點控線

公路所經之地，如物產豐富，商業繁盛，則貨物之集散及客旅之往還必多，故須增加行車次數，以適應實際上之需要。否則客貨阻滯不前，影響運輸效率甚大也。若客貨不多，則行車之次數，亦必隨之減少。故運輸數量之大小，足以決定行車次數之多少。運輸重面，行車重點，故為以面制點。

路面使用日久，必漸破壞，苟不依時修養，則不能行車。路面破壞之原因甚多，而最重要者，乃為車輛行駛時輪箍之磨擦。故行車次數愈多，路面損壞愈甚，路面破壞愈甚，則養路工作愈重。如行車次數減少則反是。行車重點，養路重線，故為以點控線。

(2) 以線制點以點控面

路面情形如屬良好，則通過之車輛必多。倘路面破壞不堪，泥濘沒脛，旅客司機，視為畏途，則行車

次數必銳減。故路線養護狀況,可以決定行車之次數。路線重線,行車重點,故爲以線制點。

在一公路之上,如行車次數不多,則縱有大量客貨,亦不能運,運輸數量,必因是減低。若行車之次數加多,則運輸量亦必隨之而增矣。行車重點,運輸重面,故爲以點控面。

茲爲易於明瞭起見,將點路面三者互相控制情形,製成下圖:

細觀上面所述之控制作用,則知以面制點,點固易制,以線制點,點亦易制。惟以點控線,則較爲困難,若以點控面,則更難矣。蓋以大臨小,小易就範,若以小抑大,則收效必微,此乃就理論上之解釋也。若就事實而論,亦屬相同。當運輸數量增加之時,行車數次,必隨之而增。如車輛缺乏,亦每每添購車輛,以從事運輸。故以面制點,實甚容易。至於道班編制,則已固定,養路經費,亦有預算,皆不能隨意更改。苟謂行車次數已增,而須添僱道班,增加預算,雖非不能,亦不容易。故點不能制路,而僅能控線,且不易控。若路面破壞不堪,行車困難,則行車次數,自然減

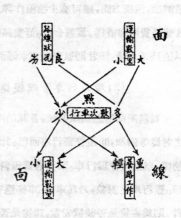

少,並不須強殂之也。故以線制點,並不困難。但欲增加行車次數以增進運輸數量,或減少行車次數以降低運輸數量,皆非事實所可能辦到。故點不能制面,而僅能控面,然亦甚難矣。

公路管理三聯制之組織系統

有一種新理論,必產生一種新體制;有一種新體制,必樹立一種新組織系統。公路管理三聯制之理論,乃運、行、養、並重,故其組織系統,亦三者平行。在各區局之下,設運輸、機務、工務三處,分別管理運輸、行車、養路等事宜。其組織系統如下:

公路管理三聯制組織系統

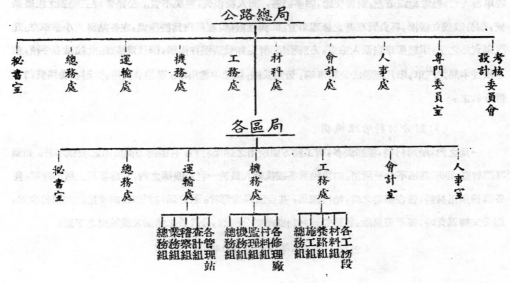

此種組織系統,有以下各特點:

(1)加強管理站長職權

現時編制,在各工務段之下,設管理站。而管理站之職務,僅限於養路費之征收,並不辦理運輸。此種辦法,消極方面,雖可減少種種作弊之機會。然為求事權之統一,及效率之提高起見,辦理運輸及征收養路費兩種機構,實應合併。蓋養路費之征收及運輸事業之經營,皆為路局之業務。所不同者,前者以道路為本錢,後者則以車輛為本錢而已。

(2)增設行車管理機構

目前所採用之組織系統,各區局內,並無直接專管行車之機構,僅設監理科,用牌照之核發及司機之考驗等辦法,間接管理行車而已。此種組織,實嫌不足。故在公路管理三聯制之組織系統上,增設機務處,以直接管理行車。而原有監理科之職務,則在機務處之下,設監理組以掌管之。此種編制,甚為合理。蓋行車之對象,乃為車輛。車輛應否開行,其主觀條件,為車輛之機械是否完好無損。而其客觀條件,則為客貨是否裝 妥當,路線是否堅固安全。當車輛在開行之前,客觀條件,類多具備,所須決定者,僅主觀條件而已。尤以汽車缺乏之我國,主觀條件,更為重要。故以機務處負責管理行車,最為適宜。至車牌之核發,與車輛機械有關,固應由機務處辦理。為求提高司機之技術標準及機械智識起見,則司機之考驗,亦應由機務處負責也。

(3)樹立機械檢查制度

公路修築之目的,乃在行車。車行日久,必須損壞,故須修理。目前組織,負責車輛修理之機構,多設在運輸處之下,而成為運輸處之附庸。故對於車輛修理工作,多不重視。因是行車事變,層出不窮。重者車毀人亡,輕者拋錨道左,對於交通,固多妨害,而人物損失,亦屬不貲。公路管理三聯制之組織系統,則另設獨立機構,專負責車輛之修理事宜。此獨立機構,在局內為機務處,在各站為大小修車廠。凡汽車到站之後,須經修車廠派人檢查,方能繼續開行。如發現機件損壞,即代為修理。此種檢查手續,並不限於本局之汽車,舉凡經過之公私車輛,皆須受檢,以免中途肇事。至檢查費用,則附在養路費內一併征收之。

(4)劃分材料管理機構

一局之內,所用材料,種類繁多,有工務方面所用之建築材料,有機務方面所用之機械零件。苟無專門智識,則所購每不合乎所用。如欲羅致各種技術人員於一材料機構之內,又為事實上所不許可。且各部份所用材料,皆在需要之時,始行請購,甚少須為儲備者。若管理材料部份與使用材料部份分離,則公文轉遞費時,每不能應急。故將管理材料機構劃分兩部,分隸於工務處及機械處之下焉。

四、公路管理三聯制之實施

公路管理三聯制之實施，乃以其理論爲根據，以運輸處、機務處、及工務處、爲執行機構，其辦法如下：

(1)以運輸數量決定行車次數

各管理站站長，須將行經該站汽車之種類重量及裝運客貨情形，詳細記錄。並由過去之統計，預測月之運輸數量。及至月底，將此種紀錄，編成月報表三份，二份送運輸處，一份送附近之修車廠。修車廠根下據報表內之資料，估計下月行車次數及所修理之車輛數目，以事種種準備焉。

(2)以行車次數決定養路工作

車輛對於路面所產生之磨擦力，與車輪之式樣，載重之大小，行駛之速度，機件之良窳，皆有關係。故公私車輛，每到一站，必須先由修車廠派技師檢查，並將車輛之種類及載重，車輪之式樣及尺寸，機件之新舊及良窳等項，記載清楚。如車輛行駛時對於路面可能產生不良影響者，亦須詳細註明。月終乃將此項記載，編成月報表三份，二份送機務處，一份送附近之工務段，以爲編造下月養路計劃及預算之根據。

(3)以養路工作決定運輸數量

工務段段長，在每月月底，須將一月內養路結果：如何處路面欠佳，何處橋樑危險，何處邊坡已坍等等，造成月報表三份，二份送工務處，一份送管理站，並由站長通告各經過車輛，按照路線情形，小心行駛。

(4)以道班監督及協助行車

以往各公路之養路道班，對於司機，並無聯絡。故當汽車拋錨之時，道班甚少自動前往協助。須經司機旅客多方請求，始肯動手幫忙，此種惡習，實應料正。至不良司機沿途停車，兜攬客人，裝運私貨，道班見之，亦視若無視，並不能上前干涉。而至走私貨帶黃魚之風，盛行於各路。此風不退，公路運輸之前途，必甚黯淡。故公路管理三聯制之實施，規定養路道班有監督及協助行車之實。道班工人若遇司機停車路旁，兜運客人或私貨之時，可以上前勸止。苟不服從，則將該車牌號，報告工務段轉呈層峯懲處。如見駛過之車輛，或裝載過重，或搭架太高，對於行車安全稍有妨害時，亦應將車號記錄，報告上司。若遇有車輛失事，則應迅速前往協助，苟有死傷，亦須即行施救。並將肇事地點原因及經過情形，報告段長轉呈上峯處理。

(5)以司機監督及協助養路

惡勞好逸，人之常情，故道班工作地點，多在道班房附近，稍遠之處，則甚少往。因是離道班房較遠之處，常有路面破壞不堪而仍無人修理者。況道班人數有限，而所管里程又太長，大雨之後，路基雖被

冲壞，一時亦不易查出。而汽車行過之時，司機則可一目了然。且路面之好壞，每爲肉眼所不能辨別，但當汽車行經共上，則易察出。故汽車之司機，當到達一宿站之時，由廠長發給行車報告一張，紀錄沿途道班工作地點及路線狀況。如何處路面太壞，何處橋樑不固，何處灣道太銳，何處邊坡已坍等，逐一由助手填上。及至第二宿站，乃交廠長轉送工務段。工務段長收到報告後，乃依照司機所報告之路線情形，轉知各主管監工，加以改善。

(6)以站員監督及協助行車

一汽車之司機，能否依時離站到站；在未開車之前，有無因機件損壞而至延遲開車時間；在開車之後，有無因機件發生障碍而至折返；諸如此類之事，對於運輸效率，影響甚大。故站員皆應將之詳細記錄，並製成日報表，由站長轉送機務處從嚴監督。當司機到站之後，若有於對膳宿以及其他種種有關行車之問題，需車站方面幫助者，站員則應竭誠協助之也。

(7)以司機監督及協助運輸

司機到站之時，應注意客貨之上落裝卸，有無阻遲開車時間。離站之後，應檢查客貨車票，有無遺漏瞞報等事。如車站方面有阻遲開車時間及瞞報車票等情事時，司機須將之報告修車廠廠長轉送運輸處辦理。

五、結　語

公路對於國家，猶如血脈之於人體。血脈不流通，則死亡立至。交通不便，則國日衰。中國際此經濟幾瀕破達之時，若欲免於危亡，則須集中全國人民之力，從事公路建設，以發展公路交通。否則國家之血脈閉塞不通，不特貧弱如故，而死亡隨之矣。作者倡公路管理三聯制之目的，乃在增進運輸之數量，提高行車之效率，加强養路之工作，以挽救中國目前公路之危機。乃因時間及篇幅所限，未能盡所欲言。此外尚有計算公式計算曲線以及圖表等項，因資料搜集未全，未克隨文刊出。他日整理完畢，再求指正。

廣州市內災區重建的管見

方棣棠

災區的分佈

我國經過八年的抗戰，各主要城市大都受飛機大砲所燬壞，市內各建築物多成廢墟。廣州位扼我國西南之最前綫，受災最烈。現值勝利歸來，除西關一帶比較完整外，其餘的屋宇多亦已經破壞，僅存外壳及屋柱，受損程度極爲嚴重。然除此之外，尚有全部被夷爲平地之災區六處在焉：(一)德宣東路以北之災區，此區前爲舊式房屋之住宅區，街道系統及寬度，多未從開闢。(二)南關災區，地近河堤，交通頗便，前爲商業及住宅區，頗爲繁盛。(三)西堤二馬路災區，該處接近港澳碼頭及海關等機關爲本市商務最繁盛的地方。(四)黃沙災區，位粵漢鐵路之起點，爲倉棧起卸業及工人等之集中地帶。(五)海珠橋北岸災區，早爲集茶欄集中地，亦爲本市商務熱鬧地區。(六)河南鰲崗災區，地位較爲偏僻，前亦爲住宅區之一。此六處災區的面積雖尚未有精確的測計，然頗屬相當遼濶，其分佈亦頗普遍。

災區有速行重建的必要

抗戰勝利後，前日參加後方工作人員多數復員，然因家園殘破，治安不靖，欲歸不得，而農村經濟破產，生活難求，遂多趨向城市集中。廣州市戰前人口，與現行人口數量大約相等。然戰前所有之房屋已大部份破壞，致成供過於求的現象。此種現象，因人口的繼續增加，而勢亦必日趨嚴重，故災區重建乃屬急不容緩的建設。

災區的重建，爲廣州市新市政的重要建設。在此民窮財盡，公私交困的時候，此種偉大事業，應由政府與人民共同合作；如第一次世界大戰之後，法國之重建淪陷區，日本大地震後之重建東京市，預定計劃，集中力量，方能早觀厥成。故政府對於災區重建，應依照內政部之規定，組織廣州市都市計劃委員會，集中市政專家，擬定完善的計劃，用簡便敏捷的方法，來促其實現。

衣食住行，爲民生之四大需要。災區重建，在此屋荒嚴重時期，乃市民極急切的要求，而非奢侈浪費的行爲。吾人萬勿以過去帝皇時代之大興土木，營建宮殿園囿，勞民傷財的觀念來比喻。在此工商業衰落，人民失業的時候，若能由此利用華僑財力，及吸收社會游資以從事此種復興工作，則一方固可使市塲中減少游資作祟的弊害，一方亦可救濟失業的市民，且可使各種與建築有關的工業，日滋繁榮，誠屬百利而無一害。

災區重建計劃的原則

廣州市係由舊城市改良爲現城市，其過去之市政建設，無法從事根本改造，因而一切採用沿襲，因循，苟且的作風。現在時代不同，環境亦異。如前城市之交通工具爲肩輿，人力車；現在則採用汽車，高速度機車及飛機等。從前交通利用街道路間；現之交通，除街道路面外，尚多利用地下交通，高架道路

交通及岸面天空交通，此為交通時代之不同。至於建築材料方面，過去我國建築多用木石磚瓦，有一定高度之限制，建築範圍不得不向平面發展。遂因人口衆多，交通貧乏與運滯的關係，市民居住，乃集中擁擠於一隅，湫溢街道，簡陋房宇，成為舊式都市的寫眞。至於近代，建築材料以鋼筋混凝土為主體，摩天大厦，高聳入雲。人類的居住範圍，已不僅向平面發展，而伸入空間之領域。故都市之改良，能儘量減少地面之建築面積，以移作綠蔭地帶之用，俾能適合於環境衛生。此外，因有迅速之交通，使市民居住於較遠的地点，亦未蒙受其不便，此乃新時代城市的形態。廣州市現有的災區，過去多為繁盛之地帶，市政府改良殊多掣时，然現已成為廢墟，廣闊平地，早之不能根本改建者，今則可暢行計劃而無碍。此種環境，實不可多得。故災區的重建計劃，應用科學的，時代的眼光來擬定其根本的計劃。

災區重建的計劃，不宜僅定區內馬路的路綫及寬度，而可由人民自由建築。此種方法仍是沿襲過去的作風，而缺乏計劃的及創作的建設方法。災區重建的計劃，若僅做到割馬路，則將來新建的房宇，仍然大小高低，雜亂無章，不能表現出整齊劃一及有秩序的精神。故災區除規劃開闢馬路之外，仍不應忽畧公園，廣場，街樹及停車塲等的設備。且亦應規定分區的性質，建築物之格式及其他各種市政計劃的主要問題。

災 區 的 土 地 問 題

都市土地問題，常給予市政建設的絕大困難。現時都市房屋昂貴，貧者固無立錐之地，然中等之家亦感負担之苦，因之遂使社會衛生治安及風俗等受其不良的影响。其次，都市土地寸土寸金，其面積儘量利用於建築，隙地無餘，市政當局雖有合理之計劃，有時亦為已成之建築物所阻，無法實施。且地價站貴政府征收土地給值極鉅，公家財力或有未逮，因此，舊式繁盛地區，旣無法改造，則僅有向近郊謀發展，此因土地題，改引起之市政現象。

廣州市災區土地問題，應用何種方法以處理之，此為市政當局所最深切注意的問題。廣州為中國革命的策源地，其土地政策應以三民主義為根據，實施平均地權的辦法。查三民主義中，對於都市土地政策的主張，為土地由市民報價徵稅，以後地價增加，其利益乃屬市政設施改進所得之成果，應全部歸於政府，不能由地主不勞而獲，坐享其成。近代市政專家，對於都市土地問題，亦多主張土地市有及市屋公營政策以減輕市民居住的負担。此乃新都市土地政策的趨向，亦為民生主義的鵠的，可為廣州市災區土地處理政策的參考。

民國卅二年韶關市市長譚冠英氏，對於韶關市的土地，擬全都給值收為市有，惜未能實現。然此種市政之大改革，亦巳博得當時內政部的同情，蓋我國之都市至現時止，尚未有此種根本改革土地政策之勇氣與決心的人物。

廣州市災區土地政策，若能達到土地市有，市屋公營的階段，自屬理想。然若格於環境，拘於舊制，則限低敤度亦應學早時青島市與其他中西各國所取之政策，將未開闢及未計劃之土地，先由市以府合理之價格徵收，然後以高價售出，為補助市政建設之費用。著者對於廣州市災區的土地政策，主張:(一)

在政府未擬定計劃以前，禁止買賣及建築，以免防碍整個的重建計劃。(二)災區內的土地，由政府用合理價格全部給價徵收爲市有。(三)徵收土地給值歎項，可由政府向銀行抵押貸歎或發行短期公債。(四)災區土地徵收後由政府擬安建築計劃，保存地權，批與市民建築，或不保存地權售與市民。(五)災區徵收後應依各該區的環境，由政府規定該區的使用性質(如住宅區，商業區等)及建築的格式等。(六)凡承租或購買災區土地者，應於規定期內，完成建築，素不依限完成者，則課以重稅或原價收回，以避免炒賣之弊。

災 區 使 用 性 質 的 擬 定

災區的使用性質或該區應關爲何種用途，可由政府就其環境及市政計劃中所配合的需要以規定之。例如西堤二馬路災區，早爲本市最繁盛的商業區，人口擁擠，商賈雲集，交通壅塞，似可乘此時機，從新計劃，改變其土地使用性質，轉移其過剩繁榮，以便其他部份平均發展，而免偏枯之弊。海珠橋北災區，早爲菜菓欄所在地，現值災區重建，是否應依舊建爲菜菓欄，對於市政衞生及交通市容等問題，有無妨碍及遷移的必要。此屬於災使用之性質問題，不能任意苟且，應由政府詳細研究擬定之。

(一)西堤二馬路災區：　此區前臨港澳碼頭，右鄰海關郵局，北背十三行金融集中地，商業最爲繁盛，若定爲金融商業區最爲適當。可將全市的銀業總機關，交通機關，公用機關，出入口大商號，寫字樓，辦事處等，集中於區內爲全市工商業的總樞紐，則其工商業務上的聯絡極感方便。此區內之建築物格式，應有崇高偉大的美觀，以表現該區的潛在力量，亦可表現抗戰勝利後，廣州市的新精神，同時亦爲廣州市容的點綴。近報載本市銀行界，擬集資建築該區爲銀行區，及海外華僑擬於該區中建摩天大厦，皆可歡迎，若能從此引起資本家對於重建本市災區的興趣，以政府與人民共同合作的精神，從事於災區的重建，則較輕而易舉。

依據都市發展之趨勢及時代的需要，現代都市多由小都市之膨脹而離心向外膨張，成爲大都市。大都市向外擴張至相當程度後，又起向心內移之作用，而趨集中的狀態。此無他，乃工商業務等需要集中，而居住則可外移也。在此業務與人口集中的情勢之下，爲顧及環境衞生，必須改變其建築面積。故西堤二馬路災區，既定爲金融商業區，則其建築物，可採集中之格式，用戈必意的新式都市商業區的計劃，建築高數十層的摩天大厦，建築基地僅宜佔全面積十分之二，建築物僅量向高空發展，以補償其縮少地面之損失。其餘非建築之面積，則用爲開闢綠蔭大道，停車場，廣場，公餘花園等，以應該區的需要。

近代都市計劃極宜利用科學之設備，方能解決一切困難問題，故將來摩天大厦的建築材料所用皆爲防火材料，居住當較他種房屋爲安全。樓高雖數十層，然利用電梯升降，上落亦極方便，而無攀登之苦。大厦內與市中各屋的聯絡，可廣設電話，以爲互通消息。故吾人雖居高於大厦中，然於業務的處理，則極爲方便。

(二)德宣東路以北災區：　擬定爲廣東省政府各廳處公務員住宅區。該區與省府各廳處辦公地点距離極近，北背觀音山麓，若橫茂林，風景亦幽，而地位較爲偏僻，闢爲住宅區，頗爲適宜。値此薪給菲

薄，屋租奇昂時候，爲公務員減輕生活負担，亦屬需要。

建築公務員住宅區之計劃，擬由省府各廳處組織公務員住宅區籌建合作社，以合作共同投資的方式，來完成此建設。由合作社組織委員會負責計劃徵收土地，籌集資金，設計建築，擬定分配等事宜。務使此住宅區，早日完成，以便各得其所。

住宅區中，街路寬度以適合汽車交通之需要，人行道則宜廣濶，街傍多植路樹，屋前與人行道之間，應留小花園，栽種花卉。區內多闢園林，草地爲該區孩童遊玩之地。屋宇格式，擬分爲單幢式與集團式二種。集團式爲單身公務員之公寓，單幢式爲有眷屬公務員而設。屋宇高度，集團式者，可定六七層樓，有升降機之設備。屋內定爲學校式的集體生活，有餐廳，圖書室，浴室等。單幢式者屋高可定爲三層樓，以免上落疲勞之苦。區內屋宇取連續建築式或分立建築式，以每幢能住一家庭爲度。屋內水電之供給及衞生的設備，務極齊全，以使該區爲本市住宅模範區，而備具幽靜衞生，舒適等條件。

(3)黃沙災區：　黃沙爲粵漢鐵路之起點，此災區之使用應具有車站所在地之特點。區內應闢廣濶道路，以便利客貨車之交通，而寬濶的停車場亦屬必要。區內亦宜多建倉棧旅店，以爲湘鄂粵北產品及旅客之需要。區內市民一大部份爲鐵路之職員及火車站的起卸工人，故應建經濟模範勞工宿舍或住宅以資供應。區內沿堤大道，茂林綠場，亦爲夏日旅客及勞工界遊憩之點。

(4)海珠橋北岸與南關災區:海珠橋北岸，前爲本市菓菜欄地址，街道狹窄，屋宇簡陋，過去起卸貨物既阻交通，而殘餘菓菜腐物處匯法亦不易 最不合衞生。且該地臨堤長堤 交通繁盛市容極宜整飾。故擬將此災區改建爲商業區，而將菓菜欄移至東堤或黃沙，重建新式設備之大市場，以重市民之食品衞生。

南關與海珠橋北兩災區，既定闢爲商業區，宜採用集團建築方法，方能適合經濟及表現偉大的美觀。查廣州市多數建築物之缺點，即爲建築地面零碎畸形，致影响建築物之格式。現災區內舊有房屋既已毀壞淨盡，而土地又徵收重建，則建築地面，當可自由調整重劃，採用集團佈置。屋高可定爲六七層樓(巴黎規定樓高五層)，以便補償廢關馬路之建築地面的損失。如此，則災區層樓巨廈，整齊矗立，爲廣州市政增光不少。

(5)河南寶崗災區:河南寶崗地位比較偏僻，地價較廉，該地備具田園都市之風韻，可闢爲平民模範村。村內房屋應具現代田園都市建築的條件。如公衆會堂，村立小學，村立醫院，圖書館，合作社，公園，體育場等。村中並宜有嚴密的自治組織以爲政治基層的模範單位。至村中向外交通，如長途車，電話郵政等亦宜應行繕有，水電之供給亦不可缺。務使此新村能在全省起模範的作用，以利於推廣。

結　論

廣州市災區重建問題，爲新廣州市建設的開始，責任非常艱鉅，工作極爲需要。我們希望海外的華僑的進取資金及廣州的企業家在最近的將來，能將災區全部重建完成。改變過去不合理的都市，將新廣州的姿態誕生。我們知道在災區處理的當中，必有極多的困難，然此種困難是可克服的。廣東精神在中華民族中創造了極多不可磨滅的偉績，則此災區的問題，自有解決的辦法。

廣州市西堤黃沙兩災區營建計劃之商榷

黃肇翔

一、總論

　　廣州市經敵僞七年盤據，市區各處慘被破壞，其最遭蹂者，爲黃沙西堤棠欄東南堤大石及寶崗等區域。據實地測勘被燬面積：黃沙災區 596,053 方公尺，西堤災區 196,979 方公尺，棠欄災區 80,184 方公尺，東南堤災區 283,345 方公尺，大石災區 272,290 方公尺，寶崗災區 401,328 方公尺。經此空前浩劫，一部商人苦於無店復業，住宅亦發生恐慌，影响本市繁榮，實非淺鮮。於是災區之重建，成爲當前最重要工作之一。然玆事體大，實施工作，尤屬千端萬緒。倘無精確之計劃以爲前導，合理之程序以爲準繩，草率將事，反足造成社會畸形之發展，將來公私蒙受損失，必更加劇。查廣州原由舊城改造，民十以前，均屬零星舉辦，祗從進行之難易，以定辦理之先後，固與都市設計原理邈雄。其後雖稍具規模，仍多爲環境所囿，因陋就簡，曲爲遷就，亦非健全計劃，如開闢道路，只以原街巷之中心，爲新路之中綫，兩傍平均退縮，遂致路綫未能平直；又爲減輕市民負担築路費及免使各房屋拆讓過多，俾易於復建起見，而忽畧將來之交通，遂致各路之寬度，亦多未見適當。竊以爲懲前毖後，務須把握時機，放大眼光，顧及將來之發展。此次災區之營建計劃，旣減少有不健全都市的環境牽制，自應徹底求其現代化，以免濫施土木，再蹈過去姑息街口之覆轍。災區營建計劃中，最重要者爲道路，必先有道路計劃，公私建築物之位置，始可從之而決定，公園及及綠地之分畫，始可因之而規劃，上下水道之系統，始可隨之而分佈，電話綫自來水管煤氣管等，始可沿之而安排。故對於新定路綫，必須有適當計劃，統製交通幹綫，而附近舊有道路，亦須加以改善，使其互相調和，分佈聯接，納入整個道路系統之內。

　　廣州市復員伊始，市政當局卽着手復興災區。工務局奉令送開座談會，召集各有關方面會商，關於土地分配辦法意見原屬一致，旋又紛歧，迄未獲進步之決定，迨又有辦理災區委員會之組織；嗣又奉令撤銷，改爲都市計劃委員會，而都市計劃委員會尚待成立。工務局以復興災區，曠日持久，災區之棄置旣已經年，加以土地分配之完成，又須經過歲月，復興之實現，固不容其延緩，祗有就業務範圍內之營建部分，先將西堤黃沙災區測量完竣，幷按照中央頒佈"收復區城鎮營建規則'及'城鎮重建計劃須知"分別擬具計劃，呈請市政府察核，其餘各災區亦在加緊測盤計劃中。各災區營建計劃，其道路系統係採用方格式，依其使用之性質及交通之需要，而規定其寬度，建築地段之劃分，則採用新式體制，亦依其使用之性質及趨勢之條件，而限制建築物之最小面積，門前寬度及最低高度。西堤區向爲商業　心，故全部規劃爲商業區。黃沙區則就環境之適宜，劃分爲倉庫商店公共塲所學校住宅地帶。以上兩端均屬本計劃之主要標準。

二、黄沙災區路綫及營建計劃大綱

（甲）　路綫：

1. 接駁六二三路之新路，因毗連粵漢鐵路車站關係，地點衝繁，且本路東行為聯貫市區要道，西行直通南路幹綫及環城路，實為本市通各縣主要路綫，車輛往來，預計繁多，為適應交通需要計，擬開闢車行道寬度30.8公尺，兩旁人行道寬度各4.6公尺，共寬40公尺。

2. 接駁梯雲路之新路，係聯接杉木欄十三行等路，而達太平南路，為黄沙通市區之幹綫。擬開闢車行道寬度15.3公尺，兩旁人行道寬度合4.6公尺，共寬24.5公尺。

3. 接駁抗日西路之新路，係聯絡一德泰康萬福越秀南等路，直達廣九鐵路車站，為東西幹綫。擬開闢車行道寬度15.3公尺，兩旁人行道寬度各4.6公尺，共寬24.5公尺。惟路綫（用虛綫繪製）所經區內旁屋尚多完整，暫免拆建，以備第二期開闢路綫，或改建時照此規定寬度實施。

4. 本區內東西路綫，除接駁六二三路梯雲路及抗日西路三綫外，其餘均屬區內交通支路。擬開闢車行道寬度12公尺，兩旁人行道寬度各4公尺，共寬20公尺。惟北部份路綫（用虛綫繪製）所經區內房屋尚多完整，暫免拆建，以備第二期開闢路綫或改建時照此規定寬度實施。

5. 叢桂路及蓬萊路為區內南北主要路綫，大致依照原有路綫，擴寬車行道寬度15.3公尺，兩旁人行道寬度各4.6公尺，共寬24.5公尺，通至恩寧路，除房屋完整區域（用虛綫繪製）暫免拆建，以備第二期開闢路綫或改建時照此規定寬度實施外，其餘平地部份，擬先行照規定寬度建築。

6. 其餘南北路綫均闢車行道寬度12公尺，兩旁人行道寬度各4公尺，共寬20公尺。

（乙）　營建：

1. 商業區：由大同路起西至蓬萊路止，此區尚毗連粵漢鐵路車站，北接西關住宅，人烟稠密，將來商品物資必由此而集散，故舖地段每間門前寬度定：

甲等12———18公尺。

乙等6———8公尺。

其他地段因完整之房屋尚多者，在第二期開闢道路或改建時照以上所規定之寬度建築，在此區內須一律建築騎樓。

2. 住宅區：由蓬萊路起西至接駁多寶路之新路止，此區西臨商業區，東達荔枝灣，北接多寶路之新住宅，劃為本市新式住宅區。在此區內除角頭地段外，寬度定為15.5公尺，前部須退縮3公尺，以作花園之用。前便圍牆不得高過1.5公尺，後部退縮1公尺，以作避火巷及清除垃圾之用。在此區內，行人道傍均須植樹，增加綠蔭地帶。

3. 接駁六二三路之新路，南便之地段留作建築倉庫之用。

4. 在商業住宅兩區接連之地段，建築營區消防所學校兒童遊玩場。

5. 在商業區內建築市場停車場屠場公廁,以利公用。

6. 所有電錢電話錢自來水管煤氣管皆設在兩傍人行道地底。

7. 新土地所有權人,須于六個月內向工務局申報建築,逾期照該地面積 之全部地價每月罰欵 1%,逾期三年而不建者,得由市政府給價征收之。

8. 前條所謂建築,分爲臨時建築物,及永久建築物兩種,其屬臨時建築者,須于領得土地三年內拆卸改建爲永久建築物。倘屆時不卽改建爲永久建築物者,適用第三條給費征收之規定。

9. 臨時建築物之建築費,不得低于該面積單位之全價。

10. 所有區內之殘存建築物須一律拆除,補償價欵,由工務局核定。

11. 本區所關之道路及下水道建築費,曁前條之拆除建築物補償費,由新土地所有權人按照新土地面積比例負擔之,但在未重劃前之原有公共用地于抵去劃後之公用地外,尚有剩餘時,以該剩餘之地價盡數撥充本區建築物補償,及公共建築費之一部或全部。

三、西堤災區路綫及營造計劃大綱

(甲) 路綫:

1. 原日西堤二馬路爲商業最繁盛之地,亦爲聯絡六二三路通黃沙主要幹綫,車輛往來,預計繁多。爲適應交通主要計,擬將車行道寬度30.8公尺,兩旁人行道寬度各4.6公尺,共寬40公尺。

2. 原日十三行及杉木欄路之寬度遜狹,現已感不足應付交通需求,且該路係通黃沙幹綫,車輛往來,預計繁多。爲適應交通需要計,擬將車行道擴寬至15.3公尺,兩旁人行道各擴寬4.6公尺,共寬20.5公尺。本路擴寬方法,係將向南之一便房屋保留,而將北之一便房屋割拆至規定寬度止。凡在該路內之房屋於改建時,須依照路此規定寬度退縮。

3. 粤海關西邊之路係由西堤接駁長樂路,經楊巷通長壽路,爲南北要道。擬定車行道寬度15.3公尺,兩旁人行道寬度各4.6公尺,共寬24.5公尺。

4. 其餘南北向道路,係屬貫通西堤與十三行及杉木欄路之支路,擬開闢車道寬度12公尺,兩旁人行道寬度各4公尺,共寬20公尺。

(乙) 營建:

1. 地段分爲:

甲等角頭地段寬度13——22公尺。

乙等12——14公尺。

丙等7——8公尺。

以上各地段須一律建築騎樓。

2. 東臨太平南路一大段,及西臨沙面東棧與六二三路之段,兩段東西舖位深度相差懸殊,爲使

用適當起見，其過深之舖地，得將其深度 $1/4$ 至 $1/2$ 讓與接連之土地所有權人。

3. 新土地所有權人須於六個月內向工務局申報建築，逾期照該面積之全部地價每月罰款 1%，逾期三年而不建者，得由市政府給價徵收之。

4. 前條所稱建築，分為臨時建築物及永久建築物兩種，其屬臨時建築者，須於領得土地三年內拆卸改建為永久建築物，倘屆時不卽改建為永久建築者，適用第三條給費徵收之規定。

5. 臨時建築物之建築費，不得低於該面積單位之全價。

6. 所有區內之殘存建築物，須一律拆除，補償價款由工務局核定之。

7. 本區所闢之道路及下水道建築費暨前條之拆除建築物補償費，由新土地所有權人按照新土地面積比例負擔之，但在未重劃前之原有公共用地，於抵去旣劃後之公用地外，尚有剩餘時，以該剩餘之地價盡數撥充本區建築物補償，及公共建築費用之一部或全部。

8. 西堤災區建築完竣後，為本市最繁盛商業中心，車輛往來預計繁多。為適應交通上需要，擬建築停車場一所，及適應衞生上之需要，擬建築公廁一所。

9. 所有一切電綫電話綫自來水管煤氣管皆設在兩旁人行道地底。

四、結　論

近今廿餘年，歐美各國之都市建設大加改革，進步極速，市民生活日趨康樂。此固由其政府有改善都市的決心，採用優良之都市計劃所致，然非得各市政工程師竭盡智能為之規劃研究，當未能獲得優異之成績。無論何種建設，若缺乏完善計劃，潦草實施，勢必害多益少，都市計劃當亦未能例外。筆者智力棉薄，主理廣州市災區營建計劃，時虞隕越，雖藉同寅之協助，畧具規模，而瑕疵難免。凡改造舊都市，不時最感困難，惟遇大量破壞，夷為平地，如廣州市之各大災區者，正為實施現代都市計劃之最好機會。

現災區計劃尚未核定實施，究應如何使災區營建計劃達於完善，而不致落伍浪費與失効，竊謂我等市政工程師不能放棄其責任。筆者不謂此為工程師的工作，而認為工程師的責任。因為任何一位工程師，應各運用其學識經驗，發揮能力以指導建設事業，同時亦應虛心接受批評，採長棄短，以期其計劃益臻完善，自不當僅聽取長官政治家實業家或社會事業者之主張，而亂其合理之計劃。茲值中國工程師粵分會舉行三十五年度年會，工程師集中本市，謹將廣州市西堤黃沙兩災區營建計劃提出討論，倘望專家不吝指示，使廣州市災區之復建，成為現代化，此不獨筆者個人之幸，廣州市民實利頼之。

附誌：每災區營建計劃詳圖，均經繪就，惟盡將各圖製版付梓，需費過巨，故祇附印西堤黃沙兩災區簡圖，藉資參考。其他營建計劃詳圖，請到本市工務局查閱。

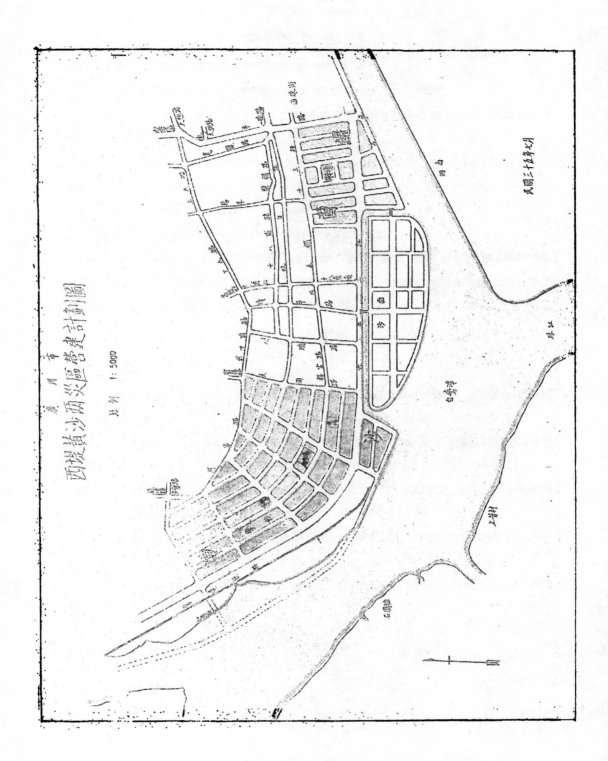

泉州市

西提畔沙兩災區營建計劃圖

比例 1:5000

民國三十五年七月

13283

抗戰期間廣東水利建設的檢討

余 文 照

一、廣東水利事業的地理背景

中國是季候風特殊顯著的大陸,廣東便是當風的南方前哨,故每年當春末至秋初、自海洋吹向大陸的季候風所造成中國內陸的氣候,在廣東表現得最精彩。因為從海洋吹來的風,帶有充分的水汽,當牠一入廣東門戶,攔越內地時,碰着高山峻嶺,或遇低氣壓,氣流上升,氣體澎漲吸熱而使空氣趨冷,凝結水汽化為雨下,是以廣東先佔雨澤的便宜。但便宜得太多,便留下洪潦的災難,反之,仲秋至春初,從西北大陸吹來的季氣風水過少,造成乾燥的季節,釀成旱象。拿廣州來說,全年雨量的分佈,春季佔百分之一八•五,夏季百分之四八•三,秋季百分之二六,冬季百分之七•二。換胃之,全年一半的雨量集中在夏天,本來廣東各地,除了新興與臨高幾處特別外,全年平均雨量總在一千五百公厘以上,不算少了,但祇患在不均,每致早造秧稻雨量降得太遲,晚造秧稻又恐雨及退得太早,早造將收割時又怕雨水太多。大自然措施這樣不遂人意,竟天吃飯不免有些危險。

廣東河流流長除西江過一千公里外,東江北江及韓江約七八百公里,其源頭總離省境不遠,其他多在三百公里以內。各河流向均循地勢而開海•東北二江來自五嶺,與西江注傾於珠江三角洲,如像扇形向心集注而堆成了冲積平原。東江在惠陽城以下,北江在清遠城以下,西江在肇慶城以下,河床放緩,洩洪力漸而稜減,造成此三江下游二萬餘方公里的澇區,韓江下游亦復如此,這些區域中,全靠圍基來捍衛田畝。夏季潦水盛漲,在沒有隄圍的地方,釀成澤國,十年不得三收。至于東北西三江及韓江上游,地勢傾斜,洪流來得快,退得早,因為缺乏瀦沼,所以含蓄水量能力微弱,其他如漢陽江羅城江鑒江及海南島之昌化江等,亦復如是。源短流低,每感雨季過後,水量不足,而憂患乾旱,農民沿河架設戽水筒車,提水灌田;但每遇洪水盛漲,常將這些水筒冲毀,隨流而去,農民年年發財發力架設,虛耗人財力不少。故除珠江三角洲及韓江下游田畝,可藉瀦潮而便灌溉外,其餘各地,均需新設灌溉設備。

水源林缺乏,便少了一種調節雨水的機能;並且廣東又是一個缺煤的省份,人民斬木為薪,弄得童山濯濯。這種現象在韓江上游平遠、龍川、大埔、五華、興寧幾縣,特別顯著。大概這區土壤屬紅紗礫風化而成,易受風雨侵蝕所致,崩山塌嶺,每有所聞。每一次降雨,冲刷山嶺表土,遇流入河,令河床日漸浮高,如五華、興寧兩城附近,河底高出衒道一公尺至三公尺不等。有時河岸堤防缺口,則泛濫成災,洪水拖泥帶沙而來,水退沙停,淤高地面。作者去年於五華城附近調查,考驗得五華城近二百年來,每年地面平均浮高一公分,河床浮高速率更有甚於此。興寧寧江河床高淤,原有兩岸潤畝,大河排水道口被沙淤封塞,積水不能排去,原有良田被淹成沼泊,積水面積逐漸擴大,五十年來,在興寧一縣擴大二萬

餘歉，故有興寧低隰之名，排水工程的設備是迫切需要。

　　本來廣東耕地面積已經不多了，全省共計不過四一、八一五、三四〇市畝，其中旱地已佔一七、七〇〇、三六〇市畝，水田僅二四、一二四、九八〇市畝，（註一）平均每人僅得耕地一又四分之一市畝，更加以上述水旱二災，收成沒有把握，造成廣東嚴重的糧食問題。戰前每年缺糧約一千四百萬担，其中洋米輸入佔百分之八十五，鄰省輸入僅百分之十五，抗戰軍興，港口相繼淪陷，封鎖，洋米來源斷絕，全省食糧每年短了千餘担，造成戰時糧荒的現象，就三十二年一年計餓死人口百餘萬，慘象空前，所以糧食增產工作，不論在戰時平時都成了政府的主要目標。

二、水利事業之發軔與機構之嬗變

　　由於上述地理的背景，歷代各地知府知縣均有重視水利建設：如宋哲宗元祐間，開設韓江三利溪水利，於潮安城西，灌溉水西區潮陽、揭陽、澄海三縣農田；後明孝宗弘治五年，知府周鵬里復加修濬；註二）北宋徽宗時，何執中築東海桑園圍；（註三）宋代以前，雷州特侶塘已有建築；清雍正年間，台山縣知事王暠，開鑿鹽陂頭水以利灌溉；（註四）前賢功績，今尚可見。惟清代以前，悉由各州縣掌官，各就所見以倡辦，不若江淮河漢各區歷代均有統籌水政的官職。光緒十一年大漲，珠江三角洲各圍崩缺者凡一百五十餘處，人民苦於水患，屢請執政籌辦水機構而未果。

民國三年六月各江下游水漲，水位增高二尺餘，粵民生命財產犧牲甚鉅，便公推代表聯同旅京人士，向北京政府請求，結果派譚學衡爲廣東治河督辦，來粵設廣東治河處，是廣東有統一水利機構之始。後來屢行更迭遷變，改爲廣東治河委員會，廣東水利局而至珠江水利局，其間對廣東水利建設頗多。最初請上海濬浦局總工程師海德生來粵履勘，不久海氏返滬，改聘瑞典籍工程師阿維廉繼續東北西三江測量設計工作；民國七年，撥關餘一百萬元建築北江蘆苞水閘；十三年又發關餘六萬元，建築東江馬嘶水閘；復有西江之宋隆、阮涌、西寧等水閘之告成，共捍衛農田百餘萬畝。但這期工作全着重珠江三角洲一帶基圍之增卑培薄，與建築水閘以防基外河水入侵，平時得以宣洩圍內積水，換言之，即祇着眼在東北西三江下游的方害工作；興利方面如航運工程上游尾閭之整理，和各地灌溉工程之興革，均未顧及。

　　小規模的灌溉事業，抗戰前在省府農林局內曾設有農業工程系以事統籌辦理，其業務祇限于機械抽水灌溉。抗戰軍興，該系裁撤，省辦農田水利工作逐告中斷。及省府遷駐連韶，遭遇廿八年粵北大旱，民生疾苦，時珠江水利局已直隸經濟部，遷抵重慶，廿九年秋，省府遂于農林局下增設水利課，統籌全省農田水利事宜，本省戰時水利建設，此機構成立爲發軔開展之始。

　　水利課成立後，即組織測量隊兩隊，分赴東江四邑等缺糧區域，查勘施測患旱田畝，等到三十年秋，珠江水利局復派測量隊兩隊來粵工作，三十一年初由農林局在蕉嶺縣之白馬鄉舉辦新式灌溉工程，以成效顯著，深得東江人士信仰，各縣縣政府紛紛代表農民電請省府派測量隊前往測設施工，是年八月，乳源湯盤水水電工程告成，並惹起社會人士對水力利用之注意，水利課業務因而繁複，非擴大機構以

羅致專才，不能應付社會之需求，便於是年九月，成立農田水利處，直接隸屬建設廳，將農林局水利課歸併。組織測量隊五隊及查勘隊兩隊，分赴各地工作，尤注意各縣農田水利的普遍查勘，以作按年逐步興辦之張本，同時開辦梅縣車田村灌溉工程，並委托珠江水利局辦理樂昌指南鄉灌溉工程，由於粵北自然環境對灌溉工程的迫切要求，經過這個時間工作的努力，足以確立人民對水利的信仰，替以後事業開展，樹立了一個基礎。

三十二年九月，中央爲抑制通貨澎漲，實行金融緊縮政策，通令停設新機構，省府奉命遂將農田水利處裁撤，改在建設廳內增設一科，專辦農田水利。這次改變僅是形式上的變更，實際上工作完全繼續農田水利處所定的施政綱領，先後完成曲江馬壩中陂灌溉工程，博羅湛角鄉、惠陽鹿逕𡶶等灌溉工程，乳源城郊水電工程及委托珠江水利局完成仁葸塘灌溉工程，督導人民辦理台山禾雀陂等工程，在施工中的有要明十三圍，曲江老猴水庫，曲江楓灣水等工程。因三十四年一月粵北西江均有軍事上的轉變，工區繼陷入敵境，工程因而停頓，省府亦同時東遷，籌措工款困難，故三十四年祇作東江各地灌區測量設計，留作復員的準備。

三、戰時水利建設的成果

計自二十九年農林局水利課成立至三十四年九月勝利復員五年中，最初一年半及最後大半年，因爲環境的關係，祇有測量和設計工作，工程實施祇在三十一年至三十三年中，其中大型水利工程均由省府主辦，惟求普遍推行水利計，並提倡小型水利工程，責成各縣政府督導人民辦理。同時爲求集中人民力量共赴水利建設，便督促人民組織水利團體。茲將各項成果分別錄後：

（甲）舉辦大型水利工程：廣東水利已如前述，不自現代始，各江上游，老百姓均有攔河築壩引水以事灌溉，惟俱是木石壩，先打兩行木樁，樁排距離一公尺至數公尺不等，中夾塊石，以至滲漏性大，並且抛石不能互相聯結爲一體，易受洪水所冲毁，故有歲歲修築，年年改建之勞，進水口又無控制流量的設備，當洪水盛漲時，洪水入渠無法抗阻，一方面冲毁田畝，一方又拖泥帶沙而入，致渠道日漸淤淺，使平時輸水能力低減，而田畝灌水量有不足之虞。還有灌溉排水合歸一渠，耕者仍須人力由渠戽水入田，缺乏自流之利，舉辦新工，就針對舊式灌溉工程的缺点，加以改善，採用隊實式或印度式洋灰漿結石成壩，加建進水閘，用以控制進水流量，使入渠水量常定。茲將實施工程分別列后：

工程名稱	工程地點	開工日期	竣工日期	工程費(元)	工程費來源	主辦機關	受益田畝(畝市)	備考
蕉嶺多潭陂灌溉工程	蕉嶺白馬輅鄉	卅一年一月	卅一年八月	460,000	廣東省銀行貸放	建設廳農林局	3,700	
榮昌排市鄉灌溉工程	榮昌北昌鄉	卅二年十一月	卅三年十二月	2,327,066	中國農民銀行貸放	省府委託珠江水利局監辦	14,840	
梅縣車田村灌溉工程	梅縣松口	卅二年四月	卅三年四月	1,190,000	廣東省銀行貸放	建設廳農田水利處	1,000	
仁化蓮塘灌溉工程	仁化蓮塘	卅二年一月	卅三年十月	2,242,412	中國農民銀行貸放	省府委託珠江水利局監辦	19,170	
曲江馬壩中陂工程	曲江馬壩	卅三年一月	卅二年六月	4,509,028	廣東省銀行貸放	建設廳	16,000	
英德走馬坪灌溉工程	英德洽江	卅一年九月	卅三年四月	1,135,000	廣東省銀行貸放	僑資墾殖委員會	2,000	尚有渠道及渡槽未竣工
梅縣城西渠	梅縣城西	三十年	卅二年		省行貸放一部份外由當地人民集資	梅縣扶貴鄉灌溉生產合作社	15,000	尚有攔河壩渡槽及一部份渠道未建築
台山禾雀陂	台山扶洋萬那頃	卅二年十二月	卅四年四月	2,000,000	由當地人民集資鄉辦	省府督導人民辦理	15,000	
博羅瀝角鄉灌溉工程	博羅瀝角鄉	卅二年一月	卅二年五月	117,000	由當地人民集資辦理	建設廳督導人民辦理	1,800	
惠陽東圃圍防潦工程	惠城陽郊	卅三年三月	卅三年七月	288,000	由當地人民集資	建設廳督導人民辦理	1,200	
要明十三圍防潦工程	高要縣要明境	卅二年二月	卅三年九月	41,250,000	中國農民銀行貸放	省府委託珠江水利局辦理	125,000	因戰事停工
曲江老狄水寶	曲江大鄉田	卅三年六月	卅四年一月	6,024,00	廣東省銀行及中國農民銀行貸放	建設廳	5,000	工程僅完成一半，因戰事停頓
曲江楓灣水灌溉工程	曲江火鄉山	卅三年一月	卅四年一月	7,960,000	中國農民銀行貸放	省府委託珠江水利局辦理	6,000	工程完成五分之二因戰事停頓
乳源洊溪水水電工程	乳南鄉源水	卅一年一月	卅一年八月		由中華水力公司投資	農林局派員督導建築	二十瓩	
乳源城郊水電工程	乳城源郊	卅二年六月	卅三年六月		中華水力公司投資	建設廳督導辦理	三十瓩及灌溉田五千市畝	
合　計				69,502,506			230,710市畝 50瓩	

　　（乙）督導小型水利建設　大型水利工款較鉅，並且技術重要性較高，故由政府辦理。小型水利，如挖塘開井，架設簡車等，工簡費輕，可由人民自行集約辦理。省府是于三十二年提倡一保一塘運動，以求推行普遍的水利建設。印發「山塘土壩建築須知」，頒發各縣，以為技術之張本，並令頒「廣東省義務勞動一保一塘運動暨鄉鎮造產工作配合實施辦法」，曉諭人民循序辦理，所謂一保一塘乃係一個原則，但確因地形關係，無須興建，或改築陂圳，利用水車，鑿井開溝等方法，以事補救的均可免興築，絕非硬

性的規定。該實施辦訂定：(1) 廣東省各縣市局政府辦理地方建設義務勞動暨鄉鎮保造產工作，應以一保一塘運動爲中心，以義務勞動爲推行一保一塘運動之手段，以一保一塘運動爲鄉村之造產目標；(2) 本項配合工作，應以保爲推行單位；(3) 凡十八歲至四十五歲之男了，每年均須爲興修塘壩工作，應仰義務勞動二十天，必要時並得延長之，但在延長期間得酌給伙食費；(4) 凡興修塘壩所需之工料伙食等費用，得由下列來源籌給之：(a) 經保民大會議決之籌給來源；(b) 縣預備金，如預備金不數時，呈准進加預算；(c) 未經指定用途之地方公款；(d) 向金融機關請求貸款；(5) 一保一塘運動工作，應遵照本省工作競賽辦法及加強糧食增產實施方法辦理。其建築方法，應依照府須山塘土壩建築須知之規定，並應由各縣市局政府會同當地黨團部暨各級學校民衆團體擴大宣傳，促起人民注意以利推動。計以三十二年二月開始一保一塘運動時爲止，全省後方各地共二四、四七二保，即原則上應完成小型水利二四、四七二處，分三年完成，每年完成八、〇五九處，經三年宣傳推動，得有如下結果：

年次	已 完 成 工 程 數					灌溉面積(市畝)
	山塘	陂圳	堤壩	其他	共計	
三二	二六	二八	一七	七七	一四八	八九、三八八
三三	三、九三六	七三四	一一二	一一五	四、九〇七	七八四、〇三六
三四	二七七	九	一一	一二九	四二六	八五、五八〇
合計	四、二三九	七七一	一四〇	三三一	五、四八一	九五九、〇〇四

雖然結果距離預期數字尚遠，僅及百分之二十二，但照第二年比較第一年增加的倍數，滿期最後一年完成，可得如期的收穫。不幸三十四年敵人作困獸反噬，粵北南路西江及東江一部，相繼淪陷，後方完整未經經敵蹂躪不及十縣，故省府決定延長一年的時間，完成這項工作。

(丙) 指導農民組織水利團體　農田水利關係人民密切，直接受益人數衆多，故非組織受益非戶共謀建設上種種問題的解決不可，如籌款與仰工等在在要有組織的行動。小規模的水利建設由人民組織合作社辦理，規模較大的屬于灌溉的組織水利協會，各江下游圍田均沿用舊習慣組織圍董會，計戰時成立的水利合作社數如下：

年度	社數	社員數	社股數 (股)
三〇	五二	三、三九五	一九、五〇〇
三一	一五〇	七、八〇三	三〇、五四五
三二	四六八	一五、六〇四	二六七、七八三
三三	一六二	一四、八〇二	六九一、四八〇
三四	四四	六三五	三、七五九
合計	八七六	四二、二三九	一、〇一三、〇六七

各江下游瀕海，戰時多已淪陷，故除高要高明兩縣設多推勸團董會的組織外，其餘各地碍於環境未能實施，水利協會由各縣縣政府指導人民組織，也未有全般統計。

四、戰時水利建設的困難問題和改進意見

戰時國家的措施，均集中在戰事的目標上，一切生產以國防為首要，其他的建設難免不被減輕比重，但足食足兵，用軍之道，故英人持奈有云，「糧食是戰爭的軍器，農村為兵工廠」。廣東省政府亦曾提出补兵征實和糧食增產為施政主要目標，水利建設又定為增食增產的首要步驟，但總因為戰時的環境所牽制，留下許多困難的問題，攔阻在水利建設的道上，今後談根本水利建設亦要法解除，方易進行。

（甲）資金籌措困難水利貸款少　戰時民生用品出產減少，相應刺激物價高漲，人民日漸窮困，籌措工款亦甚艱難，小型水利多採征工辦理，所需物料或由公款撥助或向受益田畝分派，或向金融機關貸資款，但往往有工無款購料，而至工程進行攔淺不少，至於大型水利，人民更無法負擔巨款，必須運用銀行貸款，辦理農貸的有廣東省銀行和中國農民銀行，但是農貸數額有限，農田水利所佔貸款額更少。茲將廿七年至三十一年省行農業貸款放出數目列后，（以國幣元為單位）以見一般，（註五）

貸款種類\年別	農業生產	農田水利	農產儲押	農具墾殖	農村副業	農村特種	合計
27	831,952	438,024	1,045,691	1,?,3?0	——	——	2,?17,?5
28	539,795	3,600	307,600	——	——	——	57?,1?0
29	14,849,930	219,171	411,302	19,?50	30,307	2,244,317	17,775,?
30	33,441,202	1,345,411	668,167	156,313	290,910	94,900	35,99?,909
31	31,021,895	2,431,585	254,957	?,580,950	189,250	29,2710	34,83?,3?7

上表所列五年合計不過四百餘萬元，僅及農貸放出總額二十分之三，農民銀行除對十三團放出三千餘萬元外，其他大型水利的放款還不及五百萬元，大概銀行對水利貸款，在商業上立論，有幾點算得不如意：第一、水利放款還本時間長，普通訂定兩年還本，不若工商放款，半年一年可收回本息，大有夜長夢多之處；第二、水利放款利息低，如榮屋指導灌溉工程貸款等，月息一分二釐，商業放款利息可倍之；第三、擔保不易，小型水利放款，以田契為担保，但實行全處繳契驗契不易；第四、物價高漲迅速透抵低利放款所得的利息所趕及，最後一點，省府曾與農民銀行商討還穀辦法，但逐碼籌商談之際，穀價低跌，銀行方面就提出終止商談，然細察起來，農田水利是解決民生問題，增加生產，此種放款應視為國策，不能純以商業眼光視之，今後欲謀水利事業的發展，非政府確定額粒貸款或另籌充足的基金不可。

（乙）貸款手續麻煩　大型水利工程，多由中國農民銀行貸款，其手續先由各省省政府將工程計劃圖書送行政院水利委員會核准，然後轉送中國農民銀行核轉四聯總處核定貸額後，指復中國農民銀行轉知當地分行貸放。以過去經驗，經過這幾重手續，快則半年，慢則一兩年不等，在銀行方面，以為經過相當法定手續，一切都較完備，但戰時物價似百米賽跑的速率形態上漲，隔了半年，物價又作兩三次幾何級數高漲，核准遲來，照原額等完成工程不到一半，於是辦理追加，總跟不上物價，影响工程時作時輟，倘將工程計劃屈就原額算，等於削足就履，影响工程的效用，否則拖延時日，工程監理費勢必超出所規定為總工程費百分之十，弄得工程的主持人啼笑皆非。故要推動水利建設當力求手續的單簡。三十三年行政院水委會曾派各地農行水利專員兼該會專員，今後可按各省所呈初成計劃，先行分配各省貸額，授權水利專員就地核准貸放，則工省事簡，爭取時效，因為水利工程與其他工程不同，其建築有季節性，如攔河工程限於旱季施工。

（丙）工程材料與工具缺乏　戰時後方鋼料缺乏，洋灰產料不多，故用鋼料之設計極力減少，如攔河壩基礎，普通用救水鋼板樁，戰時僅可將基礎加深，以事補救。洋灰三合土，除水下基礎部份外，多加入石灰以減少洋灰用量。又如建築攔河壩，做水下基礎時，缺乏機械抽水，祇可用人力代替，效率減低，每每發生很大的困難。建築乳源湯盤水水電時，高壓水管（Penstock）搜不到鋼管，下部用由桂林搜購來工廠的烟突代替，上部要低壓便用木板用鐵皮條包扭而成，上部雖微有漏水，下部至今尚無毛病。道種材料工具缺乏問題，今後此時期仍當有此困難，但可向外國定購，將可迎刃而解。

（丁）水文氣象資料的缺乏　戰前我們沒有做過水文氣象的記錄，戰時要來作水利工程設計的資料，不免缺乏，祇就省測量時的觀察及查詢得來的資料為準，在學術性上來說，都免有些草率，但實際上除臨時所得的資料來估計外，沒有其他較好的辦法。所以由於缺乏這種過全的資料，結果有時與預期有不少距離。如仁化董塘灌溉工程總幹渠需水量每秒一、〇二立方公尺，當時估計該處水源，浙溪水最少流量為每秒一、二四立方公尺，但至三十三年夏季，最低時月測得祇有每秒〇、三立方公尺，雖然農田供水較前增加不少，但至今農民每當旱季，仍有水量不敷之感。故水文站的設立，是根本的設施，倘再延緩，對以後水利建設阻碍不少。

（戊）農民工程知識過低　農民水利是為大衆建設，因為政府沒有的款，倘靠貸款來實施，則用之於民，將取之於民，故各項設施有需人人組織會社來協助。同時工程計劃，先向人民解釋便進行。但往往人民知識水準過低，未能澈底了解其中真理，致生誤會，影响工程進行。如衆埠五橋滿排水工程，排水渠所經之地，農民就起來反對稱理由謂與隣為壑，結果工程無法進行，惟縣車田村灌溉工程，開鑿百餘公尺隧洞時，兩邊開鑿，因純用人力，未有機械為助，經六個月時間，仍未見挖通，以致引起當地人士對工程技術起懷疑而對工款諸多阻延，等到鑿穿兩邊相見了，然後了然望信。曲江馬壩中波工程進行時，因為老百姓不相信洋灰三合土在水下會凝結，引起一場風波，結果後來抽乾水將所倒下三合土凝結情形教他請們觀察與試驗，便順利進行，我們不能強人民相信，祇靠事實來証明，雖然等了試驗期

了時間，但人民教育水準未提高前，祇可將已有的成果，署作宣傳，或請當地代表參觀已有成果來獲取信仰。教育的大前提未解決前，祇可忍耐從容來應付，但相信工程成果增多，這個問題亦可解決了。看目前人民對政府水利措施的信仰，較戰時增強數倍了。

戰後農村復員，要使老百姓安居樂業，除治安外，首要講求水利，以事增產。談到工業建國，也應先從建立廉價的水電動力來着手。戰時的工作檢討，可資借鏡，一切過去的缺点，應力求改善，以明事業的發展。

（註一）見廣東省銀行經濟研究室出版廿九年度廣東經濟年鑑、

（註二）見鄭肇經著中國水利史第二八四頁、

（註三）見南海桑園圍誌、

（註四）見台山縣誌、

（註五）見廣東省銀行出版農貨消息第六卷第九、十期、

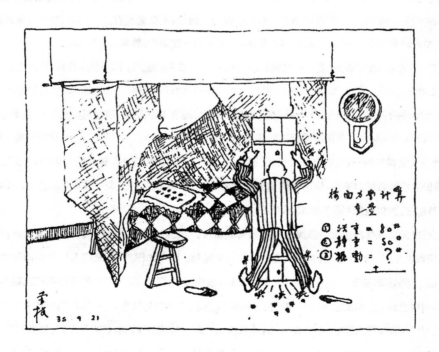

從我國廣播網論華南區廣播事業

李松生　　莊超

　　我國廣播事業，初時尚無計劃及統制，除中央設立中央電台外，餘僅係各省市政府，各自設立，且上海一地，因事實之需要，相繼設立數十個商營廣播電台。因事業逐漸發達，計劃及管理均需專門機構，專司其事，乃于民二十一年八月成立中央廣播無線電台管理處，至二十五年一月更名爲中央廣播事業管理處。在抗戰期間當中，歷盡許多困苦艱辛，仍能發揮其最大之力量，充份盡到政府喉舌之責任，與敵寇展開宣傳戰，而至最後勝利。勝利後，接收敵僞電台不少，統計全國現有電台數十座，電力達四百餘瓩。今後發展全國廣播網計劃，當然處于領導地位。

　　關于廣播網計劃，中央廣播事業管理處曾于二十六年擬訂草案。後因抗戰軍興，計劃之實現受阻。及第二次世界大戰爆發，各國均相競增強所謂「第四條戰線」之廣播宣傳戰，廣播技術，質與量均有驚人之進步。三十三年初，中央遵照　蔣主席「中國之命運」之指示，將廣播網從新計劃，中國電機工程師學會重慶分會，于同年六月，召開年會時，曾提出公開討論。茲將計劃草案，及討論要點，節錄于後。

　　中央廣播事業管理處所擬訂之廣播網，係于首都建立總台，全國各地，設十二區台，及若干省市分台及地方支台。總台設五百瓩中波機兩座，採用同一波長，二十四小時輪流播音；另設五十至一百瓩短波機八座，分別向國內外播音。區台則設五十至一百瓩中波機一座，五至二十瓩短波機一座。分台設一瓩至五十瓩中波機，及五百瓦至五瓩短波機各一部。支台設一百瓦至五百瓦中波機一座。至于區台之設置地點，係首重邊疆國防重地，次以人口密度，文化水準，商業繁榮，及區域面積等而定。草案中之十二區台分配如下：——

台　別	包括區域	所在地
總　台	全國	首　都
第一區台	江蘇，浙江，安徽	南　京
第二區台	福建，江西，台灣	福　州
第三區台	廣東，廣西，	廣　州
第四區台	四川，雲南，貴州	昆　明
第五區台	西康，西藏	拉　薩
第六區台	新疆	廸　化
第七區台	蒙古	庫　倫
第八區台	遼寧，吉林，黑龍江	濱　江
第九區台	河北，山東，熱河，察哈爾	北　平

第十區台	河南,湖北,湖南	漢　口
第十一區台	甘肅,寧夏,青海	蘭　州
第十二區台	山西,陝西,綏遠	歸綏

　　在電機工程師學會重慶分會之討論中,有建議于首都,北平,廣州,漢口,重慶,蘭州等地,採用同步制,每地設立二百至三百瓲之播送機,合稱為總台,另于南京,長沙,宜賓,蒼梧,膠州,天津,洛陽,蘭州,濱江,庫倫,拉薩,及迪化等十二地設立五十至一百瓲之區台。其他建議與中央廣播事業管理處之草案大約相同。

　　上述之草案及建議,均係以中波為主,短波得則。惟討論中,有主張採用新式之超短波調頻制,而放棄中波,并主張放棄礦石收音機,另又討論行新廣播,及各台間之連繫及轉播等問題。

　　在抗戰時期,限於環境,經費,材料,及磨輪等問題,僅川滇黔區(第四區)奠立較健全之基礎。其他各區尚與計劃相離甚遠。至敵寇投降後,中央廣播事業管理處,除東北因環境特殊外,接收敵偽以前在華北,華中,華南淪各區強佔或新建之廣播電台甚多。正如吳處長道一所說:「轉瞬之間,給我國廣播事業增加力量不少」因接收後,形勢及物資之關係,及一部份地區如蒙古,已准予獨立為共和國,則全國廣播計劃,又有修改之必要矣。

　　例如第一區台,因首都已在南京,則區台應移上海;第二區台區現台灣已有台北一百瓲之中波機及十瓲之短波機,稍其備區台之原則,且國防線因台灣之收復而外移,故台址應改設台北,而於福州設分台;又第八區台雖敵偽所設之一百瓲長春台;被非法劫掠,但因台址等問題,重建區台長春,較濱江容易,何況今日東北政治中心,即在長春,故區台改設長春為佳。

　　至於蒙古區已因蒙古獨立而取消,則全國可縮併為十區。即將第七區取消外,并將第五區之西康,併入第四區,西藏併入第六區,而於拉薩設立規模較大之分台。查西康西藏位于我國西南,緊接印度,國防意義甚重。然廣播網之計劃,所謂區台及分台有伸縮性。以拉薩一地而言,其人口,文化,商業等均未合區台之原則。因運驗機件困難,及該地收音機之數甚問題等,欲建立健全之台區,恐非易事。假如僅能設立區台中之最小規模者,播送機電力為五十瓲,則建立規模較大之分台,電力仍為五十瓲,實無若何分別。

　　綜合上列意見,廣播網之區台,可列表如下:

台　別	包　括　區　域	所在地
總　台	全國	首都南京
第一區台	江蘇,浙江,安徽	上　海
號二區台	福建,江西,台灣	台　北
第三區台	廣東,廣西	廣　州
第四區台	四川,雲南,貴州,西康	昆　明

第五區台　　　　　　新疆，西藏　　　　　　　迪　化
第六區台　　　　　　東北九省　　　　　　　　長　春
第七區台　　　　　　河北，山東，熱河，察哈爾　　北　平
第八區台　　　　　　河南，湖北，湖南　　　　　漢　口
第九區台　　　　　　甘肅，寧夏，青海　　　　　蘭　州
第十區台　　　　　　山西，陝西，綏遠　　　　　歸　綏

照上列分區而論，則全國廣播電台，現已設立者，（商營廣播電台，因暫仍無法調查，故未列入），分別列表如下：

區別	台名	呼號	台址	波長(公尺)	週率(千週)	電力(瓩)	備註	該區電力合計(瓩)
總台	中央	XGOA	南京	454 30.8	660 9730	10. 2.		12
第一區	上海	XORA	上海	517 333 25	580 900 11690	0.25 0.8 5.		7.13
	江蘇	XOPA	鎮江	225.6	1330	0.05		
	徐州	XOPC	徐州	375	800	0.05		
	浙江	XOPB	杭州	234 234 31.4	1280 1280 9552.4	0.5 0.1 0.38	輪流播音	
第二區	台灣	XUPA	台北	448 400 294 49 31	670 750 1020 6017 9595	100. 10. 10. 1. 10.		138.13
	台南	XUDB	台南	289	1040	1.		
	台中	XUDC	台中	313	960	1.		
	花蓮港	XUDH	花蓮港	278	1080	0.1		
	嘉義	XUDG	嘉義	280	1070	0.5		
	福建	XGOL	福州	315 30	950 10000	0.25 0.2		
	廈門	XUPB	廈門	370 35.9	810 8348	0.2 0.5		
	江西	XLPC	南昌	277.8	1080	3.	試播中	
	流動	XLMA	鉛山	40.5	7400	0.38		

區		呼號	地點	波長	頻率	電力	備考		
第三區	廣州	XTPA	廣州	384.6 306 25.8	780 980 11650	0.5 0.25 1.	試播中	} 57.1	1.95
	廣西		桂林			0.2	隸屬廣西 省政府	} 0.2	
第四區	國際	XGOY	重慶	41 31 25	7153 9635 11913	10 } 35		112	122
	昆明	XPRA	昆明	435	690	50			
	貴州	XPSA	貴陽	300 42.82	1000 6990	5 10			
	西康	XRSA	西昌	37	8110	2			
	成都	XGOG	成都	535	510	10	隸屬交通部	10	
	軍中	XMPA	重慶	49	6234	——	隸屬軍委會 政治部		
第五區							暫缺	} 0	
第六區	長春	XQRA	長春	517	560	10			
	瀋陽	XQPA	瀋陽	1280 338.6	240 885	1 1		17.2	
	吉林	XQOK	吉林	414	725	0.05			
	錦州	XQDC	錦州	316 261	950 1150	0.1 5.05			
第七區	北平	XRRA	北平	468 390 316 222 49	640 770 950 1350 6090	100. 0.015 0.5 0.1 10.		113.435	
	天津	XRPA	天津	483.9 365 270	620 820 1110	0.5 0.1 0.1			
	河北	XRPP	保定	411 303	730 990	0.1 0.02			
	唐山	XRDT	唐山	389 265	770 1130	0.05 0.1			
	石家莊	XRDS	石家莊	384.6 306.1	780 980	0.05 0.1			
	濟南	XRPB	濟南	348.8 272.7	860 1100	1. 0.1			
	青島	XRPC	青島	429 261	700 1150	0.1 0.5			
	張家口	XCNC	張家口	——	——	——	共黨電台		

區	省	呼號	地點				狀況	合計
第八區	漢口	XLRA	漢口	375 49	800 6130	10. 0.2 0.15	修建中	11.85
	湖南	XLPA	長沙	322	930	1.		
	河南	XLPB	開封	441 280	680 1070	0.5		
第九區	甘肅	XMPA	蘭州	366.3 214.2 30.7	820 1400 9750	10. 0.1 1.0		11.1
第十區	歸綏	XKRA	歸綏	368	815	0.5		
	包頭	XRDP	包頭	517.2	580	0.05	預備	
	陝西	XKPA	西安	300 232.5	1000 1290	0.04 0.5		
	太原	XKPB	太原	416 319 31.6	720 940 9500	0.5 0.1 0.2		
	大同	XKDT	大同	397	755	0.5		
	運城	XKDY	運城	370	810	0.5		
	延安	XNCR	延安	—			共黨電台	

（附註）全國現有電台之電力總計爲 437.685 瓩

照上表各區台之電力，稍其規模者，有第二，四，七區，卽區台所在地之電台，亦已接近計劃之原則矣。惟第三，五等區，則距離計劃尚遠。

至於採取波長制度之意見，超短波調頻制之優點固多，提倡應用固須「迎頭趕上」，但事實上突然之更改，亦不容許。目前應仍以中波爲主，短波爲副之調頻廣播制爲宜，其理由畧舉如下：

1. 全國之收音機，絕對多數係中波收音機或全波收音機而有中波波段者。尤其是收復區之收音機，因短波部份，多爲敵寇于佔領時，强迫拆除，幾全爲中波收音機。若捨棄中波，則首令人民，無形中損失，此批龐大之資產，且遭受八年災難後之人民，無力採購區短波新機。

2. 全國廣播電台所構成之廣番網，暫成共諭廓，捨棄中波，亦使政府犧牲此批更龐大之資產，（因中波機多採用舊式三極電子管，無法更改機件之波長爲區短波）。國家經濟力最亦不易設超短波新播音機。

3. 我國之技術人員固少，但此少數人員，尚畧有中短波機之工作經驗，能自行裝配中短波播送機。但對超短波調頻制則暫未有深刻之研究。若採用超短波機，則機件全恃外國輸入有失自給自足之本意。

4. 礦石收音機，棄之可惜！蓋固全國有電力廠之縣市尚少，鄉村則更不足論。且礦石收音機之成

本及維持費，均最爲經濟，頗適合於人民之購買力，若每區台有五十。以上之電台設立，則此項收音機極可揮其効能。

全國廣播網，以目前設備之較差之第三，五等區而論，均係華南，華西邊疆，國防性重大。但新疆西藏區域，人口較疏，文化水準較低，商業亦不甚繁榮，人民多係部落生活，遷徙甚大，收音機數量亦少。再擴展該區之隣邦而言，中亞細亞及印度北部，人口，文化，商業，及收音機數量，均須相同之現象。且該區交通不便，運輸機件困難。故該區暫可由第四區與第九區兼負其責，建設可稍後進行。（該區建設應以短波爲主，始易收効。）至於第三區華南區域，環境地位，顯然不同。以國防性而論，各隣邦之國別複雜，南洋各地，分屬英，法，荷等國。且有菲律賓與暹羅等獨立國家，而香港與澳門收囘問題，仍不能解決。更有值得注意者，即隣邦各地，我國之僑胞特多。故國防意義，比諸全國各區，均有過而無不及。次再論華南平均人口密度因數達 0.8。每方公里一百人至三百人，文化水準亦高，接受西洋文化最早，且商業更屬發達，此等條件，僅次于第一區及第七區。況區內人民及國外僑胞之收音機數量亦多。但現有廣播電台之電力，則僅有 1.95 瓩（連最近完成播音之廣西省政府廣播電台亦計算在內）。故此區之廣播網，實有加緊建設之必要！

建設華南區廣播網，因國防意義重大。有一半之電波向海洋發射，而且華南各地，方言特多，環境特異。故其設計應酌量情形與其他各區有別。即本區應加强短波播送機之輸出電力，而中波則將電力分散各地，及採用較長之波段。茲按照全國廣播網計劃及其規定原則，草擬本區廣播網如下表：

台　　別	播送機程式及電力	包　括　區　域	包括地區主要方言	備　　　　註
廣州區台	五十至一百瓩中波機一座　二十瓩短波機一座	廣東，廣西，福建及江西及湖南之南部，印度支那半島及南洋羣島等。	粤語，客語，潮語，閩南語，湖南話，桂林話，瓊州話，英語，荷語，法語，及南洋羣島各地土話。	國語爲電台播音必要語言，此等地區，國語仍未通行，廣播台須負起教育之責任。
桂林分台	十至五十瓩中波機一座　一瓩短波機一座	廣西，廣東及湖南及貴州之一部份。	桂林話，粤語，湖南話，客語。	本台注重國內廣播，仍以中波爲主，短波爲副。

汕頭分台	五至五十瓩中波機一座 五瓩短波機一座	廣東之東部，福建及江西之南部，菲律賓及南洋群島等	潮語，客語，閩南話	本區域內之人民，信南洋群島之華僑百分之九十以上，故應特別採用短波，加強對南洋之廣播，其天線採對南定向天線．
海口分台	一至十瓩中波機一座 五瓩短波機一座	海南島，及兩廣之南部，印度支那半島，及南洋群島等	瓊州話，下四府話（廣東南部一帶方言）粵語，安南話，遏羅話，馬來話及其他南洋群島方言	本區域包括國內地區較小，而國防意義重要，宜以短波為主，中波為副．
曲江支台	五百瓦中波機一座	廣東北部，江西及湖南之南部	粵語，客語，湖南話	沿粵漢鐵路，交通部有載波長途電話綫，故節目一部可由廣州台供應．
南寧支台	全上	廣西南部	粵語	
梧州支台	全上	廣西東部及廣東西部	粵語	
湛江支台	全上	廣東南部	粵語，窠話（雷州半島方言）	湛江市即前法租廣州灣
梅縣支台	二百至五百瓦中波機一座	廣東東部及福建，江西之南部	客語	
百色支台	全上	廣西西部，及雲南之東部	粵語	
台山支台	全上	廣東中部沿海	四邑話	
鬱林支台	全上	海南島	瓊州話	
柳州支台	全上	廣西之中部	粵語，桂林話	
（附註）	上列各支台，僅列環境較特殊，及按地理形勢而平均設置，其他如商業較發達及人口較密之地區，可設規模較小之電台者，計有佛山，江門，惠陽，肇慶，陽江，北海，鬱林，龍州，賀縣，桂平等縣市。			

最後，廣播事業管理，亦屬重要。因全國商營廣播電台，日漸發達，故電台之管理監督，及節目之籌畫指示，當日形複雜，將來對此項事業之管理組織系統，比現在規模必更偉大，有健全宏大之組織，能負起領導監督之重大使命，則全國廣播網計劃，逐漸實現，可預卜也。

論　文

世　界　之　演　進

黃　巽

1.　物　之　總　體

世界有治亂，物體有分合，生物有生死，於是人之情感有悲觀與樂觀。悲觀與樂觀，隨個人之本質而異，亦逐個人之環境而變，此均因世界總體內局部表現之不同而受影響。局部之表現雖各有不同，至其總體之通性及其動向則一也。茲就物理的世界言之，總體之狀態，可析爲時間與空間兩因數。在空間所表現者，如容積，質量，能量，溫度與熵量等。在時間所表現者，如速度，加速度等。在時空共同表現者，又如振動與波動等。所有種種之表現，均可由其性質，數量及其演變之趨向以紀之。繼已往而推將來，集微粒而成大體。微粒之趨勢雖各有不同，或甚而至於矛盾，但就其大體言之，則確有其通性，確有其統計的通量，亦確有共一定之趨勢也。物體有動向，氣流有風向，而大世界亦有世風。

2.　總體之微粒構造

由物理的可分性，擴散性與滲透性等而斷定物體由分子組成。分子有位能亦有動能，在物體中常作振動，移動或轉動。由化學的定比定律與倍比定律，化合律與分解律，又斷定各分子由原子組成。地球內之元素未滿一百（92種）再由游離現象及眞空管內之放電現象，光譜儀與質譜儀之測聽等，而斷定原子由原子核與電子組成，整個原子誠如一小太陽系。更由自然放射與人工放射現象，而斷定原子核內含有質子，電子，中子，正子與雙子等。此等微粒之構成原子與分子，均藉能量，而能量之本身亦有微粒性，所謂量子也。總之，從不連續性而內推之，則每一大體均係由小體組成，而小體中又由微粒組成。微粒之最微者，就現在論則爲量子，但在將來，或有量子之構造的研究，而或有更微之微粒而爲精神微粒，或稱神子者。通常較大之微粒，每受較微較活之微粒所包裹而成一體，如電子之包裹原子而成分子。分子，原子與電子又爲量子所包裹而成一物質。故一大體之本質，前人每以爲係能與質結合而成，能與質兩者似有對立性。就挽近之研究，則能與質均微粒也。質之內部固含有能量，而能之本身亦有質量。質能之間有當量存焉。故質之微粒可謂爲能之結晶，而能之妙用可謂爲質之活化。就微態觀之，質與能一也，祇有凝聚程度與活動程度之差而已。凝聚程度可由空間與質量紀之，活動程度可由時間與位置紀之。

任一微粒，例如電子，其所在地及其所佔空間並非有限。由電磁原理雖推得電子之直徑爲10^{-13}

恆，但此不過其最有效用之範圍而已。根據 De Broglie 氏之波羣原理，締結於一微粒上有一系之波羣，其波羣之頻率爲 $V_0 = \dfrac{m_0 C^2}{h}$

式中 m_0 爲該微粒之質量，在電子 $m_0 = (9.085 \pm 0.01) \times 10^{-28}$ 克。C 爲光行速度，h 爲Planck 氏常數。其波動在空間可擴展至於無窮。微粒所在之有限空間，祇係其效用特別大之區域。任何一物，就其效用言之，本充塞乎天地之間，但就其效用特大之區域言之，則有其一定之凝聚範圍。愈活者則其凝聚之範圍愈小，而其效用之範圍愈大。

3. 總體內之統計的數量

一總體內第一個統計的數量爲密度。從微態方面以研究密度，例如總體內有無數之分子，則每個分子之位置(X. Y. Z)與其動量($P_x = m\dot{x}$, $P_y = m\dot{y}$, $P_z = m\dot{z}$)可用六個參數 x, y, z, P_x, P_y, P_z 以表之。此六個參數可視作廣義的坐標，由此等坐標可確定其總體密度之一已知狀態。吾人在任一特殊之總態中，可包含多種不同之微態，蓋因任何兩分子互換其坐標而不至影響其密度也。故吾人對於一已知總態必相當於多種的微態。此等同一總態之各種微態之數目。可視作熱力狀態發現之或然率。計算或然率可舉例以說明之。設有紅，藍，綠三個不同色之骰子，若每一骰子均爲正常者，則每個擲出一已知點數之或然率爲 $\frac{1}{6}$（因有六面）。此意即謂對於任一骰子，其每面數目之現出，均預定有相同之機會者。故當三個骰子同擲一次，其每種三個數目之組合均有同樣之或然率 $\frac{1}{6}$。茲將總體之容積，分成多個微囊，各微囊之大小可以不同，但其容納分子之或然率可用一因數g以表之。此因數稱爲該囊之特性重量。例如第 i 號囊中有 N_i 個分子之或然率者，則其因數爲 $g_i^{N_i}$。在各囊中設第 1 囊有 N_1 個分子，第2.3. … 各囊有 N_2, N_3, … 個分子。則其組合之因數爲 $g_1^{N_1} g_2^{N_2} \ldots$

而其或然率爲　　　$W = \dfrac{N! \ \pi g_i^{N_i}}{\pi N_i!}$。

又若分子數 N 爲該囊容積 $\triangle \tau$ 之函數，即 $N_i = f(i) \triangle \tau i$

則　　　　$$W = \frac{N^N \ \pi \ g^{f(i)\triangle \tau i}}{\pi \left[f(i) \triangle \tau i \right]^{f(i)\triangle \tau i}} \cdot \ldots\ldots\ldots\ldots(1)$$

一總體在宇宙間演變，就熱力學中討論之結果，乃其熵量趨於最大値。此乃物理世界演進之唯一趨勢。就一般事物而論，其演變當然趨於最大或然率之狀態。故一總體之熵量爲該或然率之一函數。設一總體分爲兩部，每部之或然率各爲 W_1 與 W_2，而其總體之或然率爲 W，則其熵量爲

$$S = f(W), \qquad S_1 = f(W_1), \qquad S_2 = f(W_2)$$

而　$W = W_1 \times W_2$，　但　$S = S_1 + S_2$，　故　$S = K \log W \ldots\ldots\ldots(2)$

K 爲一積分常數。

根據 (1) (2) 兩公式，並令 $g_i = \triangle \tau_i$ 則

$$S = K \left[N \log N - \Sigma f(i) \triangle \tau_i \log f(i) \right]$$

其微變量 $-SS = \Sigma\ \delta\ f(i)\ \Delta\tau_i\ \log f(i) + \Sigma\ \delta\ f(i)\ \Delta\tau_i = 0$ ....(3)

因分子之總量無變，故 $\quad \delta N = \Sigma\ \delta\ f(i)\Delta\tau_i = 0$ ....(4)

以 α 乘 (4) 而與 (3) 相加，則得 $\quad \log f(i) + (1+\alpha) = 0$

$$\text{或} \qquad f(i) = C\ \text{常數}$$

即分子之總數 $\quad N = \Sigma\ N_i = C\ \Sigma\ \Delta\tau_i = CV$

而 $\qquad \dfrac{N}{V} = C$，即分子之密度

Maxwell-Boltzmann 氏關於能量在總體內分配於各原子間。求得 $\quad S = K\beta E + KN\log\sigma$

式中 E 為總能量。σ 為間格和數，β 為未定因數再由熱力第二律：$\dfrac{1}{T} = \left(\dfrac{\delta S}{\delta E}\right)_V$，求得 $\beta = \dfrac{1}{KT}$。

則得 $\qquad\qquad N_i = \dfrac{Ne^{\frac{Ei}{KT}}}{\Sigma e^{-Ei/KT}}$

Bose-Einstein 二氏將分子之統計推廣至光子統計，乃求得熱輻射在平衡狀態中，其輻射能之密度為

$$P = \frac{8\pi hV^3}{C^3}\frac{1}{1^{hV/KT}}$$

4. 測 不 準 原 理 與 或 然 率

蓋或然率之計算，可將不連續性之微態與連續性的總態互相聯繫。如上述光子與波勛之聯繫是也。極微弱之光線穿過微孔起繞射而投於感光片上，此即小數光子之進行現象。由實驗考得濃密光子之處卽由波勛原理斷定為最大強度之處。除此種或然率計算之外，並無其他運勛定律可以表明之。蓋因光子之進行情形，須由其位置坐標 (X, Y, Z) 與勛量坐標 (P_x, P_y, P_z) 而確定。但若其一方面能得

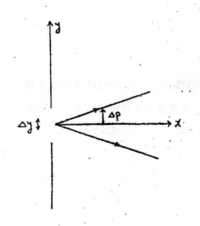

準確之結果，則其他方面必不能測得準確之結果也。茲在光子進行之 X Y 平面上討論之。設光子沿 x 軸向進行。穿過狹縫 $\Delta y = a$ 而起繞射，其光線散開成 λ/a 角。此乃繞射原理推得之結果。

又因每光子之能量為 $h\nu$ 故其勛量 $P = \dfrac{h\nu}{C} = \dfrac{h}{\lambda}$

而沿 y 軸之分量為 $\Delta P_y = P \times \dfrac{\lambda}{a} = \dfrac{h}{a}$

故 $\Delta Y \times \Delta P_y = a \times \dfrac{h}{a} = h$ ，常數由

此式可知若 ΔY 之值逐漸由精密之測定而成極微之值，但同時 ΔP_y 之精密程度漸減，因兩者之乘積為 ---Planck 氏常數 h 也，此所謂測不準原理。

一物理現象中，其位置 q 與動量 p 須同時表現者有上述測不準原理之公式：

$$\triangle q \times \triangle p = h$$

又其他現象，其時間 t 與能量 E 須同時表現者，又有公式：

$$\triangle t \times \triangle E = h$$

因此而微態與總態之連繫。不能使用一般定律，祇能使用統計方法之或然律。

5. 總 體 之 抽 象

總體之通性均藉各種大抽象而得。例如運動律，相對律，電磁原理與熱力原理等。由此而知物之總態。微體之性質，均藉各種微妙假設而得。例如分子，原子，質子，電子與量子等。由此而知物之微態。又藉統計的或然律而將微態與總態連成一氣。即將抽象與假設綜合而得見物之全豹也。

二十世紀以來，抽象之極而得相對論，假設之極而得量子論。相對論與量子論聯合而成波動力學與方陣力學。由牛頓力學而擴展至波動力學，誠如從幾何光學之擴展爲波動光學。其中心工作完全在乎締結於組織上之波羣傳播方程式。此等波羣式，亦如舊原理中以初態爲出發點而推斷組織之演變於時空四度世界中。至於微態中之各種量子情形與各種孤立狀態之不連續性，實爲波羣式本身在數學上之基本函數。故 Schrödinger – Broglie 氏之波羣原理可謂能將不連續的量子，電子性而納入經典的連續性的函數中至於方陣力學則以具有精確實驗意義之各量爲基礎。將此等數量排成有秩序之行列，所謂陣也，亦如中國易理之八卦。方陣中之各元素即微態中之各元素。其整個方陣，相當於一事物之總體。一組織之演變可由方陣之計算法而推得之。故波動力學與方陣力學，其出發點雖不同，其實卽爲同一眞實之兩面觀。均足以代表事物之總態。可稱爲總體之抽象。

6. 波 動 力 學

波動力學之開端爲 De Broglie 氏之波羣。該氏綜合相對原理與量子原理而假定任一微粒，例如電子，必有一系之波動與之締結。根據相對原理，能質之當量可由下式確定之。

$$E_0 = m_0 C^2$$

而締結於微粒之波羣，其頻率 ν、又可由量子關係式而確定：

$$\nu_0 = \frac{E_0}{h} = \frac{m C^2}{h}$$

繼而假定一在動坐標 O X Y Z 中，其頻率 ν 與標準的定坐標 O X' Y' Z' 中之頻率 ν_0 有下式之關係：

$$\nu = \frac{\nu_0}{\sqrt{1 - \frac{V^2}{C^2}}}$$

式中 C 爲光行速度，V 爲動坐標之相對速度。

再假定波群之位相速度 U 與微粒進行之速度 V 有下之關係：

$$U V = C^2$$

如此則波群式之變換坐標可適合相對原理之 Lorentz 氏變換法。在兩坐標中之波群式如下：

$$\Psi = f (x'y'z') \sin (2 \pi \nu_0 t' + a)$$

$$\Psi = f \left(\frac{X - Vt}{\sqrt{1 - \dfrac{V^2}{C^2}}}, y, z \right) \sin \left[2 \pi \nu \left(t - \frac{x}{U} \right) + a \right]$$

其重要推論：

（1）　量子關係，若動坐標中適用者繼續可適用於定坐標。

$$E = m c^2 = \frac{m_0 C^2}{\sqrt{1 - \dfrac{V^2}{C^2}}} = \frac{h \nu_0}{\sqrt{1 - \dfrac{V^2}{C^2}}} = h \nu$$

（2）　波動之群速度 V，等於微粒之速度 V。

$$\frac{1}{V} = \frac{1}{U} + \nu \frac{d}{d\nu} \left(\frac{1}{U} \right) = \frac{\beta}{C} + \frac{\nu (1 - \beta^2)^{\frac{3}{2}}}{\nu_0 \beta C} = \frac{1}{V}$$

式中 $\beta = \dfrac{V}{C}$

（3）　力學之 Maupertuis 原理相當於光學之 Fermat 原理。

$$\delta W = \delta \int_{t_1}^{t_2} mv^2 dt = \delta \int_{p_1}^{p_2} mvds = m \delta \int_{p_1}^{p_2} vds = m \delta \int_{p_1}^{p_2} \frac{ds}{U} = m \delta \int_{p_1}^{p_2} nds$$

（4）　由位相積分推得 Sommerfeld 氏量子情形：

因　$P = \dfrac{h}{\lambda}$　故　$\oint P_s \, ds = nh$

Schrödinger 氏以解析力學爲出發點，可避免使用相對原理而創立與 De Broglie 氏同一理論之波動力學。其波面之常量即解析力學之 Jacobi 氏作用函數 W。

$$\Psi = A \sin (aW + \theta)$$

由此引伸出各種組織之波群方程式：

（1）　一貭點之波群式：$\triangle \Psi + \dfrac{8 \pi^2 m}{h^2} (E - U) \Psi = 0$

（2）　在任何坐標之波群式：$\triangle \Psi + \dfrac{8 \pi^2}{h^2} (E - U) \Psi = 0$

（3）　在任何力場之波群式：$\left(-\dfrac{h^2}{8 \pi^2 m} \triangle + U \right) U = E U$

$$\Psi = e^{-\frac{2\pi i}{h}Et} U(x, y, z)。$$

波動力學之能事，乃將一總類之演變以一波動函數之演變表出之。故 Ψ 函數有如中國古代哲學之太極也。太極生兩儀，一陰一陽。兩儀生四象。四象生八卦。Ψ 數之推演如下：

（1）　其基本函數可正常化：　　$\int \Psi_n \overline{\Psi}_n d\tau = I$

式中 $\overline{\Psi}_n$ 爲 Ψ_n 之共輒函數，　　$d\tau = dxdydz.$

兩邊以電荷 e 乘之，則得　　　$e = \int e\Psi_n \overline{\Psi}_n d\tau$

故電之密度　　$\rho = e\Psi_n \overline{\Psi}_n$

ρ 隨時間而變，促成電磁幅射之發出。

$$\rho = e\Psi_n \overline{\Psi}n = e\sum_m \sum_n Cm \overline{C}n \Psi_n \overline{\Psi}n e^{2\pi i(\nu_m - \nu_n)t}$$

若 m = n，則與時間無關，而不發生幅射。

若 m $\neq$ n，則隨時間而變，乃有幅射發生，其頻率爲

$$\nu_{mn} = \nu_m - \nu_n = \frac{E_m - E_n}{h}$$

（2）　各基本函數具正交性：　　$\int \Psi_n \overline{\Psi}_m d\tau = \int \Psi_m \overline{\Psi}_n d\tau = 0$

（3）　幅射之强度可由總電力矩 M（$M_x M_y M_z$）以推出之：

$$M_x = \int Xq d\tau = \sum_n |C_n|^2 a_{nn} + \sum_{mn} C_m \overline{C}_n a_{mn} e^{2\pi i(\nu_m - \nu_n)}$$

原子構造特性量爲　　$a_{mn} = e \int X\Psi_m \overline{\Psi}_n d\tau.$

（4）　統計的意義：因 m$\Psi_n \overline{\Psi}_n$ 爲質之密度，即質點集中之或然率，$E_n \Psi_n \overline{\Psi}_n$ 爲能之密度，故 $\Psi_n \overline{\Psi}_n$ 爲或然性密度，而 Ψ 函數即或然率之振幅也。其係數之平方爲强度，即該量之或然率也。

7. 方 陣 力 學

以算子之混算法爲關鍵可求得波動力學與解析力學之相當性。在解析力學之 Hamilton 氏公式：

$$H(q, p) - E = 0,$$

若以 $\frac{h}{2\pi i} \frac{\partial}{\partial q}$ 代 P，又以 $\frac{h}{2\pi i} \frac{\partial}{\partial t}$ 代 E，作爲算子而施於函數 Ψ，則推出 Schrödinger 氏波群式：

$$\left[H\left(q, -\frac{h}{2\pi i}\frac{\partial}{\partial q}\right) - \frac{h}{2\pi i}\frac{\partial}{\partial t}\right]\Psi = 0$$

式中 q 與 P，各有一系之定值，可依次序而排成方陣。

$$\overset{\square}{q} = \left\{ \begin{array}{llll} q(00) & q(01) & q(02) & \cdots\cdots \\ c(10) & q(11) & q(12) & \cdots\cdots \\ q(20) & q(12) & q(22) & \cdots\cdots \\ \cdots\cdots & \cdots\cdots & \cdots\cdots & \cdots\cdots \end{array}\right\}$$

依數學方陣之混算法，並由相當原理推出方陣之量子式如下：

$$\overset{\square}{p}\,\overset{\square}{q} - \overset{\square}{q}\,\overset{\square}{p} = \frac{h}{2\pi i}\overset{\square}{e}$$

式中 $\overset{\square}{\Sigma} = \left\{ \begin{array}{lll} 1 & 0 & 0 & \cdots \\ 0 & 1 & 0 & \cdots \\ 0 & 0 & 1 & \cdots \end{array}\right\} = 1$，稱單位方陣

若以 q 代 $\overset{\square}{q}$，又以 $\frac{h}{2\pi i}\frac{\partial}{\partial q}$ 代 $\overset{\square}{P}$，以 1 代 $\overset{\square}{\Sigma}$

消去公因子 $\frac{h}{2\pi i}$ 則得 $\frac{\partial}{\partial q}q - q\frac{\partial}{\partial q} = 1$

此即代數之偏微分值等式也：$\frac{\partial}{\partial X}X - X\frac{\partial}{\partial X} = 1$

故函數 F (2, P) 欲變為波群式，可先以 $\frac{h}{2\pi i}\frac{\partial}{\partial q}$ 代 P 而得

$$F\left(q, \frac{h}{2\pi i}\frac{\partial}{\partial q}\right)\Psi_n = \sum_m F_{mn}\Psi_m,$$ 式中 m 顯示係數之等級 n 顯示原函數之指數

F_{mn} 各數依次整成行列乃得替代 F (q , p) 函數之一方陣 $\overset{\square}{F}$。

方陣之完全項為 $(q p)_{mn} = F_{mn}\,e^{2\pi i \nu (mn)t}$

減去時間因子之方陣元素為：$F_{mn} = \int \overline{\Psi}_m F\left(q, \frac{h}{2\pi i}\frac{\partial}{\partial q}\right)\Psi_n\, d\tau$

若令 F = q ，則得 $q_{mn} = \int \overline{\Psi}_m q \Psi_n\, d\tau$

又令 F = P ，則得 $P_{mn} = \frac{h}{2\pi i}\int \overline{\Psi}_m \frac{\partial \Psi_n}{\partial q}\, d\tau$

此可顯明方陣力學與波動力學之關係。

又設有一組織，其位置與動量坐標之函數為 $f(q_1, \cdots q_n, P_1, \cdots P_n)$

又設 $d\sigma = dq_1 \cdots dq_n\, dp_1 \cdots dP_n$。　若有另一函數 $F(q \cdots p_n)$，則其平均值為

$$\overline{F} = \frac{\int F f\, d\sigma}{\int f\, d\sigma}$$

又因 $\overline{\Psi}\Psi$ 為一分配函數，故 $\overline{\Psi}\Psi\, d\tau$ 為微粒在 $d\tau$ 內之或然率故

$$\overline{F} = \int F \overline{\Psi}\Psi\, d\tau = \int \overline{\Psi} F \Psi\, d\tau$$

將 Ψ 展開　$\overline{F} = \sum_{m,n} \overline{C_m} C_n\, e^{\frac{2\pi i}{h}(E_m - E_n)t} \int \overline{U_m} F U_n\, d\tau$

因 $F_{mn} = \int \overline{U_m} F U_n\, d\tau$

$$\overline{F} = \sum_{m,n} \overline{C_m} C_n\, e^{\frac{2\pi i}{n}(E_m - E_n)t} F_{mn}$$

而　$\overline{P_x X} = \int \overline{\Psi} \left[\frac{h}{2\pi i} \frac{\partial}{\partial X}(X\Psi) \right] d\tau = \frac{h}{2\pi i} + \overline{XP_x}$

即　$\overline{P_x X} - \overline{XP_x} = \frac{h}{2\pi i}$　　或 $pq - qp = \frac{h}{2\pi i} e$

此可顯方陣之統計的意義。

8. 世界總體之演進

　　從物理方面，將世界作最大之抽象，則其總體之演進，一方面可由波動力學之工作而以一 Ψ 函數之變表現之，有如先哲之所謂太極。另一方面可由方陣力學之工作而以事物之各元素排列成陣，乃用方陣計算表現之，有如先哲之所謂八卦。兩者可以算子為關鍵而連繫之。在推算之進行中，兩種方法可互相為用，又如八卦之由太極引伸而出。波動力學與方陣力學綜合，其演進之趨勢或可與易經之討論演變相符也。

　　從微態以探求事物之真諦，偏重假設，假設之極而有量子論。從總態以探求事物之真諦，偏重抽象，抽象之極而有相對論。綜合微態與總態以探求事物之真諦，則假設與抽象並用，故量子論與相對論，連續性與不連續，彼此相通，此乃波動力學與方陣力學之能事。究其極，均源出世界之或然率。故由統計法以推出各或然定律。更使用微擾原理以觀其變，則所有退化組織可漸變成不退化組織而討論之。如是則世界一切現象之發生將可預定，而人生之真諦將可有確切之答覆矣。

9. 我 的 宇 宙 觀

從微態研究世界而知微粒之最微爲量子，或更微而有神子。其體愈微，其用愈活。蓋宇宙之總體有兩極，一極趨於動輕活，一極趨於靜重死。其動輕活之特性以其能量表之，其靜重死之特性則以其質量表之。愈趨於動輕活者，其能量之發出愈多，其本體之質量愈少。愈趨於輕重死者，其能量之發出愈少，大都凝聚而爲其本體之質量。故量子之質量極微而其動能極大。分子之質量頗大而其動能甚小也。其動輕活者發散於時空四度宇宙各方而形成波動，所謂輻射也。其靜重死者會聚於時空四度宇宙之最小範圍而形成物體。故質與能雖互有當量，但因或爲向動輕活一途而發散者，故其顯著之特性爲靈活，或爲向靜重死一途而會聚者，則其顯著之特性爲凝聚。任一物體所圍之各微粒，其中有較靈活者，亦有較凝聚者。一般無生物其微粒趨於凝聚。故由力學之研究而知物體趨於最大位能之穩定平衡狀態。由熱學之研究而知物體之溫度趨於劃一而逐致熵益最大之熱力平衡狀態。由靜電學之研究亦得同類之結果。一般有生物則不然。由植物而進化至動物，更而進化至人類，其微粒趨於靈活，故其作用爲發散。故人生之演進乃向動輕活之一極。一方而逐漸減小其趨於靜重死之微粒，一方面逐漸增加或創造更動更輕更活之微粒，所謂由質而趨於能，由能而趨於神也。人之愈活動者，在大社會中愈佔重要之位置，愈能抽出宇宙能之靈活元素而使用之。自瓦特發明汽機，人類乃利用熱能以活動。安培發明電流又利用電能以活動。現在科學家更進行採用原子能，則人之活動力量更將增大矣。科學之對於人生，在能依一定之步驟盡量採發世界之能源而利用之，並使其活動更有條理，其活動之形式更爲諧和，其活動之範圍更爲擴大以向世界最動最輕最活之一極邁進。

半波整流與全波整流之分析

吳 敬 寰

1. 前　言

用整流眞空管,將交流電整流而變爲直流電,這件事,在電工方面,是件很平常的事,這項技術,早已十分成功。但關係交流整流的問題,尙有數點,時致今日,覺得還有研究的必要,這幾點是:

(一)半波整流的特性,與全波整流者比較,二者之間,有何顯著的不同?大家曉得,半波整流的電,不易濾波!這是爲什麼?

(二)經半波整流之後,所產生之直流電流與直流電壓,與經全波整流者比較,在數値上,有何確定的不同?且在相同之情形下,二者所產生之直流電力,有何不同?

(三)經半波整流之後,電流或電壓之有效值,與全波整流者比較,有何區別?

(四)半波整流與全波整流之波形,到底是些甚麼樣子?

以上這幾個問題,甚覺有趣,且十分重要,想我電工同志,亦早有同感;茲用數學方法,及實驗証明,將這幾個問題,詳細分析解答如後,希識者不吝賜教指正。

2. 半波整流與全波整流之數學分析

根據解算傅立葉級數的辦法,爲半波整流,整流後電流之瞬時值,應如*

$$i_1 = -\frac{2\,i_0}{\pi}\left[\frac{1}{2} - \left(\frac{\cos 2\theta}{1.3} + \frac{\cos 4\theta}{3.5} + \frac{\cos 6\theta}{5.7} + \cdots\cdots + \frac{\cos 2n\theta}{(2n-1)(2n+1)}\right)\right] + \frac{i_0}{2}\sin\theta,$$
$$\cdots\cdots\cdots\cdots\cdots\cdots(1)$$

此式右端之末一項,係來目解算「測不準式」而得,此項在半波整流之濾波問題上,十分緊要,半波整流後,其所以不易濾波者,就是因爲牠。此式右端括弧內的第一項,即 $\frac{i_0}{\pi}$,是直流電流,半波整流的目的,就是爲着這一項,括弧內第二項,就是那些餘弦各項,是直流電流上的「紋波電流」,其第二第四諧波的電力甚大,故濾波器的設計,就是用這兩個頻率,當作根據。

半波整流後的電壓,如果負荷電路內,電抗不甚大時,就可用(1)式表示,不過祇將 i_0 變換爲 e_0 而已,否則必須將相位角計算進去。

依照傅立葉級數原理,同樣解法,全波整流後,所得電流之瞬時值,應爲

$$i_2 = \frac{4\,i_0}{\pi}\left[\frac{1}{2} - \left(\frac{\cos 2\theta}{1.3} + \frac{\cos 4\theta}{3.5} + \frac{\cos 6\theta}{5.7} + \cdots\cdots + \frac{\cos 2n\theta}{(2n-1)(2n+1)}\right)\right]。\cdots\cdots(2)$$

---

*布施壽夫著:電氣通訊基礎論,第182頁至第198頁。

此式右端，括弧內第一項，即 $\frac{2i_0}{\pi}$，乃全波整流後，所得之直流電流；其第二項，係直流上餘弦性質的紋波電流。

　　（1）式與（2）式的主要區別，就是前者有基本頻率之正弦波存在，而後者無之，這就是全波整流，比較半波整流優越的地方。同時，由（1）及（2）兩式看出，全波整流之直流電流，是二倍半波整流者；且全波整流的直流輸出電功率，是四倍半波整流者。

3. 交流整流後、電流及電壓之有效值

　　依照計算有效值之辦法，由（1）式，可得半波整流後，電流之有效值，如

$$I_1 = \sqrt{\left(\frac{i_0}{\pi}\right)^2 + \frac{1}{2}\left(\frac{2i_c}{\pi}\right)^2\left(\frac{1}{1^2 \cdot 3^2} + \frac{1}{3^2 \cdot 5^2} + \frac{1}{5^2 \cdot 7^2} + \cdots\cdots + \frac{1}{(2n-1)^2(2n+1)^2}\right) + \frac{1}{2}\left(\frac{i_0}{2}\right)^2},$$

或　　$$I_1 = i_0\sqrt{\frac{1}{\pi^2} + \frac{2}{\pi^2}\sum_{n=1}^{\infty}\frac{1}{(2n-1)^2(2n+1)^2} + \frac{1}{8}} \quad\cdots\cdots\cdots\cdots（3）$$

依照「拆分法」之辦法，（3）式平方根下，第二項之總合分數，可展之如

$$\sum_{n=1}^{\infty}\frac{1}{(2n-1)^2(2n+1)} = \sum_{n=1}^{\infty}\left(\frac{1}{4(2n-1)} + \frac{1}{4(2n-1)^2} + \frac{1}{4(2n+1)} + \frac{1}{4(2n+1)^2}\right).$$

而因　　$$\sum_{n=1}^{\infty}\frac{1}{4(2n-1)} = \frac{1}{4}\left(\frac{1}{1} + \frac{1}{3} + \frac{1}{5} + \frac{1}{7} + \cdots\cdots\right),$$

$$\sum_{n=1}^{\infty}\frac{1}{4(2n-1)^2} = \frac{1}{4}\left(\frac{1}{1^2} + \frac{1}{3^2} + \frac{1}{5} + \frac{1}{7^2} + \cdots\cdots\right) = \frac{\pi^2}{32},$$

$$\sum_{n=1}^{\infty}\frac{1}{4(2n+1)} = \frac{1}{4}\left(\frac{1}{3} + \frac{1}{5} + \frac{1}{7} + \cdots\cdots\right),$$

$$\sum_{n=1}^{\infty}\frac{1}{4(2n+1)} = \frac{1}{4}\left(\frac{1}{3^2} + \frac{1}{5^2} + \frac{1}{7^2} + \cdots\cdots\right) = \frac{\pi^2 - 8}{32};$$

故　　$$\sum_{n=1}^{\infty}\frac{1}{(2n-1)^2(2n+1)^2} = \frac{\pi^2 - 8}{16}。\quad\cdots\cdots\cdots\cdots\cdots\cdots\cdots\cdots（4）$$

將（4）式之值，代入（3）式則

$$I_1 = \frac{i_0}{2}。\quad\cdots\cdots\cdots\cdots\cdots\cdots\cdots\cdots\cdots\cdots\cdots\cdots\cdots\cdots\cdots\cdots\cdots\cdots\cdots\cdots（5）$$

　　（5）式，即表示半波整流後，電流之有效值。此值，乃直流電流，基本頻率之正弦波電流，及偶數諧波之餘弦波電流，三者合成者也。

同理同法,由(2)式,可得全波整流後,電流之有效值,如

$$I_2 = \sqrt{\left(\frac{2i_0}{\pi}\right)^2 + \frac{1}{2}\left(\frac{4i_0}{\pi}\right)^2 \left(\frac{1}{1^2 \cdot 3^2} + \frac{1}{3^2 \cdot 5^2} + \frac{1}{5^2 \cdot 7^2} + \cdots + \frac{1}{(2n-1)^2(2n-1)^2}\right)},$$

或　　　$I_2 = \frac{2i_0}{\pi} \sqrt{1 + 2 \sum_{n=1}^{\infty} \frac{1}{(2n-1)^2(2n+1)^2}}$ $\cdots\cdots$ (6)

由(4)式之結果,全波整流後,電流之有效值,爲

$$I_2 = \frac{i}{\sqrt{2}}$$ $\cdots\cdots$ (7)

依同理,半波整流後及全波整流後,電壓之有效值,當如

$$E_1 = \frac{e_0}{2}, E_2 = \frac{e}{\sqrt{2}}$$ $\cdots\cdots$ (8)

參閱(5),(7),及(8)三公式,可知整流後之負荷電路上,所產生之直流電功率,與實際使用之電功率比較,半波整流之效率爲 40%,而全波整流之效率,爲 80%,兩相比較,爲一與二之比。

4. 實 驗 方 法 及 結 果

爲實驗半波及全波整流的特性,擬測量之數值如下:

半波整流後之直流電流,

半波整流後之直流電壓,

半波整流後之有效值電流,

半波整流後之有效值電壓;

全波整流後之直流電流,

全波整流後之直流電壓,

全波整流後之有效值電流,

全波整流後之有效值電壓。

舉行這個實驗的時候;用了非自感電阻一個, RCA 80 整流管二個,直流毫安培表一支,交流毫安培表一支,直流電壓表一支,交流電壓表一支,及普通收音機上用之電源變壓器一個。茲將半波整流及全波整流兩電路,及其相當電路,表示如第一與第二兩圖。

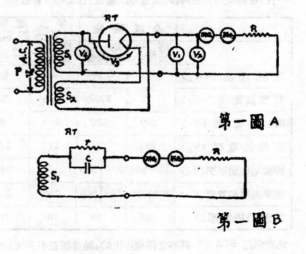

第一圖 A

第一圖 B

第一圖(A)半波整流電路

　R=非自感電阻器 (9300 歐姆).

　MA₁=直流毫安培表 (0-100 Ma, Weston, Model 301),

　MA₂=交流毫安培表 (0-50 Ma, Weston, Model 517),

　V₁=直流電壓表 (0.240v, D R P, Germany).

　V₂=交流電壓表 (0.500v, M V, England).

　RT=RCA-80 真空管,

　T=電源變壓器,

　S₁=變壓器之高壓次級圈,

　S₂=變壓器之低壓次級圈,

　P=變壓器之初級圈。

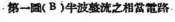

第一圖(B)半波整流之相當電路

　RT=RCA-80 真空管

　C=整流管之屏極與陰極間電容,

　R=整流管之屏極與陰極間電阻,

　S₁=變壓器之高壓次級圈。

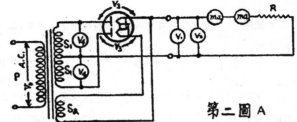

第二圖 A

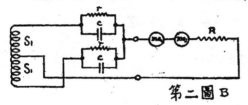

第二圖 B

第二圖(A)全波整流電路
（圖內各符號意義，與第一圖者同）

第二圖(B)全波整流電流之相當電路

　用第一與第二兩圖所示之整流線路，測量預定之各值。在進行測量的時候，最緊要的一件事，就是要保持那枚非自感電阻 R，不使過量發熱，以免電阻改變。為此實驗，採用的 R，係五瓦的炭質電阻器一枚，在每次測量的時候，通電時間甚短，且幾個緊要數值，一定同時記錄。茲將所得結果，記錄如下表：

	全波整流		半波整流（第一屏極）		半波整流（第二屏極）		全波與半波比較	
	第一整流管	第二整流管	第一整流管	第二整流管	第一整流管	第二整流管	第一整流管	第二整流管
直流電流 (MA₁)	19	20	9.5	9.8	9.8	10	2:1	2:1
有效值電流 (MA₂)	22	22.5	15	15.8	15.5	16	7:5	7:5
直流電壓 (V₁)	200	180	100	97	100	93	2:1	2:1
有效值電壓 (V₂)	230	225	170	170	170	170	7:5	7:5
屏陰兩極間電壓 (V₃)	350　350	350　350	152	160	150	160		
電源高壓圈電壓 (V₄)	260　260	262　266	260	270	268	270		
電源初級電壓 (V₀)	100	100	100	100	100	100		

此表係用 RCA-80 真空管兩個作出的，結果相差不甚大。V₀, V₃, 及 V₄ 三值，係交流電壓。第八與第九末兩行，係全波整流之電流或電壓，與半波整流之電流或電壓之比例數值。

5. 結 果 討 論

　　根據以上第二與第三兩段之數學分析,証之第四段的實驗結果,爲半波整流及全波整流,得結論如下:

甲、　半波整流與全波整流,二者所得之直流電流,其數值,即(1)式及(2)式內第一項(常數)所表示者,此二值之比數,恰如實驗所得,爲

$$\frac{\frac{i_0}{\pi}}{\frac{2i_0}{\pi}} = \frac{1}{2} = \frac{9.5 \text{ 瓩安培}}{19 \text{ 瓩安培}} \; ;$$

其直流電壓亦然,爲

$$\frac{\frac{e_0}{\pi}}{\frac{2e_0}{\pi}} = \frac{1}{2} = \frac{100 \text{ 伏特}}{200 \text{ 伏特}} \; 。$$

乙、　半波與全波整流,二者所得之有效值電流,即(5)及(7)兩式所表示者,此二值之比數,恰如實驗所得,爲

$$\frac{\frac{i_0}{2}}{\frac{i_0}{\sqrt{2}}} = \frac{5}{7.07} = \frac{15 \text{ 瓩安培}}{22 \text{ 瓩安培}} \; ;$$

其有效值電壓亦然,爲

$$\frac{\frac{e_0}{2}}{\frac{e_0}{\sqrt{2}}} = \frac{5}{7.07} = \frac{170 \text{ 伏特}}{230 \text{ 伏特}} \; 。$$

丙、　全波或半波整流,直流電流與有效值電流,或直流電壓與有效值電壓,實驗結果與原理,恰相吻合,如(以全波整流爲例)

$$\frac{\frac{2i_0}{\pi}}{\frac{i_0}{\sqrt{2}}} = 0.89 = \frac{20 \text{ 瓩安培}}{22.5 \text{ 瓩安培}} \; ;$$

$$\frac{\frac{2e_0}{\pi}}{\frac{e_0}{\sqrt{2}}} = 0.89 = \frac{200 \text{ 伏特}}{230 \text{ 伏特}} \; 。$$

　　由此結果証明,(1),(2),(5),(7),及(8),各式,完全無誤。

丁、 半波整流後，電波與直流電流的樣子，完全由第三圖表示。全波整流的波形，與半波整流者，

十分像似，但缺基本頻率之正弦圖數一項。由（1）式得悉，右端第一項，即直流與餘弦各

項，係整流眞空管以後的事；而右端第二項，即基本頻率正弦項，參看第一圖之相當電路，

可知其爲整個電路上的事。所以畫圖的時候，將偶數頻率的各餘弦項，統全畫在直流電流

$\left(\dfrac{i_0}{\pi}\right)$ 的面上，而基本頻率之正弦電流，單獨畫在時間軸線上。由第三圖出，如果餘弦之

高偶數諧波，全部繪出，其最終之組合曲線，當恰似各課本及手册上所給的半波整流波形；

但直流電流 $\left(\dfrac{i_0}{\pi}\right)$，還是直流電流，並不受諧波電流的絲毫影響，而直流電流對諧波影

響，係將各偶數頻率之餘弦波，提高到牠的面上去活動罷了。

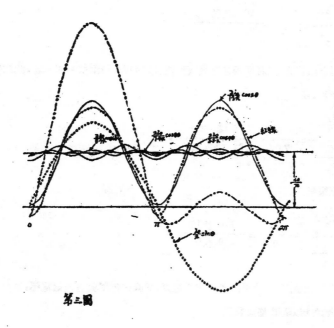

第三圖

本文內各圖及曲線，均由交通部第六區電信局吳麗珍女士幫忙作出，特此致謝。

民國卅五年九月廿三日於石牌中大電工系

噴射飛機引擎

李文堯

一、引言

第二次世界大戰結束後，科學戰爭正加緊繼續進行。比基尼珊瑚島之原子彈試驗，是探求科學最新式武器之控制原理，飛彈式空中武器之精細研究，無非是準備第三次世界科學大戰爭；其他如電視及雷達之推廣應用，新型海座空武器之研究及改善，無一不是準備未來之科學戰爭。

飛機為現代戰爭之最重要工具，原子彈之威力雖足驚人，若無飛機去投擲，亦等於無用，假如在地面上作戰，若無飛機去偵察，雖有百萬雄師，亦陷於盲目，必為敵人所消滅，若於海洋作戰，則更無論矣。艦隊如無飛機在上空掩護，簡直無法作戰，萬噸船艦，一枚炸彈，即可送入海底。此種事實，從第二次世界大戰中，可得到顯著之証明。

飛機的發展，不過三十餘年短短歷史，其進步之速，有非吾人所可想像者。一九一四年第一次世界大戰開始時，飛機的速度最高每小時不過一百英哩，所投之炸彈為今日之手溜彈，既無機槍之裝置，亦無通訊之設備，其構造之簡單，及今視之，令人不禁發噱。二十年後，第二次世界大戰又起，飛機的速度每小時可達五百英哩，所投之炸彈為原子彈，機關槍，機關砲，鋼甲，一切俱全；無錢電話，雷達，精確投彈機，攝影機，一切科學設備，應有盡有。高可飛至五萬呎，續航能達五千哩，其結構之完善，不論外表內容，皆可令人滿意，比之第一次世界大戰時之飛機，真有天淵之別。

飛機之外形構造，其主要目的，一方面是求適合於飛行條件，另方面務求阻力細小，經數十年之改進，飛機之大概模型，似乎已達最高理想水準。就阻力方面而言，現代新式飛機，其外形阻力已減至無法再減，除非另有別種形式飛機出現。故現代航空工程師，已將其研究重心移向引擎部份。因為飛機之最大速度，與引擎馬力立方根成正比，故欲求飛機速度之增大，增加其引擎馬力，為唯一之方法。直至現在，飛機所用之引擎為活塞引擎（即普通之內燃機，其活塞往復運動，用以將汽油之熱能傳達至曲軸轉變為旋轉力），此種活塞引擎，因為受活塞最高速度所限制，其單汽缸之馬力，已發展至最高限度。故欲增加其整個引擎之馬力，唯一之方法祇能增加汽缸之數量，或者採用超度數（超過一百二十度）之汽油。此種超度數之汽油，現在仍未見採用，故暫不置論。在經濟方面而論，一個引擎之優劣，不能以其馬力之大小來量軸，而以其比重之大小來量軸，（比重即每匹馬力機件之重量）其比重愈小者，其效能愈大。故增加汽缸之數量，其結果會使比重增大，因而令其效能自動減退，此非理想之設計者一；因汽缸之數量增加，其與件踏之繁複，因此而影响其安裝之容積，隨而增大其空氣之阻力，此非理想之設計者二。現代航空工程師鑒於現行活塞引擎之種種短處，早已想用其他動力來代替之。在第二次世界

大戰進行中，德美航空專家已發現兩種動力可以代替現有之普通飛機引擎，一種為噴射氣輪引擎，(Gas Turbine Engine) 一種為火箭引擎，(Jet Propulsion Engine) 前者用在飛機上，其推進力一方面仍藉螺旋槳，另方面利用噴射氣之餘力，(約百分之二十)藉以推動飛機前進，後者不用螺旋槳，祇藉其噴射之反抗力，把飛機向前推進，其原理與火箭同。噴射氣輪引擎，經已普遍應用，惟火箭引擎，現尚在試驗中，蓋有待科學家之繼續研究也。

二、噴射汽輪引擎

噴射汽輪引擎(Gas Turbine Engine)之原理，與水蒸汽氣輪機之原理相同。其方法先將汽油之潛在能，用燃燒方法，變為熱能，(Heat Energy)然後將這種熱能，利用汽輪葉子之傳達，變為機械能，(Mechanical Energy)由此所得之機械能，可以不用曲軸之傳達而直接變為旋轉力，(Rotary Thrust) 此種旋轉力可以直接推動螺旋槳，——因轉速關係，普通是接連減速齒輪(Reduction Gear)，——由螺旋槳而變為飛機推進力(Thrust)。因汽油之熱能，其用於推動氣輪葉子者，普通為百分之八十，倘餘百分之二十，可利用噴射管(Nozzle) 之特別裝置而變為反抗力(Reaction Force)，如此，可增加一部份飛機推進力。汽油與空氣混合燃燒後，其體積立即澎漲，其澎漲力之大小，與混合物之壓縮比率(Compression Ratio)，燃燒熱度及燃燒速率成正比，同時須視熱循環效能 (Cycle Efficiency)而定。以現有製造原料之強度而論，噴射氣輪機之燃燒熱度，約為華氏1500 F，(超過此溫度時，安全亦不可恃)其壓縮比率約為十與一之比，(即將混合體之容量壓縮至十分之一之容量)，整個汽輪機之效能約為百分之八十五 (85%)，燃燒效能約為百分之二十六(26%)。以上所列之數目字，是以水平線之高度為標準，若飛至一萬五千英呎時，因空氣之溫度降低，其燃燒效能可畧增加而至三十一點五之數(31.5%)。

噴射氣輪引擎之構造，頗為簡單，其主要部分為(一)壓縮器，用以將混合物之容積壓縮。(二)為燃燒室，將壓縮後之混合物經此而燃燒，進而澎漲。(三)為旋轉子 (Rotor)，澎漲汽體經過此旋轉子之葉子時，將旋轉子推動，繞軸心而旋轉。(四)為噴射管，將剩餘氣體導出引擎之外，因而得反抗力。(五)螺旋槳。(六)變速齒輪，因旋轉子之轉速 (R.P.M.) 太高，對於所需要之螺旋槳轉數不合，故用變速齒輪以調整之。至於製造材料，則以能耐熱及強度最高之鋼為宜。圖一是指明該引擎構造之大概。

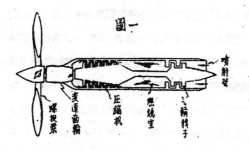

圖一

噴射管

變速齒輪　壓縮機　燃燒室　汽輪轉子

螺旋槳

因噴射汽輪機之構造比活塞引擎較為單簡，而且形狀瘦長，故其外圍直徑比普通引擎細一半，安裝容積因而較小，由是阻力亦小，飛機速度可因此而增加。根據一般試驗，噴射汽輪機之最大效能，便不因其轉速之增加或馬力之增大而減退返而改善，故噴射氣輪引擎，最適宜於高速飛行，原因很簡單，因壓縮器之效能，正因其轉速之增加而擴大也。

噴射气輪機之燃燒室,與普通之內燃機不同,其容積畧大,同時所需之空气亦多,以每磅汽油計算,大約四至八倍內燃機,因其需要大量空气,其排出之廢气亦比普通內燃機多數倍,此種廢气,其潜在動能常佔其燃燒气體動能百分之二十,此種廢气導之以噴射管,可以增加推進力不少,噴射气輪機之優點亦在此。

噴射气輪機爲一無空气增壓器 (Supercharger)裝置之引擎。故在高空時,因空气之密度減低,其發生之馬力亦隨之而低,蓋引擎馬力之大小,與空气密度之大小(即空气之厚薄)成正比故也。故設計時,應注意其所飛高度,而定其馬力之需要。但此種設計,會使引擎之馬力,在水平時過剩,因構造關係,未能加以控制,一如活塞內燃機之有汽門,可以節制其過剩馬力。但此種現象,不能說噴射气輪引擎之短處,反而對飛行有益,因在水平上,此種引擎起航力比普通引擎大六十倍,故所需跑道較短,而爬高力亦較强,對戰鬥方面,未始不無好處也。大抵此種引擎是適合於大馬力飛機(超過一千至二千匹馬力爲宜),同時亦適應高速度之飛機(以超過每小時五百英哩爲佳),至低速度及小型飛機,則以普通引擎較爲適宜也。

三、火箭引擎

火箭引擎 (Jet Propulsion Engine),其原理與火箭相類,所差別者爲火箭所用之燃料爲火藥,因其本身有氧气存在,故能離大气而自燃,而火箭引擎所用之燃料爲汽油,其燃燒尚要大自然之氧气,故不能離大自然而獨立也。火箭引擎馬力之發生,是將燃燒之气體,用導管及唧筒,使其加速向後噴射,此種噴射气體之衝撞力,即等於引擎所受之反抗力,此種反抗力,即爲此引擎馬力之來源。火箭引擎之推進力,在普通飛機速度範圍內,其變動甚微。普通計算此種引擎之馬力,其單位與普通計算不同,在飛行速度每小時375英哩時,引擎發生一磅之推進力即等於一匹馬力(即1 H.P.＝1 lb. 當V＝375 m./h.)。此種引擎之效能,在高速度飛行時爲佳,低速度飛行則甚劣,詳細研究尚待專家絞其腦汁焉。

四,各種引擎之比較

飛機引擎之優劣,除視其馬力之大小外,還須視其每匹馬力每小時耗油之多寡,外形之大細,整個機構重量之大小,冷却裝置之繁簡及其將汽油熱能變爲機械能之效能而定。現行活塞內燃機之特性,雖有其短處,仍不失爲可靠之引擎,而且在低馬力與低速度之範圍內,現行之活塞引擎,仍保持其優越地位。一般而論,火箭引擎,祇適合於超速度飛機之應用,至於噴射气輪引擎,則介乎兩者之間,其性能特佳,因其比現行活塞引擎,在普通飛行速度範圍內較優故也。玆爲讀者明瞭起見,特分項作簡括之比較,俾能一目了然:

(甲)性能——裝置現行活塞引擎之飛機,其飛行速度,已有無形中之限制,而且在高空飛行時,更爲顯著。雖有增壓器之設備,仍祇限於設計所定之高度,更兼外形太大,冷却裝置繁複,致令阻力增加,

使飛行速度減低。普通之活塞引擎，其本身之馬力，一大部分散失於螺旋槳損耗，外形阻力損耗及冷却

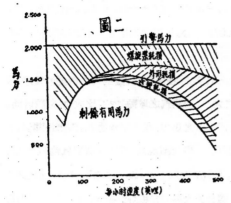

損耗等，結果大部分馬力散失於無用之途。圖二 是表明普通活塞引擎馬力損耗之情形。若用噴射气輪引擎，則因其構造之簡單，外形爲瘦長物體，可以裝置於殼內，因而減少其阻力百分之八十，同時又因無冷却裝置，更無冷却之消耗，因是之故，其散失於無用之途之馬力大爲減低，換句話說，卽其有用之馬力大爲增加。抑尤有進者，因其構造爲噴射式，故其廢气之動能(Kir-eitc Energy)，可藉噴射管之引導而變爲推進力，其馬力

亦因是而增加。故我們可以說，噴射气輪機之構造，能將汽油之熱能，大部分變爲有用之動能，這種動能是飛機飛行速度所憑倚，故噴射气輪引擎，其速度比活塞引擎高。其次，噴射气輪引擎，因其設計時

爲高空飛行之用，故在地面時其馬力有剩餘，普通爲百分之六十，因爲剩餘之馬力大，故起航速，同時在跑道上所跑之路程亦縮減，而且爬得高。這種優越條件，極適合於半途襲擊機(Intercepter)，以其最短時間內，可以直達高空與敵機週旋也。圖三是表明噴射气輪機馬力損耗之情形，與圖二比較，在一定航速時，其有用馬力大得多矣。圖四指示出三種引擎與飛機速度之關係。以一定高度而論，火箭引擎之速度最高，但未有確定之試驗，噴射汽輪機則次之。至於活塞引擎，則比前兩者大爲遜色矣。

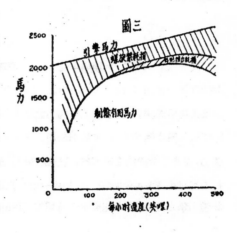

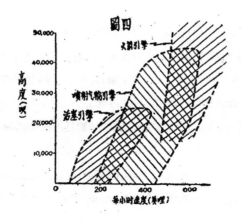

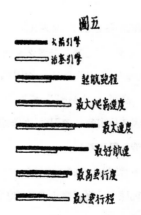

　　噴射氣輪引擎，在第二次世界大戰中已大量應用，性能方面已得有定論。此種引擎優點固多，但未能完全取活塞引擎之地位而代之，蓋後者之優點，未能盡被抹煞也。圖五表明火箭引擎與活塞引擎性能之比較。火箭引擎之優點有三：即（一）最大速度高，（二）航速優良，（三）飛得高。但起飛時跑程較長，爬高速度較小，而最大航程亦較短也。總而言之，三種引擎之飛行性能，各有千秋，俱爲現代最理想之原動力，可以斷言。

　　（乙）油量消耗——在低速度飛行時，活塞引擎能將燃料之潛能大部分變爲有用之動能。我們可以說，飛機在低速度飛行，其每英哩所用之燃料較少，故作長途飛行時，活塞引擎用油較爲經濟。圖六表

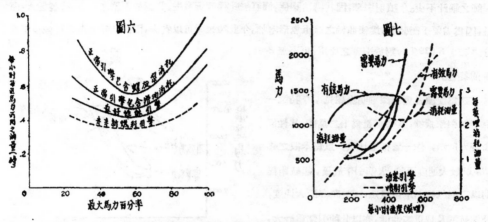

　　示活塞引擎油量消耗之情形。現在最新式飛機引擎，其每小時每匹馬力所用之油約在半磅左右，若用超度數之油，則其消耗較省。噴射式飛機引擎，在低速度飛行時，其所消耗之油量，雖令人滿意，但在高速飛行時，其每匹馬力所消耗之油量頗低，尚合經濟原則。圖七表明活塞引擎與噴射引擎消耗油量之情形，實線代表活塞引擎，虛線代表噴射引擎。

　　從圖七可以明瞭在低速度時，噴射引擎消耗之油量比活塞引擎多，但速度超過五百英哩時，則用油比較經濟。從經濟方面言，噴射引擎祇適宜於高速度飛機之應用，而不適合於小型低速飛機也無疑矣。

　　（丙）比重與阻力——現行活塞引擎，其馬力之增大，雖無顯明之限制，但其所需要之控制與件日趨繁複；如增壓器之由單級變爲複級，排氣裝置之複雜，冷却裝置之種種困難，皆令此種形式引擎之比重增加。圖八表示活塞引擎比重與馬力之關係。從此圖可以明瞭，活塞引擎之比重，是與馬力之增大而遞增，此點爲吾人所欲避免者。反觀噴射引擎，因其構造不複雜，控制裝置極簡，排氣可用簡單噴射管，冷却裝置無需要，如此，可減低其本身淨重，故可得較小之比重。至論阻力，則因噴射引

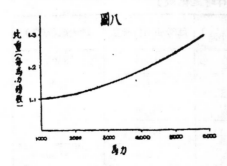

擎為搜長物體，不論裝置在機身或機翼，皆可綽綽有餘，其阻力之小，誠活塞引擎所望塵莫及。現行气冷星形引擎，其外匯直徑之大，裝在機翼，固然澎突，即裝在機頭，亦增加機身阻力不少。此種現象，早為飛機之垢病，亦為一般航空工程師所欲剔除者。一言以蔽之，比重與阻力，噴射引擎，比活塞引擎優越多多矣。

(丁)其他——除上述性能，油量消耗及比重與阻力，活塞引擎比噴射引擎遜色外，就動的特性方面言，活塞引擎之短處尚多：例如扭向顫彈(Torsional Vibration)，為活塞引擎所難免，而亦最不易控制者，縱使用平衡(Balance)方法，可以使之減輕，但未能將之消除，此為引擎鬧毛病之一大原因，敆盡工程師之腦汁不少。今噴射引擎，因其構造關係，簡直無此種顫彈發生，其對於引擎之壽命，裨益極大。而且，因為需要平衡裝置，遂使曲軸之淨重無形增加。今此種裝置可以省去，因此曲軸之重量可減少至百分之二十五(25%)，對於引擎之比重，更不無多少補益也。

茲為使讀者更加深刻明瞭起見，今特選一巨型四引擎飛機，其總重量為十二萬磅，其性能如圖九所示，作一總括之比較，以為本段之終結。以最大速度而論，火箭引擎最優，起航跑程則以噴射气輪引擎為最短，至於爬高最大速度，最遠航程及載重等性能，亦以此種引擎為最大，活塞引擎已望塵莫及矣。茲分列表比較如下：——

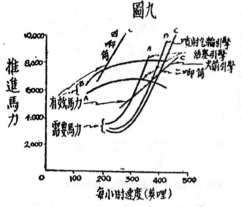

圖九

表一 （起航時各項比較）

引擎種類	飛機總重量(磅)	與件重量(磅)	載油量(磅)	起航推進力(磅)
活塞引擎	120,000	20,800	40,000	28,000
噴射气輪引擎	120,000	15,000	45,000	44,000
火箭引擎	120,000	8,000	52,800	24,000

表二 （在二萬呎高空飛行時之比較）

引擎種類	最優航速(哩/每小時)	每磅油所行哩數	最大航程(哩)
火箭引擎(四引擎在35,000呎高)	460	0.066	3500
活塞引擎	250	0.120	4800
噴射气輪引擎(四引擎)	300	0.125	5700
噴射气輪引擎(二引擎)	280	0.145	6600
火箭引擎(二引擎)	350	0.050	2650

從表一及表二，我們知道，火箭引擎掌握着最大航速，機件最輕，載油最多；噴射氣輪引擎，則把握着最大航程，餘亦比活塞引擎為優；將來巨型飛機，活塞引擎恐無立足之地，可斷言也。圖九是指明三種引擎性能之優劣。論飛機性能則以速度高，爬得快，昇得高，飛得遠，載得重及起航速為最佳。上述三種引擎，各有長短，速度最大者，未必飛得最遠，爬得最快者，未必飛得最高，飛得最遠者速未必最慢。故欲得盡善盡美之飛機，殆非吾人所想像之容易也。

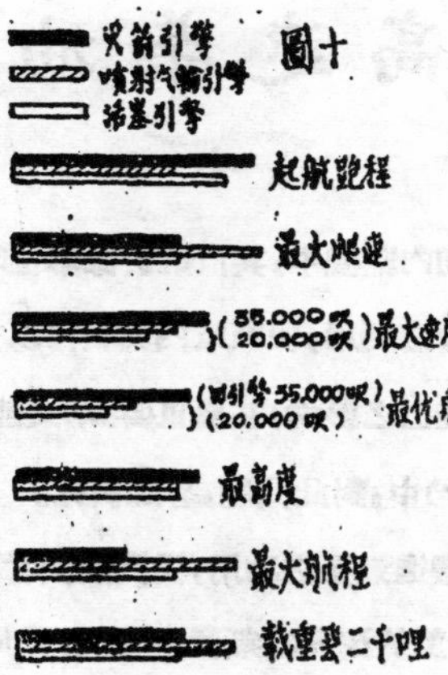

圖十

火箭引擎
噴射氣輪引擎
活塞引擎

起航航程
最大爬速
(55,000呎)(20,000呎)最大速度
(剛擎55,000呎)(20,000呎)最优航速
最高度
最大航程
載重要二千哩

五、結　論

航空事業，為國防事業，英美各國，爭相力求發展。國家無事，可以便利交通，一旦戰爭隨發，可以保護領土之安全。世界第二次大戰現已結束，可是第三次又在加緊準備。故各國科學家，無不聚精凝神，力謀飛機引擎之改善。上述之火箭引擎，為高速度飛機最合用之引擎；噴射氣輪引擎則適合於中級速度之飛機；活塞引擎對低速度飛機仍佔首要位置。此三種引擎，活塞式將為雙座飛機所採用，汽輪式將為運輸及轟炸機所歡迎，至火箭式則適宜於戰鬥機而已。晚近原子科學發展神速，在不久將來，必有原子引擎出現，其馬力之大，恐無比倫，月球旅行之幻夢，或可藉此而實現。不過，科學之發展，關連甚廣，吾等現在所能知者，祇一方面而已。至實飛機速度一項，我們對氣流學之知識尚淺，蓋現在所有氣流學上之理論及公式，皆假定在聲速以內，至於超過聲速之詳細情形，尚未有把握之理論，假如飛機之速度超過聲速時，有無枝節問題發生，尚屬疑問。此種空缺，有需物理學家及航空專家去填補者。根據風洞試驗，空氣速度若超過聲速時，其變化甚大，非普通理論與公式所能控制，此種現象，不無對飛機速度有多少阻礙也。

高速柴油機進氣系之研究

蘇伯測

在一切內燃機中，其汽缸於每單位時間內(或每周期中)所能吸入新鮮空氣之重量，與乎能否將此空氣作充分之利用，使汽缸內燃料得以完全燃燒，關係該機出力至鉅。因之進氣系中各部之設計構造，對該處性能上之影響，甚屬重要。本文卽就高速柴油機 High Speed Diesel Engine or Compression Ignition Engine)中，對此問題，畧加研究。

柴油機進氣系之功用，與汽油機者不同，蓋其所導入汽缸者，純為空氣而已，旣至化油器(Carburetor) 內，致對於流入空氣發生阻抗，吾人攷慮燃料與空氣在其中配合之需要，故設計上對系中通道，就容許範圍內，給予一寬大之橫截面，俾進氣以低速而流進。氣速旣低，則其與通道間之摩擦阻力自小，而入汽缸時其壓力頭降低不大，因之汽缸容積效率(Volumetric Efficiency)不致減損。

基此，則進氣系通道內，凡突然增大或縮小之截面及急灣等，當須避免其中附着物之突出部分，如氣門導管(Valve Guide)之外周及導管本身突出於通道之部，亦以佔地愈小愈妙，而通道入口處之空氣過濾器(Air Filter)之容量，亦須與汽缸吸氣容積配合得宜。

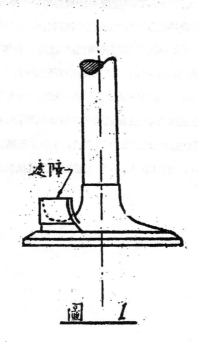

慮障

圖 1

若干高速柴油機，採用吸氣誘導旋渦法(Induction - induced Swirl)使空氣於進入汽缸後，沿汽缸軸心線作旋渦運動，至壓縮行程之末燃料噴射時，予燃料與空氣以一充分混合之機會。如圖 1，於進氣門

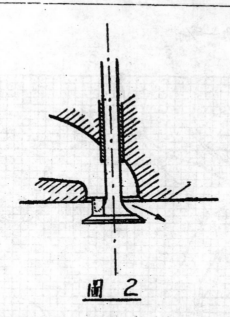

圖 2

邊緣之一部，附以遮障 (Shroud or Mask)。當進氣流經氣門時，迅此遮障而從他面流入汽缸，如圖 2 所示，乃順沿汽缸內壁而繞其軸心線起廻轉運動。

根據實驗之結果，遮障之長度，普通以佔氣門圓周之八份之一（45°），即足以產生甚滿意之效應，然長至四份之一圓周（90°）者，亦有採用之。

遮障之存在，驟視之，似對於流入空氣發生抵抗，增加流速，減低壓力頭，致有使汽缸容積效率受損之弊。然事實上並不如是，蓋現今一般高速柴油機，其每分鐘最高廻轉數，多限於1500至2200間，在此等範圍之內，進氣流速並不太高（每秒鐘約二百餘呎），雖過遮障，其壓力頭亦不致銳減。反之，遮障之存在，有導使進氣甫出氣門而順向一方廻轉，並使反方向之氣流減弱，不致兩股流相遇而生紊亂，甚為有利。

惟遮障本身與進氣之相對位置，對於發動機之性能上，則有重大之關係，圖 3 示其一例，所用氣門遮障，一長45°，一長75°，用以試驗之發動機為120m.m.徑單汽缸，行程142m.m.其噴油器 (Injector or Atomiser) 之噴咀 (Nozzle)，具有噴孔四個，試驗時保持發動機之廻轉速於一定（圖示在每分鐘1000及1600廻轉時），而將氣門徐徐轉動，至完成一周為止，每隔20°，則紀錄於該位置時，測聽器 (Dynamometer) 上所示之數字，而換算為制動平均有效壓力，(Brake Mean Effective Pressure) 之值，遂得如圖示之結果。由是可將多個遮障長度不同之進氣門，就設計上擬定發動機之速率範圍內，如上作試驗，而比較其結果，以選擇一最適宜者及其最有利位置之所在。

進氣門之張閉點，影响汽缸之容積效率，不若其關閉點之為重要。要之，以不宜開放太早，致使廢氣於排氣行程末期溢出進氣通道，及後復於進氣行程期中，重納入於汽缸內。

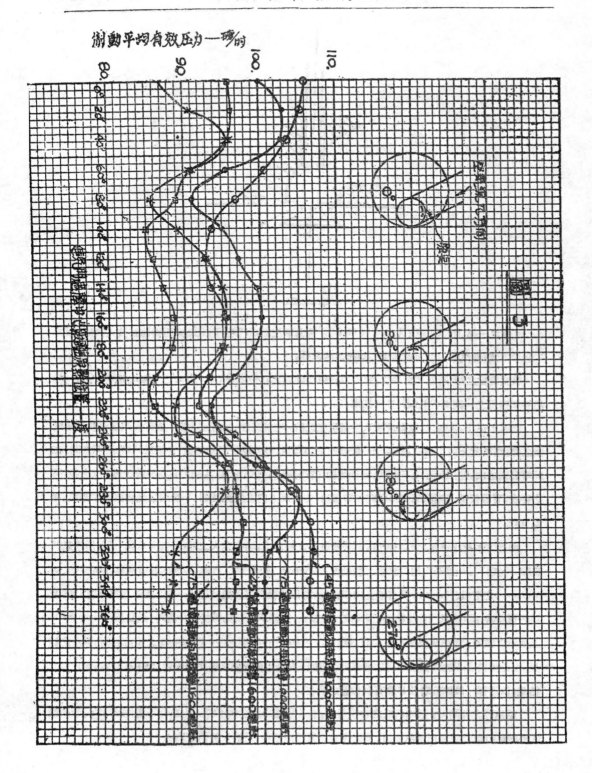

高速柴油機進氣門，恆於過下死點 (Bottom Dead Center) 後，始行關閉，蓋如是，則當活塞降至下死點時，進氣門依然適度張開，俾入氣能隨其慣性而繼續流進。惟若關閉過遲，則因壓縮行程中，活塞復行上升，使已納入之空氣一部份，被逐出而流囘通道中，遂不能獲致可能最大汽缸容積效率。按實驗上之結果，進氣門以在過下死點後35°至40°之處關閉最宜；而此時汽缸內空氣之容積，又隨連桿與曲軸臂長度之比而異。下表示其間之關係：

進氣門過下死點後關閉度數	0°	10°	20°	30°	35°	40°	45°	50°
連桿與曲軸臂長度之比	汽 缸 內 可 容 空 氣 容 積							
3.5	100	99.5	97.8	95.1	93.3	91.2	88.9	86.3
4.0	100	99.5	97.7	94.8	93.0	90.9	88.5	85.8
4.5	100	99.4	97.6	94.7	92.8	90.6	88.1	35.4

進氣門張開高度對於汽缸容積效率之影响亦大，如圖4，爲一進氣門搖臂(Rocker Arm)；設將一端長度 AB 保持不變而將他端 CB 之長度更變(用銲接方法)，使得下列各值：

(a)　AB:CB＝1.5:1

(b)　AB:CB＝1.33:1

(c)　AB:CB＝1.25:1

(d)　AB:CB＝1.11:1

將 (a),(b) (c),(d) 四不同長度之搖臂順次換用，而測量發動機於各種運動速率下，其於被電動機拖轉時(Motoring)及在全負荷時，Full Load) 汽缸每周期中所吸入之空氣量，得結果如圖5所示。

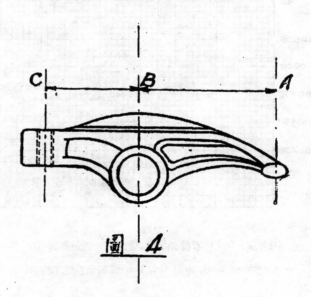

圖 4

由圖中比較各曲線，按照實際運轉情形之下，所需該發動機在某一速率範圍內出力作工，而選定適合之搖臂爲該機特用。

以上僅係對進氣系中之較普通諸點，槩而言之，其實此系本身與及其與他部份間之關係，須待研究之問題繁多，茲不多述。

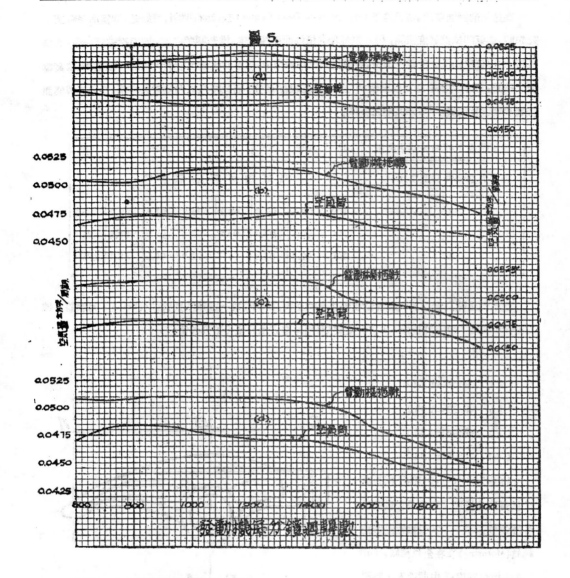

圖 5.

編者按：本文作者蘇伯瀏君，曾由中央派赴英國 The National Gas and Oil Engine Co., Ltd. 及 The Associated Equipment Co., Ltd. 實習柴油機工程及汽車工程兩年半，近始返國，順此附誌。

茴香酸 (Anisic acid) 之初步研究

何上舉

一、緒　論

　　茴油 (Star anise oil) 又名八角茴香油，或稱爲八角油，爲廣西省特產之一，產量每年約一萬五千擔，廣東防城亦有少量出產。其主要成分爲大茴香腦 (Anethole)，約佔 85～90%。此物可用來製造茴香酸，以供染料及香料合成或藥物製造之原料。筆者鑒於其用途之重要，兩年前曾分別將其製法，性質及用途加以研究，其中尤其是注重製造一項，蓋此爲他日開闢其新用途之基點也。

　　由五○子中提出沒食子酸，菜荳中提出兒茶。這兩種有機物與茴香酸均可合成新染料。利用土產合成染料實是一件有趣而重要之間題，相信不久此問題總會爛燗地開展的。

二、茴香酸之製造

　　製造茴香酸有二法，一由人工合成，一由大茴香腦氧化而得。前者製造原理是：

(1) Phenol → CH_3I, KOH → Anisole → Br_2 → Br → Mg → BrMg → CO_2 → CO_2MgBr → H_2O → Anisic acid

(2) P hydroxybenzoic acid → CH_3I, KOH → Anisic acid

(3) P-cresol → CH_3I, KOH → .CH_3 → O → Anisic acid

　　後者僅將茴油分餾，取其中之大茴香腦，用適宜氧化劑氧化即得。其原理如下：

大茴香腦 $+ 2O_2$ → 茴香酸 $+ CH_3COOH$ 醋酸

　　試由經濟立場，把此兩種製法來比較，很顯然，合成法所經過步驟繁多，操作較難，所用原料價格物比茴油爲昂，其不能與後法競爭，事屬必然。筆者有鑒及此，特畧去前法，而對於後法詳爲臚列。

13327

上面曾說過，大茴香腦被氧化，便成茴香醛，其氧化法，通用者凡二：即電氧化法與酸液氧化法是也。前法乃將大茴香腦分散於硫酸鈉溶液內，以二氧化鉛（PbO_2）爲陽極，在適宜條件下而電解之，茴香酸生產率約 20～25％。本法最大缺點爲電流效率低，生產率低，操作較難，故非在電力低廉之處，施行此法者甚少。後法又分爲二：一爲過錳酸法，一爲重鉻酸法。過錳酸法中，母液（氧化後之廢液）復用不易，且茴香醛生成後，與二氧化錳共存於母液中，欲將其分出，手續較繁，因此不爲人所樂用；重鉻酸法所餘之母液，經適當處理（非本文討論範圍）後再用電氧化，可重行使用。此法與上述法比較，最爲經濟，茲詳述於后：

（甲）　氧化操作：——先製備氧化液，法將細碎之重鉻酸鉀 50 克溶解於 200 C.C. 蒸餾水內，待全部溶解，即將 60 .C.C. 濃硫酸徐徐注入，隨注邊加攪拌，硫酸加完，即成氧化液。待冷至常溫，便將此液分次滴入 10 C.C. 大茴香腦中，並不斷攪拌。盛大茴香腦之器皿，外圍最初用水冷卻，務使反應所生之熱，不得超過 60^0 C. 氧化液將加完時，即將此盛器置於 65^0C 水浴上再行氧化，約經一二小時，加完氧化液，再將溫度昇至 70^0 C. 待內容物全部轉爲帶螢光之深綠色，且無油狀物浮於液面時，氧化操作即告完畢。隨即過濾，留在濾紙上之沉澱物，初呈淺綠色，用清水冲洗數次，則得灰白色泥狀之粗製茴香酸。母液含有鉻酸頗多，冷卻至 10^0C～2^0C 左右，即有深紫色之鉻礬結晶析出。

（乙）　影響於氧化之幾種因素：

a.　氧化液濃度：——吾人由實驗所得之結果，知道氧化液濃度愈大，氧化速度亦愈大。作業務求迅速完成，爲人人所理想者，然在氧化初期，若氧化器內氧化液濃度太大，則因作用過速，由反應所生之熱，一時來不及冷卻，致使大茴香腦立成粒狀物，此後氧化作用受阻，茴香醛之產率亦大大降低；但若氧化液濃度太低，則氧化作用緩慢，徒耗時間，殊不經濟。此作用在大量氧化操作時，尤爲顯著。隨着氧化作用之進行，氧化器內氧化液濃度漸低，宜適時補充，俾能在正常反應下，得到完滿之效果。

b.　硫酸用量：——硫酸在將重鉻酸鉀製成氧化液時，常被採用。其對於重鉻酸鉀之用量，在理論上可由化學方程式計算出來，但實際上用量常較理論數值爲高。在氧化過程中，若有適量之過量硫酸存在，氧化作用即受促進；若再用過量，雖氧化速度增加，而茴香酸之產率反形減少矣。其故安在？在解析此事實前，且先作兩個試驗：

實驗一：　將稀硫酸在 60^0C 下作用於大茴香腦，片刻間，發生疊合作用（Polymerisattion），生成糖漿狀之物質，其黏稠程度，隨加入硫酸之濃度而增加。最後將此生成物用鉻酸氧化之，結果愈黏稠者愈難氧化。

實驗二：　使濃硫酸與大茴香腦作用，立刻疊合成黑色半固體膠狀物，用清水將其中多餘硫酸洗去，即得灰白色沈澱，熔後再使冷固，狀似松香，而有特殊香氣。此種疊合物擬在 100^0C 左右之溫度與鉻酸作用，亦不易受氧化。

由這兩個實驗，似可得到一個證據，去解析上述氧化現象。原來大茴香腦爲油狀物，氧化時恆浮於

氧化液表面，雖藉攪拌之助，亦難令其與氧化液充分接觸，故氧化時間須加延長，才能收完全氧化之效果。如有適當過量硫酸存在，則大茴香腦漸次疊合，加以攪拌之助，能令其成爲微小粒子，增加與氧化液接觸面積，促其氧化。但硫酸用量太多，生成之疊合物雖藉攪拌而成粉末狀，與氧化液接觸機會更多，惟因其難於氧化，茴香酸產量大受影响。

　　由實驗得悉，硫酸與重鉻酸鉀相對用量，以 1 克重鉻酸鉀，用 1～1.2 C.C. 濃硫酸最爲適宜。水之用量約 4～5 倍於重鉻酸鉀之重量。

　　c.　氧化溫度：——大茴香腦初期氧化，作用較快，放熱頗多，此時若不冷却，且仍注以氧化液，則作用之液體，常能驟然沸騰，反應溫度超過 100°C，此現象乃預告失敗將來臨矣。故初期氧化，溫度最好在 50～60°C 間，若超過 70°C 卽遭危險，溫度過低，氧化遲緩，亦非所許者。得氧化器內容物轉爲綠色時，溫度可昇至 65° C. 以促進氧化之進行；氧化液加完而內容物由綠色轉爲深綠色時，因非氧化液容積漸增，而氧化液濃度漸低，反應溫度須昇至 70°C，否則末期氧化不易完成。

　　d.　攪拌：——化學反應速度與作用物質接觸面積成正比。大茴香腦不溶於水，氧化時，如不加攪拌，或攪拌次數太少，恆因其與氧化液接觸面積小，氧化遲緩。有時（不攪拌時）竟起局部激烈氧化，反應所生之熱，因無攪拌之助，散失遲緩，致成局部積熱，內容物卽呈粒析之惡劣現象。如時加攪拌，一則作用物互相接觸之面積增加，氧化時間可以縮短，且溫度得以均匀，可使氧化順利進行。

　　e.　大茴香腦與氧化液接觸方法：——本項接觸法有二，一法將大茴香腦注入氧化液中而行氧化；另一法乃將氧化液徐徐滴入大茴香腦中使之氧化。兩法比較，以後法較爲安全，前法操作較難，稍有不愼，常遭全盤失敗之危險。其理筆者以爲：前法將大茴香腦注入多量之氧化液時，初因氧化液之相對濃度高，氧化作用過於激烈，一時發生高熱，來不及冷却，卽遭失敗。後法將氧化液徐徐滴入大茴香腦中，隨滴逐加攪拌，氧化液最初加入少量，隔相當時間，所加入者已起作用後，再繼續加入新氧化液，如此氧化液與大茴香腦之相對濃度不致於過高，亦不致於過低，氧化作用可以順利進行；反應生成熱無突然昇高之弊，冷却容易，自無惡果。

　　（丙）　茴香酸之精製

　　氧化完畢，行過濾與洗滌後，所得之茴香酸，倘含有少量未氧化之大茴香腦及其他雜質，欲行分離，可將此粗茴香酸溶解於適量之稀苛性鈉溶液中，則生成茴香酸鈉，此物能溶於水，其他不溶於水之雜質，可藉過濾法而行分離，濾液再以稀硫酸分解，得白色牛乳狀之茴香酸沈澱，將其過濾，洗滌後，再以沸水重結晶法及昇華所製，卽得純品。

三、茴香酸之性質

　　（甲）物理性：——茴香酸爲長單斜面針狀之稜形晶體，有特殊之香氣，易溶於乙醚，乙醇及沸水中，微溶於冷水（ 2500 分之冷水能溶解 1 分之茴香酸），沸點 280C°. 熔點 180° C. 昇華點 230° C.

（乙）化學性：——

a. 與碘氫酸(HI)，濃鹽酸或溴氫酸(HBr)作用則得 P-hydroxybenzoic Acid. 反應式如下：

$$\text{(OCH}_3\text{)C}_6\text{H}_4\text{COOH (Anisic Acid)} + HI \longrightarrow \text{(OH)C}_6\text{H}_4\text{COOH (P-hydroxy-benzoic Acid)} + CH_3I$$

b. 與苛性鉀熔化(Fuse)，再以無機酸分解，亦得 P-hydroxybenzoic Acid。

$$\text{(OCH}_3\text{)C}_6\text{H}_4\text{COOH} + 2KOH \longrightarrow \text{(OK)C}_6\text{H}_4\text{COOK} + CH_3OH + H_2O$$

$$\text{(OK)C}_6\text{H}_4\text{COOK} + 2HCl \longrightarrow \text{(HO)C}_6\text{H}_4\text{COOH} + 2KCl$$

c. 與 Soda Lime 蒸餾得 Anisole。

$$\text{(OCH}_3\text{)C}_6\text{H}_4\text{COOH (Anisic Acid)} \xrightarrow{\text{Soda Lime}} \text{(OCH}_3\text{)C}_6\text{H}_5 \text{ (Anisole)} + CO_2$$

d. 與鎳、鈷及銅之氫氧化物作用，得鎳鹽(淺綠色)、鈷鹽及銅鹽(淺藍色)。

e. 與低級醇類酯化，可得富於花香或果實芳香之酯類。

$$\text{(OCH}_3\text{)C}_6\text{H}_4\text{COOH} + ROH \xrightarrow{H_2SO_4} \text{(OCH}_3\text{)C}_6\text{H}_4\text{COOR} + H_2O$$

茴香酸　醇類　　　　　酯類

f. 與含有發色團之許多有機酸藉濃硫酸或無水氯化鋅(ZnCl₂)作用，則生成有顏色之物質。

g. 乾餾其鈣鹽，可得 Dianisyl Ketone。反應如下：

$$(\text{CH}_3\text{O}\cdot\text{C}_6\text{H}_4\cdot\text{COO})_2\text{Ca} \longrightarrow (\text{CH}_3\text{O}\cdot\text{C}_6\text{H}_4)_2\text{CO} + CaCO_3$$

茴香酸鈣　　　　　　　　　Dianisoyl Ketone

h. 與五氯化磷(PCl₅)作用則得 Anisoyl Chloride (CH₃O〈〉COCl)，如下式所示：CH₃O〈〉COOH + PCl₅ ——→ CH₃O〈〉COCl + POCl₃ + HCl.

i. 與苛性鈉或苛性鉀作用則成可溶於水之鈉鹽或鉀鹽。

四、茴香酸之用途

（甲）醫藥上：──茴香酸可作消毒及防腐劑，其鈉鹽可治風濕病及熱症；又可製成 Salt of The Alkamine Ester of Anisic Acid 及 Hydrochloride of The γ-Diethyl Amino Pronyl Anisic Acid，作局部麻醉劑。其乾餾生成物 Anisole，可製成 O-nitroanisole，進一步製成 Guaiacol（癒瘡木酚），此物為製造 Duotal, Monotal, Benzosol, Thiocol, Euco', Styraco', Guaiacolsalol 等醫藥之原料。由茴香酸之衍生物 P-Hydroxybenzoic Acid 可製成 New Orthoform，為一種優良之局部麻醉藥。

（乙）香料上：──依筆者實驗，茴香酸與低碳脂肪族醇類酯化所得之酯類，有果實及花之香氣，如 Methyl Ester, Propyl Ester, Butyl Ester, Amyl Ester, Isobutyl Ester, Isoamyl Ester 等是也。其與方香族化合物合成之酯如 Phenyl Metyl Ester, Phenyl Ethyl Ester, Phenyl Propyl Ester, Anioyl Methyl Ester 等可用為多種香精之調合劑。茴香酸衍生物 Aniso'e，除直接用以調合香精外，尚可製成癒瘡木酚，以作合成 Vanillin 之原料。

（丙）軍事上：──由茴香酸衍生物 Anisole，在低溫下硝化之，可得 Trinitroanisole，此物可作軍事上高級炸藥之用，其炸力約與 T.N.T. 炸藥相等，第一次世界大戰時曾被德國所使用；Trinitroanisole 加水分解即得苦味酸，此分解作用有亞摩尼亞存在時，生成苦味酸銨，此等化合物均可用作高級爆炸藥。

（丁）染料上：──Anisole 經硝化、還原、重氮化後，製成 Dianisidine，此物在染料合成上甚為重要，可以合成數種極有價值之直接染料，如 Sky blue FF., Benzoazurine G., Benzopurpurine 10 B., Congo fast Blue B. 等染料，其色澤為吾國人所喜歡者。由茴香酸和沒食子酸或兒茶酚可以合成綜色染料，此二種染料之分子式，筆者現尚無法確定。

五、結論

由以上所述歸納起來，可得到下列幾點結論：

1. 由茴香油製造茴香酸較合成者經濟。
2. 大茴香腦氧化之適宜溫度，初期 50°～60°C，中期 65°C（即氧化器內容物轉為綠色時），末期 70°C 氧化時注意攪拌，所加入之氧化液初宜少，以後逐漸增加。
3. 茴香酸之精製，以沸水重結晶法及昇華法聯用結果最佳。
4. 茴香酸之用途，以染料、醫藥及香料最有希望。

茴油為我國之特產，讓吾人建議，政府應設立一專門研究所，從事研究，務達自己資源自己去利用之目的。除此以外，應及早提倡廣植八角茴香樹，並請專家研究該植科學培植法，以增加茴油收穫，而推廣茴香酸原料之來源。

13331

下表解示茴香酸及其衍生物之主要化學作用：

anethole → [O] → anisic acid → Soda lime → anisole → HI → phenol

Diamisyl ketone　＋Ca(OH)₂ 乾餾

esters　NaOH

Na-anisate

HI

o-anisidine　H₂　o-nitroanisole

Guaiacol

p-hydroxybenzoic acid

氯化及硝化

new orthoform

HNO₃　HNO₃, H₂SO₄

Trinitroanisole　NH₄OH, H₂O

NH₄-picrate

Diamisidine

筆者研究此題，時值戰亂，參考典籍、儀器、及藥品，不易求得，未能作盡量的深刻研究；且以輾轉流離，實驗所得之 Data，不幸失去，目下亦無機會繼續研究，以致不能用數字或圖表說明，誠為憾事。茲本個人研究所得，獻諸同好，互策互勵，以期收拋磚引玉之效。又研究時深蒙　吾師陳宗南 及孔憲保兩位先生多方指示，謹表謝忱！

土坡之穩定對于土隄及土壩之安全

(The Effect of Stability of Earth Slope on the Safety of Dykes and Earth Dams)

李 文 邦

一、 引 言

自從材料有能力試驗，而知其彈性與强弱，建築之設計，遂由大拇指定律 (Rule of thumb) 與工匠經驗，而進于科學的計算。經歷年的研究，由材料彈性理論，而發展各種新穎力學演算方法。由是材料分配全平勻，用料愈經濟，而建築物亦愈安全。但對于土壤力學 Soil mechanics 則直至晚近 Terzaghi 氏、始作系統的研究，將其彈性 Elasticity 及陷應性 (Plasticity) 及其各種應力(如壓力、拉力、剪力等)加以試驗。從此坭土的建造，亦可按其應力及性質而設計。

隄基最普通用坭土構造者曰土隄，其橫截河谷者，曰土壩。倚河流以歷年經驗，多規定一種標準剖面，如珠江河堤規定標準，頂寬三公尺，其最高度圖出最高洪水位一公尺，外坡爲一比三，內坡爲一比二。因有此一比三，一比二之規定，凡從事築堤者，每每以爲建此坡度，則符合標準，不至崩卸，而忘記土坡之重要性。但照最近土力學之理論，土隄壩之崩卸，胥視坡度以爲決定。凡遇土隄壩崩卸 (Sliding) 時，其原因之分析，必根據滑卸曲面，加以推求，土隄壩之設計，必以「崩潰弧綫」(Arc of Rupture) 爲根據。隄壩之安全率，亦須依崩潰弧綫及滑卸曲面上各種應力，以資計算。

二、 理 論

土坡穩定之計算有下列二種方法：

　　(甲) φ 圓法 (φ-Circle Method)'

　　(乙) 對數螺綫法 (Logarithmic-Spiral Method)'

　　(一)假設坭土祇有黏性——坭土之剪力，全由黏性而生，各方向相同，而與正壓力 (Normal Pressure) 無關。(如圖一)

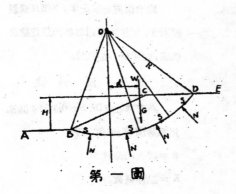

第 一 圖

W = BCDB 弧形塊之土重　　　d=W對于 O 之距離

S =沿弧綫 BD 上之剪力　　L =弧綫 BD 之長

R =弧綫 BD 之半徑　　　　N =弧綫 BD 上之正壓力

以 O 爲旋轉之中心

$$Wd = SLR$$

故安全率 $F_{B)} = \dfrac{SLR}{Wd}$ ....(1)

根據公式 (1) 則 (a) 如果研究崩卸原因，則先從實地測出土隄崩潰之滑卸面，從而求出「崩潰弧綫」(b) 如果設計土隄，則須用試算法作若干之「崩潰弧綫」，而求出其最小之安全率。此最小安全率所用之弧綫，即爲所求之「崩潰弧綫」．

（二）假設隄土有黏性而兼有摩擦力—— 剪力受滑卸曲面上正壓力之影响。（如圖二）

將 BCDB 若爲若干直塊，ϕ 爲隄土之內摩擦角，Q 爲反應力在每一弧綫之底，由 N 及 (N tanϕ) 所合成，E_1 及 E_2 等爲每一直塊對于其相隣直塊面上所發生之互擠力。 假定其着力點爲下三分之一點，其方向爲水平或與岸面或崩潰曲面平行。（假設不同，但其結果相差甚微，Beichmann 氏曾用十三種不同之假定，而其最大之差數不過百分之四）。

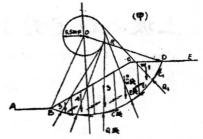

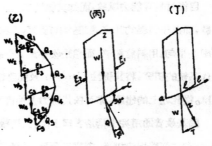

第 二 圖

因主力距 Wd＝TR　　　反力距＝

(N tanϕ + Cl)R 此處

T＝重量分力切于弧綫 ab

l＝弧長 ab

N＝重量 W 之正分力

C＝隄土單位黏力

故 Σ(N tanϕ + Cl)R＝TR (Cl +

tan$\phi\Sigma$N)＝ΣT 安全率 F_{BD}

$$= \frac{Cl + tan\phi\Sigma N}{\Sigma T} \cdots\cdots(2)$$

爲求出眞正安全率，必須反復假設若干「崩潰弧綫，」以找出最危險之弧綫，如第（一）節所述。

三、圖 解 法

斯密博士 (Dr. Smith) 將 ϕ 圓法用圖解演算，舉例如下：

ϕ＝隄土內摩擦角

K＝黏性系數

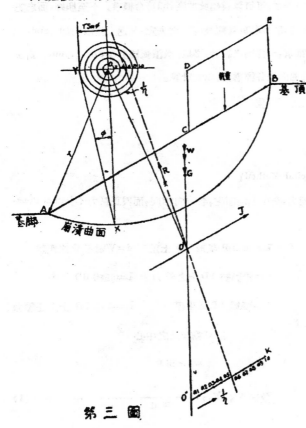

第 三 圖

則坭土對于剪力之抵抗 = K + Ntanϕ ....(3)

N = 滑卸面之正壓力　　　　　　　　　　　安全率 = n

則坭土之剪力應爲 $\dfrac{K + Ntan\phi}{n}$ ....(4)

崩卸面之長度 AXB = S　　　　　　　　　　AB 弦之長 = C

割 O'J // AB 在距離 OO' = r × $\dfrac{S}{C}$　　　　此處 r = 崩潰弧綫半徑

割垂直綫 GO'O'' 割 O'J 于 O' 點　　　　　　令 O'O'' = W(用適當比例尺)

割 O''K // O'J　　　　　　　　　　　　　　O''K = K × C

將 O''K 分爲十等分　　　　　　　　　　　　以 O 爲中心

而半徑 OZ = r Sinϕ　　　　　　　　　　　繪摩擦圓并作同心圓九個其半徑

爲　　　r Sin $\left(tan^{-1} \dfrac{tan\phi}{10} \right)$; r Sin $\left(tan^{-1} \dfrac{tan\phi}{9} \right)$;

　　　　r Sin $\left(tan^{-1} \dfrac{tan\phi}{8} \right)$ ....等,

　　注明 0.1; 0.2, 0.3, ...1.0 則此等數字卽爲安全率之倒數，卽此摩擦圓乃相當于安全率爲 10, 9, 8......1 也。

　　各圓之繪法如下：

由 O 點割垂直綫 OX 割崩潰面于 X 點　　　割 XY 而作 ϕ 角與 OX

割分 OY 綫爲十等分　　　　　　　　　　　以 O 點爲中心繪十個同心圓。

如是則此土坡面之安全率可求出如下：經過 O' 點，將一直尺邊綫旋轉直至摩擦圓上之數字與 O''K 綫上之數字相同則此數字卽爲安全率之例數，知此倒數卽能求得安全率。

四、舉 例

例（一）分 析

英國在 Ching ford. Essex 地方於平坦淤積的 Lea 河之谷，築有一座三英里半之土壩，以爲蓄水之用，其坭土之性質如下表：

坭　　　　　　　土	單位重 井/it²	含水量 乾重%	流显限度 乾重%	随應性度限度 乾重%	單位剪力 井/in²
黃　色　黏　土	95	90	145	36	2.0
黏　混　土	110	42	81	18	1.4
揀　練　壩　土	100	75	—	—	3.0
堤　岸　土	115	—	—	—	3.0
石　　　渣	115	—	—	—	摩擦角 $\phi = 37°$
倫　敦　黏　土	120	29	81	28	14

（a） R＝128' 平均單位重及剪力

　　求得安全率爲 1.3

（b） R＝64' 求得安全率爲 1.1

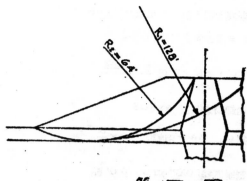

第 四 圖

例（二）設　計

假設堤壩如第五圖：

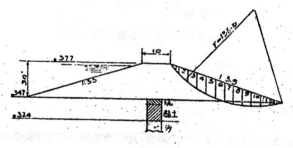

第 五 圖

壓縮率＝15％

浮高＝34.5ft

單位重＝100井／ft³

內際擦角＝19.4⁰

黏性系數c＝0.13 Ton／□'

（并設定20％有效）

要求坡度安全率爲 1.5

部　份	濶（呎）	高　（呎）		面　積	地心吸力	切力之	垂直之
		左	右	呎²	W 井	分力 井	分力
1	10.0	0.0	5.7	28.5	2850	1980	2350
2	10.0	5.7	9.8	77.5	7750	4320	6350
3	10.0	9.8	12.8	113.0	11300	5640	9820
⋮	⋮	⋮	⋮	⋮	⋮	⋮	⋮
12	10.7	4.8	0.0	25.7	2570	−315	2430

$\Sigma \triangle T$　　　　　　　　　　　　　　　　　　32,870

$\Sigma \triangle N$　　　　　　　　　　　　　　　　　　　　　　120,790

安全率 $= \dfrac{120{,}790 \tan 19.4^0 + (.13 \times .20 \times 2000 \times 131.2)}{32870} = 1.51$

參　考　書

1. Public Roads (Dec. 1929)

2. Journal Boston S. C. E. (July 1937)

3. Transaction A. S. C. E. (1938)

4. Journal I. C. E. (June 1942)

5. Journal I. C. E. (Nov. 1942)

6. Civil Engineering (July 1946)

新型平臥式酒精分溜機之設計

陳樹功　　　　梁善德　　　　廖覺民

一、設計動機

民國卅年，作者承第五戰區李長官宗仁暨經濟委員會許主任委員鳳藻之促，赴該戰區分別主理工礦事業之發展，會在陝南鄂北豫南一帶工作數載，計先後建立機械酒精製革煉油製紙紡織等廠。當時以當地液體燃料奇缺，汽車兵團燃料之供應，至感困難，因應急謀解決之法，故首先創設酒精廠。惟查吾國各新式酒精工廠所採用之分溜機，均爲直立塔式（Fractional Column），塔中各層裝以帽蓋（Bubble-cap），此種分溜機，在分溜酒精操作過程中，及使用經濟價值上，常感有下列各種缺點：

第一．機身太高，各部控制管理連系較不便；

第二．各部蒸發熱力利用率較低，故分溜時間較長；

第三．佔空間較寬，其設備費需要亦較大；

第四．戰前空襲目標大，廠中設備遷移不易。

爲著適合戰地之需要，及克服此些缺點，在便於戰區設廠起見，乃依分溜原理，並根據多次測驗結果，從新設計一平臥式連續分溜機（The Apparatus of Horizontal Continuous Fractionating Distillation）。此機會經十餘次之裝修與改造，始漸達合理之境。製機所採用之鳩工材料，甚易獲得，建築技術，亦易進行。此機係在鄂北西南化學工業社試驗，故又會命名爲西南式酒精分溜機。設計時西南化學工業社梁社長存真，鼓勵有加，特誌不忘。此新型分溜機，承第五戰區經濟委員會復興酒精廠酒首先採用，所獲成績之佳，會發給證明書。及後廣西柳州藥興煉油廠，與南方酒精廠，相繼樂於採用。茲將設計及工作實錄，分別摘誌，敬希指正。

二、原理及計算

本分溜機構造，可分鍋爐，分溜器，冷凝器，及囘流器與低沸點物消除裝置四部。茲將設計原理及計算，分別誌之。

（甲）分溜器層數計算

本分溜器，最初乃依Mccabe-Thiele氏計算法推定其層數，各層缺口相間，層層相隔距離，均有一定。氣流紆曲而升達冷凝部分，此與帽蓋（Bubble-cap）式相異之處。經多次試驗之結果，本設計之分溜器，其實用層數，與Mc Cabe-Thiele氏法推算，尚能一致。但經驗上須比計算數酌增二層，收效似較更佳。

設計時係採用鄂北豫南一帶所產之土酒爲原料，含酒精量58％（重量比）。精溜後所得之產品，含酒精92.4％（重量比）。餘爲水約爲7.6％。蒸溜時酒精消耗率假定爲1％，囘流比例數設爲3.5。其分溜

暦求法如下：

(1) 求進料,產品及損耗之分子數(Mol-fraction)

(a) 進料(土酒)　C_2H_5OH——58%—— $\dfrac{58}{46}=1.25$

H_2O——42%—— $\dfrac{42}{18}=2.33$

進料所含酒精分子 $X_f = \dfrac{1.25}{1.25+2.33}=0.349$

(b) 產品(酒精)　C H OH——92.4%—— $\dfrac{92.4}{46}=2.01$

H O——7.6%—— $\dfrac{7.6}{18}=0.42$

產品所含酒精份子 $X_D = \dfrac{2.01}{2.01+0.42}=0.84$

(c) 損耗　　　C_2H_5OH—— 1%—— $\dfrac{1}{46}=0.0209$

H_2O——99%—— $\dfrac{99}{18}=5.5000$

損耗所含酒精分子 $X_w = \dfrac{0.0209}{0.0209+5.5000}=0.0036$

土酒熱在沸點時引進分溜器中故 q＝1

q—線斜度 (Slope of q—Line) $= \dfrac{q}{q-1} = \dfrac{1}{0} = \infty$

故 q一線爲 X_f 之延長

由圖解查得 y'＝0.52

故最小回流 (Minimum Reflex)：

$$R' = \dfrac{X_D - Y'}{Y' - X'} = \dfrac{0.84 - 0.52}{0.52 - 0.201} = \dfrac{0.320}{0.319} = 1.003$$

(2) 求分溜機中最少唇數 (Minimum number of Plates)，由 Operatiug line 與對角線(45°)相合所繪之圖中級數查出。

理論上最少分溜唇數＝11

（3）求分溜機中實際上層數與加原料層層之位置

$$Y-交點 \quad \frac{X_D}{R+1} = \frac{0.84}{3.5+1} = 0.186$$

Y一交點與 X_D 在對角線上之交點選一條 Opcrating line，由此線與平衡曲線所繪成之級數，可由圖查出。

 （a）理論上分溜層數＝15

   加原料位置＝12

  若分溜層有效熱率＝50%計

 （b）實際上分溜層數＝ $1 + \dfrac{15}{0.5} + 31$

   加原料位置＝ $1 + \dfrac{12}{0.5} = 25$ 由頂而下計算）

 （c）本機經驗上分溜層確數＝2＋31＝33

   加原料位置＝2＋25＝27

（4）本分溜機層數計算圖

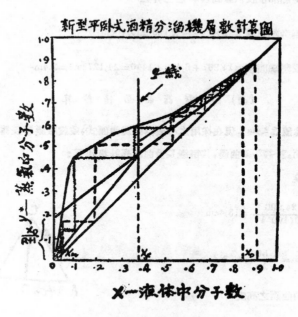

新型平臥式酒精分溜機層數計算圖

X一液体中分子數

（乙）　鍋爐熱面積計算

（1）求鍋爐受熱總面積

 由實驗值蒸溜每加侖酒精需用 0.98市斤木炭，則每日蒸製 500 加侖酒精，需用木炭量爲

$$500 \times 0.93 = 490 \text{市斤} = 245,000 \text{克}$$

木炭發熱量爲 $7100^{cal}/_g$，則每日蒸製 500 加侖酒精每小時所需熱量當爲

$$q = \frac{Q}{\theta} = 245,000 \times 7100 \times \frac{1}{24} \times 1.8 = 130,462,500 \text{B.t.u.}$$

由 Fourier 氏定律 $q = \frac{KA\triangle t}{L}$，則鍋爐受熱總面積

$$A = \frac{qL}{K\triangle t} = \frac{130,462,500 \times 0.0013}{165 \times (73.5-15) \times 1.8} = 21.6 ft^2 = 2.4 m^2$$

（2）鍋爐熱面積之分配

本設計係採用火管式平臥鍋爐，精增熱效率，以實驗測定之，茲列舉於次。

（a）爐管擬用 5cm 徑，70cm 長之 2.5cm 鐵管 13 支。爐管受熱總面積 $= 13 \times 2 \pi rl = 13 \times 2 \times$

$$3.1416 \times 2.5 \times 70 = 14,287 cm^2$$

（b）爐底設爲70cm寬，120cm長

爐底面積 $= 70 \times 120 = 8,400 cm^2$

（c）爐側受熱部位設佔爐高18cm之三分之一

爐側兩旁熱面積 $= 2 \times \frac{18}{3} \times 120 = 1,440 cm^2$

鍋爐受熱總面積 $= 14,287 + 8,400 + 1440 = 24,127 cm^2 = 2.4 m^2$

（丙）冷凝器曲面積計算

冷凝面積之實驗值爲 $2.4 m^2$，現在採用之冷凝器擬爲曲面式，並設冷凝器長爲100cm，寬爲68cm，內分十個三角形曲面，計共20個曲邊，其每邊長及曲面高計算如下：

（1）求每邊長度

$$AC = \frac{24,000}{20(100-1)} = 13.4 cm$$

$$AD = DB = \frac{68}{20} = 3.4 cm$$

（2）求冷凝三角曲面之高度

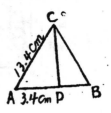

$$\overline{DC}^2 = (13.4)^2 - (3.4)^2 = 169$$

$$DC = 13 cm$$

（丁）其他雜件查考

（1）同流器——適合冷凝導流速度，接管徑1.5cm已足。所坿冷却箱其體積亦無須太大，定爲16×

30cm²。

（2）雜質清除裝置——低沸點物，於冷凝器頂設一導氣管，其徑1.5—2.5cm，高約2.5—3m，排除

之。或坿設冷凝裝置收集之。至高沸點物，則由鍋爐排出口清除之。

三、構造及說明

本分溜澄全部構造可分：(甲)鍋爐(乙)分溜器(丙)冷凝器(丁)同流器及低沸點物清涂裝置四部。

誌於經前，玆將各部構造分別說明。

(甲)　鍋爐構造

鍋爐材料可用鋼板或鋅鐵片焊製而成，但須嚴密檢查，絕對不能有滲漏之處，其容積

$$70 \times 120 \times 15 = 123,000 \; cm^3 = 123 \; 立升$$

鍋爐爲長方形，一端有導氣管接入分溜器最下一層，一端有水標及排水龍頭之裝置。稀溥酒液由

分溜器經導氣管入鍋中，而剩餘液由排水龍頭

排出。爲提高熱量利用率，及增加蒸發面積起

見，鍋爐內所設火管13支，等距離水平排列於

鍋內，並有隔板12塊，用溥鋼板或鋅鐵製成，

分隔於每一火管中間，使分溜器流入於鍋爐之

稀酒液，曲折流經鍋爐內，以達提淨酒精之目

的。鍋爐之蓋面有二管，可由此取出鍋爐內蒸

溜液，檢驗其酒精含量之多寡，且亦可作爲鍋

爐安全之裝置，其構造詳如圖示。

(乙)　分溜器構造

分溜器可用銅片或鋅鐵片焊製之，共有三

十三層，分三箱組成，各箱互相坫緊層叠之，各

箱構造分別說明於下：

（1）第一箱——安裝在分溜器最下部，底

層一端接鍋爐口頸，酒糟蒸氣由此循每層缺口

而上昇，原料酒則於此箱最上第二層（由底部

計起第七層）注入，流經每層缺口而下，直至鍋

爐以行熱之交換，及部分蒸溜作用。箱內每層

均以木框支持其重量，兩外套一木箱，以作保

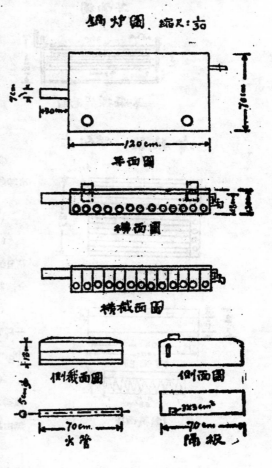

鍋炉圖　縮尺: 1/20

平面圖

橫面圖

橫截面圖

側截面圖　　側面圖

火管　　　隔板

溫用。

（2）第二箱——此箱在分溜器之中部，連系於第一箱之最上層，其每層構造與第一箱相似。

（3）第三箱——此箱在分溜器上部，其下層接第二箱。最上層密貼，其最上層接連於冷凝器，故夾層爲酒精溜出層，酒精溜出層，酒精流出處有回流及冷却酒精之裝置，其箱之側面並有測量酒精蒸氣溫度計之裝置。

各箱之裝置構造如圖所示

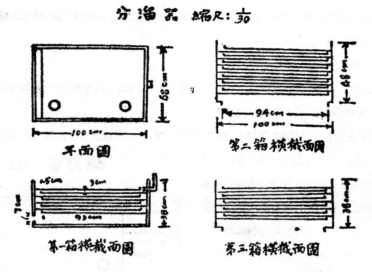

分溜器　縮尺：$\frac{1}{30}$

平面圖　　　第二箱橫截面圖

第一箱橫截面圖　　　第三箱橫截面圖

（丙）　冷凝器構造

冷凝器可用銅片或鋅鐵片材料造成，構造雖簡單，但冷却效率大，湯垢極易清除，其構造如圖。

（丁）回流器與低沸點物及高級醇清除裝置

（1）回流器——此器於酒精出口處連同裝置，由酒精層流出酒精，由一孔流出後分流兩管，一爲回流再入於分溜器內，一爲流入酒精冷却器中，其構造如圖。

（2）低沸點物如醛類除去裝置——於冷凝器側安裝一導管，在冷凝器內不液化之低沸點物，當循此管逸出空中。

（3）雜醇油清除裝置——清除雜醇油之工作，在鍋爐排水口行之，便利非常，以回流酒精之沖洗至高沸點物無由昇至分溜箱上部，如此則無須增加設備矣。

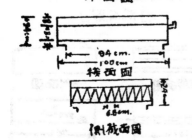

冷凝器　縮尺：$\frac{1}{30}$

平面圖

橫面圖

側截面圖

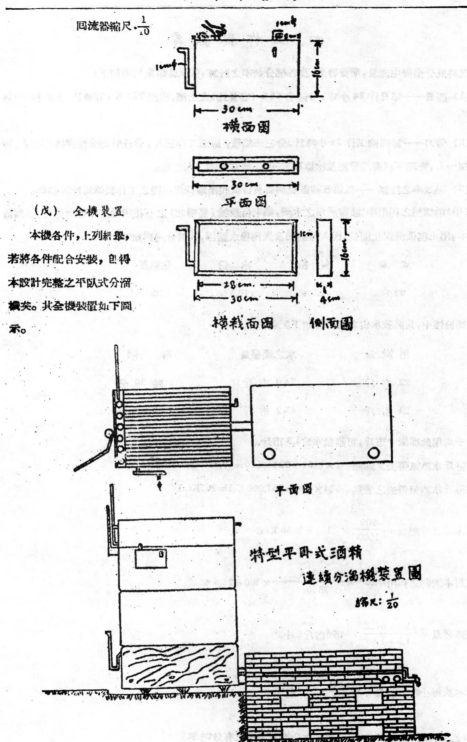

回流器縮尺‧$\frac{1}{10}$

橫面圖

平面圖

（戊）　全機裝置

　本機各件，上列細舉，
若將各件配合安裝，即得
本設計完整之平臥式分溜
機矣。其全機裝置如下圖
示。

橫栽面圖　　側面圖

平面圖

特型平臥式酒精
　連續分溜機裝置圖

縮尺：$\frac{1}{20}$

四、工 作 與 效 率

現將此分溜機生產量，所費勞力，及各部分效率之計算，依試驗結果列明如下：

（1）產量——每日作 24 小時，分溜含 66%（容量比）之土酒，能產 95.5%（容量比）之酒精500加侖。

（2）勞力——每部機工作 24 小時計，分三班輪值，每班工作三人，分任管理分溜機操作一人，看守鍋爐一人，管理原料產品登記及惝聽事宜一人。每日九個工人已足。

（3）熱效率之計算——以第五戰區經濟委員會復興精廠採用本機之工作實錄爲計算標準。

（甲）鍋爐熱之利用率；該廠所用之木炭，概來自穀城（屬鄂北）之石花街地方一帶所產者，多爲檞檪等木，用土窰低溫炭化而成，因久曝空間及炭商搀水關係，其成分開列如下：

炭 量	灰 份	水 份	發熱量
83%	1.7%	10.3%	7,100 cal

焚於爐中，其蒸發水份之能力有如下記載：

用 炭 量	水之蒸發量	時 間
22 市 斤	74.8 市 斤	1 時 30 分
21 市 斤	67.2 市 斤	1 時 40 分

平均用此種炭 1 市斤，可蒸發水份3.3 市斤。

每斤水蒸氣帶去之顯熱　$1 \times (100-80) \times 500 = 10,000$ Cal $= 10$ Kcal.

每斤水蒸氣帶去之潛熱　$534 \times 500 = 267,000$ Cal $= 267$ Kcal.

木炭每斤熱量 $= \dfrac{500}{1000} \times 7,100 = 3550$ Kcal

鍋爐對木炭熱之利用率 $= \dfrac{(10+267) \times 3.3}{3550} \times 100 = 25.4\%$

鍋爐蒸發量 $= \dfrac{74.8 + 67.2}{1.5 + 1.66} = 44.96$ 市斤1 小時

每斤木炭每小時蒸發量 $= \dfrac{44.96}{21.5} = 2.09$ 市斤

（乙）分溜潛熱之利用率：分溜機在分溜酒精時之有效熱率

五日間酒精產量與木炭用量對照表

日期	酒精產量	濃度	原料酒用量	炭使用量
6—1	213 加侖	95.5%	2160 市斤	218 市斤
6—2	223	95.5	2210	220
6—14	228	95.5	2213	220
6—15	225	95.5	2186	200
6—16	228	95.5	2229	226
	1,117		10,998	1,084

平均每加侖酒精用土酒 9.84 市斤，木炭 0.96 市斤，

已知原料酒之比熱爲 0.84。

酒精蒸發潛熱爲 204 cal/g

鍋爐有效熱率爲 25.4%

炭發熱量爲 7100 cal/Kg.

$$分溜器熱之利用率 = \frac{分溜物實際吸收總熱量}{所供分溜器中全熱量}$$

$$= \frac{9.84 \times 0.5 \times 0.84(78.5-15) + 3.78 \times 0.815 \times 204}{0.5 \times 0.98 \times 7100 \times 0.254} \times 100$$

$$= 65.72\%$$

（4）分溜機之工作效率——原料酒成分以含乙醇 66%（容量）比計，其比重爲 0.8997。

產品成分平均含乙醇 95.5%（容量比）。

每加侖產品所用原料酒 (66%) 爲 9.84 市斤。

$$酒精成分收獲量 = \frac{製品中含酒精數}{原料中含酒精數}$$

$$= \frac{3.78 \times 0.955}{9.84 \times 0.5 \times 0.66 \times \dfrac{1}{0.8997}} \times 100 = 99\%$$

13345

提高食米營養價值之實驗研究

徐 學 楷

美國化學工業與工程雜誌，(Ind. and Eng. Chem.) 在本年五月號，裁有 Enrichment of Rice with Synthetic Vitamins and Iron 一文，是 Hoffmann-La Roche 公司的幾位專家研究之結果。這種研究對於以米稻爲主要食糧的我國，有特別的意義。玆將其內容摘要，藉供參考。

一、緒　言

啓克 (KiK) 和威廉斯 (Williams) 最近在他們的研究報告中提及脚氣病與食用白米二者有不可分都的關係，脚氣病的主要原因是爲缺乏維生素 B_1 而起，這種維生素 B 的百分之八十於糙米碾成白米後損失，所以這種病往往發生。以白米爲主要食糧的地區，如中國南部，印度西南部，日本，荷屬東印度，菲律濱，緬甸，邏羅，安南這些地方的人都常患脚氣，而世界的其他地區也間有發現。根據文弗萊 (Aykroyd) 的研究，除了維生素 B_1 之外，稻米中的其他營養成分，也會因碾磨而損失，由於糙米對於某種主要的營養成分 (如 Riboflavin) 含量很少，而其他的營養成分因碾磨而損失的百分比又極高，所以白米的營養價值實在非常之低，一個每日食白米五百克的人所獲得的營養分，較之美國糧食及藥物部所訂定的麵粉最低營養標準相差很遠。

增加白米中的養分的方法可大別爲二類：第一類是較高的方法，着重於糙米中原有養分的保存，第二類是較新的方法，是用合成的維生素與礦物質加進白米裏去以增加其養分，由第一類方法所得的產品的營養價值雖然比白米高得多，但是這類方法具有種所缺點，或者是技術上有困難或者是裝置特殊，成本昂貴，或者是成品有特殊氣味，不易習慣食用，這種種缺点，在第二類方法中都可以避免，這種方法的主要步驟，是用白米造成一種養分特高的『米精』(fortified premix)，然後以這種米精以一定比例與普通白米混和，這種混合物即稱爲『營養米』(Enriched rice)。這種方法的優点是裝置與操作的費用都低，而成品的外觀氣味與保藏性質均與普通白米無別。所加進的養分的種類與濃度又可根據任何完善的營養標準而隨意變更。

二、成分及製造法

這種營養米所含之養分，係以美國聯邦糧食藥物部，所訂定的營養麵粉最低養分標準的，經洗濯和實熟之後，米精含有的養分規定應有如下的數值：

維生素 B_1	500 Mg/Lb		1100 gM/kg
Niacin	3200 Mg/Lb	或	7040 Mg/kg
鐵	2600 Mg/Lb		5720 Mg/kg

因為通常的洗米的習慣使牠原有的維生素 B_1 和鐵分損失了大部分，所以米中原有的養分並未計入在所加進的養分之內，上表中所列維生素 B_1 的數值比規定多了百分之廿五，原因係準備抵補在高溫度中長期間貯藏或在 PH 值高的水中覓得太久而起的額外損失。

製造米精的方法，可如下簡說明：白米 R 由漏斗等入電動機拖轉的圓鼓，此圓鼓以一定的速度迴轉、維生素 B 的溶液由 B 器流經量筒 D 又經由導管 E 入于穿孔面 F，緩緩噴射于圓鼓內轉動中之米粒上，直至維生素 B 溶液之最後一部分用由 G 來之壓縮空氣噴完之後，開始送入加熱定空氣于圓鼓內，直至其中的白米較燥爲止，在 C 器內之『保護溶液』(Coating Solution) 之半經由量筒 D 及 F 而噴射于轉動中之白米上，當充分混和且大部分之溶劑蒸發後，其滑動于 F 上之杓子將焦性磷發鐵之混合物加入米中，當鐵化合物分散均勻後，其餘一半之保護溶液開始噴射，且使之乾燥如前，最後所製成之米精，由圓鼓之出口放出，並過篩以除去其中的結塊 (agglomerates)。營養米係以米精與普通白米以一與二百之比例在圓鼓中或其他適合器中混和而成。

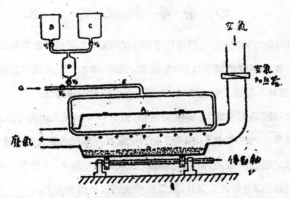

好幾種米都曾在試驗工廠中應用這種『羅含法』(Roche process) 以提高其營養價值，根據研究的結果，由羅含法所製的營養米即使經過洗濯與煮熟之後，所含的維生素 B_1，Niacin 和鐵質都超過官定的麵粉最低養分標準。而從另外一個實驗，證明米精與白米的混合非常容易均勻，分析三種營養米樣品的結果(每種各二百 grain)，其成分的差異不過是士 2 grain。

三、　洗濯及蒸煮後養分之保留程度

從管米的營養價值往往因洗濯而大大減低，然而這種習慣依然是流行得很，增加米的營養價值的方法，顯然需要保護那些養分，避免因洗濯而損失，羅含法用一種防水性的保護溶液以保護那種米精，

13347

因此，由於洗滌而起的損失只是那些未經處理的白米的損失。

在洗滌後養分的保存的百分比是取決於幾種因素——包含洗滌時間的久暫，洗滌用水的容量，温度及攪動的程度，作者用了兩種洗滌法以作研究，一種叫「南加路連那法」South Carolina method），一種是羅含公司自己設計的方法，實驗結果，在米精裡的養分差不多完全保存，所損失的只是普通白米中的養分，米精的保護外皮在通常的洗滌温度（35°C 以下）有完全的保護能力，即使在 55°C 的水中洗滌，其養分的損失也是非常之少，總括來說，營養米因洗滌而起的養分的損失，實在是白米與米精二者的損失之總和，白米養分之損失是無可避免的，而且無論什麽米的養分的損失量是一定的，但米精的養分損失則可以加以控制，這種營養米 在洗滌之後，所含的養分仍然高于官定的麵粉最低養分標準。

至于米精煮過以後牠的養分的保存的程度怎樣呢？他們用美國的軍用的煮米方法做實驗，在鍋鑊中把含有 10 克食鹽的水 750 ml. 煮沸，加入 200 克的水，用直接火加熱，不時攪拌，最少三十分鐘一次，直至所有的水完全吸乾了為止，用這種方法煮熟的營養米，牠所含的維生素 B_1 的損失為百分之七到百分之十，Niacin 的損失為百分之二到百分之四，因作煮米用的水並未傾棄，所以其中鐵分並未損失。從另外的一個實驗證明維生素 B_1 的損失與所傾棄的米湯的容積約實成為正比，由此可知最好的煮米方法是切勿傾棄米湯。

四、營養米之安定性

在米精和營養米的貯藏方面，他們也作了如下的實驗；米精與營養米兩者曾在各種的氣候環境之下（包含温度 40°C 與高濕度的情況），用紙，麻布，鐵罐，木桶和玻璃器貯藏至 12 個月之久，米精的物理性質毫無變化，而加入米精于普通白米，也並不影响白米的保藏性。

保藏實驗的結果證明維生素 B_1 的損失很微，而 Niacin 的損失簡直可以忽略，雖然那些未經處理的白米在貯藏之後所含的維生素 B_1 損失了相當大量，（在常温貯藏九個月後損失百分之十五），但這並不致影响營養米的營養價值，因為未經處理的白米的維生素 B_1 的含量，在營養米中僅佔很小的一部分，在美國的貯放時間不均為五個月，所以維生素的損失為最甚微。

五、營養實驗

對于營養米的生理效應也曾做過兩種實驗，第一個實驗是用以測定老鼠對於大量的米精的忍受限度（毒性試驗），第二第三個實驗是測定米精中的維生素對於老鼠和人的有效程度（Availability）。

第一實驗是用來研究用營養米飼養的老鼠的生長和生育方面的情形，用四十隻老鼠分成四組，分別以 Purina 狗食料，第一組中不加米精，但第二第三第四組則分別加入百分之 0.15, 3, 10 的研碎未煮的米精，飼養十二星期的結果發現即使飼以百分之十的米精亦無碍於其生長，雌鼠交配以後，仍能懷孕產生小鼠，由此証明食用大量的米精，對於其生育方面亦無影响。

　　第二個實驗測量米精中的維生素 B_1 對於老鼠的有效程度，將老鼠分爲兩組，第一組每鼠每日飼以美國藥典規定之『無維生素 B_1 食料』(U.S.P B_1 – deficient ration) 加入含有 4mg 維生素 B_1 之米精，第二組每鼠每日飼以純維生素 B_1 4mg 六星期後，兩組鼠之生長情况相同，表示在米精中之維生素 B_1 實際上完全有效。

　　第三個實驗係用六個男性實驗維生素 B_1 及 Niacin 對於人身之生理的有效限度，根據奧塞爾 Oser 的方法，以食用營養米者之尿與食用相當量之純維生素 B_1 及 Niacin 溶液者之尿比較，實驗結果，二種維生素均發現完全有效，前者之有效程度爲百分之 95 ± 13. 後者爲百分之 97 ± 22。

六、　結　論

　　本文所叙是一種用合成的維生素及礦物質使稻米之營養價值增高的方法，主要點是製造一種適合的『米精』(Premix)，這種米精規定在製成營養米 (Enriched rice) 經洗濯及煑熟之後應含有維生素 B_1, Niacin 及鐵，其量等於官定營養麵粉的整分。

　　米精能耐洗濯蒸煑及貯藏而不失其養分之大部，其因洗濯而損失之微量，值得特別注意，因爲。洗濯而起的損失成爲保存營養米的養分的一種困難，普通白米卽便是輕微的洗濯也極易損失其大部分的維生素 B_1, Niacin 及鐵分，所以製造營養米，完全沒有把普通白米中的養分計算在內。

　　研究老鼠的生長與生育，證明食用大量的米精，對於牠的生長與生育並無有害的效應。進一步的研究證明米精中的維生素 B_1 和 niacin 對於人體完全有效，亦總得到豐的試驗的證明。

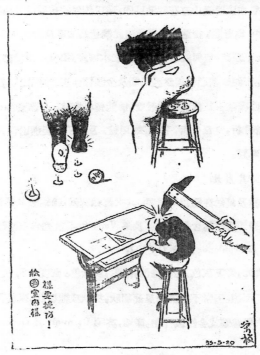

專　載

原子彈材料鈾釷之探驗提煉及用途

李翼純

自民國三十四年八月廣島投彈，一戰功成，俾世界於和平，世人始驚異原子彈之威力。査原子彈之最重要材料爲鈾 Uranium。天然之鈾，含有三種同位元素 U-234, U-135 及 U-238，此三者化學性質相同，而質量數 (Mass numbers) A 互異，即 234, 235 及 238 是也。天然鈾內，含鈾 U-238 至多，佔百份之99.3％，鈾 U-235 百份之 0.7％鈾 U-234 百份之 0.006％，其中以鈾 U-235 爲最適用於製造原子彈。欲提取一份 U-235 之鈾，需用一百四十份之天然鈾，故原子彈實不能多製。一公斤 U-235 之鈾中，所有原子盡行對裂，則其釋出之能量，等於二萬噸 T.N.T. 炸藥(每噸二千磅計，T.N.T. 即三硝基甲笨 Trinitvrotolune)。除鈾而外，釷 Thorinm 及鏷 Protoactinium 亦能被中子 Neutron 轟擊而對裂，釋出巨大之能量，但釷與鏷之對裂，僅能由快中子(每秒鐘速率數千英里)所引起鈾，鈾之對裂可由快中子與慢中子所引起，(慢中子速率與熱速率相近，故又名熱中子)。鏷爲極希罕之物，故不能採用，釷比鈾多，將來或可採用，據地質學家估計，地殼每百萬份中，鈾佔四份，釷佔十二份。我國亦有鈾釷鑛，民國三十五年春，中央地質調查所彭其瑞君在廣西鍾山紅花錫鑛區內，發現銅鈾鑛矽酸鈾及撗酸鈾鑛，散佈於花岡岩中。釷鑛則以撗黄石 monazite 爲普通，發見於廣東電白元洞堡錫鑛區及廣西八步錫鑛區之砂錫冲積層內，成爲蠟黄色之小晶體，比重頗高，恆與錫石留於淘鑛之木槽底，須再用密幼篩跳汰（即八步所謂篩砂）始能分出撗黄石及錫石。查鈾釷鑛通常與鎢鑛錫鑛及金銀鑛伴生，我國西南各省，富有鎢錫等鑛，而金銀鑛脈則以東北九省及西康蒙古新疆等處爲最豐，倘能留心探驗，不難獲得巨量之鈾釷資源也。茲將鈾釷鑛物種類產地，吹管分析，定量分析，提煉法，用途，及原子彈製造過程，分論於下，以供軍政學界之留心原子彈者有所參考焉。

（1）鈾之鑛物及其產地

鈾之鑛物以瀝青鈾鑛及釩鈾鉀鑛爲最重要。其次爲鈾灰鑛，鈾鋼鑛及鈮鈾鑛，亦爲提鈾之次要鑛物。釩鈾鉀鑛通常含鈾2-3％但其含鐳 Rat1m 及釩 Vanadinm，故列爲重要鑛物。

瀝青鈾鑛 uraninite (Pitchblende) 2 U O₃・UO₂

色澤似瀝青，半金屬光，條痕灰色，橄欖綠色，褐色，或綠色。硬度5.5，比重6.5-9.7，脆性，有放射能。等軸系八面體及十二面體。通常不結晶而呈葡萄狀，塊狀或顆粒狀。產於花岡岩及偉晶花岡岩中與鎢鑛伴生。或在石英脈內與錫鑛或金銀鑛伴生。產地，英國 Cornwall 及 Devon 之錫鑛脈。Bohemia Frz.

gebirge 之銀鎳鈷礦脈。美國 Colorado Gilpin County 之金銀礦脈，皆含瀝青鈾礦。

鈾銅礦 Torbernite $Cu(UO_2)_2P_5O_5\cdot 8H_2O$ 玉綠至草綠色，珠光，條痕淺綠色。半透明，硬度 2.－2.5 比重 3.4-3.6。正方系，正方片狀，鱗片狀。產於葡國之 Guarda 與鈾灰礦伴生。及英國 Cornwall 之 Gunnis Lake 中國廣西鍾山紅花錫礦區之花岡岩內。

鈾灰礦 Autunite $Ca(UO_2)_2P_2O_4\cdot 8H_2O$，檸檬黃至硫礦黃色，珠光，條痕淡黃色。硬度 2.－2.5 比重 3.05－3.19。近正方式之斜方系片狀（面角 90°43'）產於葡國北部之花岡岩及片岩內之石英脈中，與鈾銅礦伴生。歐洲美國及南澳洲亦有出產，為鈾礦之項要產品。

鈮鈾鉀礦 Carnotite $K_2O\cdot 2U_2O\cdot V_2O_3\cdot 3H_2O$ 檸檬黃或燕黃色時或紅色或黑色。通常為黃色粉狀或微幼鱗片狀，散佈於岩石隙孔中，可用手指甲刮出。用顯微鏡察視，知其為斜方系片狀。產於美國 Colorado 西部及 Utah 東部之砂岩中，與砂質混和。此礦除鈾釩而外並含鐳少許。

釩鈾礦 Uvanite $2UO_3\cdot 3V_2O_5\cdot 15H_2O$ 褐黃色，狀似釩鈾鉀礦，斜方系，幼顆粒狀，劈開面依兩個棱面。產于美國 Utah 之 Temple Rock, Emery County.

釷鈾礦 Thorianite ThO_2UO_2 黑色，等軸系，立方小晶體。比重 9.3. 產于印度錫蘭 Ceylon 之 Balangoda 沖積礦層中。

鈾釷礦 Broggerite 氧化鈾釷及鉛，UO_3 與 RO（即其他氧化金屬）之比為 1:1 之比。比重 9. 光澤顏色與瀝青鈾相同。等軸系八面體兼帶有立方體及十二面體，富含釷份，兼含氦 He 及其他氣體。

釷鈾鈰礦 Cleivite 氫氧化鈾及其他稀金屬如釷他 Y 鈰鉺 erbium 等。鐵黑色，光澤暗淡，不透明。條痕黑褐色。性脆，硬度 5.5 比重 7.49。等軸系，立方體及八面體，恆成不規則之碎粒。產于那威 Norway 之 Arendal 地方。

鈮鈾礦 Samarskite 鈮酸 Niobate 及鉭酸 Tantaalte 鈾，並含鈰鉅鐵等質。天鵝絨黑色，條痕黑色，或紅褐色。不透明。玻璃光或松脂光。脆性硬度 5.5 比重 5.7。斜方系柱體。產于美國 North-Carolina 之 Ilmen Mts, Mitchel county 在花岡岩及長石岩中，與鈮鉅礦物伴生。北美加拿大 Canada 及印度之 Mysore 亦有出產。

此外尚有矽酸鈾鈣礦 Uranophane $UO_3CaC\cdot 2SiO_2\cdot 6H_2O$：

（1）燐酸鈾鋇礦 Uranocircite $Ba(UO_2)_2(PO_4)_2 8H_2O$ 砷酸鈾，鈣礦 Uranospinite $Ca(UO_)_2(AsO_4)_2 8H_2O$ 鉍酸鈾礦 Uranosphaerite $2UO_3\cdot Bi_2O_3 3H_2O$ 硫酸鈾銅鈣礦（內含 UO_3 36%）Uranochalcite $UO_3CuO CaO$ etc. 炭酸鈾鈣礦 Uranothallite $U(CO_3)_2 2CaCO_3 10H_2O$ 及硫酸鈾鈣礦 Uranopillite 通常與其他鈾礦或合屬礦伴生，可照下文吹管試鈾試出之。

（1）吹管試鈾法 氧化鈾 UO_3 鈾 UO_2 在硼砂珠內或燐鹽珠內燒之在還原燄內成綠色珠，在氧化燄內成黃色珠。若欲試驗少量之鈾，在多量金屬礦物中，可先將礦物研成幼粉，將礦粉一份與炭酸鈉 Na_2CO_3 四份及硝酸鈉 $NaNO_3$ 二份和勻，置在木炭孔內，用吹管噴火燒鎔。將已鎔之礦塊取出，置在試管內，再加水賣熟十分鐘，令釩酸鈉溶化，而鈾及其他金屬則不溶。將溶液泌出，再加熱水將不溶之

13351

物洗淨，然後加入鹽酸 HCl 煮熱令鈾銅鉛鈣鉬銀等全完溶化。泌出溶液於第二試管中，先加氫氧化 NH₄ OH 使成鹼性，再加入多量之炭酸銨粉 $(NH_4)_2CO_2$ 則鈾質先成沉澱，糉而再被溶化於過量之炭酸銨溶液中，而鉛鈣銀等則盡成沉澱，但銅亦在溶液內，成爲藍色溶液。此溶液內含鈾及銅。將溶液濾出再加入鹽酸使成酸性，煮沸除去炭酸氣 CO_2 再加氫氧化銨於溶液內使成鹼性，鈾質沈澱成爲黃色鈾酸銨 $(NH_4)_2U_2O_7$ 將沉澱濾出，置在木炭孔內，用吹管噴火燒熱，除去氨氣 NH₄ 及 H₂O 所餘者爲黃色氧化鈾 UO₃ 可照上文吹管法用硼砂珠或燐鹽珠燒之，證明爲鈾。

(2) 鈾之定量分析　凡含多量金屬之鈾鑛，皆可照上文吹管試驗法將鑛研粉，和炭酸鈉及硝酸鈉燒溶，然後再用鹽酸溶化成爲氯化鈾 UCl_6 溶液。加炭酸鈉所以令矽酸氣分解成爲矽酸鈉 Na_2SiO_3 及氧化鈾 UO₃ 和硝酸鈉，所以令硫化或砷化金屬氧化成爲氧化鈾銅鉛等，易溶於鹽酸。如鈾鑛含釩則釩氧與鈉化合成爲釩酸鈉能溶於水。將鈾鑛粉二克和以炭酸鈉四克硝酸鈉二克置在白金杯中，用火酒噴燈燒鎔。移開白金杯，投入半注冷水之白瓷碗中，則鎔化之餅裂開，易爲熱水溶化。將白瓷杯置在水鈍，加蓋燉熱一小時，令鑛餅溶解，則釩酸鈉完全溶化於水。將溶液濾出，留待化驗釩質。不溶之物，含有銅鉛鈦鈣銀等用鹽酸加熱溶化，成爲氯化金屬溶液。再加氫氧化銨便成鹼性，則鈦鈾先成沉澱，而銅則成爲藍色溶液，加入炭酸銨則鉛鈣銀成爲炭酸鉛鈣銀等沉澱，而鈾則爲過量之炭酸銨溶化。將沉澱濾出，洗淨沉澱，洗水及溶液收集於玻璃杯中，加鹽酸使變酸性，再煮沸除去炭酸氣。然後再加氫氧化銨於溶液內，使變鹼性，則鈾質成爲黃色鈾酸銨沉澱 $(NH_4)_2U_2O_7$，將沉澱濾在無灰濾紙上，噴水洗淨沉澱及濾紙，焙乾後，置在白金杯或白瓷杯內，用噴火燈燒去濾紙及氨 NH₄ + H₂O，所餘爲鈾氧 UO₃，秤之可得鑛粉含鈾之成份。

或將鈾酸銨沉澱溶化於淡硫酸，再加鋅片還原，歷三十分鐘，濾取溶液，與高錳酸鉀標準溶液相較，

$$1cc \frac{N}{10} KMnO_4 = 0.1192 \text{ gr. 克金屬鈾}。$$

(3) 金屬鈾之性質及提煉法　鈾之原子量爲 238.3，比重 18.7，鎔點 1150°C，鈾爲白色金屬，性質似錳鋁，又似鐵。在尋常熱度內，不被空氣侵蝕，加熱至 170°C 則焂燒成光亮火燄。用鋼鑿之，發生光亮火星。比鐵爲較易蒸化。能被熱水侵蝕。能溶於淡酸類（HCl，H₂SO₄，HNO₃等）。含鈾之鹽類，恆發燐光及螢光。

提煉法鈾鑛如含硫化或砷化金屬，則先將鑛研成幼砂，置在焗鑛反射爐內透焗 dead roast，令金屬完全氧化。鈾鑛如含矽酸 SiO 則將鑛砂一份和炭酸鈉 Na_2CO_3 一份至二份（觀含 SiO₂ 多少而定）置在反射爐內，加熱至 800°C 令矽酸與鈉化合成矽酸鈉 Na_2SiO_3 能溶於水，鑛砂內如含釩質亦與鈉化合成釩酸鈉，能溶於水。而鈾及其他金屬則變成氧化，能溶於鹽酸。將已鎔之鑛塊取出。待冷，研幼，加熱水溶化及洗淨，除去矽酸鈉及釩酸鈉。將不溶之物，用工業鹽酸溶化，並加熱至 60°C，則鈾及其他金屬全溶。將溶液濾出，並用水洗淨不溶之物，洗水及溶液，收集於大缸中。以下手續可照上文定量分析

法,加氫氧鉀及過量之炭酸鉀粉令鉛鈷鈣錳鐵等沉澱,而鈾及銅則留在溶液內。再加鹽酸於溶液使變酸性,黃沸除去炭酸氣,再加氫氧鉀令鈾沉澱成鈾酸鉀 $(NH_4)_2U_2O_7$。但氫氧鉀爲昂貴之藥品,可設法取回,將鈾酸鉀置在鐵甑中,加熱令氫 NH_3 及水 H_2O 蒸化收集於冷水噴射之凝氣室中復成爲氫氧鉀。已將金屬沉澱之溶液內,含氯化鉀 NH_4Cl 甚多,可將溶液煎乾,收回氯化鉀晶體,作爲電鹽之用。

金屬鈾可用氧化鈾 UO_3 和炭粉在弧火電燈內加熱 1490°C 煉成。需用電流 800. Amperes 電動力 45 Volts。

在提煉過程中,濾出之釩酸鈉溶液可加清黃 $FeSO_4$ 溶液,令釩沉澱成釩酸鐵,此釩酸鐵可用電爐鎔成釩鐵合金,用於煉釩鋼。將鈾沉澱後之藍色銅溶液,可加硫化鈉 Na_2S 溶液,令銅沉澱成硫化銅 CuS 由此可復煉成金屬銅。鈾鑛內如含釷亦可照下文方法提出。

(5)由鈾鑛提鐳法

鈾鑛含鐳 Radium 僅屬痕迹,每一克 Gram 鈾,須由產出三百萬克鈾之鑛量提出。提鐳法有二,其一爲酸性硫酸鉀法,其二爲鹽酸法。

酸性硫酸鉀提鐳法　將鑛研粉,和酸性硫酸鉀 $KHSO_4$ 置在反射爐內加熱至車梨紅熱度(700°C)溶化。將已溶之鑛塊磨碎,用水黃沸溶解,則鈾質成爲硫酸鈾溶液,而鐳及鋇則不溶。將不溶之物濾出,加鹽發溶化,則鐳變爲氯化鐳 $RaCl_2$ 鋇變爲氯化鋇 $BaCl_2$ 溶液。將溶液加熱煎濃,待冷,則氯化鐳及氯化鋇先後結晶。但一次過結晶,不能將鐳及鋇完全分離。須將已結晶之物再溶於水,再煎濃待冷,再結晶,如此工作歷數次以至十餘次,始能分出純淨 $RaCl_2$ 及 $BaCl_2$ 晶體,此法名爲差等結晶法 Fractional crystallization。

鹽發提鐳法　軒利卑匯氏 Henry Bailey 由英國 Cornwall 所產之瀝奇鈍鑛提鐳,其法如下。將鈾鑛磨幼,用濃鹽發黃熱歷六小時之久,則鈾溶化,成氯化鈾溶液,而鐳則用鑛砂內含黃鐵鑛,變成硫發,而鹽發內亦含硫酸微量,故鐳被溶化成爲硫酸鐳,溶解於濃度甚高之酸性溶液內。將溶液冷卻,停留一夜之後,翌日早晨將溶液用虹吸管汲出。在此已澄清之溶液內加入硫發鈉 Na_2SO_4 溶液,並加入適量之氯化鋇 $BaCl_2$ 溶液,再用壓搾空氣攪動透切,則硫發鐳及硫發鋇同時成爲沉澱。將溶液停留,令沉澱墜底,俟經多次溶化鈾鑛之後,沉澱積聚既多,然後提收鐳質。將沉澱濾出,用水洗淨以便除去鈾銅鉛鈷鐵等溶液,洗水須加硫酸些少,所有溶液及洗水,宜保留,照上文法提取鈾釩銅鈷等質。將硫酸鐳及硫酸鋇沉澱裝入鐵鍋內,加入炭酸鈉之飽和溶液,黃沸數小時,令硫酸鐳及硫酸鋇變爲炭發鐳及炭酸鋇沉澱。將沉澱濾出用熱水洗淨,除去雜質,然後將沉澱溶化於氫化溴酸 HBr 成爲溴化鐳及化溴鋇溶液。此溶液經過長時間及耗費工作之差等結晶法,令溴化鐳及溴化鋇分別結晶。最後之溴化鐳晶體含 $RaBr_2$ 98% 。金屬鐳可用氯化鐳溶液電解,用鉑作正極,用汞作負極。所得之鐳汞膏 Amalgam 置在密管中透入氫氣中,然後加熱令汞蒸化,所餘爲鐳。

鐳之性質　鐳爲白色金屬,原子量 226. 鎔點 700°C 在空氣中變黑,能溶於水。鐳之光學性,與鋇

相似,與氯溴或硫酸化合之銅鹽及鋇鹽,俱能發螢光。若與矽酸鋅礦 Willemite 及鋰玉 Kunzite Li_2O：
Al_2O．$4SiO$ 等礦物接近,能令礦物在黑暗中放光。鐳能繼續放射熱量乃因原子對裂所致,故爲放射能
之最顯著者。

(6)鈾及鐳之用途

自1945年原子彈發明後,各國政府,俱將鈾礦杭制以備製造軍用品。從前鈾礦用於製造鈾鋼及碳
化鈾 Uranium Carhide,含鈾微量之鋼質較而硬,若兼含鎢,則可受熱而不變軟。碳化鈾用作製造氫氧
經 NH_4OH 之觸媒劑 Catalyst,氮氣及氫氣受熱 $600°C$ 及100倍於空氣壓力輸送,經過碳化鈾觸媒劑,則
有百份之三氮氫氣互相化合成氨 NH

釷鹽與硫化鋅晶體混和,可製夜光漆作爲夜光鐘面之字號及其他軍用儀器表面之字號,能在夜間
發光。一克硫化鋅,含鐳 0.1 以至 0.25 微克 Milligram, 卽可製成夜光漆,能耐用甚久。

(7)釷之礦物及產地

釷礦除上文鈾礦所列鈾釷礦釷鈾礦及釷鈾鈰礦之外,尚有下列二種重要礦物。

釷石 Thorite $ThSiO_4$ + nH_2O 褐黑色或橙黃色,條痕褐黑色至橙黃色,松脂光。硬度 4.5-5. 比重
4.4-5.2。正方系,柱體及錐體,與鋯石相似,時或塊狀。吹管不鎔。用鹽酸煮之,剩餘膠狀矽酸,但以未燒
之礦粉爲然,燒後則無膠狀剩餘物。用閉口管燒之有水蒸汽放出,管內礦粉,熱時變視色,冷時變橙黃
色。產於那威之 Arendol 偉晶花岡岩中,蘇格蘭之 Southerland 角閃石花崗岩中。

燐黃石 Monazite (Ce.La.Di)PO_4 + $ThOS_2iO$. 含釷氧1以至20%。紅視色或黃色,條痕白色,松脂光。
脆性,硬度 5.-5.5 比重 4.9-5.3。單斜系,小晶,恆成顆粒狀,散佈於冲積層之砂礫中。產地,廣東電白元
洞堡錫礦區,廣西富賀鐘錫礦區。西伯利亞砂金及砂鉛冲積層,哥倫比亞砂錫層,馬拉半島砂錫層。

(8)釷之吹管分析

釷能溶於硫酸成爲硫酸釷溶液,如爲鈾釷礦可照上文鈾之吹管試驗法,加氫氧化鉀後所得之氫氧
釷沉澱,再用硫酸溶化,然後再行其他試驗手續。如爲釷石,可先將礦粉用熱鹽酸溶化,成爲氯化釷及
膠狀矽酸,將氯化釷溶液濾出,加氫氧化鉀令釷沉澱,然後將此沉澱用硫酸溶化,再照下文燐黃石分釷
法將釷氧分出。如爲燐黃石,可直接用硫酸溶化,然後進行分出釷氧,其法如下。

將礦研粉裝入必架杯 Beaker 中加淡硫酸 10c.c. 在沙鑊中加熱一小時,令釷及其他稀金屬如鈰鑭
等溶化,成爲硫酸釷鈰鑭等溶液。將必架杯及溶液移置沙鑊中,燉至將乾,並有多量之三氧化硫硒放出,
再加水再燉,如此三次,令硫酸除盡,所餘者爲中性硫酸鹽類(內含釷鈰鑭等質)。用熱水溶化此項中性
硫酸鹽。將不溶之物濾去,加入草酸 Oxalic acid 於溶液內,則稀土金屬。如釷鈰鑭等完全沉澱成爲草酸
鹽。將沉澱濾出,用水洗淨,再用淡硫酸溶化,成爲稀土金屬硫酸鹽溶液。將溶液煎乾,再加水溶化再煎
乾,除盡硫酸祇餘中性硫酸鹽。將此硫酸鹽溶化於熱水,然後淡和以多量之水(約四倍於溶化硫酸鹽之

水量)。此爲貴要之手續，倘溶液太濃，則加入重硫愛鈉時，鋯及鈰亦與釷同時沉澱。溶液淡和後，加入重硫酸鈉 $Na_2S_2O_3$ 溶液，賁沸，則釷質沉澱成爲硫酸鹽。將此硫酸鹽濾出，置在白瓷杯內，用噴火燈燒紅，除去硫愛，所餘爲白色釷氧 ThO_2 (但如含有 Erbium 則累帶黃色)。

(9)釷之定量分析

釷之定量分析與吹管分析相同，但加薔愛令稀土金屬沉澱之後，宜停留十二小時，令所有沉澱降底。將沉澱濾於濾紙上，用水洗淨然後進行再用淡硫愛溶化。蒸乾除盡硫愛，用熱水溶化中性硫酸鹽，淡和以多量之水，然後用重硫愛鈉溶液，令釷沉澱。爲避免鈰鋯等質混入釷沉澱起見，可再用淡鹽愛將釷沉澱溶化，煎乾，除去鹽愛，用熱水溶化，和入多量之水，然後再加重硫愛鈉溶液，令釷沉澱。此項沉澱，類皆輕而浮於溶液中，故須停留經夜，始可濾出。最後之硫愛釷沉澱，可再溶於淡鹽酸，並加小量鹽酸，然後加入過量之薔酸飽和溶液，令釷沉澱成爲薔酸釷，用無灰濾紙濾取沉澱，焙乾，燒紅，燬去紙炭及薔愛，所餘爲釷氧 ThO_2，秤之，可得礦砂含釷之成份。

(10)釷之性質及提煉法

釷爲結晶狀之金屬，屬於鈦 Ti 鋯 Zr. 靈。原子量 232.4，比重11.，色似鎳Ni，有放射性。在空氣中受熱焚化，發生光亮火餤。易溶於硝酸，殺溶於鹽酸，不被鹼性溶液侵蝕。

提煉法如爲鈾釷鑛，可用被氫氧化經沉澱之氫氧釷加熱除去水份成爲釷氧。如含其他金屬，可用硫酸溶化氫氧釷沉澱，煎乾，除去硫愛，再用水溶化然後再用薔愛溶液，令釷沉澱，成薔酸釷，再加熱除去薔酸所餘爲釷氧。如薔酸釷沉澱，含有其他稀土金屬，如鈰鑭鈶等質，則將薔酸釷再溶於硫酸，煎乾除去硫酸，加熱水溶化，再加多量之水淡和，然後加入重硫酸鈉 $Na_2S_2O_3$ 溶液，令釷沉澱。凡此提煉方法，大致與上文吹管分析燐黃石方法相同，但燐黃石含鈰 Cerium 爲工業上重要材料，可照下文方法分出之。

<u>由燐黃石提鈰法</u>　照上文提釷法加重硫酸鈉 $Na_2S_2O_3$ 沉澱釷質後，所濾出之溶液倘含鈰質，再加薔酸溶液，則鈰沉澱成爲薔酸鈰及其他稀土金屬。濾取沉澱洗淨再用硫愛溶化。煎乾，除去硫酸，用極少量之冷水溶化已煎乾之硫愛鈰，然後加入雙倍於溶化水量之硫愛鉀 K_2SO_4 飽和溶液再加熱則鈰沉澱成爲雙硫化鉀鈰。$Ce_2(SO_4)_3 + 3K_2S)_{10}$。

金屬釷乃用氯化釷鉀 K Cl + Th Cl₄ 和金屬鈉在鐵罐內加熱還原而成。金屬鈰乃用氯化鈰 Ce Cl₄ 晶體，置在鐵罐中加熱化，然後用炭精柱作正極，鐵鍋作負極，通過直流電分解，則金屬鈰聚於鐵鍋底，892 安培小時 Ampere hours 可得310克 gr 金屬鈰。

(11)鈾及鈾之用途

鈾爲放射性元素，與鈾相同，能發光。由燐黃石提出之釷，名爲馬素釷 Meso-thorsum 可製成釷鹽，替代鈾鹽製夜光漆。但釷鹽僅能發光六年而鈾鹽則能發光一千六百年也。煤氣燈紗含釷氧 ThO_2 99 % 鈰氧 CeO_2 1 %

鉏爲製造自來火石之原料，鉏鐵含金含鉏 70% 鐵 30%，製成火石，用鋼輪擦之，能發火星，熱著爆透火酒之棉紗。鉬含鉏鐵量，較易牽引成鉛。

(12)原子彈製造過程

1905年愛恩思坦 Einstein 自放射元素之研究中，獲得質量 m (Mass)與能量 E (Energy)關係之公式，$E = mc^2$，其中 c 爲光之速度，等於 每秒鐘 3×10^{10} 厘米mm， 此式可推算一千克放射能元素，若盡變爲能量，可得二百五十萬基羅瓦小時 (Kilo watt hour) 電動能力。但如何能使質量盡變成能量，當時尙未獲知。1910 年，此問題之解決，乃大有進步。剌德福忐 E. Rutherford 發明自統 C 帶電之 α 質點，在稀少之例子中，與一普通元素氮之原了核相撞，能使其破裂，形成一氧原子，及一氫原了或質子。剌德福忐再指明放射元素可自勤破裂成爲他種元素，由此過程所放出之質點，可用以破裂 Fission 或蛻變 disintegration 其他通常穩定元素之原子核。1930年德國博逖 W. Bothen 與培克爾 H. Becker 發明，以釙 Polonium 發射極強之天然 α 質點，射於某種輕元素如波 Beryllium 硼 Boron 或鋰 lithium 之上，則有一種貫穿本領極大，不受電磁場偏折之輻射產出。此種輻射，當時尙未知爲何物。及至 1932 年經英國查迭克 J.Chadwick 證明此種輻射爲不荷電之質點，名爲中子 Neutron。1934年弗米 E. Fermi 更想到中了旣不帶電荷， 如用以貫穿原了核，當更有效，尤以對於在化學週期表 中序數較高之元素中之原子核爲更易發生效力， 因此種棧斥拒陽質子 Proton 與 α 質點之力極強也。1939 年正月丹麥 Copehagen 大學敎授波爾 Niels Boer 抵達美國紐迹時州 New Jersey 之泊靈斯 登城 Princeton，以其在德國雜誌自然科學 Naturwissenschaften 中所覩得之鈾對裂新聞，告諸其以前門生及哥倫比亞大學敎授弗米，並欲訪問愛恩斯坦時論此事。同年正月二十六日在美國京城華盛頓舉行一理論物理會，會議中波爾及弗米曾討論原子對裂問題。弗米特別指出，在對裂過程中，頗有中了射出之可能性。此雖屬一種猜測，但其中孕含鏈形反應 Chain reaction 之可能性，實至明顯。此會實爲美國製造原子彈之第一重要領導。

1940年六月美國及同盟國人士，俱能知悉原子對裂之確定原理。在化學週期表中，序數最高，原子量最大之鈾，鈾三種元素爲發生原子能及製造原子彈之最適當材料，因其原子核被中子轟擊而對裂後，能再行於本身內發生中子繼續轟擊本身原子核而變成其他元素及釋出能量，此項工作，本身內能繼續進行，無須外力，是謂鏈形反應，一如燃料如煤薪等之自行焚燒，無須再引火焉。此後製造原子彈材料如鈾 U-235 及鈽 Plutonium Pu-239 俱藉鏈形反應作用，始能繼續工作，供長期製造原料，及短期燃燒炸彈之引導火線。但鈾與鈽之對裂，僅能由快中子引起，而鈾之對裂，則能由快中子及慢中子引起(本篇首段亦曾論及)，故鈾爲惟一製造原子炸彈之材料。1940 以至 1941 年美國各大學如泊電斯登 Princeton 哥倫比亞 Columbia 芝加高 Chicago 及加利福尼亞 Califournia 各大學積極研究鈾對裂及鏈形反應製油U-235 及鈽 Pu 239 之工作。1941 年七月第一座鈾及石墨叠構體之中級試驗堆，用以製造 U-235 及 Pu 239, 建立於哥倫比亞。此爲一石墨之立方體，每邊爲 8 英尺，其中以鐵匣分載之氧化鈾

　7噸,在石墨中分佈于柵等之間格內。至九月時,再建立相似而較大之量構堆,加以研究,並决定增值因數 multiplication factor 之所謂指數法。鈾計畫成功或失敗之全部關鍵乃取决于增值田數 K 又稱爲再生因數 reproduction factor, 若 K 大于 1 則計畫成功,否則鏈形反應亦等于無效。在某時間,設有一定數目之自由中子,存在量構堆內之某一間格中,此種中子中,自身能引起對裂者,因此乃產生新中子。增值因數 K 爲此種新中子數量與原有自由中子數量之比。在一含有氧化鈾,石墨,雜質,裝物匣等之堆中,假定由對裂而產生 100 個中子,結果有逃出堆外者。亦有被鈾及石墨,裝物匣及雜質吸收而不對裂者,但亦有引起對裂至產生更多之新中子。如原有中子 100 個,產生新中子 105 個,則

$$K=\frac{105}{100}=1.05 \text{ 大于一,而工作可繼續進行,若新中子僅得 99 個則 } K=\frac{99}{100}=0.99 \text{ 小于一,而鏈形}$$

反應停止。

　加利福尼亞大學輻射實驗室中指示 94 號元素鈽 Pu-2.39 乃由鈾 U-238 捕獲中子後,經連殺兩次β變換而成。此超鈾元素鈽,受慢中子之對裂,故與鈾 U-235 相似。是以若用未分離同位元素 Isotopes (例如 U-238, U-235 及 U-234 爲同位元素) 完成鏈形反應則 可任其劇烈進行至達到相當時間,以加速 94 號元素鈽之生產。如 94 號元素可以獲得,則精快中子之鏈形反應,可以從速釋出能量而發生爆炸。故超鈾元素 Pu-239 可作爲一種超級炸彈之材料。

　1941年底,全部鈾問題情勢之廣泛評議已竟完成,此評議之最重要者爲國立科學院委員會之報告。(1)對裂炸彈需用足數之鈾 U-235 以供急速對裂,在適當條件下,每個彈所需之鈾 U-235 不能少於二公斤。亦不能多過一百公斤。(2)對裂炸彈將釋出鈾對裂能量 1-5.%,即千克鈾 U-235 釋出能量 2 以至 10×10^3 千瓦加羅力,約等於三百噸 T. N. T. 炸藥。(3)如欲盡行破壞德國之軍事及工業,需 T. N. T. 炸藥五十萬噸,惟用鈾 U-235 則僅需 1-10噸。(4)鈾 U-235 之大量提出需用各種分離法,包含離心法,氣體彌散法 diffusion 蒸餾法,熱彌散法,交換反應法電解法,及電磁法七種,俱曾加以討論及研究,最後乃採用氣體彌散法及電磁分離法。

　氣體彌散法哥倫比亞大學對於用氣體彌散法,分離同位元素之工作, 1940 年已經開始,至1942年底,大量分離鈾之問題,已經十分確定。主要問題,爲創製滿意之隔壁,隔開鈾堆放射之熱不至傷害人體及製造多量輸送氣體之唧筒。工作氣體爲六氣化鈾 UF$_6$ 其製造與處理法,極感困難。此項裝置之建造,在泰納西州 Tennessee 之克靈登 Clintun 工廠。滿意之隔壁,已經發見。同時有兩種離心力鼓風機,可以滿足唧筒之要求。在 1945 年夏以前,裝置工作已甚順利。

電磁分離法　上述之氣體彌散法,及離心法對大量製油 U-235 似可實行。但兩者欲完成大量之分離需要數百級段。實際上,此二法並未會產出相當份量已分離之 U-235。但用電磁法,在毫克 Mg 份量之分離成功以後,其在科學上之可能性,已確無問題。若每一單位每日可製十毫克, 10Mg 則一萬萬個單位,每月可製一米頓 Metric ton,僅爲時間與費用問題耳。每一單位爲一個複雜之電磁設計,需要高度之眞空,高電壓,及強磁塲。克靈登 Clinton 電磁單位第一組於 1943 年五月開始建造,至是年十一月已

可運用。一般工作人員，稇積改進離子源，接收器及附屬裝置，以求獲得較大之離子流。統計不同式樣之離子源有七十一種，收集器一百五十種，分裝於各組電磁單位中，且經製成與試驗。某一設計變動之價值，一經證實，則立卽盡力使其融入新單位之設計中。自 1944 年冬季至 1945 年時，電磁分離裝置，已在大量運用，可以供給原子彈之足量材料鈾 U-235.

　　1945 年七月十六日美國陸軍部在新墨西哥 New Mexico 試放原子彈，於是舉世皆知科學救國救世之可以成功矣。

附：詠原子彈詩

　　昨年八月，原子彈投下日本廣島及長崎，九月三日，日皇簽約投降。同盟勝利，普天同慶，余曾賦七律詩十首誌慶，其中有二首詠原子彈者，特補錄如下，以資興感。

　　（其一）昔日預言今實現，未來世界孰參詳。興亡往事連篇史，理化專門百籮長。億兆雄師何足恃，一丸原子有誰當。三皇五帝成陳迹，惟仗天工佈國防。

　　（其二）戰釁先開甲午年，甘爲戎首佔朝鮮。夜郎自大凌歐美，武士橫蠻汚法天。原子彈來施撻伐，降皇書遞免株連。同盟早定膺懲策，祗是和民倜惝然。

測量！到海岸边
工程師喜歡
35-5-12

雷 達 探 月 之 種 種 問 題

梁 恒 心

雷達探月這一囘事，就是以定向的無線電超短波投射月球，而以靈敏度和選擇性極佳的接收機檢出其囘射波。問題之所以難，就是因爲月球距離我們太遠。我們放射的定向雷達波，須穿透地球外圍的電離層，反射而囘時，也要如此。囘來之後，電波强度當然很弱；爲使接收機上能够審辨出這極弱的囘射波，不能不設法加增發射波的電力；同時接收機上也要盡其靈敏度之能事，方克有濟。再一層，地球有自轉和公轉運動，據 Doppler 原理囘射波的頻率自然發生變化，這變化有多大呢？接收機的波段濶度究應如何？月球的反射係數等於若干？接收機的噪音數字應如何限制？牽涉的問題當然不少，至於發射機方面，電力大小問題，電波波長問題，脈動波的濶度應如何，通通是設計時應考慮過群的。

於本年一月十日的晚上，當月輪初上，吾人首次收得由月球反射而囘的雷達波。這次試驗，主其事者是 Lt. Col. John H. Dewitt. 他們以 1/4 秒脈動的高速電能直射月球，每四秒鐘放發一次，電波的週波數爲111.5mc。於放送後，歷時2.5秒，即收得囘射的電波；檢波部份劃分爲可聽與可見的兩路，取種種證據極充足，就事論斷，決其係由月球上囘射者無疑。

查雷達射程之公式如下：

$$r = \sqrt[4]{\frac{P_t A_0 G_0 \, \sigma}{P_r (4\pi)^2}} \quad \dots\dots\dots\dots\dots\dots\dots\dots\dots\dots\dots\dots\dots(1)$$

r 表雷達射程 (radar range)

P_t 表發脈動波時發射機之電力(transmitter power during the pulse)

G_0 表發射天綫之電力得利(transmitting antanna power gain)

A_0 表接收天綫之吸收面積(absorption area of the receiving antanna)

σ 表目標體之有效囘射面積 (effective echoing area of the target)

P_r 接收訊號之電力(Power of receiving Signal)

除與上式有關之諸因數外，由於地面反射作用 (ground reflection)，當效力最高時，電力得利值增加即亦使射程加增，應以因數 2 乘之。此即相當於 12 db 之電力得利。

月球之直徑約爲 2160 哩，半面向地球，如欲就個半球面上同時囘射電波，則爲所發脈動波之濶度，須大於 0.02 秒。由此推之，接收機上最適宜之波段濶度，應爲每秒 50 週波，而發射機上亦不宜用一公尺以下之微波。

從電波進行情形研究，知 110 mc 之磁電波，穿透地球外圍之電離層，最爲便利，故決定選用 111.5 mc 頻率。發射機上，用 0.25 秒脈動波，其電力降值計之，P_t 相當於 3000 瓦特。用 516.2kc 晶控主振

器,經數級倍波作用,使頻率增至 111.5 mc。

　　接收機方面,利用多重混波器,由此發生局部振盪,使與外來電波合成拍頻,最後一級,降至每秒 180 週波。利用此種裝置,可能容許狹至每秒 57 週波之波段調度,接收機之選擇性已發揮至極高,而噪音則降至最低。接收機波段調度之必須選至最狹者,因如此始能使接收訊號調至最準確也。上段說過,月球和我們地球間既有相對運動,它的影响,能使囘射波的週波數比原來發出者相差 300 週波之巨。接收更應調率於算出的週波數,不要錯誤。

　　接收天綫之後,我們特加裝一具前級擴大器。這前級擴大器的噪音數字甚低,而有高度得利,這樣,可以減低整個接收機的噪音數字。

　　照理論上,接收機沒有輸入時,應當沒有輸出。而事實上,當沒有接收音訊時,耳筒上仍有微微的聲音,我們叫這種是噪音,雖然發生噪音的理由很多,例如電力部分的感應,電池將用盡接觸不良,電阻器損壞,機械振動等等。不過上述幾種原因都有辦法去避免,但由於擴大器內導綫上電子亂流,屏極上的二次電子放射,電離等作用,都是無法避免的。接收機的噪音數字,由下式定之:

$$\overline{E7} = \frac{E^2/4R}{KTB} \quad\text{......................(2)}$$

　　上式 $E^2/4R$ 表接收機輸入端之最大有用電力(其單位為華特)。E 表天綫間訊號電壓。R 為其有效總阻。K T B 為接收機輸入處之最大噪音電力。K 為 Boltzman 常數 1.37×10^{-23} 焦耳/絕對溫度。T 表絕對溫度,試驗時,用 300 度。B 為接收機上噪音波段調度,B=57。由(2)式移項。

$$Pr = \frac{E^2}{4\pi} = \overline{NF}\ KTB \quad\text{......................(3)}$$

　　今使 $\overline{NF}$ =7db, K, T, B 俱為已知,故可求得 Pr 值為 1.43×10^{-18} 華特。接收天綫上 G_0=250 高懸於 100 英尺之鐵塔上。

　　由發射電波之波長(入)及(G_0),由下式求知接收天綫吸收面積 A_0 之值。

$$A_0 = \frac{G\lambda^2}{4\pi} \quad\text{......................(4)}$$

　　既知 G 為 250, 電波波長為 $3 \times 10^8 / 111.5 \times 10^6$ 公尺由此 A_0=522.1$\times 10^{-7}$ 平方哩。(1)式中未求得者, 只餘 σ。設月球之介電常數為 6,其導電率為零,算得反射係數為 0.1766. 故 σ 之值應為 0.1765,再乘月球之投影面積,既知其直徑為 2160 哩,故 σ =647000 平方哩。

　　取以上各數值代囘(1)式,可以算得射程 r =573,000哩。這個數目已經是所需要的二倍有餘。况且由地面反射作用,可以獲得電力得利值12db,即射程可以增到 1,140,000 哩,由此推算接收訊號之強度,應超出噪音20db之數。而實驗所得結果亦相符合,即表示自由空間之內,無綫電波無重大衰減也。

發射機之裝器

發射機之主要部份如下圖。主振部份爲晶體控制 516.2kc 振盪器，經多級倍波電路增至 111.5mc. 電鍵控制則直於 12.4mc 級，因此

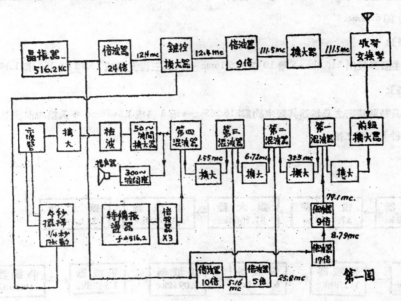

第一圖

處波頻所增倍率尚低也。控制法係於此級之陰極，使簡脉動波之生減而導電，由此直控以下各級。試驗之初，原用繼電器之方法而作機械的控制，惟未及電控之佳，因爲電的控制，可使到脉動波的間歇的闊度，自 0.02 秒變到 0.2 秒之間。

發射機的輸出線，其阻力爲 250 歐姆。天線爲六十四根水平極化式天線，分爲兩組每組三十二根，彼此對着。有效的電力得利是 250 卽24db. 全部天線裝置在 100英尺高的鐵塔上，這鐵塔只可以旋轉，不能將天線俯仰升降，因此，觀測時間只限於月升或月落之時，不過那時候電波通過大氣中的一段路程比較算長，或會受較大的影响。

天線電力半數之點上(half-power point)放射波的闊度是 15 度，其首的三個波環(Lobes)約升 3 度。又月球直徑對地所夾的弧，約是半度，所以放射的電力，不能全部投射到月球上，而質在損耗了許多。月球的上升大約每四分鐘一度，照天線上其首的三個波環所對正的部份轉來，觀測時間大概有四十分鐘。傳送的距離既如此的遠電波在電離層內當然會發生屈折，但是沒有計及這種修正了。

接收機之裝置

這機共有四個混波器，所發的局部振盪，由 516.2 kc 的晶控器主之。

〔第一路〕：

由晶控主振器發出 516.2kc ──→ 增 17 倍成爲 8.79mc ──→ 增 9 倍成 79.1mc ──→ 入第一混波器成 (111.5－79.1)約 32.5mc.

〔第二路〕：

由晶控主振器發出 516.2kc ──→ 增 10 倍成 5.16mc ──→ 增 5 倍成 25.8mc ──→ 入第二混波器成 (32.5－25.8)卽 6.72mc.

〔第三路〕：

由晶控主振器發出 516.2kc ──→ 增 10 倍成 5.16mc ──→ 入第三混波器成 (6.72－5.16)卽 1.5492mc.

〔第四路〕：

以另一具特別精密之晶控器其頻率約爲516.265kc ──→ 增 3 倍成 1.5486mc ──→ 入第四混波器與之倂合成每秒 180 週之拍。

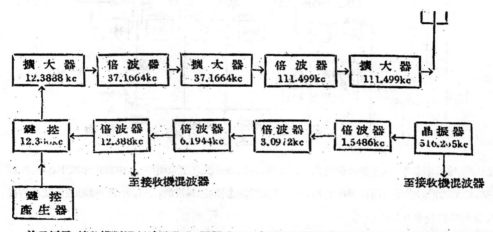

前已屢言，接收機對回射波調諧時，須顧及月地之間因相對運動而生的頻率改變，因爲這個差數，可以大到 300 週波。當月上時，月球對地之相對速度爲 +900 哩／時，月落時爲 -900 哩／時。當時發射機所用頻率爲 111.5 mc. 天線與月球間若相對速度爲 3 哩／時，則使回射訊號每秒差一個週波。現在照每時 900 哩的相對速度算，所以差至 300 週波。普通雷達上，天線與目標間有相對運動，回射頻率亦有差異，不過接收機上的波段闊度有相當闊，仍不至影响探月雷達接收機，它的波段闊度狹至 57 週波，是以接收機上應調的數，事前應計算清楚，到時才不致有誤，所採的數據，須有氣象，天文的報告來應用。

因所需波段闊度既如此狹。接收機內其始的三個混波器，所輸入的局部振盪頻率，仍可利用發射機內的晶控器供給。至於第四級則要利用特備的晶振器供給之。它可以很精細的用螺絲轉子轉調電極間的距離，改變那空氣間隙，以獲得最適當的頻率數。這一個部份的控制是很困難，事前應該用另一副合標準而發生正確頻率的電源，來作較正之用。

由第四級混波器輸出既成每秒180週的中週，此後導出分爲兩路。一路是可聽的，即接以一個普通的低週强力擴大器和揚聲器，使輸出的是一種可聽到的聲音。另一路是可見的，這路經第二次檢波器將那 180 週／秒中週訊號的包綫檢出，并使導經一個高度得利，而各頻率的擴大倍率都一致的擴大器上，最後導入陰極射綫管的鉛直極片。陰極管的水平極片則導入一種四秒式鋸齒波，兩者作用之結果，使螢光版上現出所收之回射波形，時間爲 2.4 秒。

接收機的成功，在於前級擴大器的設計。這擴大器分三部高週調諧電路，前兩路用 6 J 4，後一路是 6SH7. 全部電力總得利是 30db，噪音數字爲 3.5db.波段闊度是1mc. 調諧電路的電機綫圈，則用同心管(Concentric tubing)製造，兼具高週濾波之用，使高週不致漏進直流和燈絲的接線部。

示波器是一只 9"徑的9EP7 陰極射線管，附有一個能留迹象較久的發光版，可以顯示出兩次的攏掃 (Sweep)。所射出的電子流束則集於管徑的範圍內與放射的脉動波同步，即照 4 秒的間歇以完成一直綫的時間基綫。用以產生攏掃作用的電路爲一副直接交連的鋸齒波形振盪器，電鍵作用的控制亦由彼施之。

時間基綫發生器(Time-base Generator)的電路實在是一副高度利得的五極擴大器，其屏柵極間取電容交連者。此電容交連通路包含第四圖 V_2 之左邊全部。當脉動波中導電週波 (Conduction Cycle) 的過程內，V_1 五極管的屏壓降低，C_1 電容器開始向管內放電。當屏壓降低時，流經 C_1 之電流驅使柵壓爲負，其趨勢則欲切斷屏流。

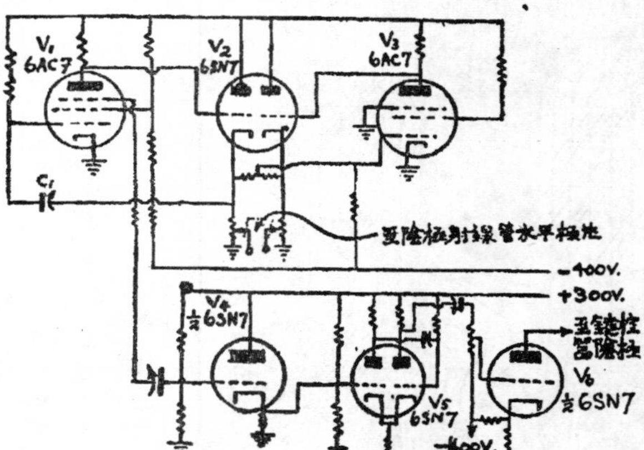

若果由 R_1 及 C_1 配合，可以使屏壓依直綫率減降而柵極上則維持於一恒值之電壓，則能完成眞空管內動的平衡之條件，因在一恒值電壓上每一減降，會使到柵極上發生一種對應的減低，它正控制着柵極訊號故眞空管輸出的電力亦大概恒定。R_1 C_1 時間常數的選擇在使 C_1 於逝波內能完全放電。

當屏壓降低到某一點。那時陰極射來的電子不能再流到彼處，而會使簾柵流增加，這即令簾柵壓驟減而連到抑制柵亦隨之而減。這種作用是累增的，它有一種力量突然切斷了屏流。

因爲抑制柵壓的影响使到陰極電流又復發生流向簾柵，而 C_1 則開始貯電直至到屏極開始吸收電流爲止，此後振盪器則開始產生另一個週波。這時簾柵恢復其原定電壓，而屏壓開始低降。若果 R_1C_1 數值能够選取得宜，我們可以得到每秒由0.1 至 3 個週波的脉動。

電鍵壓訊號(keying voltage signal)之獲得，係利用振盪器簾柵上負向脉波 (negative pulse) 的差

13363

104　　　工程師年會特刊

異輸出(differentiated output)而來。我們便利用它來控制一副特製的振盪器(multivibrator)。這是兩級電阻交連的擴大器，其後管的輸出電壓復導入前管的輸入部，因電壓經兩次反向（即復成同向）故能發生振盪。此器的時間常數值由一具5,000,000歐姆變阻器控制之。因爲這樣我們可以獲至0.02至0.25秒的脉波闊度。再將適當的闊度選定，利用它導入五極管，這管普通情形不導電而無屏流，又它的負荷維阻就是發射機中12,388mc級擴大管的陰極，所以在有這電鍵壓訊號施入的期間內，擴大管屏壓被聯爲負，這使鍵控管的陰極隨之亦率連成負，卽使其導電也。簡單說來，利用這種裝置，當有電控訊號施入時，倍波器導電，天線有脉波輸出；反之，無電控訊號施入時，倍波器不導電，天線無輸出。利用電控訊號一生一滅間可以控制天線脉波的間歇，其作用如我們按電鍵一樣。

13364

幾種新式採礦及選礦之機械

何　杰

晚近礦業，突飛猛進。世界大戰揭幕以來，因適應國防工業之需要，礦產啓發，尤著重大量生產。爲配合產量之增加，於是採選機械之改進，更屬精益求精，日新月異。茲擇一二較爲新穎者介紹於我國關心礦業之人士焉。

(甲) 關于採礦機械方面：

金剛石鑽嘴之改良：

金剛石鑽機 (Diamond Core Drill) 爲鑽探地下礦藏最重要之工具。七千英尺之深度，鐵般堅硬之巖石，穿鑿無阻，洵屬礦業史中劃時代之發明也。惜乎採用鑽石嵌鑲方法，係將 1½ 至 2½ 克力(Carat)大之鑽石 4 至 12 顆嵌鑲於鑽嘴內外邊緣(圖一)，此法不獨費時失事，鑽石且有脫落遺失之虞。美中不足，礦界人士，久思有意改進之！

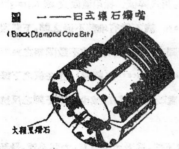

圖　一——旧式鑲石鑽嘴 (Black Diamond Core Bit)

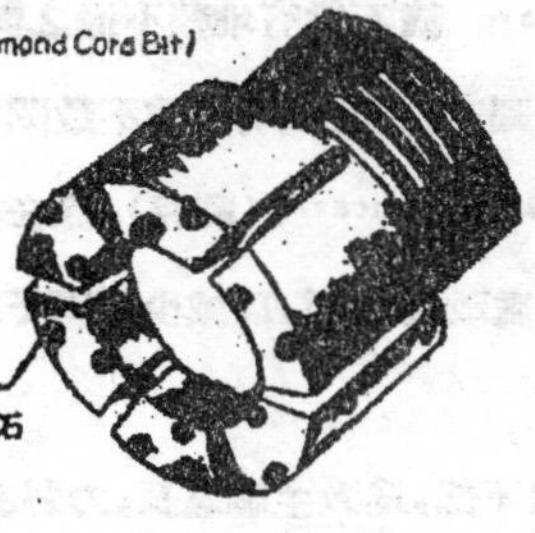

近有美國 Carboloy 公司發明一種鑽嘴名 "Sinta Set Core bit" 者，係用小粒黑鑽石混合的藏在一種極硬而較鑽石本身爲軟之凝結硬體 (Carboloy Matrix)，有如砂粒之在三合土焉。(圖二)。

此種硬體究爲何物，其化學成分若何？因事屬專利，該公司未公開發表。當鑽嘴轉動時，週圍裏外之尖銳鑽石粒卽發生磨切作用，岩層藉此鑽通而留一柱心 Core 於鑽內。鑽嘴經用多次，外表部分之鑽粒便消磨淨盡，無復鑽鑿能力。但修理方法，極其簡單。可用沙風(Sand Blast.)噴管對準鑽頭，連續噴擊 2 分至 5 分鐘之久，將硬體(Matrix)吹刮，使埋藏其中之鑽粒復露頭角，尖利如故，而修理安矣。(通常修理舊式鑽嘴，手續麻煩，技能要精巧，需時由二至六鐘之久)。

假若礦場無噴沙設備時，修理鑽嘴，亦可採用酸蝕之化學方法。此乃最近美國西部某礦廠之礦師名 L. R. Vance 所發明。其法先將鑽嘴有螺絲部份向下，浸入熔蠟中，僅使藏石部份露出，以防止金屬部份，受酸性之損蝕。繼將鑽嘴倒置，使藏石部份浸於載有王水 (Aqua Regia) 之玻璃皿中，俟凝結硬體(Matrix)，續漸銷蝕，小粒鑽石復露頭角爲止。

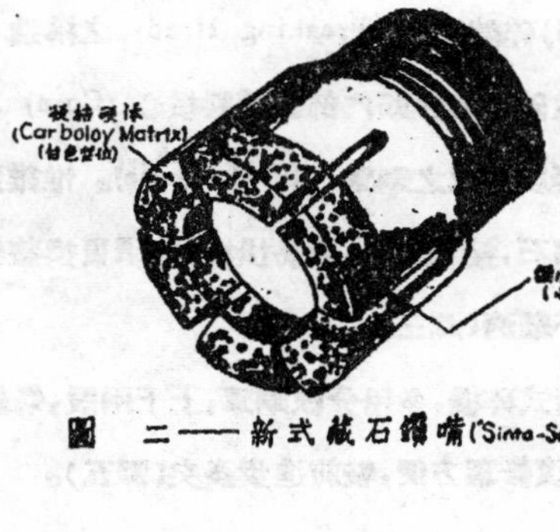

圖　二——新式藏石鑽嘴(Sinta-Set Core Bit)

兹再將新式鑽嘴之優點開列如下：

(一)修理敏捷,二分至五分鐘即可竣事。

(二)鑽石用鈍後無須從新裝置,直至鑽嘴過鈍不能再用為止。

(三)無須時常顧慮鑽石之補充不足影响工作。

(四)百分之九十鑽石可實際應用,不致虛耗。

(五)無遺失鑽石之危險。

(六)減少鑽石之需要與消耗量。

(七)使用時可不必特別慎重,粗用不發生妨碍。

(八)鑽率可增加百分之五十。

(乙)關于選礦機械方面：

(A)旋轉式破碎機之改良：

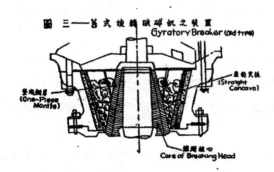

圖 三——舊式旋轉破碎机之裝置
Gyratory Breaker (old type)

　(1)夾板之構造　夾板 (Concave)在破碎機為中碎礦極重要部分；若構造不適宜,影响工作甚大。舊式碎機係採用直面夾板 (Straight Face coucave) 礦石常有堆積不通之弊,下部因而閉塞（圖三）。近發明一種不致閉塞之夾板 (Nor-Choking Concave) (圖四),係在板之下部三分之一處改為曲面,以減少碎礦下降之反抗力,使無窒息之虞。

　(2)主軸 (Main Shaft 之構造　舊式碎機之偏心輪套,多安置下部,遂致主軸過長,力弱易壞。最新式碎機即將偏心輪套提高位置,緊接碎礦錐頭之下使主軸縮短,力量增加（圖五）。同時將軸心鑽通,以便易於使用潛望鏡 (Periscope),隨時檢聽其內部之瑕疵（圖六）。

　(3)碎礦錐頭 (Breaking Head) 之構造　普通一般碎機其錐頭內部為鐵製核心 (Core),外部則套以整塊之鋼罩 (Steel Mantle)。惟錐頭下部與礦石,接觸最多,最易損壞,常須更換整個鋼罩殊不經濟（圖三）。

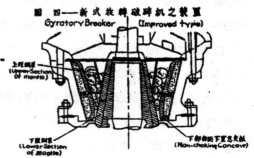

圖 四——新式旋轉破碎机之裝置
Gyratory Breaker (Improved type)

　新式碎機,多用分段鋼罩,上下兩段,螺絲連結。常壞之下段,可更換若干次而不影响全部。既節省材料,復修理方便,較前進步多矣（圖五）。

（4）安裝方法 (Method of Installation)．舊式安裝，必有地基，碎機發動，全廠震盪，至為不利。最新式之方法係以鋼繩三根，懸掛全部碎機於鋼樑之下（圖七）。其便點如下：

（一）無需堅固地基，可節省費用。

（二）無震動危及建築物，廠內安靜，工作舒適。

（三）地面週圍可空出地位，以增加工作。

（5）帶動方法 (Method of Drive)．通常一般碎機多藉皮帶，滑輪，繩索，齒輪等帶動，所佔地面較大，裝置亦復不便。近有所謂 Newhouse Type 者，係在碎機頂部裝置電力馬達與主軸聯繫，直接帶動。如此廠中可省却皮帶滑輪齒輪種種障碍物，頗為新類（圖七）。

(B) 球磨機 (Ball Mill) 所用鋼球之改革

磨機所用鋼球向屬圓形。球與球間空隙殊嫌太多。小塊礦石每躲藏空隙，不受磨壓，以致碎機效率低減，誠屬憾事。

被近發明一補救方法，係採用一種鋼球與前不同。球面分為凹凸兩部，名為 "Concavex" 即一球面之上，凹凸俱備之義，故譯為凹凸鋼球，因球有凹凸，故接觸較為緊密。空隙減少，礦粒受研磨之機會較亦多，磨機能力遂因而增加，實別開生面而有價值之改善也。（圖八）。

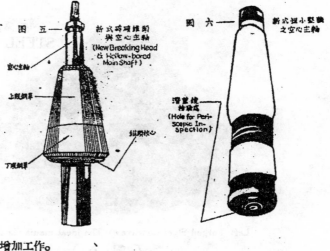

圖五——新式碎礦頭與空心主軸
(New Breaking Head & Hollow-bored Main Shaft)

空心主軸

上頂鋼單

破礦核心

下頂鋼單

圖六——新式狙小堅硬之空心主軸
(新式狙小堅硬之空心主軸)

滑重鏡拉探處
(Hole for Periscopic Inspection)

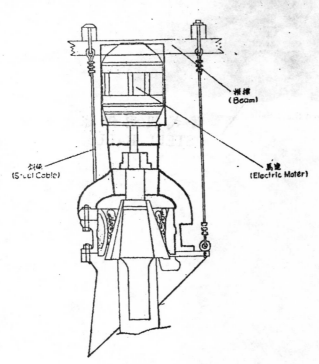

桁標
(Beam)

馬達
(Electric Motor)

鋼纜
(Steel Cable)

圖七　新式懸掛直接電動旋轉碎礦機
(Cable-Suspended Direct Motor Driven Gyratory Crusher)

新式凹凸鋼球
STEEL "CONCAVEX,,

Left: Forged Steel Concavex The ideal media for fine grinding.

（圖八）

Forged Steel Balls

舊式圓形鋼球
STEEL BALLS

一年來之廣州電力

梁洪威

　　去年九月，國土重光，八年來日人主持之廣州電力，乃重歸吾人接收，九月之初，仍由僞市商會長董錫光維持，九月底，改由鄭星槎先生負責。本年四月，又換黎尙武先生主持；七月改組，由資源委員會，廣州市政府合辦。一年之間，數易主管，不少地方爲社會人士所指責，而亦有不少地方確屬應改而未改者。茲將關於技術上數點，畧加說明，以供參攷。

一、發電設備

　　全市電力，統由西村，五仙門，河南，三個發電所供給。各發電所情形，有如下列：

　　(A) 西村發電所：原有 15000 K.W. 之透平發電機兩座，於民廿五年設廠，民廿六年十一月開始發電。廿七年七月被炸燬房及墊板附近，卽停機修理。同年十月，廣州失陷，破壞第二號發電機一座（透平機則尙完整）。光復後，只剩發電機一座可用。因燃料缺乏，接收之初，流勵金少，且電費收入低微，未能大量購買燃料，以致開機時間甚少，時開時停，多供夜電。燃料以柴爲主，發出電力，不能逹於額定負荷。（普通最高負荷爲 6000 至 7000 K.W.）邇來煤斤稍充，已改燒燃煤，八月一日起，整日供電。最高負荷爲 10000 K.W. 日間可敷全市之用，夜間由五仙門發電所補助供給。西村發電所之發電數據有如下列：

年月	發電量 (K.W.H.)	所內用電 (K.W.H.)	發電時間	耗用燃料	每K.W.H.之燃料當量	備註
34				柴　斤		九月廿九日至
10	764,560	142,482	302:43	5,219,745	6.83	十月卅一日
11	898,970	146,833	291:39	4,568,953	5.08	柴（公斤）
12	836,320	161,287	319:15	4,172,472 / 910	4.99 / 0.00109	煤 ”斤
35 1	888,960	153,262	319:15	4,466,200	5.02	柴（司斤）
2	718,840	103,651	213:04	3,349,100	4.66	”
3	289,680	45,217	85:46	1,734,880	4.75	”
4	781,440	104,513	184:07	2,765,914 / 242,716	3.62 / 0.323	煤（公斤）
5	1,910,300	195,878	382:10	6,245,265	3.27	柴（司斤）
6	2,434,560	233,679	457:30	7,357,510	3.00	”
7	2,038,400	196,726	426:02	7,157,090 / 1,750	3.51 / 0.086	煤（公斤）
8	3,881,200	366,482	683:40	473,730 / 3,880,049	0.122 / 1.00	柴（司斤）煤（公斤）
合計	15,443,230	1,850,010	3676:33	47,510,873 / 4,125,425	3.08 / 0.2675	柴（司斤）煤（公斤）

由上表列，年內發電量為一千五百萬度強，係按月增加，卅四年十月與卅五年八月之比較，約合五倍；所內用電，卅四年十月為七四萬度，合發電總量18.7%，續漸改善，至卅五年八月為卅六萬度，合發電總量之 12.65%，整年平均為 12%，仍望漸漸減少；至於發電時間，除三四月份因修理機件外，均能遞增，至本年八月，已增加一倍強，平均負荷為 4200 K.W.望能增加，每 K.W.H.耗用燃料，係屬遞減，均係良好現象。西村發電所只得一座機可用，所担全市負荷最多，偶一發生故障，其影響至大。聞近擬增加25000 K.W. 之發電機一座，如可成功，則電力之供應當可解決也。

　　（B）五仙門發電所：該所歷史最長，建築於光緒卅一年，係英商旗昌洋行承辦，訂立三十年之專利合同，開辦數年，因辦理不洽負情，乃由中國官商合股，收回自辦，後又因官方財力不敷，改為商辦，機器相繼增加。廣州失守，日人接辦，光復後一同接收。現有可用之發電機 6000 K.W. 透平拖動者兩座，鍋爐三座，其餘需待大修，方可應用。主要燃料係大糠，煤，及少量之木糠，其發電各項數量有如下表所列：

年月	發電量 K.W.H.	所內用電 K.W.H.	發電時間	耗用 燃料		每K.W.H.耗 燃料當量	備 攷
34 10	390,800	136,640	117:33	大糠 木糠 煤	1,695,130 31,023 2,500	4.34 0.0795 0.0064	九月廿九至十月卅一日止以下所有糠係用司斤計，煤保用公斤計算。
11	556,400	169,600	162:00	大糠 木糠 煤	2,743,870 42,862 24,000	4.9 0.0765 0.043	
12	1,082,100	328,830	339:14	大糠 木糠 煤	3,663,590 130,404 858,503	3.39 0.0954 0.793	另賸糠 21280 斤
35 1	1,222,100	360,160	370:50	大糠 木糠 煤	3,174,663 112,576 1,326,585	2.59 0.0922 1.083	
2	1,143,500	335,746	352:30	大糠 木糠 煤	2,333,176 101,638 1,750,302	2.04 0.0386 1.53	
3	1,420,500	326,980	405:25	大糠 木糠 煤	2,329,583 42,455 2,064,494	1.64 0.0295 1.455	
4	538,700	114,600	150:04	大糠 木糠 煤	1,051,299 1,500 719,000	1.96 0.00278 1.34	
5	526,500	143,085	168:29	大糠 木糠 煤	2,107,870 64,210 414,546	4.00 0.122 0.787	
6	596,200	183,680	169:42	大糠 木糠 煤	2,682,260 88,317 265,652	4.5 0.148 0.444	
7	1,263,100	272,730	280:37	大糠 木糠 煤	3,676,890 62,620 963,000	2.91 0.0496 0.763	
8	1,050,600	245,070	239:06	大糠 木糠 煤	3,440,000 470,000 161,467	3.27 0.448 0.153	
合計	9,790,400	2,617,121	2763:30	大糠 木糠 煤	28,908,331 1,147,605 8,550,054	2,995 0.117 0.873	

由表所列年內發電度數約千萬度，初與西村發電所日間輪流開機，故發電量遞增。至今年四月。西村發電所大修後，日電全由西村供給，更因燃料不數，夜電亦由西村勉強支持，故五仙門發電量突減。七月一日改組為廣州電廠，五仙門發電所再行經常開夜電，故發電量突增。所內用電，卅四年十月為十三萬六千度，合發電量之35%，殊足驚人，後漸加改善，至卅五年八月合發電量之23.3%，整年統計，則為26.7%，數目太大。攷其原因有三：(A)各積算電力計不準確，只有將總發電量，減去各送電線之送電量，即為所內用電量。(B)發電所附近用戶，直接接入所內用電之電錶。(C)發電時間少，修理時間多。此種原因，現加以改善，可望所內用電百份率減少。至每度電耗用燃料之多少，其趨向頗不定，大約因所燒之燃料種類不同，其每單位重量之燃料發熱量各異，就煤一項而言，依其質地之好壞而分類，亦有多種之別，且燃料發熱量之試驗裝置，至今仍未有設備，因此，耗用燃料之比較，難以論定。而大糠價格相宜，故發電成本，當較低廉，但五仙門位於市之中心區，燃用煤斤，已不合衞生，燃用大糠，其情形尤甚。現擬改善也。全年平均負荷為 3530 K.W.（發電時間），望能增加。

　　(C) 河南發電所：建廠於民國廿一年，因用戶增加而設，前係專供河南夜電之用，內有 1,000 K.W. 油渣機拖動之發電機兩座。廣州失守，日人開用一座，因燃料缺乏，燃用桐油，以致原動機之故障發生。光復後，改燃油渣，雖經數度修理，現最高負荷仍在 300 K.W. 左右。其他一座，已經破壞，錆大修始能應用。全年發電數據有如下列：

年月	發電量 K.W.H.	所內用電 K.W.H.	發電時間	耗用燃料	每K.W.H.耗 燃料當量	備攷
34 10	40,700	2,469	103:12	27,742 司斤	0.685	九月廿九 日至十月 卅一日止
11	35,450	2,529	85:55	24,241	0.683	
12	24,640	1,498	54:55	16,492	0.667	
35 1	23,360	1,321	69:55	20,094½	0.86	
2	25,520	1,494	63:03	16,459	0.645	
3	28,200	1,815	75:03	15,923	0.565	
4	27,200	1,739	71:05	16,088	0.592	
5	27,520	2,070	65:50	15,712½	0.571	
6	26,240	1,833	58:46	14,509	0.551	
7	21,120	1,993	59:25	12,717	0.602	
8	1,040	114	2:20	610	0.587	
合計	280,990	19,375	709:36	180,588	0.642	

　　此發電所因可能負荷太少，街供電出外，亦無濟於事。故接收以來，其主要負荷，係當西村或五仙門發電所升火之時需要電力，乃由河南供給，除此以外，倘有多餘電力，則輸往鳳凰崗一帶用戶。故每日發

電時間甚少，計整年發電總數祇廿八萬度。每月供電之多少，視西村或五仙門發電所之升火次數多少及故障之多少而異，故各月份發電量相去不遠，至今年八月，因西村整日供電，祗五仙門開機，亦有西村電力供給，故河南發電突減，實成爲備用裝置。所內用電整年約二萬度，約合總發電量之 6.88 %，爲數不大，平均負荷爲 397 K.W.。燃料耗用，全係油渣，初則應用本市存貨，油質仍佳，卅五年一月，因市面存貨耗盡，新貨仍未抵達應市，商人多將油渣蒸溜火水，將蒸溜後之油渣出售，是以燃燒油渣當量突增。至二月，可能購買較佳之油渣，故每 K.W.H. 耗用油量突減回原有狀況。此外全年燃料耗量，仍能遞減，但仍未能達戰前之數（按戰前每 K.W.H. 消耗油渣量爲 0.18 公斤），乃因機器超齡所致。

二、供電設備

供電方面，包括各高低壓線路，變電所，變壓器之修理，及裝置電錶等事項。茲將現況列後：

(A)高壓線路：全市共計二十二組高壓線路，其分佈如下：

F1：寶源路，華貴路，寶華路，多寶路，恩寧路，逢萊路，荔灣，龍津西，泮塘，如意坊，石圍塘，上下芳村，白鶴洞。

F2：西村南片分局，源溪大街，西華路，彩虹橋，槃瓢路，長庚路，百靈路，海珠北，光復北，雙井街，惠福西，海珠中路一部。

F3：寶華路，第十南，上下九，楊巷，德星路，抗日中西路，梯雲東，光復南，光復中之一部。

F4：文昌路，民府路，光復中，光復北，帶河路，龍津東中路，恩龍路。

F5：河南方面民間全部，東至石涌口，西至洪德路鳳榮大街，南至同福路。

F6：長堤，海珠南，仁濟路，西濠二馬路，太平路一部，西堤二馬路。

F7：停電。

F8：一德路，天成路，光復南，裝帽街，槃欄路，抗日東，十三行，太平路，豐寧路，官祿路，操埸前，惠福西。

F9：中華南、中、北，大新路、大德路，惠福西，朝天街，惠愛西，光孝路，海珠北，海珠中一部份，光塔街，淨慧路。

F10：維新路，大南路，西湖路。

F11：白雲邊城，德泥公路，流花橋，西村路，法政右巷，造幣廠，越秀北路，沙面，維新路，吉祥路，市府。

F12：西堤，新堤，六二三路，十八南南，沙基東約，珠璣路，塘魚欄，梯雲東，清平路，大同路。

F14：濱民南，文明路，文德路，惠愛東，倉邊路，豪賢路，小北路，下塘，法政路，德宣路，德政北，越秀北，大稿崗，登峰路。

F15：太平通津，文德南，珠光路，德政南，東堤，東沙角，越秀南，大沙頭，揚犀路，越秀中，大東路榮華北南，東沙路。

F16：廟前西水廠，農林路，中山路，梅花村，東沙路，三育路，天河機場，石牌，冼村，沙河。

F17：白雲路，東川路，百子路，大東路，東郊場，新河浦，啓明路，農林上，東華東，寺貝底。

F18：河南電廠，鳳凰崗。

F19：河南紡織廠，小港路，嶺南大學，南村。

F20：豐寧路，官祿路，逢源中，多寶路，昌華大街，鳳水基，詩書街，惠福西，海珠中一部。

F21：六榕路，淨慧公園，德宣路，中華路，盤福路，百靈路，省府，中山紀念堂，維新路。

F22：泰康路，惠福東，教育路，漢民北，高第坊，西橫街，萬福路，惠愛中，德政中，文明路，東華西。

　　上列各組配電線中，F 1. 2. 3, 4. 20. 五組線，係由西關變電所發出，其餘由五仙門發電所發出，此外西村發電所亦有數組之輸電線，兩組地線直送西關變電所，一組直送五仙門發電所，一組輸至佛山，一組輸往士敏土廠。現今各組配電線，仍甚凌亂，均係 2300 Volts. 將擬從新整理，且改爲 Y 4000 Votts。

　　（B）低壓線路．低壓線路，混亂不堪，前因電力不足，旣有專線與普通線之分，亦有日電與夜電之別。各用戶不惜負責，自行裝設遠距離低壓線於專線之變壓器，以求日電之供給。因是之故，專線之負荷突增，變壓器燒毀，廠方迫於避重就輕，更換專線。用戶更引用二組不同之低壓線，裝置兩邊開關，則任何一組線供給電時，均能應用。是則各變壓器之負荷，忽大忽小，以致燒毀者多。八月一日，整日全市供電，此種情形，當卽減少。惟其旣亂且多，從事整理，需費時日。

　　（C）變壓器：全廠變壓器約九百座，現應用者約七百餘座，其餘百餘座，係在修理中。修理變壓器前係歸河南發電所負責。修理狀況，有如下表所列：

年　　　　月	數　　　　量(座)	容　　　　量 (K. V. A.)
34年　10月	7	193
11月	27	323.5
12月	31	520
35年　1月	39	895
2月	32	598.5
3月	18	415.5
4月	13	356.5
5月	4	115
6月	10	342.5
7月	12	523.5
8月	13	440
合　　計	206	4723

上表所列：十月份因接收關係，工作未能開展，後繼續利用接收材料，加工修理，以致出廠之 K.V.A. 數量增加。至卅五年一月以後，因材料用盡，且廠方收入不敷，無法補充，以致出廠之容量銳減。及至六月份，因變壓器太缺乏，不得不購多少材料修理，以維持配電，故出廠容量又增加，此後當能改善。

變壓器之連結法，有如下列：

（a）單相變壓器：高壓線圈恒為 2300 Volts 低壓線圈分為兩個如圖一所示，A B 及 C D. 為兩個線圈，如係並聯，即 A 聯 C，B 聯 D。則可出 110 Volts 之電壓。如係串聯。即 B 聯 C。則可出 220 Volts（V_{AD}）之電壓。

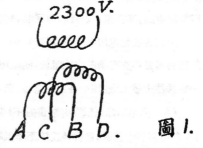

$2300 V.$

$A\ C\ B\ D.$　圖1.

（b）三相變壓器：三相變壓器之初級線圈，接成 △ 2300 Volt，低壓線圈則為三相四線式，相與相間電壓為 220Volts，供電馬達之用。每相與中性線之電壓當為 127 Volts 供給電燈之用。普通因低壓不足，低壓當不及 127 Volts 之數。此種變壓器數量不多。

（c）兩個單相變壓器聯成三相電力：將兩個同型之單相變壓器，聯接成開口環形（Open－△）如圖2

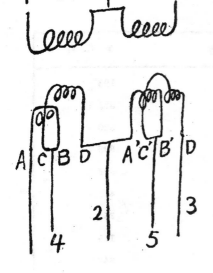

$2300 V$　2300

圖2.

$A\ C'\ B'\ D$　$A'\ C'\ B'\ D$

2　　3

4　　5

所示：初次線圈引入 △2300 V 之三相電力，低壓線圈先將 CB, C'B' 各線頭聯接，再聯接 DA. 則 V_{12}, V_{23}, V_{31}, 皆為 220 V. 而 V_{14}, V_{42}, V_{25}, V_{53}, 皆為 110 V. 分別供給電力及照明之用。此種聯接，既不平衡，亦不方便，現擬改善。

（D）高壓線路之改善：舊有高壓線路，既不劃一，弊病叢生，擬改劃一之 Y 4000 Votts，其步驟分為四期：

（a）中性線之增加：各於三相三線送電線中，多裝一根中性線，成為三相四線式送電線。

（b）變電所變壓器線端之轉換：將變電所 △13200 Volts 至 △2300 Volts 變壓器之次級線圈，改為三相四線式 Y 4000 Volts 之線端再聯結各高壓線上。

（c）配電變壓器線端之更改：原有 △ 2300 Volts 至 Y 220 Volts 之三相變壓器，將初次線圈改為星

狀聯結，則卽成爲 Y4000 Volts 至 Y220 Volts之三相變壓器；將原有 2300 Volts 至 110 Volts 之單相變壓器，其高壓線圈一端，改接中性高壓線上，卽亦成 2300 Volts 至 110 Volts 之單相變壓器，供給照明之用。更將開口環形連結三相電力線之兩個同型變壓器，統多加一同型之變壓器於旁邊，聯結如圖 3，卽成 Y190 Volts 之三相低壓送電線。

(d) 小容量之變壓器，合併爲數組大變壓器，以便容易管理，在可能內，取消單獨應用之單相變壓器。

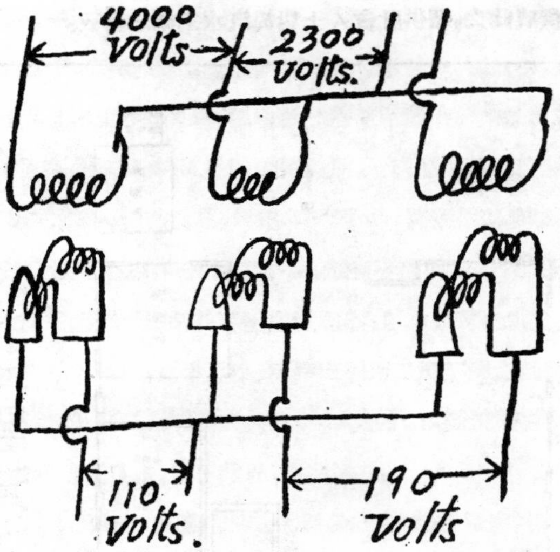

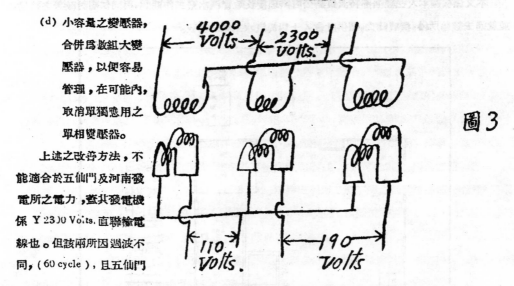

圖 3

上述之改善方法，不能適合於五仙門及河南發電所之電力，蓋其發電機係 Y 2300 Volts. 直聯輸電線也。但該兩所因週波不同，(60 cycle)，且五仙門位於市中心區，不合衞生，河南所容量太小，擬俟西村發電所容量改大後，卽行取銷。

關於此項之改善，現只將 F1, F4, F20, 加上中性高壓線，其餘則繼續辦理中。

(e 用戶之裝錶：電錶方面，因所存電錶用盡，前因應付用戶之需要，經於臨時採新包燈制，卽每燈每月收費 180 元，現已增至 1000 元，是項包燈，數目不少，以致抄見度數，無法統計，不能與發電度數比對參攷。且各電錶應用多年，未能分別檢驗，快則用戶申請換錶，慢則照度交費，亦影响抄見度數也。開已定購電錶補充，望能從速改善。

廣州釀酒汽水廠汽水製造概況

黃 文 煒

　　本文係根據本人在經濟部特派員辦公廳辦理接收敵管汽水廠工作期間，與同仁商討改善之結果，並就過去經驗所得，撰成此文，藉供社會人士對於汽水工業之參攷。

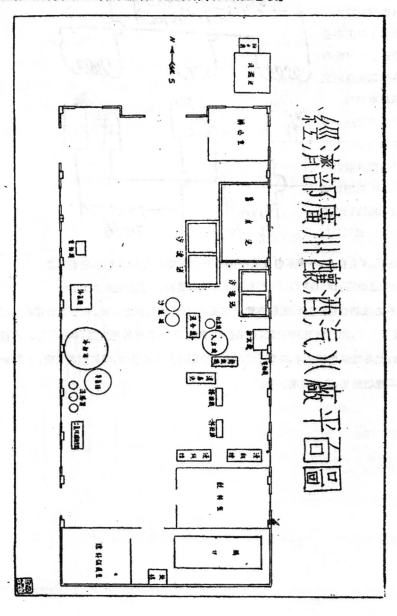

經濟部廣州釀酒汽水廠平面圖

一、沿　革

經濟部廣州釀酒汽水廠，原屬敵偽資產，係于民國二十九年設立於廣州，名爲廣東酒精株式會社。粵土重光，由經濟部粵桂閩區特派員辦公處接管，生產設備，幸未破壞，稍加整理，即于本年三月一日復工，專營製造汽水。

二、製造汽水程序

廠內現行製造汽水，大別爲三大系，第一爲製造炭酸水，第二爲製造加味糖漿，第三爲洗瓶。玆分別表列以明之：——

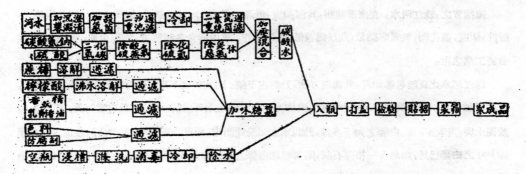

此係屬一貫流水系統工程，因有極度之分工作用，故對工人與機械，須加嚴密管理，始能達到預期之生產能力，否則工作上首尾不相銜接，不但影响產量，且與製成品之優劣，有極大關係。

三、製造炭酸水

將二氧化碳溶解于水，即成炭酸水，手續本屬簡單，然在製造汽水之立場言之，是項工程，最足以影响製品之品質，與衛生之條件，故必須嚴密處理，方可適合需要。其主要手續，分爲清潔用水與製造純淨之二氧化碳，此乃製造汽水過程中最繁重之工作。

（甲）清潔用水：——

水爲製造飲料重要原料之一，用量旣多，而品質又須適合，如水之硬度須不高，無氣味，而易於處理者爲佳。珠江河水，根據 1930—1937 年日常化驗結果，（黃文豫：嶺南科學雜誌）可算爲一良好之工業用水，其硬性總度，全年皆在百萬份之五十間，且永久硬性常不存在，只由暫時硬性而成，故水中只含炭酸氫根之鈣或鎂，而甚少炭酸根，硫酸根，氯化等之鈣，鎂或鈉溶解其內，一經實滾，暫時硬度即可除去，因此，其水可屬軟性之一類。

珠江河水，其源濁性，在雨季時，常高達百萬份之六，七百，除雨季外，則只百萬份之二，三十。其混濁性之由來，幾全因雨水冲蝕泥土，注于河流而增加，施以白礬，甚易澄清。固體量亦隨雨季而增加，常

達百萬份之二百，其餘則在百萬份之五十至一百之間，燒灼損耗量不大，約爲固體總量四份之一。由固體總量與燒灼損耗量，可畧知水內所含溶解與不溶解之有機與無機物質及揮發物成分。如固體總量高，則水內含有溶解與不溶解之有機與無機物質多，在燒灼時，倘燒灼損耗量大，則水中含有機物多于無機物。再觀燒灼時之情況及所發氣味，則知所含者屬於何種物質。珠江河水在雨季時，其燒灼損耗量不高，故水內多含無機物質，此種無機質，多爲泥土，易於除去，更可以其氣味証之，因嘗將河水燒至方沸時，其所發出之氣味，多爲泥土味，只在天旱時間有草蒿味而已。

氧氣容納量(Oxygen Consumed) 乃表示水中所含之氮酸基物如未分解之有機物及游離氮等，亦卽表示水質之受污程度如何。珠江河水之氧氣容納量，常在百萬份之二三之間，頗爲純潔，其 pH 值常在七之間，亦可算爲中性之水。

總括言之，珠江河水，在雨季期間，其渾濁度，色澤，pH 值，溶解氧氣量，鐵質游離二氧化炭均高，鹼性，硬度，烈化物，氧氣容納量，則反爲皆低，除雨季外，水中所含各種質素，均屬少量，易於處理，逆合於工業之用。

珠江河水之質既畧述如前，其處理方法，乃對症下藥。因其硬度不高，可省去石灰或燒鹼之處理，但亦可加些少以輔助沉澱 (Coagulation)。白礬溶解於渾濁之水可成網狀膠體，負有電解質，沉下時，附着泥土與浮游物下沉。白礬之加下多寡，乃視水之渾濁性而定。通常除雨季外，每加侖河水加入三格蘭 (grain) 之白礬已足，如加入一格蘭石灰，則可幫助白礬之網狀粒加大。消毒用劑，通常以氯氣爲主，小規模者，多用漂白粉以收氯氣。

汽水廠位於珠江南岸，用水甚便，以 2¼ 吋，離心泵在河邊吸水，先經沉澱池，池長十一呎八吋，闊六呎八吋，內有隔牆八度，其裝置使水迂迴緩流，俾較大之浮游物因而下沉，其餘則由沙濾除去。水經沉澱池後，用大氣壓力流入第一組沙濾，(二個，每個內面長闊均四呎)沙濾爲石灰三合土所結搆而成，再由大氣壓力流入第二組沙濾，(亦二個面長濶三呎)，其搆造亦同，惟稍細，由此向入清水池，再以水泵抽上水塔備用。製造汽水時，水由貯水塔流下減溫池，池通冷氣管，使水溫降至攝氏四度至十度間，水經冷後，用水泵壓過洋瓷沙濾器兩組 (每組有管十二個)，以爲最後除去有機物及細菌等，而入混和機，與二氧化炭混合。(附清水系統圖)

汽水廠處理用水，乃根據以往所知，其水質若何及應加入之藥劑若何，因設備不全，無從化驗，只取河水，以每加侖加入白礬溶液若干，以視網狀膠體物之大小與澄清時間久暫而定。加入白礬之多寡，在本年八月中旬，珠江河水以每加侖水加入五格蘭白礬最適合澄清之用。在本廠沉澱池頂，河水入口處，放置五十三加侖鐵桶一個，離桶底五吋裝一小水掣，以滴下溶液，桶內溶液，以每立方公分含有白礬一格蘭爲度，使便于滴下，該 2¼ 吋離心泵每分鐘吸水量爲三十五加侖，故每分鐘滴入一百七十五立方公分之白礬溶液已足，在非雨季時，每加侖河水加入二至三格蘭之白礬，便可將渾濁度完全除去。本廠用水經加白礬處理後，水質更清，對於洗滌洋瓷沙濾管之麻煩工作減少至最低限度，在工作時，

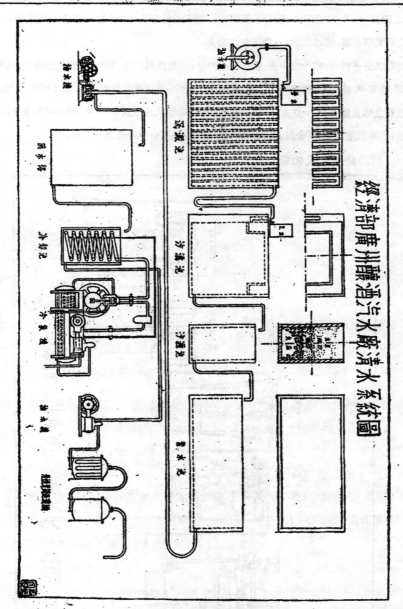

經濟部廣州釀酒汽水廠清水系統圖

不致因洋麥管為泥土黏着太多，過濾失效，而致暫時停工之弊。至於消毒工作，在第一組沙濾上置鐵桶一個，內盛氯氣水使滴下以殺菌，通常每百萬份之水加入 0.4 至一份有效氯氣，即足殺菌，本廠每百萬份水加入氯氣一份，使殺菌力加强，倘氯氣過多，則由第一組沙濾內之木炭吸收之，使水不致含有惡味。鐵桶內所盛之氯氣溶液，釋至每立方公分含 0.0023 克有效氯氣為度，因河邊吸水泵每分鐘吸水量為三五加侖，亦即 130 公升左右，故每分鐘滴入 100 立方公分之上項氯氣溶液，即足以作殺菌工作也。最後加壓使之通過素燒瓷筒，以除去或尚遺留之沉澱物或細菌。蓋素燒瓷筒之微細孔，其直徑在 0.16μ

係0.41u之間,(1u=0.001毫米)。而普通活細菌類不能通過此小孔,(普通細菌類之大小為0.4u至1u)且經兩次素燒瓷筒过濾,濾過之水,可謂絕無細菌矣。

　　生瓷筒之濾過能力,有一定限度,廠內所採用者,其直徑為二吋,高十吋,經試驗結果,水壓在每平方英寸30磅至40磅時,其濾過能力,每小時為五十公升。目前最高生產能力,每小時可出汽水1500枚,普通汽水瓶之容量為350c.c.立方公分),故廠內每小時最大用水量1500×0.35=525公升,如用素燒瓷筒十枝,已可敷用,然為安全計,廠內所設之沙濾桶,每隻有素燒瓷筒十二枝。

　　(乙)純淨二氧化碳:——

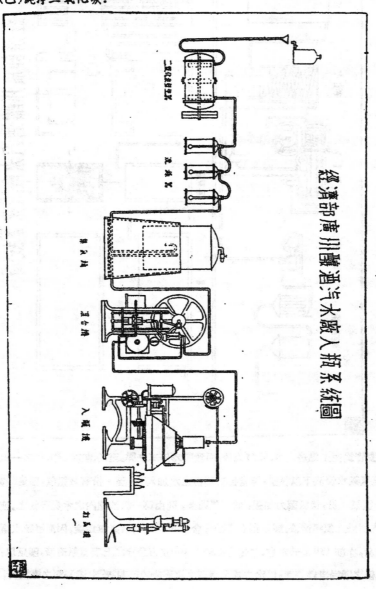

經濟部廣州釀酒汽水廠入瓶系統圖

加硫酸于碳酸氫鈉即成碳酸氣，

$$2NaHCO_3 + H_2SO_4 \rightarrow Na_2SO_4 + 2CO_2\uparrow + 2H_2O$$

硫酸除鉛外，對其他金屬腐蝕性甚強，故廠內所用之碳酸氣發生器，乃用耐壓性單鉛所製成，內部裝設攪拌器，須先以碳酸氫鈉與水混勻放入發生器中，再將硫酸從漏斗滴入發生器中，于是轉動攪拌器，碳酸氣隨之發生而通至洗滌器以精製之。（見入瓶系統圖）洗滌器乃連結三隻缸藥壜而成，第一壜盛入碳酸氫鈉之飽和溶液，第二壜盛入硫酸鐵之溶液，第三壜盛入過錳酸鉀之溶液。由發生器飛散而來之硫酸，則以碳酸氫鈉除去之，萬一氣體中尚有硫化氫混在時，則以硫酸鐵除去之，至若過錳酸鉀則為氧化有惡臭之氣體而設也。所精製而得之純淨碳酸氣，用排水收氣法，收集于集氣桶內，以備應用。

既得純淨之碳酸氣，與潔淨之食水，則用唧筒使兩者一併送入混合機內而製造炭酸水。此項工程肯應注意者，為水之溫度與混合機內之壓力。據本生氏之研究：在大氣壓力下碳酸氣對水一立方公分之溶解量，與溫度之關係可由下列方程式表示之：——

$$C = 1.7967 - 0.07761t + 0.0016424t^2$$

又據烏洛布路斯基氏之實驗：在室溫度下，碳酸氣對水之溶解度，逐壓力之增高而增大，其數值表列于後：——

壓 力 （氣壓）	1	1.5	2	2.5	3	3.5	4	4.5	5	8	10
12.43^0C 時之溶解係數	1.086	1.621	2.128	2.64	3.143	3.652	4.158	4.654	5.15	7.94	9.65

由以上二氏研究所得，可知混合機內之氣壓須增高，水溫則降低，故廠內之食水，須經冷却池，使水溫降至攝氏表 10^0 時，始送入混合機，至於混合機內之壓力，須達每平方英寸 75 磅。

本廠冷氣機開動時，飲料水溫度可冷却至 10^0C，在混合機內之氣壓為75磅，此時水中所含有碳酸氣量，可依次式計算之：——

10) C.C. 水炭酸氣含有量 $V = \dfrac{P+15}{15} \times \dfrac{A}{p} \times \dfrac{a}{1.086} \times 100$

$P = $ 混合機所示之壓力 $= 75$ 磅

$p = $ 接近 $\dfrac{P+15}{15}$ 之烏絡布路斯基氏表中之氣壓 $= 5$ 氣壓

$A = $ 烏絡布路斯基氏表中 P 氣壓之溶解係數 $= 5.15$

$a = $ 本生氏研究所得 t^0C 及 1 氣壓時之溶解係數 $= 1.7967 - (0.07761 \times 10) + (0.0016424 \times 10^2) = 1.1848$

$\therefore V = \dfrac{75+15}{15} \times \dfrac{5.15}{5} \times \dfrac{1.1848}{1.086} \times 100 = 6 \times 1.03 \times 1.09 \times 100 = 674\,c.c.$

即每 100 C.C. 水含有 674 C.C. 之碳酸氣，汽水瓶之容量爲 350 C.C. 故每瓶汽水，其碳酸氣之含量，應爲

$$674 \times 3.5 = 2359 \text{ 立方公分 (C.C.)}$$

由硫酸與碳酸氫鈉之化學反應式，

$$H_2SO_4 + 2NaHCO_3 = Na_2SO_4 + 2H_2O + 2CO_2$$

得知一克分子量硫酸（98克），可得 $2 \times 22.4 = 44.8$ 公升碳酸氣，在 $10^\circ C$ 時，其體積應爲 $44.8 \times \frac{283}{273} = 46.6$ 公升。

故 98 克硫酸所發生之碳酸氣，足供製造汽水 $\frac{46.6}{2.359} = 19.6$ 枝，卽每枝汽水所需硫酸 $\frac{98}{19.6} = 5$ 克，每每千枝應爲 5 公斤，市上所售出之硫酸，其濃度爲 66 度，92.83%，故理論上每千枝所需之硫酸，爲

$$\frac{5}{0.9283} = 5.39 \text{ 公斤 (硫酸用量)。}$$

硫酸與碳酸氫鈉化合之比，爲 1:1.714，故每千枝汽水，應需用碳酸氫鈉 $5.39 \times 1.714 = 9.24$ 公斤（蘇打粉用量）。

實際上本廠製造汽水一千枝，需用硫酸 5.81 公斤，碳酸氫鈉 10.78 公斤，其比理論上較高原因，爲原料之品質低劣一也，管理工人欠熟練，以致無謂損耗二也，設備未臻完善，以致硫酸與碳酸氫鈉之反應不能完全三也。由上述，可算出廠內現行硫酸之使用效率，爲 $\frac{5.39}{5.81} = 0.927 = 9 ? .7 ，%$ 酸碳酸氫鈉爲 $\frac{9.24}{10.78} = 0.857 = 85.7 \%$。

若飲料水之水溫，只在普通夏日室溫 25 c，在混合機內之氣壓爲 75 磅，則水中所含有碳酸量，可依前公式計算得之，（比之 $10^\circ C$ 時較低）

$$100 \text{ C.C. 水。碳酸氣之含有量} = \frac{75 + 15}{15} \times \frac{5.15}{5} \times \frac{0.8824}{1.086} \times 100$$

$$= 6 \times 1.03 \times 0.812 \times 100 = 501.8 \text{ C.C.}$$

故每瓶汽水，其碳酸氣之含量應爲 $50.18 \times 3.5 = 1756$ CC. 每一克分子量之硫酸，可製汽水

$$\frac{44.8 \times \frac{295}{273}}{1.756} = 27.8 \text{ 枝，每瓶汽水應需硫酸 } \frac{98}{27.8} = 3.5 \text{ 克，每千枝應需硫酸 3.5 公斤，與飲料水冷}$$

卻至 $10^\circ C$ 時，每千枝應需硫酸 5 公斤相比，則硫酸之用量可減少，對於成本大可減輕，然汽水因碳酸氣之含量減少，則品質勢必低劣，且易于發酵變酸，此不可不慎也。

尤須注意者,混合機內之空氣須盡量排除,因空氣難溶于水,如混合機內混有空氣,徒令其中氣壓上昇,而碳酸氣之溶解量減少,此為引起製成品發生混濁與沉澱之最大原因。藍汽水發生混濁與沉澱,大抵多由于細菌之繁殖關係,據一般研究結果,同一類之製品,一旦缺乏碳酸氣,細菌即行繁殖,其情形如下:——

	未排除碳酸氣時 1cc 之菌數	已排除碳酸氣後 1cc 之菌數	剩留之碳酸量
1	35	40109	0.185%
2	136	40965	0.136%
	2979	14193	0.396%

上表可知碳酸氣之存在,能阻止細菌之繁殖,故製造碳酸水時,對于碳酸氣之溶解度不可不注意也。

四、製造加味糖漿

甜味之主要原料為蔗糖,廠內製造糖液,採用冷溶法,取其不至因加熱而令蔗糖轉化成葡萄糖與果糖。

$$C_{12}H_{22}O_{11} + H_2O \xrightarrow{\text{加熱}} C_6H_{12}O_6 + C_6H_{12}O_6$$

(葡萄糖與果糖之分子式相同,然構造式各異。)

蔗糖一經轉化,則極易發酵,缺乏耐久性,不宜製造汽水。

甫經溶解之糖液,含有微細之塵埃,蛋白質等,須濾過,以潔淨為主,下圖乃糖液濾過器,以濾過棉為中心,而用鮮絨及多孔板為底墊,藉手搖卿筒強加壓力以過濾之,圖中之 (A) 為糖液之進口(B)為糖

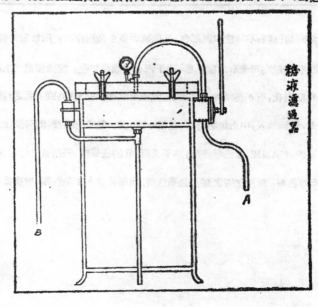

糖液濾過器

液之出口,糖液濾過加入適當濃度之檸檬酸溶液,香料,色料與防腐劑,即成加味糖液,由入口瓶機之自動加糖器,分別以一定量(½安士或40-45立方公方之間)糖液注入汽水瓶中。

　　檸檬酸之水溶液,生出相當量之氫離子,最易與水中之鈣及鎂化合,成難溶解於水之鹽類,故硬水切忌充作製汽水之用,蔗糖之轉化,因氫離子之增多而有顯著之差異,是以糖液中非於應用時,勿須先加入酸液。

　　汽水乃屬於一種嗜好飲料,最尚味美,飲須味覺神經發生快感,尤須刺激嗅覺神經,故香料在汽水原料中,佔一重要地位,選擇極須注意,且香料有揮發性,勿使與空氣多接觸而散失香味。

　　汽水原料配料之比率,隨時代而變化,即氣候風土亦有影响,現定每瓶汽水注入加味糖液40至45立方公分(C.C.)。茲將廣州釀酒汽水廠之原料配合比例如下:——

份量 品名	糖　量		香　料		色　料		檸檬酸	防腐劑	鮮橙	每技所用糖漿	每枝所用碳酸水	製成枝數
	白糖	糖精	香精	乳劑香油	色粉	焦糖						
橙水	60.117公斤	22.9?克	——	橙119.3cc 檸17.3cc	137.9克	——	206.7克	30.2克	——	40至45cc	310cc	1665
鮮橙汁	60.117公斤	82.3克	——	橙16.7cc 檸33.4cc	154.7克	——	784.8克	243.1克	60只	40cc 45	——	1600
鮮橙水	60.117公斤	——	——	193.2cc	——	——	105?.?克	112.7克	——	40-45cc	——	1740
沙士水	60.117公斤	41克	——	156.2cc	124克	289.3克	743克	124克	——	40-45cc	——	1740

　　製沙士水用焦糖為色料,不特能賦與顏色,且能賦與多少發泡作用,所以對於製造汽水頗具有好處。由蔗糖製造焦糖之方法。可先取白糖八磅,置于鐵鍋中徐徐加熱,糖隨溫度之上昇漸變褐色液體,而防止局部之過熱而炭化,有不絕攪拌之必要,液體隨加熱而漸濃縮黏稠,到適當之時間,即停止加熱,為將熱水 3.6 公升,徐徐加入,中止加熱時間,並不一定,倘加熱時間過長,即有炭化之虞,此時味苦而色黑,不適使用,至若加熱過短,則色澤淡薄,亦不適用,故製造焦糖,須用富有經驗者始能得到預期之效果。其他如橙水等色料。應用無害之煤焦油系色料,倘用其他人工染色劑,有害衞生,故政府有取締之規定。

五、洗　瓶

洗瓶在使瓶身潔淨，爲最主要目的，但殺除細菌亦主要目的之一，故對於洗瓶時，氫氧化鈉之濃度與洗滌水之溫度，不可不詳加研究焉。

由實驗所得，在振氏表 $60°$ 氫氧化鈉之濃度，對於殺滅芽菌所需之浸漬時間如下：—

氫氧化鈉液	1%	2%	3%	35%
殺滅芽菌所需之浸漬時間	47分	12分	6分	4分

廠內之半圓形浸槽，可裝汽水瓶十六打，每小時須潔瓶 1500 個，則浸槽時間僅得六分鐘，故氫氧化鈉溶液之份量應爲 3% 之水重量，此種濃度甚高之鹼性溶液，能傷害皮膚，工作時特別留心。

浸槽後卽以熱水洗滌之，以除去氫氧化鈉，然後用動力雙毛刷洗瓶機洗刷瓶之內部，此種用動力洗刷瓶之內部，其工作效率當比純用人工洗刷爲高，但其最大缺點，爲瓶之底部及近瓶頭處，所附着穢積，往往不能全部洗刷潔淨，毛刷又因急速之轉動，極易損壞，此亦爲機動毛刷洗瓶機之一缺點。

汽水瓶之內外經洗刷完畢，認爲潔淨後，則用加壓之水流，以噴射其內部，使其中存留之污物或毛刷所脫落之毛屑，盡飛冲出瓶外，然後倒置于汽水瓶架上以除水滴。

洗瓶之最後一步工作爲檢瓶，因汽水瓶之良好與否，對于成品之品質有莫大之關係，尤以汽水瓶之瓶口與瓶蓋是否緊閉不至洩氣，故對瓶之檢查工作須特別注意，關于檢查汽水瓶應加注意之事項如下：—

1，檢查汽水瓶內是否完全潔淨。

2．瓶口有無裂痕高低不圓之弊，瓶口之大小是否適合標準，標準之瓶口寬度爲 1 寸又 32 分之一。

3．瓶身是否有汽泡存在。

六、製　造　完　成

汽水經入瓶打蓋後卽告完成，只須檢查其內部有無雜質，或于打蓋時而至瓶口稍爲破裂，有無玻璃屑混入瓶內，瓶蓋是否緊蓋，亦爲檢查中之重要工作，一經檢查認爲合格，卽可貼招裝箱。

七、關於汽水保全性之檢討

製造汽水，其保存瓶內水質與香味之久暫，成爲該廠之唯一重要問題，亦卽該廠生命線之所繫，故雖具有經驗之汽水製造專家，亦必愼重爲之，否則致有變壞之虞，此皆因器械不良，或採用不正當之原料，或存貯於不適宜之地方故耳。我國製造汽水器械設備，尚屬簡陋，若與外國汽水工場比較，誠有天淵之別。故我國所製出之汽水，其質味多未能久存，時有變壞，而監製時忽畧一二重要因素，亦爲失敗

一大原因。茲將經驗所得，關于汽水變質的理由，分述如次，敬希指正。

（1）汽水瓶：　凡製造汽水，首將瓶內部加以消毒，使之清潔，絕對不能使有最微小之雜質沾留瓶內，否則所裝裝之汽水，必致發酵變質。

（2）封瓶鐵蓋：　蓋內之水松木片，不獨平滑無孔，亦不容沾有微塵及其他輕浮雜質，以防影響瓶內汽水。故外國汽水廠將鐵蓋放置于吹風機內，歷數分鐘後，去盡塵埃或其他輕浮雜質，然後應用。

（3）炭酸水與有味糖漿：　當炭酸水與糖漿混合入瓶時，務須注意是否有空氣混入于碳酸氣中，倘有空氣混入，則所製成之汽水必不能久存．是以舶來汽水，有時全不用防腐劑于配料內者，皆因其于釀製時特別注意于此點，而其機械之精良，亦為一大原因。

（4）原料：　原料之大宗者為白糖，關于汽水之優劣，影响甚大，如用潮濕或不潔之糖，每致汽水發酵變質，務須注意。

（5）配料室內所溶製之果子糖漿之一切設備，務須注意消毒及清潔，否則糖漿不潔，亦為汽水變酸原因之一。

（6）防腐劑如安息香鈉 (Sodium Benzoate)，水楊酸 (Salicylic acid)，磷酸鈉 (Sodium Phosphate) 等等，用以防止其糖漿發酵于瓶內，而保存其質味，故當配製糖漿時，酌用少許。但上列防腐劑，各國衛生局有規定章則，用于食品及飲料中，使無害衛生為宗旨。

（7）存貯汽水，務須以陰涼地方為適宜，否則亦易變壞。

（8）此外有關于汽水之保存性者，即為工場與工人之普遍清潔問題，與原料之選擇及劃一，同一重要。

廣州製冰廠概況

伍夢衡

一、接收經過

本廠位於本市新堤大馬路一九四號,原為南日本水產統制株式會社廣東支店。於民國廿八年從日本運來製冰及冷藏機械設備,在現址加建倉庫,停車塲,等房屋,并征用一九二、一九四號房屋為辦事處,工塲,冷藏庫,專供本市用冰,及冷藏鮮魚之用。當時該會社置有漁船十艘,常川輪流出海捕魚,及運往各地發賣。其後該項漁船,除六艘在海外被盟機炸沉外,尚餘四艘,於勝利後由交通部接收。該會社廣東支店,則由經濟部粵桂閩區特派員辦公處接收保管。於卅四年十二月,委伍夢衡為廠長,并計劃復工,籌備營業。直至本年九月十七日,由經濟部粵桂閩區特派員辦公處,移交粵桂閩區敵偽產業處理局接管,仍派伍夢衡為該廠廠長。

二、復工情形

查該廠自廣州光復後,即行停機,至本人奉命復工時,相隔將近半載,其間被歹徒盜竊或破壞不少機械設備。同時,因停機過久,各部機器,均須大加修理,或將破壞零件替換。計至客歲十二月底復工試機完竣,即陸續生產冰塊應市,并將容量一百五十噸之冷藏庫,整理就緒,專供冷藏各項疏菜魚肉之用。

三、廠內設備及製冰程序

本廠設備,計有五十四馬力,七十五匹馬力,三十四馬力發動機連壓縮機各一部,其他如鹽水鼓動機,吸水機,風泵,水泵等多具,凡製冰冷藏等,設備完善。本廠冰塊產量,原為每日十五噸,然以未能自行發電,祇靠廣州電廠之電力供應,致無法全日開機,產量因而減低,前因電廠供電時間,長短不定,且時有時無,影响本廠業務甚大。候至八月一日起,廣州電廠,已全日供電,冰塊產量亦大為增加,成本亦較前減低。

其製冰程序,先將儲水池儲滿之自來水,經兩度沙濾後,泵上清水頂冷池,再經沙濾而入鹽水池中之製冰箱,機即用電力開動壓縮機,將氨氣壓入氨氣管,經鹽水池,利用氨氣膨脹作用,吸收鹽水之熱度後,經冷却管,復用河水,常川將冷却管淋洒,使管內氨氣之熱度,隨河水而消失。後復入氨氣管,循環往復,使鹽水之溫度,達攝氏表冰點以下十餘度,是時,冰箱內之清潔自來水,因鹽水之冰凍而結冰。當結冰期中,即將風喉分別插入冰箱內,開動風泵,將風送入風喉,使冰箱內之水鼓動,而成完全潔淨透明之結晶體。其後於結冰將近完成時,復開動吸水機,將冰箱內含有雜質,尚未結冰之水,完全吸出,再注新水。俟其完全結冰後,即用滑動起冰機,將冰箱起出,置於脫冰槽上,再用普通溫度之河水,淋洒冰箱之外圍,使冰箱與冰塊相連之邊皮部份,稍為融解,脫離冰箱,而滑入儲冰倉庫,以便應市。(附製冰程序圖)

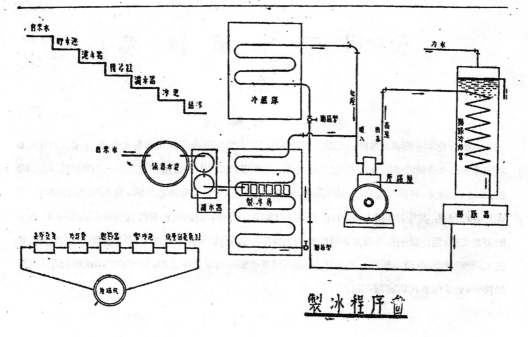

製冰程序圖

四、營業概況

　　本廠冰塊產量，每天可達一百條，并有一百五十噸之冷藏庫。但因本地人士，除市內之數近代化之酒樓及西餐室外，類皆尚未認識冷藏設備，及冰塊之用途。故業務未能盡量開展，尤以冷藏業務為甚，殊屬可惜。

　　本廠前因應社會人士之需求，并為救濟失業起見，故利用多餘冷氣，加製雪糕條及雪糕，交由難民難童推銷，聊盡救濟失業之意。

五、冷凍事業之展望

　　冷凍的主要目的，在保持品物原有狀態，如鮮魚肉類之冷藏，使其原有鮮度不變。毛皮絨氈等之冷藏，在防止各種虫蛀，蔬菓之長期冷藏後，與剛摘下一樣新鮮等等。

　　凡物料短期或長期保存的方法，有塩製成燻製，但不能保其原有質味的不變。而冷凍則不特可以保持其原有質味，且可四季調節，不致或缺。大凡魚肉蔬菓之生產時期，有所限定，或由土質之各異。大量收穫者，自然是供過於求，甚有用為肥料，或全部放棄之，殊為可惜。若將大量收穫過剩之物品冷藏保管，以備不時之需，或運銷於缺少該項物品之地方，不但可以待價而沽，且可調節四季之市場，以應一般之需要，更可作調節物價的機關，而且可得季節以外，或本地以外的物產，此誠冷凍之一大貢獻也。

　　不獨食料為然，即對於化學工業，亦有絕大的價值，存乎其間。例如啤酒汽水的釀造，火藥之製造，油類之精製等，不勝枚舉。又如紡織工場，印刷工場，製餅製麵包工場，及製鐵工場等，可以利用冷凍作用，予工程以適當的濕度，或溫度，而得優良的製品，及增加作業的效率。或衛生健身室，劇場，戲院，酒

店，醫院等公共場所，及其他辦公室內部的空氣溫度，及溫度之調節，皆非冷凍設備，不能奏效。

溫度溫度之調節法，在世界各國，極爲普遍流行。今後對於冷凍事業之裝置設備，方興未艾，尚有大大的發展。故冷凍事業與文明之進步，有密切之關係。

六、 發生冷凍方法

所謂冷凍，卽所以將日常溫度，保持至大氣以下之溫度。最簡單的冷凍法，莫如單獨用冰。若再加以化學劑之混合物，可得較低之溫度。茲表列如下：

品名		成份	應得低溫度 （華氏表）
(1)	Sodium Chloride （氯化鈉）	1	-16'
	Ice　　　　　　（冰）	3	
(2)	Calcium Chloride （氯化鈣）	1½	-27.6'
	Ice　　　　　　（冰）	1	
(3)	Potassium Chloride （氯化鉀）	4	-38.3'
	Ice　　　　　　（冰）	3	
(4)	Sodium Chloride （氯化鈉）	1	-0.4'
	Ice　　　　　　（冰）	1	
(5)	Calcium Chloride （氯化鈣）	2	-43.6'
	Ice　　　　　　（冰）	1	

此等方法，費用頗昂。故大規模者，不採用之，而依賴機械，以達最經濟最實効的條件。

機械冷凍法，大別可分爲壓縮式冷凍法，及吸收式冷凍法兩種，而最普通者爲壓縮式冷凍法。不論其爲吸收式冷凍法，或壓縮式冷凍法，其原理則一。且其冷凍裝置內三要素之膨脹器及冷却管均相同，所不同者，爲壓縮式冷凍法應用壓縮機，吸收式冷凍法，則應用吸收卿筒，以代壓縮機而已。

機械冷凍法所用之冷媒，亦有多種，分爲(一)亞摩尼亞(氣)，(二)炭酸氣，(三)亞硫酸氣，(四)其他。此等冷媒，各有特徵和缺點，須頓專家選定之。

附世界各國冷藏庫容積及冷藏搬運船比較表

國　名	冷藏庫容積	冷藏搬運船噸位
美　國	一五〇〇、〇〇〇、〇〇〇、立方呎	八〇、〇〇〇噸
英　國	三八、〇〇〇、〇〇〇、立方呎	六九〇、〇〇〇噸
加拿大	三五、〇〇〇、〇〇〇、立方呎	
意　國	一〇、〇〇〇、〇〇〇、立方呎	二〇、〇〇〇噸
法　國	九、〇〇〇、〇〇〇、立方呎	四五、〇〇〇噸
日　本	六、〇〇〇、〇〇〇、立方呎	八、〇〇〇噸

廣東蠶絲業近況及其復興措施

李鉅揚

一、引　言

自黃帝元妃螺祖敎民育蠶，爲我國歷史上絲業發明之嚆矢，其後先民疊出心裁，蠶絲之用途漸廣，蜀錦吳綾，綵衣文綉，皆爲文身之用。昔亞聖孟軻，亦敎民以「五畝之宅，樹之以桑」，故蠶絲在我國，已有悠久歷史與地位。

吾粵蠶絲得天獨厚，年有七八造之收成，品質雖遜於江浙稍遜，惟光澤柔軟之特質，可適合於特種織品之用。查吾粵產絲區，以順德及南海兩縣爲最著，在一度鼎盛之期，年產蠶絲十萬餘担，除供給本省紗綢（薯莨紗綢）原料外，多溢於外國。民國廿一年，盒出六萬六千餘担，價值壹萬萬叁千餘萬元，當時百業俱興，金融流暢，社會經濟，欣欣向榮，蠶絲佔全省出口貨第一地位。可見本省絲業，直接間接實有影响全省商業之榮枯，市面金融之盛衰，與粵民生計關係之重要。迨日本銳志改良蠶絲，以科學及合理方法之管理，異軍突起，途霸全球。近二十年來，吾粵蠶絲業，反瞠乎日人之後，大有一蹶不振之勢。自抗戰軍興，本省產絲區，相繼淪陷，敵人鐵蹄蹂躝，極度摧殘，尤以順德爲甚，蠶農救死未遑，會一度將桑基平田，改種雜粮。光復以還，有識之士，紛紛提倡復興蠶絲向外貿易，惟是凋敝之餘，似應詳細分析緩急先後，先行計劃拯救蠶農，方克有濟。筆者向服務於紡織工業，戰前曾任生絲檢查所檢政有年，對於吾粵素稱經濟生命之蠶絲，向所關懷，爰將管見所及，先行分析蠶絲失敗原因，再條舉挽救之法，甚望我粵蠶農及絲業鉅子，能與當局聯絡，通力合作，以收復興之效。

二、粵絲失敗之原因

粵絲品質之優點，在於光澤柔軟，而其劣點，則在膠質濃厚，粗幼不勻。此皆由於（1）選種不良，（2）墨守成法，（3）飼料及桑樹培植施肥缺乏科學方法，（4）蠶農門戶各立，資本游弱，（5）繅絲機械陳舊，設備簡陋，（6）昧於對外貿易情勢。

三、復興蠶絲方法

查改良蠶種，前經當局設有蠶絲改良局，將山東碧蓮等蠶種與本省土種交配，製成碧交，惟因氣候及蠶農設備簡陋，墨守成法，及未經改良桑樹之培植等種種關係，每每在四五造後，蠶種日漸變化，故蠶農多未樂意採用。且改良蠶種需長期研究，費大量金錢，尚有待於專家與政府通力合作，製售標準蠶種，在種桑育蠶，尚未改良，繅製未達標準化以前，勢難爭取對外貿易之恢復。本省蠶絲品質窳劣，旣如上述，兼以抗戰期間，產絲區淪陷，備受敵僞蹂躝摧殘，田園荒蕪，廬舍爲墟，十室九空，廠房多遭毀拆，

今若倡言蠶絲復員，期收事半功倍之效，必須提倡增加土絲用途。在產絲區應普遍建設絲紡織工業，使男耕女織，藉以奠定技術人才歸鄉生產基礎，以免羣趨城市，轉業營生，日益凌落。現代各國工業，都提倡回到農村去，此正適應時代之需求。可先由示範式，提倡訓練絲織人才，設立公營新式絲紡織廠，及利用生絲副產品水結，(江浙稱長吐)及其他廢絲類，以發展土絲工業。據民廿一年廣東建設生絲檢查所統計，是年度水結出口為壹萬陸千餘担，多輸到日本歐美，紡紗織絹，再運囘本國推銷。我粵絲產區能發展絲紡織窰，水結亦可自用，此水結當可為本省自用工業原料，增加廢絲類用途，救濟蠶農破產，以裕民生而塞漏巵，此亦為蠶絲復員當興前一几大關鍵也。

　其次粵絲業固為本省經濟生命綫，惟是蠶農無組織，缺乏合作事業經營，未能發展農村工業，似應由央行在產絲區舉辦蠶農低利貸，投資倡導合作繅絲，大量發展各種絲織絲紡工業。本省商檢局對於蠶農廠家方面，應負責灌輸蠶絲絲檢驗常識，內銷廠絲，推行免費品質檢查，使廠家有所鑑別產品之優劣，至於繭用廠絲，強迫品質檢查，以免劣絲之輸出，並按區執行公量檢驗，以維持對外貿易之信用。際此建國伊始，凡我當局諸公，工業鉅子，盍一致起來，協力同心，共挽絲業的狂瀾於既倒，不特產絲區之幸，抑亦本省經濟之極大裨益也。

四、結　論

　上述各點，為廣東絲業復興設施之要素。並盼在此復興高喊中，毋使側重於對外貿易，忘卻粵絲品質不良，不適外國精製品之用。且以產品量過少，不敷需求，在此環境當中，應力求自產自銷，發展絲紡織工業，以解決現目蠶農廠家困難，藉以培養原有絲業元氣，奠定復員基礎。同時在種桑育蠶方面，應求技術之改善，自然從工業發展期中，精益求精，然後蠶絲對外貿易，方能按步進展。以上實施，有賴當局諸公高瞻遠矚，立的以赴，懸爲而從，企予望之。

俟生可畏！

廣東糖業近況及其復興計劃

余　子　明

一、緒　論

　　廣東氣候溫和，土質適宜於種蔗，蔗糖生產爲最甚鉅。據農林局民國廿九年之統計：和平、陽江、紫金、英德、電白、茂名、吳川、遂溪、合浦、河源、惠陽、陽春、豐順、博羅、化縣、封川、樹縣、曲江、龍門、台山、始興、陽山、樂昌、雲浮、佛山、四會、大埔等二十七縣，是年出產之黃糖，爲七九六三一二市擔，白糖爲四九五三〇市擔，合計爲八四九八四二市擔。至盛產甘蔗之南海、順德、番禺、東莞等中區地方，暨雷州半島及海南島等，尚不計在內。由此可知每年產糖數量之大，更可以推算產蔗數量之多。惜廣東製糖事業，向守舊法，不求改進，致所製粗糖，不足與舶來之精糖競爭，本國市場爲其侵奪，誠以其品質旣優，價格亦相宜，爲社會人士樂用，此優勝劣敗之公例，寶莫與爭也。國內有識之士及政府當局，均以爲憂，急求改進製糖工業，以免利權外溢，而塞漏卮。民國二十年至二十六年期間，相繼設立順德、市頭、惠陽、揭陽、東莞、新造等各新式製糖工廠，其每日搾蔗數量，爲五百噸至二千五百噸不等，由是製糖工業勃興，產品優良，成績至佳，本可逐漸推廣，至於全省。無奈抗戰軍興，已完成之製糖工廠，或毁於砲沿火，或淪於敵手，蕩然無存，敵騎縱橫，烽烟遍地，未完成之計劃，亦不得不中止，自是廣東製糖工業復用舊法，駸告衰落。去年倭寇投降，河山光復，接收而能復工之糖廠，祇有順德一廠。須知糖爲人生日用主要食品，世界進化，粗劣之黃糖，勢將不合局要，設不急謀製糖工業之復興與改進，則吾國糖業市場，又將爲洋糖所據奪，而粗劣之舊式製糖工業，必被打倒，可無疑義。蓋舊式製糖與新式製糖，其所製成糖，每市擔製造費用之比率爲五比三，而其每擔售價則爲十六比二八、五，相差之鉅，至足驚人，而生產效率，則更望塵莫及。去歲國民參加政會有復興廣東糖業之建議，蓋有見及此也。或謂台灣，現已光復，台省製糖工業甚爲發達，恐影响廣東製糖工業，余則未敢以爲然。吾人若披閱民國二十五年至二十七年之海關糖類進口統計，則可得一解答矣。在此期間，廣東製糖工業，可稱爲發展時期，單就精糖一項而論，民國廿五年入口爲八〇四九一二公擔，廿六年入口爲九五五二九九公擔，廿七年入口爲五一二五六三公擔，其他糖類更多，由此可知我國所產之糖，根本未能自給自足，而需要發展種蔗製糖事業，至爲明顯。

二、復興製糖工業與本省經濟

　　八年長期抗戰，雖已獲得勝利，然而國內經濟已陷於最大危機，若不急求挽救，則前途不堪設想，故增加生產，以安定金融，爲今日舉國一致之要求。本省素稱富庶省份，但時至今日，政府與民衆普遍感覺經濟枯竭，此種現象，必須設法改善，以求適存，改善之法，最基本莫如增加生產，而本省爲產糖之

區,自抗戰軍興以還,新式製糖廠被摧毁或搶奪,因而復採用舊式製糖方法,其損失之重大,可想而知。蓋舊法製糖,係利用畜力旋轉石磑壓蔗取汁,然後加灰賣成黃糖,壓力不足,蔗汁未能盡量搾取,製成之糖,品質粗劣而價賤,且生產量小,而製造費多,新式製糖則與此相反,現以木蔗爲例,列表如下:

類　　別	蔗莖重量	搾得蔗汁	製成糖量	現市價值(担)	總　　價	每担製造費	總製造費
舊式製片糖	100 担	70 担	10.5 担	50000 元	525000元	15000 元	157500 元
新式製白糖	100 担	85 担	9.5 担	150000 元	1425000元	19000 元	85000 元

綜觀上表,其所用之蔗莖,品質重量相同,因製造方法之不同,其所製成糖之品質及價值,相差懸殊,每百担蔗用舊式方法製成片糖所得糖值爲 367500 元,用新式方法製成白糖,所得糖值爲 1339000 元,兩相比較,其差額爲 872000 元,此種損失,若以全省產蔗之總量計算,當甚可觀。現在本省每年產蔗數量,雖未見有確實可靠之統計,然從報章什誌等零碎得來之每年產糖數目,用以推算,其產蔗數量,估計每年當有 20,000,000 担以上。照此數字計算,每年損失達 174,400,000,000 元,設能挽回此項鉅大之損失,則於本省之經濟與民生裨益至大。

三、復興製糖工業與國際貿易

復員以來,我國入超數字與日俱增,國內工商業瀕於絶境,危機之大,空前未有,政府與人民莫不急思挽救。是以改變匯率,免稅輸出,以期減少入超,而免經濟之總崩潰。然而,爲今之計,除獎勵出外,還須減少輸入,除必需之品物如機器等,我國科學落後,須仰給於人,無法減少輸入,至如民生日用品之輸入,則必須設法自給自足,必如是始可以謀國際貿易之平衡,必如是始可以鞏固國家經濟基礎。是以一般民生日用品,國內可有原料者,則必須設法自製或改良製造,先求自足,然後進而謀在國際市場競爭,此爲不易之原則。我國蔗產本豐,惜製造不得法,精糖仰給國外輸入,此不獨經濟蒙莫大之損失,抑亦國人之羞恥,故求製糖工業之復興,實急迫之需要。據民國廿五年至廿七年海關統計,單就糖精一項而論,其輸入最多之一年,爲九五二九九公担,當時國內仍有較多之精糖製造廠開工,而輸入之數量,已如此龐大,現在新式製糖廠,寥若晨星,其輸入之數量,當陡增大,然卽就上數字以計算,其現值每公担以二五〇,〇〇〇元計,約值二三八,八二四,七五〇,〇〇〇元,若連其它糖類計算,數目更爲龐大。如能將廣東糖業復興,並加擴充,卽使不能在國際爭取市場,亦可供國內之需要,減少輸入而堵塞漏卮。

四、復興廣東製糖工業計劃及預算

基於上述之事實與需要,復興廣東製糖工業,實無可疑,但事體重大,非短時間及小財力所能辦到;須採漸進辦法,所以第一步應先恢復舊廠,第二步然後擴充新廠。至於各廠之分佈地區,則以本省產蔗

區域,均与設置爲原則,務使構成本省製糖工業網,以期平均發展。除中區東區已設廠外,新增之廠,應先分配於瓊州島、雷州半島、茂名、英德、及西江各地。關於管理方面,應設立機構專司經營,方可收迅速確實之效果。

(A)、恢復舊廠: 本省舊有製糖工廠六間,此次抗戰軍興,各廠或陷於敵手,或毀於砲火,損失最重。光復以後,仍能復工者,僅順德糖廠一間,其餘各廠,多殘缺不全,不能復工,急應整理恢復。茲將舊廠情形,分別署爲說明如次: (1)市頭糖廠:機器爲斯可達廠出品,每日可搾蔗 250000 噸,附有酒精設備,增大部份仍未完成,而戰爭巳爆發,現損失甚大,機器蕩然無存。(2)新造糖廠:機器爲檀香山公司出品,附酒精設備,每日搾蔗爲五〇〇噸,損失亦甚重大。(三)順德糖廠:機器爲斯可達廠出品,每日搾蔗量爲 1000 噸,不附酒精設備,現尙完整,繼續開工。(四)揭陽糖廠:機器爲檀香山出品,不附酒精設備,每日搾蔗量爲 1000 噸,損失亦甚重。(五)惠陽糖廠:附酒精設備,每日搾蔗量爲 1000 噸。(六)東莞糖廠:機器爲斯可達廠出品,每日搾蔗量爲 1000 噸。後兩廠昔爲軍墾區所辦,聞損失較輕,東莞糖廠正擬修復開工。現且估計以上各廠之修復,約需美金 1200000 元,時間須一年至一年半。

(B) 設立新廠: 在舊廠修理完好復工以後,即從事在瓊州島及雷州半島創設每日搾蔗量 1000 噸之廠兩間,繼在南路之茂名,北江之英德,西江之肇慶,各設立每日搾蔗量五百噸之廠各乙間,最後在北江之仁化,設立甜菜製糖廠一間,每日没取甜菜量以一百噸爲度,以現在低價計算 1000 噸搾蔗量廠之設立,約需美金 800000 元,美金,五百噸搾蔗量廠之設立,約需 450000 元美金,合計約需美金 3400000 元,完成時間約需年半。由此全部計劃之完成,即修理舊廠,設立新廠,須歷時三年,須費美金 5400000 元。至流動資金及營蔗場,仍未計在內。

(C) 人材羅致及訓練: 此項計劃之完成,預計需各級技術約 300 名以上,各種技術工人 1200 名,至此種人材之羅致及養成,可由以下辦法解決之。

　　1. 招集前服務糖廠有經驗之工程人員及技工。

　　2. 延聘國內外有製糖經驗之技師及技術人員。

　　3. 訓練下級之製糖技術人員及技工。

(D) 改良土法製糖技術: 在舊廠未修復以前,或新計劃完成以後,僻遠地方,運輸不便時,則此改良土法製糖,仍有其效用之處。良以吾人準備復廠之際,因國人之需要,而土法所製之糖不適合其要求,勢必輸入白糖,以資應用,此固無可疑者。惟是我國舊法製糖,倘能加以相當改進,則其所製成之白糖與舶來品相差無多,雖其製糖成數較低,不能補救,其餘色質等,則可改進,因此可挽回大部利益。就本人於抗戰前及抗戰期中製糖之經驗,確信此法之可用。緣我國舊式製糖,係利用畜力壓搾甘蔗取汁蒸費,後加灰澄淸,即復於鍋中以明火費之,使達適宜濃度而凝結成黃色片糖;倘能于加灰時,予以適量灰份,放置鍋中費沸,隨以"起淸"方法,使糖中所含什質及不潔物凝結沉澱,再行過濾,然後將澄淸之糖漿再費成結精糖,則所有顏色气味,均可與外來洋糖相比。果能推行如斧,每年出產之白糖爲量亦

多,可以爭同一部市塲,減少一部份輸入,而得同相當之利益,不可不注意及之。而改良土法之實施,至為簡單,就土法製造白糖之設備,已可製得精糖,若土法製造中,加入離心機設備,則其產量更可增大,搾蔗仍用畜力旋轉石碾,以搾取蔗汁,雖所得蔗汁份量,不及機器壓搾之高,但亦可以補救現時之缺陷,煮糖設備,如能畧加改善,以使用銅鍋為佳。倘限於財力,則仍用舊式蒸煮緩行之。不過新製成之精糖,色質較深,成份較低耳。過濾器,則必須設備,舊法製造土白糖,其品質顏色較深,雖尚有他種原因,然不隔濾,影响頗大,當煮沸加石灰成糖,澄淸後,應置於煮糖鍋中,煮沸加入適量黃豆所製成之豆漿,使糖中含有之沙泥及什質等凝結浮於表面,以除去之,俟加豆漿,至不再浮起墨色泡沫,卽行過濾,此時如設備骨炭或活性炭過濾,則將來所得之結晶,糖色澤較為潔白,由隔濾而得之澄淸糖液蒸煮使濃縮,然後冷却,使之結晶,大約靜置至拾式小時,卽可于離心機進行分蜜工作,而獲得精糖,倘無離心機設備,則可在糖漏中聽其自然分蜜,逐層以特製之糖刀刮取精糖,不過所需之時間較長而已。此法之推行,須有經驗之技術人員,因其設備可以多,亦可以少,甚適用於現在。新式製糖廠未大量恢復之前,卽將來偏僻地區,不能設立新型糖廠者,亦甚合用。

五、結　論

　　實施以上復興製糖工業計劃,以後第三年全部完成。計畫每日可搾蔗 10000 噸,可得精糖 1000 噸,每年蔗季,以 120 日計算,即每年可搾蔗 1200000 噸,獲得精糖約 120000 噸,由此可以挽救每年用土法製糖之無形損失,此項精糖,除本省需用以外,更可供給其他各省。且現在台灣已復歸祖國,該省為產糖之區,如加以適宜之整理,使其與廣東糖業同時復興,則不獨國內可以自給自足,不須輸入外糖,而減少入超,更可以進而謀輸出以供給其他缺乏精糖之國家,譬如日本所需之糖等,昔係取給於台灣,現則不能不取自我國贖運矣。復興製糖工業以後,不獨精糖可以自給,收回巨大無形損失之經濟利益,且更可獲得多量之酒精,而酒精在工業上之用途至大。疇昔國外之輸入亦多,我國經濟之損失亦大,今則可以自給,亦可以平衡國際貿易,而充實國家經濟。抑尤進者,值此復員緊縮之際,失業問題較為嚴重,設能復興糖業,則可安置相當數量各級之員工,對於救濟失業,以安定社會秩序,其裨益亦至多。

復興廣東糖業之芻議

曹銘先

　　大戰告終，建國伊始。粵省經戰後疲敝之餘，凡百待舉，然必須擇其緩急輕重，次第籌劃。食糖製造為糧食工業，乃本省之特產，從前基礎甫立，即遭破壞。以經濟性言之，糖業之出品，則為糧食，其原料則為農產，對於民生及農村關係甚大；基礎已成，則事非初創，恢復較易。是故復興粵省之糖業，實應列為先著，以求經濟之增益及蔗農之復蘇也。或以為粵省饑饉堪虞，如圖發展糖業，則甘蔗之繁殖，必有影響於稻田，繼桑不絕，遑論傷飴。不知粵省之產米，固不足以供需求，然目前之糧荒，其癥結在乎運輸之不均，米價之高昂，則在乎一般物價與工資之高漲。粵省民食素仰賴外來之米，歷年如是。盡全省之稻田，其總收穫量，不足以滿足三千萬之民食。戰前華中，安南，暹羅之米，因交通便利，源源運粵，糧食得以安定，而以一小部份之田，或以之植桑，或以之植甘蔗，生產較高貴之物資，博取更多之酬膬，絲業糖業，因此而成立，地盡其利，農工交受其益，經濟愈形活動，設使交通不致中梗延滯，可絕無糧食之嚴重問題。英倫三島全部工業化，民食亦素仰於外，雖遭封鎖，然以龐大之海軍，維持海上之航路，民食無虞。是以經濟之建設，宜從大從遠，不宜為一時之環境所狃也。且民食之補救，宜開墾荒地，改良稻種，以增加生產，不宜消極廢棄略有經濟性之桑基蔗田，盡種稻米。蔗田三萬畝即足以供給一巨型糖廠，佔地無多。在三萬畝甘蔗之中，蔗農所獲之益，已超過同等面積所種之米糧之所得；且一巨型之糖廠，以現時糖價之估值，可收益六七十億，復可以解決一部份之就業問題。故繁殖蔗田，復興糖業，應迅予實現，先行恢復前之各廠，隨圖發展。我國每人每年平均之食糖消費量，不過四磅一九，但文化較高及在食糖產區之居民，必不止此數。粵人之消費量，大概可列為十磅，香港食糖之配售，每人每月為三磅，可資比較。然較之美國每人每年之一百十一磅，已瞠乎其後，如以十磅計之，亦須產糖三萬萬磅，始可自給自足。戰前洋糖入口至鉅，土糖不足與之競爭。太古糖、爪哇糖、台灣糖、充斥市場。洋糖輸入粵省在戰前平均每年均為一千八百餘萬元，其中以白糖為最多，居百分之九十二。斯時雖有市頭新造順德等廠之成立，白糖仍求過於供，漏卮甚大。糖為本省之特產，本應盡量發展，以為輸出，俾取得貿易之平衡，以抵銷外米輸入之損失。珠江三角洲，韓江流域，南路各縣，及瓊崖，皆為天然之甘蔗繁殖場，如極力發展，儘可供給全國之食糖。但台灣已光復，雖一時產量不及平時十分之一，然五六年之後，當可恢復戰前產量，可以推銷華北華中以及日本朝鮮。粵糖復興，則可推銷至湘黔贛桂，在華南方面，樹立一堅固之立足地，免再為洋糖之傾銷。就目前之需要，能求自給自足，宜先設立糖廠，每日搾蔗千噸者十五間。(五百噸者三十間)其總產量約等於三萬萬磅，或分期進行，以此為目的，在過渡期中，加工改善土糖，以配合銷場，亦一適宜之措施也。

復興糖業之步驟

戰前本省有番禺之市頭新造兩廠及順德揭陽惠陽東莞各廠，抗戰軍興，番禺之兩廠，及揭陽惠陽兩廠，皆破壞無餘，順德糖廠機器尚稱完整，惟機器廠家乃捷克國之斯各達廠，該廠對於甘蔗製糖之經驗，不及英美廠家之豐富，故設計方面，尚有小部份不適合於蔗糖廠。大概該廠以在歐洲甜菜製糖之經驗，為設計之根據，故各部門不甚配合均匀。以現在言之，其零件之補充，更不及美廠之便利。此廠清濾部之發濾，及澄清部之沉澱，皆不及標準，頗為簡陋。硫磺氣設備，用生鐵而不用木，亦非蔗糖之所宜，應予以改善，免致發生障碍，因而停工。若能添置發濾（骨炭或活性之植物炭）之裝置，則該廠竟可直接製造精白糖或二十四號之白砂糖，在平時搾蔗季候完成之後，仍可以開工，收購省內之糖砂，或黃糖，或外國之原料糖，以為精煉白糖，以免機器之虛耗及職工之閒散，並可扶植順德一帶之糖寮，使其樂於銷售土製糖砂及黃糖。

東莞糖廠現正在恢復期中，番禺之兩廠亦宜即予恢復，據調查所得，番禺每年產蔗達九百萬担以上，可容納一千噸之糖廠五間，該處運輸便利，迫近銷場，條件至為完美。韓江流域潮汕一帶，素為產糖區，民元以前，運出省外者，達百餘萬担，外省之洋廣雜貨店，多以汕頭紅糖為號召，其後洋糖輸入突增，價廉質美，生產遂大為衰落，汕頭海關戰前之統計，由汕入口之洋糖，且達五百餘萬元。揭陽糖廠成立後，成績極佳，向為南洋糖業鉅子黃仲涵氏之建源公司所經營，應早予復業，俾韓江一帶之糖業，得以復興。惠陽廠前為軍墾區所辦，為軍人謀福利，有悠久之計劃，意至完善，即予恢復，最為合時。該處產蔗亦多，幾經專家改善，蔗種已改良可用。南路之高廉雷瓊各屬皆產甘蔗，徐聞瓊廉更具有發展糖業之條件，應號召資本及僑資經營，盡量利用其資源。抗戰數年，我省之糖廠，皆在淪陷區，復加以封鎖，土糖亦無從運出，致內地食糖，難以供給。粵北食糖之來源，除有一部份來自東江外，幸尚有北江英德一帶之土糖為接濟。故設立糖廠，宜注意及戰時之變態，避免集中一隅。且糖之副產品為桔水，可以製造酒精，為國方之工業。英德含洸或其他要地，應設立糖廠，以發展該處之地利，及以為輸入湘贛黔等省之用。

糖廠之原料為甘蔗，故甘蔗之繁殖，實為先決問題，對於甘蔗應有把握，俾開工時，得原源接濟，不致待料停工。應在廠址之附近，勸種甘蔗，貸肥或貸款，皆宜及時舉行，並宜訂定採購訂約，悉以合理之價格，與蔗農打成一片，利害相顧，廠方不加以剝削，農方不予以居奇。中間人之操縱，尤應排除。原料資素之佳者，含糖份較高，應予格外之獎勵。戰後農村經濟之破落，蔗農多無力購用肥料，故蔗種為劣化。去年順德之蔗，祇含糖份百分之九，與古巴檀香山之百分十四至十五，爪哇百分之十四至十六，美國南方百分之十二至十四，（最高數及最低數）皆相差甚遠。戰前市頭廠之蔗亦含糖百分之十一·七，已有百分二之相差。蓋採購原料時，多以量為單位，而不計及其資素，優劣同價，殊不合理。故應定一最低基本數為標準，超過此數，可加以獎勵，復興糖業必應注意甘蔗，此必然之理也。

復興糖廠，必須籌集資本。現在游資甚多，企業尚未發始，糖業利潤至厚，實為投資之最好對象。戰

前五百噸之糖廠設備美金四十萬元,一千噸者七十萬元,兩年以前(一九四四)美國製糖方法,大加改善,已發明有一新方法,係採用電流,將蔗汁內之雜質變為電子化,極易沉澱及清濾。可以減少舊法之設備三分之一,現已實行。是以美國物價雖較戰前昂高,然設備則減少,故所需之資本或不如此數之鉅。如各區之糖廠能有企業家同時並舉固佳,否則公營民營方面,在其發展為現代新式糖廠之前,對於土糖之糖寮,亦應加以指導。(一)貸以資金補助其購置較為完善之新式機器,或直接貸以機器,如離心機,以為分隔糖砂及榨水之用,以代替陳舊耗時之漏缸;改用鐵製之小搾蔗機(機力發動式或畜力拖動式皆可),以代替原始式之石滾石磨,此兩種機件,國內工廠,皆可自製,有意於糖業者宜多量購置分貸與糖寮。(二)同時指導土法之應如何改良,遣派技術人員,妃親指導,使增加其生產,不致耗費原料。(三)經濟之支持,除貸款貸機外,可收購其出品之糖砂,在糖廠內加工精煉,或採合作方式代為精煉,在大規模復興糖業之前,土糖應予以培養,間接可以刺激甘蔗之繁殖,且士糖將來,尚可士銷,亦必有其地位,且可供給新式糖廠之加工原料,固亦有其不能及不應消滅之處也。

　　舉凡企業皆感覺稅項之繁苛,尤以現時金融之動盪,製造成本,難得精確之計算,而稅項則為實在之支出,故每有可獲利,而賦稅之嚴重,而致失敗者。若初辦時,機件之出入口,原料之轉運,政府宜予以減稅或免稅,尤以原料糖加工製造之時,若原料既須付稅,精煉之後,復照白糖付稅,則變為重徵,廠家負擔太重,遂致成本高而難以維持,其結果或糖價太高,於民食有影響,或洋糖藉此可以傾銷,大宗輸入。故須呈請財部,對於糖業,宜加以保護,一方面防止洋糖之傾銷,一方面扶助國內糖業,調整糖稅,使之合理,並嚴禁稅吏及廠員之苛擾。設使糖業發達,祇正項之抽稅,免除其一切之苛捐雜項,及地方之無理征歛,其數亦甚鉅,古巴國年產糖五百餘萬噸,糖稅一項、為國家財政之主要項目。糖之抽稅多從價或從其質素,而定稅率之高低,質素之判定則祇憑其色澤,最合理之糖稅,則須從其含糖之成份,中國關稅,關於洋糖之入口稅,戰前亦以化驗糖份為根據,至於國產食糖統稅率,倘應調整也。

糖　業　政　策

　　各國對於特產皆有一定之政策,糖業一項,或全部公營,或全部民營,或取放任主義,或實行專賣,或免稅,或保息,以獎勵出口,或指定區域設廠,以限制過度競爭,或專造原料黃糖,輸出國外,享受較低之入口關稅,以博取外匯,或准許外商經營,各因其環境及經濟立場,而決定某一種政策。古巴則祇造原料糖,輸入美國,祇繳特惠之最低關稅,台灣在日本統治時,台灣糖出口至國外,可以退還統稅,美國糖廠則全部民營,歐洲有數國,則施行食糖專賣,由政府管制,我國於三十一年至三十三年之間,亦常試行專賣政策,然以物資不能控制,不過為變相之糖稅,名為專賣利益。蓋當時專賣條件未備,不得不需一過渡辦法,其原來之要點,本當由政府統購統銷,各區設立公倉,配售與各地之合法銷售商與零售商,釐定價格,禁止居奇,然因戰時之諸多障碍,不易舉辦,旋亦發止,改征貨物稅。以現在國情而言,製糖為重工業,應仿照美國採用全部民營為原則,政府宜居倡導地位及施行保護政策,以免外糖傾銷,就原有之公經糖廠,辦理務求完善,以為示範,俾投資者有所遵循,不必有官督商辦,官商合辦之畸形

組織，並應予以各種便利，如稅捐不苛擾，不加剝削，不干涉其廠務，俾得安心發展完全取放任主義，廠家則應遵守法令，不應囤積居奇與斷市場，抬高價格，以至民衆受高度糖價之負担，此政策之一也。

台灣現組織有台灣糖業公司，以資源委員會爲主體，以中國銀行爲金融之後盾。與中紡中鹽相類似，接收全部台灣糖廠，統一經營，與美國精糖公司相頡頏。美國之精糖公司爲美國十大工業之一，與鋼鐵電氣等企業，並駕齊驅，每年吸收三百餘萬噸之古巴原料糖，同時並經營國內之甜菜糖廠，其規模之大，成本之輕，爲世界首屈一指。加以美國之中央貿易委員會，時加以監視，調查成本，祇允許其獲得合法之利潤，平抑其價格，不得抬高，且立有防止托辣斯之法令，故價格常維持在每斤一角之間。台灣糖業公司，如經營得法，其出發點若不在乎以官僚資本，與民爭利，祇求合法之利潤，調劑民食，平衡市價，並無托辣斯或專賣之性質，亦未嘗不是一善良政策。廣東糖業照此組織成立一聯營公司，統一經營，減少總務費及營業費，釐定糖價，俾民衆得受其益，是亦政策之一也。

糖業本身之經營，尚有一政策，則在市場中心，專設精煉白糖廠，產蔗區，則祇設原料黃糖廠，所有各區之原料廠開工時，盡製原料糖，停工時，卽將廠關閉，職工解僱，將原料全部售與精練廠，此廠將各區之原料，集中精煉，全年開工，此種精煉廠，小者每日精煉一百噸，大者達至二千噸。民國十一年，上海吳淞曾成立有國民煉糖廠，集資五百萬元，機器值一百四十萬元，收集各處之黃糖，以爲原料，一二八之役，被敵人破壞，所有原料糖（又名生糖 Row Sugar）通常定有一標準之糖份百分之九十六，有此標準，則精煉之程序，皆有一定之計算，每百斤可產精白糖（糖份九十九度八）九十二斤，若用土製黃片糖，則祇所得間三四成之間，其餘則變爲桔水。在民國二十年間，番禺之市頭廠，原定兼營精煉白糖，集中順德等廠之黃糖，加工精煉，不足則購自古巴及爪哇之九十六度黃糖，此種經營乃全部產、製、銷、之分工合作，其利益（一）爲爭取時間，各廠不必將次等糖零星再加溶解，可由精煉廠集中，大規模溶解精製。（二）省去各廠個自設立製造精白糖之設備。（三）全盤計算，節省燃料不少，原料廠不必再溶次等糖，則毋須添購燃料，卽蔗渣一項，已足敷用。（四）白糖之營業，可以統一經營，應付市面稅項力求簡單化，統由精白糖出產之廠家負担，原料糖作爲工業原料，可以免征，此又政策之一也。

糖業之收益

現在市上白糖，價格漲至每担十五萬元，一方面求過於供，產額有限，一方面白糖多已由廠家脫售，轉輾爲商人收購，逐漸致成本增高，而貨價亦籨之而高，民衆負担，因而增重。設使生產增加，多設糖廠，當可加以平抑，惟糖廠以現時白糖需求之殷切，尚有厚利可圖，實千載一時之良機，無論製造與加工精煉，皆可享有深厚之利潤。試將民二十四年揭陽糖廠作爲參考，該廠當時製造白糖（非精白糖實爲十八號之耕地白糖）每担成本十元零二角，（每製白糖一担需蔗十担，每担蔗連運費約值八角製造二元運費二角）而售價爲二十四元，每担淨利十三元八角，本季製造之淨利，爲一百三十二萬四千元，桔水收入爲七萬六千元，總溢利達一百四十萬元強，（桔水一萬九千二百担，每担四元）此時原料與出品之差額爲十六元，爲百分之二百。

原料十擔8元出品一擔24元

出品價 － 原料價 ＝ 24 － 8 ＝ 16 元 ＝ 利潤之差額

(Margin of profit)

現時糖價高至十五萬元，原料價雖未可知，然其利潤之差額必大，可無疑義。戰前各廠雖有洋糖之競爭，然獲利極鉅，市頭廠自民國二十三年五月一日至十二月溢利三百四十五萬元，而是年開辦之資本額，則為三百七十萬元，糖為必需之銷費，通常有穩定之銷路，用新式機械大規模出產，在戰前每斤溢利一角，已甚可觀。美國之精煉白糖公司，每磅盈餘不過二三分，而仍繳納鉅額之所得稅與政府。台灣經日人五十年之經營，努力發展糖業，突飛猛進，一躍而為世界產糖之第四位，以我國為其主要銷場，投資柒二七一、五一〇、〇〇〇日元，設廠四十三間，員工共二萬零八百人，（每廠職員工人平均四百八十人）每年最高產額一百四十萬噸，擁有蔗田一千六百九十六萬畝，鐵路一千五百英里。台灣之糖業史卽是日人之殖民史，可謂能極力利用該島之特產，以輔助國家之金融。我國有人口四萬萬五千萬，每人每年消費食糖四磅一九，卽需八十四萬噸，設使國民購買力加強，文化日高，每人一年多消費一磅，卽須增加生產二十餘萬噸，而且此乃必然之趨勢。三數年後，民生安定，其環境必有異於今日，食糖之消耗，雖將仍為世界之末位，然必超過四磅一九之數，食糖之需求，必不致永久停留於次白糖、黃糖、片糖之階段，生活程度一高，必需求精白糖，方為滿足，為綢繆將來之市面計，現時卽須着手積極經營，急宜復興本省之糖業矣。

世界糖業之展望

世界糖業分為兩種，一、甜菜糖，二、甘蔗糖，甘蔗糖之歷史頗為長遠，大槪原始於印度，在紀元前四百年，佛經上已提及甘蔗製糖，至唐朝貞觀年間，流傳至中國，甜菜糖則在十八世紀末年，始為德國之科學家發現，此種菜形似蘿蔔，經改良之後，含糖成份可達至百分之二十二，通常亦比甘蔗含糖為高，適宜於溫帶，至拿破崙時期，法國為英所封鎖，致熱帶之蔗糖，無從入口，遂極力鼓勵以甜菜製糖，成為今日歐洲甜菜糖業之基礎。現在全世界照一九三五年至三九年戰前之統計，平均每年製糖約三千四百五十萬噸，但今年六月紐約糖市之報告，一九四五年至四六年之產額，已縮減至二千七百二十萬噸，因戰事關係，減少七百餘萬噸，大槪歐洲之甜菜糖業，損失至鉅，平時德國產甜菜糖一百六十餘萬噸，捷克國產一百五十餘萬噸，俄國及烏克蘭產一百三十餘萬噸，其餘波蘭法國亦產八九十萬噸，糖廠被毀甚多，一時未能恢復，在遠方面，則蔗為蔗糖以爪哇糖第一，年產三百五十萬噸，印度第二，年產二百九十餘萬噸，台灣第三，年產一百四十萬噸，菲律賓年產約六十萬噸。但戰後除印度無甚損失外，爪哇損失至重，加以印尼人革命，民生不安定，工業農業皆凋零，據聞祇能產糖五分之一，台灣則損失尤大，四十三間糖廠能接收者祇十七間，去年可以開工者祇八間，產額低至八萬六千噸，幸而沒收存糖，有卜五萬噸，由行政院運至上海，以為平抑糖價。惟美國北方有甜菜糖，南方及檀香山有蔗糖，共產約七千餘萬噸，然以銷額相差甚遠，故必須由古巴輸入三百至四百萬噸之九十六度糖，給以最惠國之關稅，加

工精煉。今年歐洲糖粟短收，必依賴美國及中南美各國之接濟。是以全局觀察之，數年以後，洋糖不致大宗輸入中國，印度祇可自給自足，爪哇自顧不暇，美洲之糖則接濟歐洲，澳洲產糖六十餘萬噸，且近年竭力發展，頗有剩餘，然將以接濟英國，或亦可以有一部份至香港，菲律濱糖粟損失亦大，一時不易恢復，然將未必為遠東一大生產區域。在廣東言之，外糖既不能大宗入口，來源亦溢，台灣糖去年祇產八萬六千噸，今年之冬季頂算，祇能產三萬六千噸，蔗苗缺乏，須留二萬七千甲（十四畝半為一甲）之甘蔗，作為明年之全臺蔗苗，至明年冬季始能產三十萬噸，仍祇能供給華北，華中之用，運銷至粵恐不能多。故我粵如希望有平宜之食糖，數年之內，祇可努力生產。去年順德產額為十萬零三千三百七十担，不過六千噸強，

其餘土糖以無統計，無確實之數，大概可在三十至四十萬担之間，（照統稅之收入可作為一部份之比較）是粵民所倚賴之接濟，盡在於是，安得而不求過於供，且白糖更有限，亦安得而不居奇，高漲至十五六萬元一担之價。故欲平抑糖價，唯一之道，祇增加生產，況糖粟為有厚利之生產事業，更應迅予提倡也，否則日後欲求今日之價，而不得矣。若以全國言之，除台灣應恢復大部份之產量外，華北及西北皆宜發展甜菜糖粟，無令集中糖粟於沿海。尤以西北氣候土地皆適宜甜菜之繁殖，山東曾設立有五百噸之甜菜糖廠（名為溥益糖廠）成績亦佳，戰時想已損失，日人在東北設方南滿洲甜菜糖廠以圖壟斷東北及華北之市塲，抗戰數年，川糖頗有發展，推銷遠至蘭州，將來西北及新疆如有甜菜糖廠，則全國食糖，平衡發展，可以自給自足，絕不致有洋糖傾銷之虞，且可供給日本與朝鮮矣。

附世界各國每人每年銷糖盤（一九二七年統計以磅為單位）

澳洲	118.61	美國	112.21
丹麥	107.14	古巴	100.31
加拿大	91.93	英國	90.39
瑞士	74.74	瑞典	72.09
阿根廷	70.33	荷蘭	69.67
挪威	64.59	捷克	58.36
德國	52.91	巴西	47.18
法國	43.65	印度	27.78
波斯	25.75	西班牙	25.13
日本	24.91	墨西哥	24.25
意大利	19.62	俄國	16.31
羅馬尼亞	14.77	布加利亞	12.13
土耳其	9.92	中國	4.19

工 程 瑣 聞

此項瑣聞，是由各國最近出版之雜誌或書籍，凡屬有關於各種工程之新研究及發明，具有興趣
而或可供參考者，撮要選譯。(譯者姓名附於每則之後)因時間匆促，投稿不多，故所包括工程之範圍
不廣，且原文來源多未列出，至以為憾。(編者識)

1.　人造傷油 (Synthetic Lubricating Oil)

人造傷油是用天然煤氣 (natural gas) 所製成，絕不含石油 (petroleum) 成份，此為一理想之傷油，
具有完善之潤滑性，且其質能持久不變，不論在寒天與暑天其潤滑作用均佳，此油不會產生含硬質渣
滓或其他廢物，致妨礙機件工作及減低其本身之潤滑性質。

在戰時，此人造傷油有長足發展，經 Army Ordnance & the AAF. 之多方試驗，証明溫度之變更，不
致影响其原有黏度 (Viscosity)，故可用於冬季及夏季。

因人造傷油與普通傷油有不同化學成份，故其在內燃機中有不同之變化效果。人造傷油變化後所
產生之化合物是具有揮發性，能向廢氣管或曲軸箱之通風器排出。而普通之傷油變化後之化合物大部
份為固體故停留於潤滑油管中，成為屑粒與渣滓，引擎污積，效率減退。若將人造傷油注入於污積之引
擎中，據試驗，此油可將聚積之碳及渣滓分解，慢慢使引擎潔淨。潔淨引擎可將人造傷油與普通傷油混
合並用，但對不潔之引擎則欠適宜。

據試驗所得，高度滑油與人造傷油經過 24,000 哩行程之實驗，証明 2,000 哩後，引擎用人造傷油
與用普通滑油較為清潔百份之 2.3，行 18,000 哩後則較為清潔百份之 20.1。

Prestone 機油，乃一種人造滑油，為 Carbide & Carbon Chemicals Corp. 之出品，此油以度數分類，
以適應各種不同之用途。LB 300 號油是適用于普通客車，其配給限價，每四分一加侖 (quart) 皆美金
七角五分。此號滑油之潤滑性是與三號石油傷油 (S.A.E. numbers 10,20 & 30) 相等。LB-300 號油之流
動點 (Pour Point) 為 — 40°F，石油滑油在此溫度則成為固體，人造滑油適用于寒天即在此。

人造骨油之發明，為美國科學成就之一，經十五年之研究，始獲斯果。德人於戰時亦發明人造滑
油，但化學成份不同，而其品質亦較劣。此油製造原料為天然煤氣，甚豐而價廉，但其製造成本，遠較
普通滑油為多，至今價格尚未低廉。

2.　迴轉活塞 (Rotating Piston) 汽車引擎

新式迴轉活塞汽車引擎，型小而經濟，不易損頹，為一優良之發動機。

此引擎是由加拿大人 Sam Baylin 氏所設計,高十三吋,寬十吋,深六吋,其重量爲一百磅具有一百匹馬力,必要時,可連接數引擎,前後排列裝置於推動軸上,可以產生任何所需之馬力。

Baylin's 引擎之構造分爲三部份,(一)推動(Driving)部份,(二)燃燒(Combustion)部份,(三)轉動門(Gate rotor),皆安裝於機殼(Housing)中推動轉子(Driving rotor)有二奇形活塞在其上,當其迴轉時,燃燒轉子亦同時迴轉。一活塞將吸入之空氣直接壓縮,隨後進入燃燒轉子中,燃料在此時以高壓射入,火咀立卽發火將此混合燃料使之爆炸,因燃燒而膨脹之氣體推動另一活塞,使推動轉子繞軸迴轉。再由軸傳出機械能。

此引擎之優點,除結實 (Compactness) 與體輕外,因無往復運動,故可減少磨損及避免因慣性而增加之能量,同時所發出之能盘,比通於曲軸較普通活塞引擎爲均勻,而且"汽缸"緊密,逃出之能量減少,故銷耗燃料亦較經濟。

Baylin's 引擎,不但適應用於自動車,且可使飛機工程師發生興趣,因他們常與引擎之比重(weight Per-horsepower) 奮鬥。Baylin's 引擎之優點: (1)前部面積小, (2)能用輕金屬製造,(3)易於改爲火箭飛機引擎 (Jet-Propelled aircraft) 之壓縮器。

3. 汽車氣輪機 (Gas Turbine for Automobile)

氣輪機可用作汽車引擎,其體積比現時汽車後軸所爲小。紐約工程公司, Robert Kafka 及 Robert Engerstein 二氏設計一簡化噴射器,使氣輪機適用于汽車。他們將製造一百匹馬力之小型氣輪機,以低度汽油或火油 (Kerosene, 爲燃料,能使汽車用一加侖汽油能行 40 哩。

此機有兩主要部份: (一)噴射部份 (the Jet units), (二)機輪部份 (Turbine wheels)。每一噴射器有二燃燒室,交替着火噴射,每秒鐘約 80 次。四週噴射器裝運於機輪之四周,由噴射噴頭出膨脹氣體,用以推動輪葉。現時飛機應用氣輪機是需要增壓器 (Supercharger),約消耗全機能盘之一半,但此機則不須用增壓器,故可避免該項能盘損失。惟須用一簡單化油器,以調節燃料與空氣之混合氣體。

氣輪機在開始工作時,需借助于電動機(Cranking motor) 使輪機轉動,同時需要火咀 (Spark plug)以發火引擎速度之控制及調節,可藉接合子及傳動部分而實施之。氣輪機是較普通汽車引擎爲簡單,相信汽車製造家,將來一定採用氣輪機爲引擎,以其適合各優越條件也。(1—3 則,盧法)

4. 新式加熱裝置

家庭內輻射器及浴室加熱,向賴水蒸汽,但現可代以沸点頗高之化學液體炎。最初採用者有 Tetra-Cresyl Silicate 本品雖熱至 817°F 亦不氧化,其次爲 Dow 公司出品之 Dowtherm A 及 Dowtherm E 下列工業盡已廣泛採用:如受範物成型,油漆蒸賫,食品製造,及其他高溫操作,至家庭內採用之,則屬創舉云。考 Dowtherm A 爲 73.5 % 之 Diphenyl oxide 及 26.5 % 之 Diphenyl 混合物,而 Dowtherm E 化學式爲 $C_6H_4Cl_2$ (inhibited orthodichlorbenzene) 云。

5. 新燃料——硝酸銨——液氨

美國專利 2393594 號爲 Clyde O. Wavis 博士所申請，係關於內燃機燃料問題，新穎可喜，且富革命性。

彼建議將硝酸銨溶於無水液體氨中，供作燃料硝酸銨合氧，燃燒時氧氣游離，與其他元素化合，故毋須從外供氧，適用於較高之同溫層，潛航艇，或氧氣供給困難之地帶，本發明根據原理，與鑪礦及火箭相同，蓋火藥硝基中，含氧豐富，不假外求故也，燃燒產品除在極低溫外，槪爲氣體，故機件潔淨，且氨及硝酸，得由空氣及水合成，原料供給不虞缺乏，視石油之有時而盡，相去遠矣。

6. 新殺蟲藥——666

大戰中，英人發明此藥 666，(即 hexachlorocyclohexane) 本品含碳，氫，氯，原子各六個，故名。製法可於强烈紫外光下，通氯氣於苯，即得粗製品，(α, β, δ, γ 異構物混雜) 設法除去無殺蟲効應之 α, β 異構物，再將 α 異構物濃縮，即得純品。欲增加殺蟲遲効性，可酌加 D.D.T. 本品對棉作物害蟲有特效，即對多種小蔬果蚜蟲，亦極有效云。

7. 50% 苛性鈉

美化學家在德國 I.G. 廠，應用水平式汞槽及純鹽水製得 50% 濃度苛性鈉，直接供人造絲廠用，與舊法之僅得 12% 較，其時間、工作、及燃料節省，相去遠矣。

8. 無矽玻璃

二氧化矽爲玻璃必須原料，向無異議，時至今日，此觀念已打破，蓋磷酸鹽，硼酸鹽或氟化物竟可代矽之全部或大部，製造原理依舊，但化學性及物理性懸殊，本品特適用於製造光學儀器及可透紫外光玻璃云。

9. 防瘧新藥 — SN 7618

Illiuois 大學 Charles C Price 及 Royston M Roberts 兩教授合成一種防瘧新藥，定名 SN 7618 學名爲 4. 7 - di - Chloroquinoline 本品較優於阿秩平 Atebrin 不必每日服食，每週僅服一次，即可達防瘧目的，且服後膚色不變黃云。

10. 木材防腐法

瑞典 Boliden 礦務公司最近研究木材防腐，頗有成就，浸漬液爲砷酸，砷酸鈉，重鉻酸鈉，及硫酸鋅之水溶液，砷素有强大殺菌殺蟲效力，其他成份，令砷素成不溶性，固定於木材中，水洗不能去，硫後鋅旣作固定劑，亦可作殺菌劑，蓋複雜之化學反應也，浸漬液成份之比值約畧如次：

$$3\ H\ As\ O_4 + 2Na_3\ H\ As\ O_4 + Na_2\ Cr_2\ O_7 + 3\ ZnSO_4$$

溶液滲入木材，重鉻酸鈉與木材中還原劑反應而發生下列變化：

$$3\,ZnHA_2O_4 + 2\,CrA_2O_4 + 3Na_2SO_4 + 4H_2O + 3\,(?)$$ 故叶素固定爲叶酸鋅銘鹽沈澱，如上式黑線所示。操作時，可用明池法及加壓法（從畧）。

11. 磷 酸 鹽 防 銹 法

本法有下列優點：省時；不限於鋼織；處理溫度甚低，從室溫至沸點 98 C 而已，可代錫（量，貯食品用，處理時，用磷發鹽或草發鹽，酌加氧化劑（或促進劑）如硝發鹽，亞硝酸鹽，亞硫發鹽，以除去發生氫氣使金屬附磷發鐵薄層，厚度僅 0.000005 − 0.000015 吋而已。

12. 金 屬 鈉 之 用 途

一九四六年某期工業會報（Industrial Bulletin）稱："大戰中世界產鈉量遠超逼產錫量，"其用途分述如次：

（1）去銹（De-scaling）：杜湃 Du Pont 公司，採用金屬鈉以去合金之銹，去銹，向用酸浸法，耗損合金顏鉅，對貴重之不銹鋼或其他合金鋼，此問題頗嚴重，該公司有鑒於此，故用鈉法，將有銹之金屬，浸入熔融苛性鈉槽中（700°F）槽中更有 1½ ～2% 氫化鈉（由氫與鈉直接作用而成）氫化鈉將銹跡鬆弛，同時產生苛性鈉副產品，處理後，乘熱浸入水中，藉蒸汽之力，除去銹跡，欲衷而光亮，須累經後洗，此法已盛行於各工廠矣。

（2）製造四乙鉛氯化鈉過氧化鈉及其他有機物，四乙鉛分子式爲 $Pb\,(C_2H_5)_4$ 廣用於汽油工業，查每加侖汽油，須加 0.04 液益士，作抗爆劑，四乙鉛製造，係將鈉鉛合金處理氯化乙烷即成，故每年鈉用量，質屬駭人；氯化鈉廣用於爆蒸消毒，冶金及某種透明受施物，其製造過程如下：

$$2\,Na + 2\,NH_3 \longrightarrow 2\,NaNH_2 + H$$

$$NaNH_2 + C \longrightarrow NaCN + H_2$$

過氧化鈉廣用於漂白織物及碎木紙漿多種有機物，如 Barbital 屬製造過程，惟鈉是賴。

（3）導電體：導電性極佳，德國會採用中空鋼線，內充以鈉，作電線用成績甚佳。

（4）航空機：熔融金屬鈉，可作熱車導介質，此爲最近之利用。例如新式航空機，多具有鈉冷却活瓣（Na-Cooled value）即中空鋼瓣，充以金屬鈉。機器運力時生熱，鈉熔融藉活瓣之運動。鈉可將熱傳導至冷却裝置。航空機在三百四匹馬力以上者，慨具此種裝置云。

13. 玻 璃 織 物 之 染 色 (Glass Fabric Dyeing)

玻璃織物，甚囂塵上，五光十色，但其染法與普通染法有別。蓋玻璃織維與染料無親和力故也。據一九四三年 E.P. 559329 其方法如次：根據原理，係於各玻璃織維間聚着一薄層無色固體或樹脂狀薄膜，該膜與染料有親和力，且不易削落，處理後再染色。法用尿素 3.1 磅混合於 40% 甲 70 磅（先用氣中和再加 0.9（比 6）氨水 3 品脫 Pints），混合物加熱 20-30 分鐘，冷却，再將磷發二氫鈿 3 磅溶於暖水 30 磅中，傾入上述混合液，再稀釋成 14 加侖水溶液即成，處理前，須將玻璃織維上殘留之鑛物油或

滑機油除去,再用上液浸漬,乾燥後,在 300—350°F 焙 5 分鐘,然後施行染色,舉凡塑料,硫化,直接酸性或鹽基性染料均可用,僅偶氮染料較遜而已。(以上 4-13 則,譚榮種)

14. 堪稱空中大廈之 XB—36

將行試飛之 XB-36 超型轟炸機較 B-29 超空堡壘約增大40%,其引擎總動力約增二倍,航速,航程,荷載亦無不大增,直可稱之為空中大廈。茲將兩者比較如下:

	XB—36	B—29
翼長	230呎	141呎
身長	160呎	98呎
引擎	Pratt-Whitney 3000匹馬力者六具	最大3800匹馬力

15. 重僅15磅之電動機而動力達 2 匹馬力

由於球軸承製作之精良,玻璃質絕緣材料 (glass insulation),高溫絕緣塗料 (high temperature-insulating varnisher) 製造成功,現已可製成一種重僅15磅而產生 2 匹馬力之直流電動機。該機可供連續運轉之用,每分鐘旋轉 9000 次。若配以適宜齒輪則可供低速應用。鐵路,船舶及飛機用之甚稱便利。輸入之直流電壓有24,32,110伏等式。

16. 鈹 合 金 之 新 應 用

鈹(Beryllium)是一種稀有金屬,戰前未見大用。1935時每磅價值200美元。據調查統計1941年時年產只2500噸,兩年以後增至6000噸,昨年已升達萬噸矣。鈹之特點為輕而硬,比鎂還輕,較鋁輕 $1/2$。其用途最廣者為鈹銅合金。

　　鈹銅合金之抗蝕性與導電性均優於鋼,且不受磁波吸力,其耐應力之強度可倍於磷銅絲,應用於鐘錶及無電儀器,尤見精良。其彈性疲勞強度在 65000 磅/平方吋以上,宜於製彈簧,或製電氣接觸片,軸承刷子,齒輪球軸承及可鑄質之範模,前途發展,未可限量也。

　　鈹鎳合金含鎳量由2—3%,其張力強度在 250,000 磅/平方吋以上。

17. 氟巳成市場上之普通商品

　　氟發明於133年以前,當日之用途尚屬有限,今日則已成一種商業用品矣。

　　氣態之氟可貯於鋼質之高壓圓筒中,供試驗用,其化合性迅強,與他質化合則能成為極穩定之化合物。其見諸實用者有下列數種。

　　(1)穩定之滑劑,能應用於任一種而不會分解引擎中而不會分解。

　　(2)是一種不燃,無毒之液體,可於水浪蒸氣鍋爐中代替水良,完成一副效率甚高之蒸氣引擎,實用安全簽而有之。

　　(3)可以合成一種氣體(究為何質,尚屬未知,但須以氟為原料)運用於高電壓之下,幾可完全絕

線，X光及原子核物理實驗研究多用之。

（4）能合成爲殺蟲劑之助噴液。

（5）其他在試驗中者如滅火劑，耐火質，燻煙消毒劑，殺菌劑，傳熱而絕電之間質；松香，可塑質，及煙草之鎮壓劑(Killer)。

18. 超短波通訊距離將可增至2000哩

超短波不能由大氣電離層反射，故其傳送只限於直接投射，是以射程僅達150哩。良以收發兩站之間，空氣溫度，氣壓，溫度之變，對各種頻率電波之影响亦各有不同。各國之競趨研求者共着重於此。美國方面特建200呎高之塔三座以供試驗，電波之頻率自170至24000 mc之間者均在試驗中，同時利用最精密之氣象儀器置氣球之內，使昇空以紀高空氣象。開射程有擴至2000哩之可能，是則不獨區短波無錢電之利，而電視與雷達亦當蒙其益也。

19. 世界最大之電動機拖動世界最大之抽水機

世界最大之65000匹馬力電動機卽將裝設於Grand Coulee堤壩上以拖動一具世界最大之抽水機，此抽水機能於一秒鐘內將100,000磅水提高至270呎以作灌漑之用，堪稱世界最大之抽水機。故須世界最巨之電動機以拖動也。

20. 過氧化氫可作潛艇燃料

據公佈稱，德人已研究得過氧化氫乃一種有效之燃料，可用於潛艇，飛箭及噴射式航空器。德人經十四年之努力，將氫，氧二氣於無聲放電之電極附近直接合成過氧化氫。（以上14—20則，梁恒心）

21. 能將機械振動轉爲電流之電子管

物理學上能量互變之機械已有多種發明。如電動機則將電能轉爲機械能，發電機則將機械能轉爲電能，光電池則將光能轉爲電，氖泡卽將電能轉爲光，熱電偶則將熱能轉爲電，電爐又將電能轉爲熱，電話講筒則將音能轉爲電，電唱嘴則將機械運動轉而爲電，彼此之間，原可互變者也。

R.C.A.最近宣佈製成一種電子管，能將機械的運動轉變爲電子流動，此管重不逾一安士，長約一时，直徑則只四分一时而已。

雖此新發明之管尚未成爲一種商品，據一般人推測，此管旣能將機械振動轉爲電流，則將來電動留聲機之設計或生改變，用此器之效用亦如一電唱嘴也。其他如電控或電氣量度器械中，此管可作微音器之代用品。

此管爲一具三極金屬管。其一端爲一片極薄間柔軟之金屬膜，外間振動所生之壓力可由此膜感受之而導至管內一可動之電柵。施入電壓之引接導綫則置於管之他端。此管運用時可作爲一電唱嘴與擴大管之聯合，可直接接於語音擴大器上，不須前級擴大器及交連變壓器矣。

此管之性能尚佳，對溫度及溫度變化之影响亦頗穩定。

22. 鋼綫錄音之將來

利用鋼綫磁化能將語音變化紀錄於其上，應用時如唱片焉。鋼綫錄音之便利甚多：（1）可耐致劇烈之振動而不影响其性能，可用於汽車或飛機上。（2）所佔之容積甚小而全部器具重只三十磅（3）不易損壞（4）溫度變化之影响不大，（5）雜音不大。（6）對各頻率無歷此重波之弊。（7）能重唱多次而不稍變或損壞。（8）鋼綫可以重用而另錄新音。唱片則不能重用。（9）錄音時手續簡單。（10）携帶便利，錄音鋼綫厚只八分五吋，每捲直徑約三吋。（11）能錄收較長之歌曲一氣呵成；曲長時若唱片則須另換他面。惟鋼綫音亦有其缺点（1）唱完以後必須將其捲起。雖所耗時間有限，但仍屬一問題。（2）鋼綫須防其攪亂及破裂。（3）鋼綫價錢較膠片為貴，現改良者用慢轉法使於一定長度下，錄音加多，但一般人因習慣關係。使用之總覺不為唱片式之簡便，惟此種心理錯覺，久當自減也。

由上論之，鋼綫錄音實利多於弊，且近聞更有發明用更輕之錄音帶（一種鐵化合物之粉質）故此種事業之前途當有極大之希望。茲分論之如次：

（1）家庭錄音機：因其輕巧簡便，業餘者可以自備應用，如攝影機之可隨時拍攝，不必親到攝影室去。如婚體，宴會，有歷史性之訓言，遺囑之紀錄，俱可於家庭內為之。

（2）播音台用之：規模較大之播音台多經已設置，最近如審判戰爭罪犯則取昔日錄取之敵人廣播詞為證。又如游美之夜鶯啼聲則以錄音機自深山中錄收者。

（3）法庭用之：錄取口供，所以防文字之錯漏且能聆聲而辨其人。

其他如會議場中之辯論，電話中之談話，命令之傳送，競選中同一演詞之播送，友部訪言，學校中教授習染，名人演講，病人娛樂，盲人學語俱可用錄音鋼綫以代唱片。尤有進者，鋼綫錄音既能耐振，故飛機，戰車，汽船，火車之上，俱可行之。

23. 晶體整流器

最近利用者（Germanium）及矽（Silicon）質製成之整流器，其效率甚佳，因其輕巧利便，可應用於雷達，微波方面之機械及作二極整流管之代用品，尤其是高週上為適宜。至若用於低週，則有數種特配之整流晶體可用，因其所佔地位甚小，比之用二極管及燈絲變壓器者可省却許多重量也。

此新式整流晶體包含兩種不同金屬，其一係鎢之類，另一種則為一種適宜之半導體（Semiconductor），兩者間接觸面積甚小，其名稱亦有種種不同，如矽晶整流器，混波晶體，……檢波晶體等。其與昔日之氧化銅及硒整流器相異之點，在其接觸面小而電容甚低。電容量既低故用於高週上殊覺適宜也。

考晶體之最大特色在半導體之特性。所謂半導體者乃一種電阻值甚高之物質，其值介乎絕緣質與導體之間，其電阻溫變係數又與金屬上者不同。又半導體中如所含雜質之量有微變時，晶體特性之改易又特別敏感，此點亦與一般金屬不同。如某種其他元素加入於晶體內，雖其量微至不足百分之一，已能使此半導體之電阻降低於不良導之金屬。

　　因此，如選取一種妥適之金屬爲一面，此面與半導體間之接觸面積又選至甚小，則常可獲致滿意之整流作用。考金屬與半導體間所以能完成整流作用者，因彼等間可以形成一種對電子流動之電位障礙 (Potential barrier)。由於半導體內有一種不中和的雜質離子 (Unneutralized impurity ion) 存在，致做成體內發生空間電荷效應 (Space charge effect)，使對電子流動之電位障礙愈近半導體之一邊則漸減，由金屬一面流至半導體之電流則幾乎完全停止，至成單向導電。但當半導體之電位增至相當程度，電子可超越其障礙時，則半導體上仍有電流通過。此外，半導之接觸面上須產生適度之電壓降，故接觸面特減至甚小使半導體上發生一種擴展性之電阻 (spreading resistance) 由此而獲所需之電壓降値。

　　是故此電位障礙之作用乃允許某方向之電流通過而反向者則不能。同樣，矽晶體之背面 (back surface) 亦有此作用，欲求整流良好，其背面之接面積須有適宜之寬闊，以避免擴展性電阻之存在，勿使由此發生產生巨値之電壓降也。由上可知，晶體整流之作用，其主要技術在半導體之製造及接觸面積之選取。

　　又查整流晶體尚有一種特性，如增加某種雜質，則鍺及矽均能耐受更高之負向電壓，有等可增至 −50V. 此種爲能耐高度負向電壓之晶體 (high back voltage crystal 簡寫爲 hbv crystal) 其運用特性竟優於二極真空管。如有每秒六十週波之電壓若干伏輸入晶體內，整流後所得電流較 6H6 管兩屏並聯作檢波管時爲多。

　　晶體以用矽者爲普通，其始則以四氯化矽熱至高溫以收矽晶體，晶爲針形投於石英燒杯內熱至一千五百度攝氏，外圍須維持良好真空 (水銀壓 0.00001 厘米)，晶融後可加入雜質。俟冷可將晶體自杯底取出，鋸成一厘米厚之片。此時兩邊俱係粗面，以金鋼沙磨其一面，並以 000 號沙紙擦至滑亮。此後熱於空氣中歷數小時，溫度約爲 1050C. 使表面變成微藍即表示有氧化物生成爲止。其未擦滑一面則鍍鎳於其上，再將其碎成小片，每片約二平方厘米。取之釘於銅質之杯底上。滑面之氧化物可用氫氟酸除之。半導體至此可供應用矣。

主要金屬	所加 雜 質		
	高頻混波用之晶體	高廢負向性電壓之晶體	低週整流用
矽	Al B	Ge 及 Ni Sn Bi Ca	Al, B, Ge 及 Mo Ta Zr a N Rc Be Fe
鍺	Sb 及 P Fe	Sn 及 Ca. Ni. Sr. Bi. N	Sb 及 Sn

　　整流晶體之用途可分列如下

(1) 微波之檢波器：此時晶體聯於接收天線及地線間，跨於擴大器之輸入部份，此裝置可檢出0.00000001 華德之微波。

(2) 微波之混波器：利用一副局部振盪器（通常為 0.7V,30～60mc），於晶體內使外來電波與局部振盪者相混合成中週，此種裝置可檢出更弱約 10^{-15} 華德之微波。

(3) 高壓，低週之檢波器：於低週電路上可作二次檢波器用，此處所受電壓比普通為高，通常則在一二伏之間而已。（以上 21～23, 梁恒心）

24　彩色無線電視，戰後又前進了一步！

自去年第二次世界大戰結束以來，無線電視的研究，又還活躍，美國 CBS (Columbia Broadcasting System) 對於彩色無線電視，在質地，彩色，及相關各項技術方面，就又前進了一步。戰前，每座標架之分像線，用 441 條；座標架之重複速度，為每秒 60 次，2 比 1 交錯；高週率係由每秒54 至 216 兆週，而影像「調幅」頻帶，為 5.5 兆週。戰後一年來，與前大不相同，每座標架之分像線，用 525 條；座標架之重複速度，為每秒 120 次，2 比 1 交錯；高週率用至每秒 480 至 920 兆週，而影像調頻，高至 10 兆週。加之三色濾光輪，以每秒 40 次之轉動速度，迴轉於攝像管與現像管之前，故今日之無線電視，較之戰前，實充分進步了。但無線電視之遠程發射問題，迄今仍無根本辦法解決。（參見 Eecctronics April, 1946）

25　礦石檢波器在微波雷達上有緊要的應用

因礦石或半導體，與尖形導體之間的接觸點，電容量是非常小的，牠們所成的檢波性質，絲毫不受超短波或微波無線電波的影響。所以目前所用的雷達上，波長短到數公分，利用礦石 (PbS, FeS, SiC, CuO 等) 當作檢波器，比膠用眞空管，就微波雷達的幾個基本條件來說，實是好了甚多。

礦石與導體尖端之間的接觸點，最好的厚度，當約有 10^{-6} 公分。這樣小的距離，才能發生檢波作用，這到底是為什麼？這裏邊的主要原因，大概是因為礦石與尖端導體，各有不同的功量函數 (Work function)，因之其間，就發生了一個勢壘 (Potential Barrier)，故此就發生了交流整流作用。導體之所以做成尖端，大概為的是提高勢壘，以便加強整流作用。（參閱 Electronics, July, 1946.）

26　三公分波長的迴轉電波雷達

為保持雷達之發射電力，與其返射而接受之電力，二者全不減低起見，雷達發射機與其反射接受機，在機械與電磁兩方面，必須垂直裝置，使電波發生圓偏極化 (Circular polarization)，這樣，反射電力，可全部抵達反射接受機之檢波器上。　　　　　　　　　　　　　（參閱 Electronics, July, 1946.）

27　調頻式雷達高度表 (APN-I)

由西歷 1938 年起，飛機在空中作盲目飛行時，又安全了許多，原因是，飛機至地面或山峯的高度，

與飛機至前面山峯的距離，均可用「調頻式雷達高度表」很準確的隨時看到，且可準確到數呎之間。這類高度表，是利用雷達原理做成的，是利用反射波頻率的改變，而作成距離的測驗，那就是說，距離與頻率的改變成正比，并且準確到數呎距離之內。這種高度表，在美國是由 BTL (Bell Telephone Laboratory) 製造出來的，在空軍裏，叫作 APN-I 式高度表，在戰時，是守密秘而未宣佈的，到如今才公佈於世。

爲高度 0 至 400/ 呎，用的波長是由 65.2 至 71.4 公分；爲高度 400 至 4000 呎，用的波是由 67.26 至 67.95 公分。調幅頻率是用 120 週。爲頻率調幅，使 $\triangle$ 表示頻率之總變，$\triangle f$ 表示發射波與返射波間之拍頻，fm 表示調頻，c 表示電磁波速度，則高度即爲

$$h = \frac{c \triangle f}{4fm \triangle c},$$

此高度由儀器上直接讀出，不須計算。

此高度表，共內部電路，祇用 955 兩支作振盪，12SJ7 一支作振盪調幅，這是在發射方面。在接受方面，用 9004 兩支作檢波，12SJ7 三支作低放，12SH7 一支作矩形波限制器 12H6 一支作記錄管再 12SH7 一支作放大記錄管，最後即高度指示器，此指示器，乃 1.5-6.5 千分安培之直流表，串接於 12SH7 放大記錄管之陰極電路內。

(Electronics, April, 1946)

28　深水探聲器 (Sonar)

在海水深處，測敵入潛艇之行動及距離，這項問題，在這第二次世界大戰中，亦有了解決的方法，這方法，是利用磁伸縮式水中受聲器 (magnetostriction hydrophone) 一支，將敵艇推進螺旋槳之聲音收下，再用最靈敏之變波放大器一組，名超音變波器 (supersonic converter)，使不可聽之超高頻率，變爲成音頻率，并使電壓升高至 18DB，最後再用低遞放大器一組，將成音頻率之電力放大。這樣，遂而不能直接用耳聽到之推進螺旋槳聲，可變爲成音頻率，并使其音量增高至千萬倍。

磁伸縮式水中受聲器，其構造，係用膠皮一塊，裹於鎳質薄管上，管內裝有永久磁鐵一條，并導線一束。當膠皮接受由水傳來之聲波時（推進螺旋槳之超高音最多），鎳管即行振動，磁場在管內改變，則管內導線上，遂即感應電流這項作用，恰似無線電收音機上聽筒的作用。(Electronics, April, 1946)

29　水內探聲廣播器 (Sonobuoy)

空軍在海上搜尋水內潛艇時，將「水內探聲廣播器」，投擲於海面上，敵艇在水內之動作，可由廣播器，傳達至飛機上，以便投擲魚雷消滅之。此器之構造，并不複雜，用磁伸縮式水中受聲器一支，將潛艇之聲音錄下，此錄下之聲音，經過變波，放大，而最後調幅一微波無線電發射機。如此，潛艇之聲音及動向，可隨時廣播至飛機上。此器全身重量，共 13.5 磅，用 24 吋徑之降落傘，使之降落并浮於海面上，此器在海面上之有效時間，爲四小時，最後即沉沒於海底。(Electronics, April: 1946)

附　錄

中國工程師學會 廣州分會 理監事會職員

理　　事　　陳宗南(理事長)　　李卓(常務兼司庫)　　梁安民(常務)

麥蘊瑜(書記)　　伍澤元　　李鉅揚　　余文照(會計)

江友民　　方棣棠

候補理事　　顏澤滋　　金澤光

監　　事　　周斯銘　　陳國機　　黃肇翔

候補監事　　梁仍楷　　楊元熙

會員資格審查委員會

周斯銘　　李卓　　陳宗南　　余騏　　江友民　　周斯銘

會所籌設委員會

黃肇翔　　伍朝卓　　陳國機　　關以舟　　方棣棠　　陳榮枝　　李卓

交誼委員會

陳榮枝　　郭秉玠　　李鉅揚　　高永譽　　麥蘊瑜

中國工程師學會 廣州分會 第十四屆年會籌備會職員

主　　席　　黃肇翔　　總幹事　　黃秉書

事務組主任　伍澤元

幹　　事　　劉汝霖　　黃燦惠　　譚兆泉　　袁雄器　　吳魯歡

財務組主任　關以舟

幹　　事　　林文贊　　梁乃鏗　　蔡鴻沛　　李德耀　　關錄

陳秀山　　曾廣英　　李枝榮　　伍朝卓　　司徒穎

黃澄江　　李金鰲　　余錦河　　劉文添

宣傳組主任　陳宗南

幹　　事　　盧偉勛　　張朝相

招待組主任　李　卓

幹　事　譚文德　　龐炳芬　　李承楷　　湯乃棠　　梁耀相
　　　　　周榮結

論文組主任　周斯銘

幹　事　林沛曾　　余學海　　李崇謙

專題討論組主任　方棣棠

幹　事　林沛曾　　何迅遷　　蔣世明　　厨雅卷

游藝組主任　陳榮枝

幹　事　郭秉琦　　高永譽　　劉卓文　　陳乃鼎

參觀組主任　麥藴瑜

幹　事　吳魯歡　　劉登　　何光澧

年會特刊編輯委員會

總編輯　陳宗南

編輯委員

土木組：　黃肇翔　伍澤元　余文照　李卓　方棣棠　李文邦　麥藴瑜

電機組：　關練　江友民　黃巽　吳徽實

機械組：　余騏　曾銳庭　朱惠照

建築組：　陳榮枝　楊錫宗　關以舟

化工組：　劉鴻　黃冠嶽　雷煥

礦冶組：　周斯銘　李冀純　何杰

航空組：　李文堯　楊錫球

造船組：　劉伯疇　徐有祿

紡織組：　李鉅揚　雷澤榴　范機緣

幹　事　李卓(總幹事)　吳魯歡　譚文德　關以舟　林文贊
　　　　梁國靈　　曾廣英　梁恆心

13413

徵　稿　簡　則

(一) 本刊以研究工程倡導學術工程建國爲主旨,舉凡工程上學術理論之著述,專門
　　創作之計劃,進行概況之報告,與夫關於工程學科現實問題之探討,應用技術之
　　評介等項文稿,均所歡迎。

(二) 稿件不拘文體,惟須採用新式標點,橫行抄寫。

(三) 文中如有插圖,請用墨筆繪劃清楚,以便製版。

(四) 本會對於來稿有取含及刪改權,如不欲刪改者,請預先聲明。

(五) 稿件一經刊載,酌送本刊若干份。

(六) 作者如欲將來稿抽印單行本,請到本會面洽。

(七) 稿件請交文德路卅九號本分會。

天佑高級工業職業學校校董會章程

第一章　　總　綱

第一條: 本會定名爲天佑高級工業職業學校校董會

第二條: 本會爲天佑高級工業職業學校設立者之代表負責辦理該校以養成工業
　　　　建設人才蔚爲國用爲宗旨

第三條: 本會設在廣州市大南路

第二章　　組　織

第四條: 本會由中國工程師學會廣州分會所設立選出校董十五人遵照　教育部
　　　　頒行修正私立學校規則第二章之規定組織之。

第五條: 本會設董事長一人財務文書各一人

第六條: 董事長總理本會一切常務

第七條: 財務管理本會一切財務事宜

第八條: 文書管理本會一切文書事宜

第九條: 本會校董任期三年但連選得連任

第三章　職權

第十條：本會職權規定如下：

甲、關于學校財務者：

一、經費之籌劃　二、預算及決算之審核　三、財產之保管

四、財務之監察　五、其他財務事項

乙、關于學校行政者：

關于學校行政由本會選任校長完全負責本會不得直接干涉惟所選

校長應得主管教育行政機關之認可如校長失職時本會得改選之

第四章　會議及會期

第十一條：本會通常事務由董事長處理其他重大事件須得全體董事過半數之出

席得出席董事過半數之贊同通過交董事長處理之

第十二條：本會每年開會一次但遇必要時由董事長召集臨時會議或用通信法表

決

第十三條：本　議案可否兩方人數相同時應取決於董事長

第十四條：董事因事不能主持會務時設立者另選賢能擔任之

第五章　經費

第十五條：本會以不動支費用為原則但如有必要時經本會之議決得在學校經費

項下酌量撥支。

第六章　附則

第十六條：本章程呈由廣東省教育廳轉奉　教育部核准後施行

鳴　謝

廣東省政府	捐助國幣	壹百萬元
廣州市政府	捐助〃〃	壹百萬元
興記公司	捐助〃〃	伍拾萬元
南記公司	捐助〃〃	伍拾萬元
南隆公司	捐助〃〃	伍拾萬元
廣東實業公司	捐助〃〃	叁拾萬元
中中交農四行聯合辦事處	捐助〃〃	叁拾萬元
廣州電廠	捐助〃〃	式拾萬元
交通部第六區電訊局	捐助〃〃	式拾萬元
經濟部東亞烟廠	捐助〃〃	拾伍萬元
廣州市工務局	捐助〃〃	拾　萬　元
廣州市自來水管理處	捐助〃〃	拾　萬　元
廣州市市立銀行	捐助〃〃	拾　萬　元
廣州市自動電話所	捐助〃〃	拾　萬　元
廣東省銀行	捐助〃〃	拾　萬　元
珠江水利局	捐助〃〃	拾　萬　元
經濟部廣州冰廠	捐助〃〃	拾　萬　元
經濟部廣州煉氣廠	捐助〃〃	拾　萬　元
經濟部廣州飲料廠	捐助〃〃	拾　萬　元
廣東建設廳	捐助〃〃	拾　萬　元
東泰建築公司	捐助〃〃	伍拾萬元
時代行車公司	捐助〃〃	伍拾萬元

編者按：尚有各界繼續捐助者甚多，將於年會敍餐時正式宣佈，以表謝忱！

13417

13419

13420

聯 和 營 造 廠

專 營 一 切 土 木 建 築 工 程

工 程 師： 劉 慶 芬 馮 湛 耀

漢 民 北 路 三 十 二 號 二 樓

電 話： 13340

新 營 承 建 大 小 房 屋 公 路
　 造 鐵 路 營 房 要 塞 海 港
住 公 碼 頭 及 水 利 工 程
　 司
行 太 平 南 路 四 十 一 號 四 樓
　 電 話： 一 二 九 七 五

13422

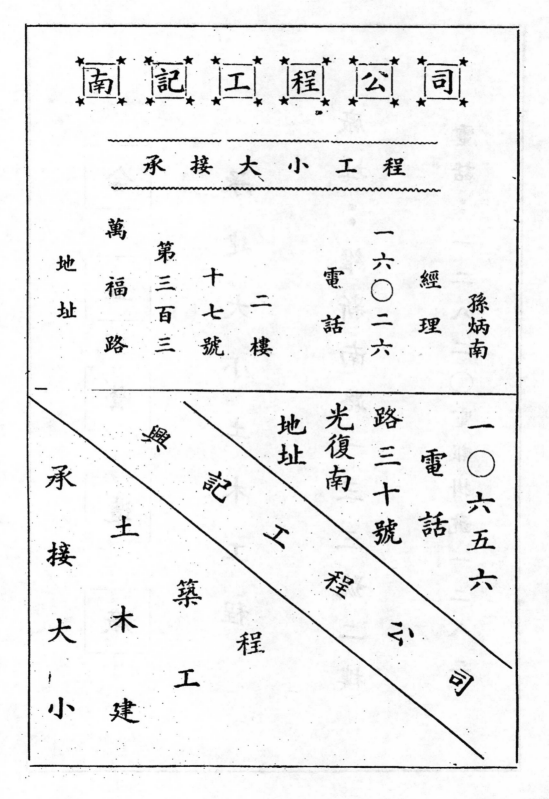

南記工程公司

承接大小工程

經理 孫炳南

電話 一六〇二六

地址 萬福路第三百三十七號二樓

一〇六五六 電話

興記工程公司

承接大小土木建築工程

電話 一〇六五六

地址 光復南路三十號

合益營造廠

承建大小土木工程

廠址：維新南路一三三號二樓

電話：一二八二〇電報掛號一二八二

13424

13425

廣州市公共汽車路綫表

路別	起訖地點	所 經 路 綫
第一路車	黃沙至城隍廟	黃沙。六二三路。長堤。天宇碼頭。漢民路。中華路。惠愛路。大東門。東山公園。
第二路車	荔枝灣至東華	荔枝灣。寶華路。第十甫。上下九。太平南。西濠口。長堤。靖海路。一德東路－泰康路。漢民路。文明路。東華東路尾。
第三路車	黃沙至德政路口	黃沙。六二三路。十八甫。上下九路。光復路。龍津東路。惠福路。中華路。惠愛路。德政路口。
第四路車	十一甫至東山公園	十一甫。第十甫。上下九。太平路。一德路。泰康路。漢民路。惠愛路。大東路。百子路。東山公園。
第五路車	荔枝灣至東山大街	荔枝灣。恩寧路。大同路。六二三路。長堤。靖海路。中華路。惠愛路。文德路。文明路。東華路。東山大街口。
第六路車	十一甫至鳳安橋	十一甫。上下九。太平路。一德路。維新路。海珠橋－南華中西路。洪德路。鳳安橋。「每日下午六時以後改行第四路綫」
第七路車	環市	太平路。西濠口。長堤。靖海路。一德路。泰康路。萬福路。越秀南。大東門。惠愛路。光復路。普濟橋。太平南。
第八路車	恩寧路至倉邊路	恩寧路。第十甫。上下九。太平路。長堤。靖海路。一德路－中華路。惠愛路。倉邊路。
第九路車	觀音橋至紀念堂	華貴路。長壽路。吉星路。揚巷。抗日路。太平路。一德路。泰康路。漢民路。財廳前。廣衛路。吉祥路。中山紀念堂側。流化橋。
第十路車	黃廄至沙九站	黃沙、六二三路。大同路。第十甫。下九甫。揚巷。槳欄路。太平南路。長堤。靖海路。一德路。泰康路。漢民路。惠愛路。德政中路。越秀路。沙九站。

廣州市公共汽車時代公司製。

電語：一一〇四六
地址：豐寧路五十二號三樓

13427

復興營造廠

地址：維新路三五○號

電話：一七九○七

● 承造 ●

小大切一

程工·木土

孔明電器行

廣州：太平路八八號

電話：一二三七七

電器工程

承裝水陸

名廠電器

統辦各國

張達記營造廠

事務所

廣州豐寧路白沙巷第三十一號

工場：豐寧路219號電話13188

美而堅營造廠

承接大小土木建築工程

廣州市

惠愛東路第一九一號二樓

廣厚祥西棧

專營

土木・建築・工程

廣州市豐寧路第一百二十四號地下

新文化營造廠

承造

一切大小工程

河南同慶路同慶西街四十六號二樓

13429

裕昌營造廠

電話：一一零二八

專營

一切土木建築工程

廠址

廣州抗日中路十九號

廣州新營造廠

本廠專營樓房祠宇鐵道公路
橋樑隧道馬路倉庫碼頭水閘
堤礎機場機庫戲院學校公寓土
以及一切公共場所等大小蒙惠
木建築工程迅速確實如所歡迎
顧請移玉到洽至蒙所歡迎

廠址：惠愛西路二二五號

全信營造廠

承接大小土木工程

諸君委托無任歡迎

地址：廣州槳欄路十三號

13431

大有營造廠

承接大小土木工程

廠址：十八甫第一三四號二樓

電話：一七七五一

裕泰建築行

承造

一切大小土木建築工程

事務所	電話
官祿路第三十六號	一四四一四

德聯營造廠

廠址：廣州沙基清平路十三號四樓

電話：12684

美興營造廠

承辦大小土木工程

地址：廣州市大同路第二十三號

13432

達成營造廠
承接大小土木工程
廠址
迴龍路龍橋新街七號

三昌
承接建築裝飾招牌
梯雲東路六十號

林漢記
地址
光復南路青丘里廿二號

勝源隆
廠址
大德中路罐巷六號

合益祥
承辦土木工程
河南
鰲洲大街十六號

萬安號
承建大小房屋工程
狀元坊七十二號

羅義記
廠址
長壽中路二號之一

黃同益
廠設
東華西路二百七十五號

廣華營造廠
專接土木建築工程
教育路一〇八號

美泰營造廠
承接大小樓房建築
泰康路順益新街八號

同興號
舖設
河南鰲洲大街七號

新光華營造廠
廠設
紙行街白沙巷三號

13434

13436

經濟部立案

南中 工程建設 公司
股份有限

承辦

工程營建　設計測繪　材料經銷

地　址：沙面中興路壹號二樓　電報掛號：○○一七
通訊處：一德路四七五號弍樓　電　話：一○五四九

寶 記 營 造 廠

專 營 一 切 木 建 築 工 程

新 堤 路 一 九 六 號 五 樓

東 泰 建 築 行

經 理 陳 漢 三

專 營 土 木 工 程

設 計 橋 樑 涵 洞

諸 君 委 託

無 任 歡 迎

地　址：越 華 路 七 十 六 號 之 一
電　話：一 六 六 一 三 號

13437

黃成利營造廠

承接大小土木工程

事務所：龍津中路珠秀新街12號二樓

琳瑯建築裝飾

抗日中路第四十二號

電話 一五八三一號

工場：抗日中路八十八號一二一號

美士佳營造裝飾

電話：一三九一一

地址：抗日中路一三九號

東華昌營造廠

廠　址

梯雲東路青華里第一號

榮泰營造廠

廠址：長壽西路七十六號

電話：11422

興發營造廠

承辦土木工程

廠址：朝天街七十四號

良圖營造廠

承接建築裝飾設計工程

地址：抗日中路一三一號

電話：一四八二四

粵港聯安營造廠

承造現代土木工程繪圖設計

專造新型傢私裝飾批溫

●廠址十八甫北五十一號電話一一九四七●

仇標記

專營大小土木建築工程

地　址

河南龍溪二約廿一號之二

建記營造廠

專營土木工程事項

地址：小北路小石街九號

陳廣記營造廠

承接一切大小土木工程

廠　設

洪德分局漱珠西市五號

文記行

本行承接大小土木建築工程

地址：禺西路一號

13438

協興工程公司

承接大小土木工程

事務所廣州一德西路374號二樓

鴻益營造廠

廠址

廣州市寶華路第一六六號

民安建築商店

承辦土木工程

地址

廣州文德中路四號

黃富記建築

廠址

廣州文昌路鄉約直街二號

林正安

營造廠

廣州長壽西路永興橫街七號

順記營造廠

承辦土木建築工程

廣州市龍津東路第二四六號

聯興營造廠

廠址

廣州廣衛路第二十九號

生利營造廠

電話：一七二二九

廣州維新路334號

專營大小
土木建築工程

廣安營造廠

廠設

廣州長壽西路第八十二號

美堅建築店

承辦大小土木工程

事務所

仁濟路普濟街第42號

陳華厦營造廠

承接大小土木工程

西禪分局麻紗巷十九號之一

新昌泰營造廠

廠址

漢民北路第249號二樓

13439

行 銀 市 州 廣

THE CANTON MUNICIAPL BANK

———————————

本 行 經 營 存 欵 放 欵 滙 兌

及 其 他 一 切 銀 行 業 務

為協助市政建設特舉辦修建房屋貸欵

手 續 簡 便　　服 務 週 到

總　　　　行：長堤大馬路三八二號　電話：13622. 15507.

西關辦事處：下九路一二八號　　　電話：14002. 14724.

河南辦事處：大基頭洪德路二七二號　電話：50243.

惠愛辦事處：惠愛中路三九號　　　　電話：17941.

南關辦事處：漢民南路一五二號　　　電話：17329.

沙基辦事處：六二三路二四〇號　　　電話：15323.

京華裝飾商店
華生營造行

建築工程　時代裝飾

屋內佈置　新型傢具

地址：京華：棗巷路萬鍾首約十一號之二
　　　華生：棗巷路萬鍾首約十五號

電話：一六一九〇

興　泰　和

大小土木建築工程

兼營磚瓦石灰英坭建築材料

惠福西路一五八號

電話一六二七五

東美營造廠

承建大小土木工程

兼營傢俬用具

特製帆布軍床馬扱

零沽批發

維新路一八七號電話一〇八六九

文德路

堅泰建築公司

專家設計樓宇建築

接辦大小土木工程

本號聘請

余壽棋工程師爲工程顧問

事務所文德路十二號

鄺和歡律師爲法律顧問

事務所廣大一巷錄園

工務局登記
杜合昌營造廠

清平路口河傍街十五號電話：11653

營造建築　土木工程

樓房設計　土地測量

繪圖畫則　設計裝飾

新型招牌　近代貨櫃

華麗油漆

黃華興營造廠

廣州越市華路七十六號之二號

電話

土木工程　大小建築

橋樑涵洞　設計畫則

裝修門面　中西傢俬

東南營造廠

地址：一德西路四八八號三樓

電話：一二五三三號

電報掛號：七一三〇

承建

房屋橋涵

堤壩工場

宜光電業行

行址：——

十三行故衣街30號

營業部　　電話　12732
工程部　　　　　17131

編　後　話

（1）本特刊為紀念中國工程師第十四屆年會，微集鴻文，接到稿件甚夥，實已超過原定篇幅之數量，致有數篇未能列出，深以為憾。惟下次出版定期刊物時，定予補登。

（2）本特刊將各文分別在「論著」「論文」「專載」刊登，其編排次序，大概視性質及交稿先後而定，並無彼此軒輊。

（3）為節省篇幅減少印費計，有將稿內原文刪改，或將全段畧去者，敬致歉意。

（4）本特刊於截稿後，仍收稿件不少，因時間匆促，未能交原作者校對，以致不免發生差誤，又未能超製勘誤表，誠屬遺憾。

（5）本分會定於明年開始出版定期刊物，敬希工程同人，多撰專文，不吝宏論，熱心讀者，賜示編輯意見，俾刊物內容，完美充實，無任企禱。　（編者）

承建大小土木建築工程

慶祝工程師年會

促進我工業建設

專造各種顏色意大利批盪

光復建國報鉅
亨受自由幸福

吳翹記營造廠經理吳瑞翹君致力營造事業有年接辦各項工程工物精研取價克己對於意大利批盪尤見匠心獨運巧妙無倫過去成績如中山大學文法工農學院中山圖書館中山紀念堂牌亭市府合署等偉大建築無不精絕一時博得社會盛譽迨抗戰軍興廣州告急吳君卽退居故鄉奔走努力於大後方承建西江南路一帶國防堡壘並以餘力開礦濟難捐資興學不愧為我工界愛國份子比者復員回市重理故業各同業公推為建築業同業公會理事長最近陸軍第五十四軍抗戰烈士公墓之浩大工程關軍長汶之下賫相副茲値國土重光百廢待舉謹綴數言更為吳君署述一二同為不知者報道也

中華民國三十五年五月一日

介紹人　林逸民　張以謙　陳振鵬　鄭伯祥

建築工程師　麥藴瑜　關以荊　李兆球　凌伯灵
　　　　　　梁仍楷　陳國楨　李卓渠　潘殷全
　　　　　　黃肇翔　陳榮枝　郭棻琦　鄭毅標
　　　　　　鄔校之　陳國楠　吳鼎　　夏世昌

13444

工程通訊

中國工程師學會辰谿分會

工 程 通 訊

第 一 期

民國三十二年六月六日刊

中國工程師信條

一　遵從國家之國防經濟建設政策，實現　國父
　　之實業計劃。

二　認識國家民族之利益高於一切，願犧牲自由
　　，貢獻能力。

三　促進國家工業化，力謀主要物資之供給。

四　推進工業標準化，配合國防民生之需求。

五　不慕虛名，不爲物誘，維持職業尊嚴，遵守
　　服務道德。

六　實事求是，精益求精，努力獨立創造，注意
　　集體成就。

七　勇於任事，忠於職守，更須有互切互磋親愛
　　精誠之合作精神。

八　嚴以律己，恕以待人，並養成整潔樸素迅速
　　確實之生活習慣。

目 次

13449

六六紀念詞

巍巍禹功	萬世永賴	平水土成	驅龍蛇害
四日宴爾	八年於外	手胼足胝	勞極苦最
志在康民	敢求身泰	堯能則天	禹實同大
惟工程師	今組學會	纘禹之績	張禹之旆
公爾國爾	毋玩毋愒	各盡所能	甘霖誕沛

名 言 二 則

一、顧吾三十年來所聞於中國者，但有地大物博之豪語；察其人則自頂至踵，無一物不仰求於外國。嗚呼！天惠之厚，適足以助長其人事之衰；一時多少豪傑，其值誠不及一片馬口鐵哉！（蔣百里先生民一八序「國防與資源」之一段。馬口鐵值至賤用至廣，但非鋼鐵工業發達，則不能自給。）

二、今天在萬分艱苦中，自力建設，實非屬行節約不可，特別是關係國防資源。例如五金，動力，液體燃料，我們都要愛惜。一滴油是我們的血液，一寸鐵是我們的生命，一分鐘的電流，是我們的呼吸。能夠節省一分，就要節省一分。（蔣委員長訓話「生產與抗戰」，28・5・16・在全國生產會議席上。）

發 刊 詞

　　蔣委員長說：『抗戰五年半以來，中國的國民經濟，已趨向於國防與民生的合一，不平等條約的撤廢，更能使中國以獨立的地位，邁進於經濟獨立「自力更生」的大道。而中國之「自力更生」，尤以「工業化」爲當務之急。……所以我全國的靑年，必須立志爲工程師，提高其技術的知識，致身於工業的發展，更要從實際的工作裏面，求創造求發明，然後我們中國的經濟建設，方有完成的把握。』（中國之命運第五章第二節）中國工程師信條第一就是說：『遵從國家之國防經濟建設，實現　國父之實業計畫。』（總會三十二年二月一日第一七七九號函發本會信條）

　　吾人欲充實國力，廣裕民生，以建設現代化的國家，最好是分期實現　國父之實業計畫，而致其內容，大都屬於工業，故　委員長訓示中國之自力更生，尤以工業化爲當務之急。現代努力圖強之國家，莫不以積極發展工業，爲唯一的捷徑。敵寇日本銳意建設國防工業，以促進普通工業，實最爲扼要。蘇聯之兩次五年計畫，都是著重工業方面，其實行之精神，誠令人欽佩。一九二九年實行第一次五年計畫，以其全國上下一心，節衣縮食，堅苦勵行，故五年計畫，四年完成；於一九三三年，實行第二次五年計畫，至一九三七年，其各種主要工業之生產額，一躍而居全歐洲之首位，追近美國。（參觀下表）

工業種類	在全世界地位	在全歐洲地位
電　　力	2	1
石　　油	2	1
生　　鐵	2	1

鋼　　鐵	2	1
機　　械	2	1
石　　炭	4	8
收 穫 機	2	1
運貨汽車	2	1
銅	3	1
鉛	2	1
水　　泥	1	1

　　國父實業計畫之完成，需時甚長，吾人可規定基本的一部分約爲十年的工作，如蘇聯的辦法，分作兩個五年計畫，詳細規定，毅然實行之。

　　蘇聯有上述之工業力量，益以英勇的將士，所以迭遭納粹全力的凶猛侵略，而能峻拒不屈，收復許多失地名城，肅清凶燄，爲期不遠。現代的戰爭，戰場上的力量，固然不可忽視，然後方的生產力，確能決定戰場的勝負。當第一次歐戰正酣，一經美國加入協約國，卽勝負分明，與其謂爲其派遣二百萬軍隊之力量，（至歐戰結束時，已運到歐洲二〇七七，〇〇〇人）不如謂爲其供給大量軍火之力量，茲列舉美國在一九一七年三月至一九一八年十一月之十九個月中製成主要砲槍彈藥數量如左，以備温故知新之用，亦非徒然。（America's Munitions: B. Crowell.）

軍火名種	數　　量	備　　　考
機 關 槍	181,662 挺	
步　　槍	2,560,742 枝	
機步槍彈藥	2,879,148,000 發	
大　　砲	6,283 門	內三分之二係零件待裝
砲　　彈	55,883,600 發	內三分之二未裝藥

　　此次世界大戰，美國成為聯盟國最重要之一員，其主要因素，亦在其工業生產力之雄厚，不但可以補充自己的消耗與擴大自己的兵力，且可以大量供給盟國的需要。美國一九四二年飛機車輛槍砲生產量如下：（華盛頓一月七日合眾電）

（一）軍用飛機生產約四八，〇〇〇架，多於德義日三國之飛機生產總量。（註今年的生產力平均每月約五千架）

（二）作戰車輛五六，〇〇〇輛，包括坦克及砲車兩者。

（三）機關槍六七〇，〇〇〇挺，高射砲二一，〇〇〇門。

　　至造船能力，一九四二年內已達到平均每日至少有兩隻新船下水，今年秋可達到每日平均有三隻新船下水云。美國工業力量之大，可以想見。美國平時，民生優裕，即參加世界大戰，人民生活，亦不過增加百分之十五左右，實因工業發達收入優厚有以致之也。

　　後方的生產力，既能決定戰場的勝負，故現今交戰各國，為獲得最後勝利，除在精神方面，激勵其將士外，靡不極力設法增進其後方工業生產力，軸心國尤不擇手段，如西方納粹，併吞十四個國家後，即將其有用之人民，大批驅往德國本土，令其從事工業製造，被征服各國，不得建立工業，只許獎勵農業，納粹之逞凶，實即由此，將來之崩潰，或亦由此。

　　總之，我國當前的急務，在力圖工業之發達，以裕民生以建國防，而完成抗戰建國的大業。但是工業種類甚多，茲略舉與民生及國防關係密切者若干種類如下：

（1）紡織工業發達，則可充分供給一般人民所需的衣料及國軍所需大量被服的材料。

（2）皮革工業發達，則可充分供給軍民所需的皮鞋皮件裝具。

（ 3 ）粮食工業發達，則便於供給軍民所需各種食品。碾米，磨麥，製罐頭，製乾粮等工廠，務宜多設，以應需要。

（ 4 ）汽車工業發達，則可儘量供給普通及軍用各種自動車輛。（ 如牽引車裝甲車坦克車等均在內，亦可以改造飛機 ）

（ 5 ）飛機工業發達，則可大量製造交通及軍用各種飛機。

（ 6 ）機械工業發達，則工業上農業上所需各種機器，如工具機，紡織機，碎鑛機，抽水機，原動機，機車等，可大量製造，並易於轉用以造槍砲及砲彈等。

（ 7 ）造船工業發達，則可大量製造普通輪船及軍艦潛艇。

（ 8 ）電氣工業發達，則可大量製造發電機馬達各種電流計器，電話機，電報機，探照燈及各種電料（ 普通及軍用均需要 ）。

（ 9 ）無線電工業發達，則可供給普通及軍用無線電報機收音機等。

（10）顏料工業發達，則可供給一般所需之顏料，並易於轉用以造炸藥，及醫藥品。

（11）人造象牙工業發達，則可供給一般所需人造象牙用具及玩具，並易於轉用以造無烟藥。

（12）鐘錶工業發達，則可供給一般國民所需鐘錶，亦便於製造高射砲彈用鐘錶式引信，及其他引信與底火。

（13）錬鐵錬鋼工業發達，則可以供給土木建築鐵道及製造用等各種鋼鐵材料，此爲最基本的工業，規模宜大，亦便於製造大砲與砲彈。（ 許多著名砲廠平時即專錬鐵錬鋼 ）

（14）銅鋅鉛鋁等冶錬工業發達，則可供給普通及軍用重要原料，銅鋅熔製黃銅作槍砲彈藥筒，引信等用，鋁爲製普通器

皿，汽車飛機之發動機，飛機機體，軍用電話機之原料，水壺，飯盒等用。

（15）氮氣工業發達，則可供給大量肥田粉，及製硝酸所用氮氣。硝酸爲一般工業所需，及製造各種火藥最要原料。

（16）硫酸工業發達，則可供給一般工業及製造火藥所需之硫酸。

（17）食鹽電解工業發達，則可供給大量氯氣，以造漂白粉，曹達，及各種毒氣。

（18）煉焦及煤氣工業發達，則可收集其大量副產物，爲製炸藥顏料及醫藥用等之原料。

（19）眼鏡工業發達，則可製一般所需眼鏡，並可轉用以製望遠鏡，瞄準鏡等光學器材。

（20）玻璃工業發達，則可製各種玻璃用具，建築材料，科學儀器及供給光學器材用之特種玻璃。

（21）液體燃料工業發達，則汽車，飛機，及其他內燃機所需燃料，可大量供給。

（22）水泥工業發達，則可供給普通土木·建築·鐵路·橋梁·及要塞·堡壘等所需材料。

（23）油脂工業發達，則可供給食料品，肥皂·油漆·液體燃料，及甘油。甘油爲製炸藥，無烟藥重要之原料。

（24）橡膠工業發達，則可以製造汽車之車胎，輪履，防毒面具，被覆線，電報電話機等之絕緣體及橡皮管等。

以上所述，爲吾國急須建設或擴充之主要工業，均可包含在國父之實業計畫內，欲求迅速推進而收實效，須學蘇聯分作兩個五年計畫，詳定程序，限期完成，但須由中央下最大決心，斷然實行，全國人民，應竭誠擁護，各種工程人員，尤應各盡所能，

埋頭任事，力求計畫之完成。

　　本分會設立辰谿，其活動範圍，可定爲湖南全省，注重湘西一帶，同人應在此範圍內，盡量調查及搜集關於工業之各種資料貢獻政府，或善爲處理，妥擬計畫，以資參攷或備採納。查湖南物產最富，多爲民生國防所必需，茲列舉其主要者如左：

銻　以新化出產最多，邵陽安化益陽等次之，早採新法錬成純銻，其產額之多，甲於世界，平時造減摩合金，硬鉛、鉛字、鉛版，戰時造槍彈頭及子彈需母要雖多，然尙宜廣闢用途。（湖南產銻額佔世界總產額54%，全國產額曾佔世界產額80%）

鉛　鋅　以常寧水口山出產最多，鉛早用新法錬成純鉛（99·8%）鋅曾早用土法冶錬，近年用新法錬成99·8%之純鋅，除普通用途甚多外，均爲製造槍彈砲彈必要之原料，國內僅有湖南供給此料。

鐵　以安化、新化、攸縣、茶陵、綏寧、所產土法木炭生鐵最多，除作農具鑄鍋及其他鐵件外，已大量採作手榴彈売等之用，近在衡山，安化採用新法錬鐵，尙大有待於研究提倡者。

錫　產於常寧、江華、郴縣、宜章、臨武等地最多，早能錬成純錫，我國產額，在世界曾居四五位，其主要用途爲製造各種合金，如靑銅，銲錫，及軸承合金，此外製各種器具，或鍍覆鋼皮製成馬口鐵，及製錫箔。

銅　桂陽、綏寧、辰谿、常寧、瀏陽、桃源、石門、麻陽、會同、永順各地，皆有銅鑛。曾經開採，但均停歇。銅爲工業上及軍事上最重要最急需要之原料，急宜多方探查，設法開採冶錬，以供急需。

錳　湘潭、耒陽、常寧、岳陽等地產量甚多，係以錳砂輸出外洋

，實爲製鍊鋼鐵所不可缺之物，卽爲鍊鋼鐵之除養劑，鍊錳鋼之重要原料，急宜設法鍊成錳鐵合金，以供需要。

鎢 產於宜章、資興、桂東，郴縣間最多，產額僅次於江西，向以鎢砂輸出外洋（全國鎢砂產額，佔世界總產額70%）爲鍊槍砲用鎢鋼，高速度鋼，磁石鋼等貴重原料，急宜設法用電爐鍊成鎢鐵合金，以供需要。

汞 卽水銀產於晃縣、鳳凰、沅陵、辰谿等地，現合貴州之銅仁，四川之酉秀，月產純汞十六噸，除兵工署五噸外，餘運往美國。主要用途，爲科學上之應用，金銀等金屬之提收劑，乾式鍍金，外科之防腐劑，齒科醫用作填充劑，軍事上則製造雷汞，作槍砲彈藥，引信，爆管之起爆劑，最爲重要。急宜大量探鍊，以供需要。

硫 產於湖南一帶甚多，在國內原次於河南，居第二位，主要用途，爲製造硫酸，黑色火藥，橡膠硬化劑，醫藥，漂白，及其他普通與軍事上用途，惟查其提鍊沿用舊法，極不經濟，急待改善。

硝 產於全省各地，以湘鄉新化等地爲多，主要用途，爲肥料，製革，製造硝酸（無智利硝時），製造黑色火藥及以配合 T.N.T. 作手榴彈等之炸藥。近年由財政部硝磺處鍊硝廠簡單提鍊，分售應用。其收集提鍊，尚盼有所改良。

棉 產於濱湖各縣，澧縣安鄉常德尤著，在國內頗佔重要地位，（我國產棉總額，向佔世界第三位，次於美國印度。）應多設紗織廠，以備一般衣着及士兵被服之需。棉花及紗廠廢紗頭，爲製無烟火藥之重要原料。

桐油 湘西之沅水上游及酉水一帶產量最多，其主要用途，爲製

造油漆，大量輸出外洋，年來由桐油提煉汽油煤油柴油之工業勃興，在辰谿一縣，已有四五處之多，惟提出汽油太少，精製不足，尚宜繼續研究，以竟全功。

甘蔗 產於麻陽・漵浦・道縣等處甚多，為製糖原料，宜設立大規模之製糖廠，以供給一般需要之蔗糖，並以廢糖蜜製成大量廉價之酒精。酒精為製無烟藥，雷汞重要原料。

以上所述，概為工業重要原料，原料之生產，實較應用原料製造物品，更為重要，在我國各種製造，已有多少經驗，惟苦於原料缺乏，不易維持，甚至國防工業有因此而不得不酌予緊縮者，抗戰以來，全國人士本自力更生之精神，力求生產一部分原料，或尋覓代替物品，雖卓著成效，然尚感不敷應用之至。若原料不能自給，則各種製造，均為水上浮萍，即國際路線打開，或戰事結束，原料內運無阻，吾國將復成為外料之銷場，殊非健全謀國之道，彼時欲求原料自給，更不容易進行，故以在此時樹立自給之基礎，最為重要，是亦抗建國策意義之所在，切不可忽略過去。故致全力於原料工業之發展，以謀原料之自給，為目前最大急務，亦為本分會同人努力之目標，湘省原料工業，或有相當基礎，或僅在萌芽，或尚未惹人注意，本會同人，均屬專家，處此環境之中，僉謂應各本所知所能，對於湘省工業及有關問題或學術，時予調查探討，一有所得，即行發表，以喚起社會之注意，以促進工業之發展，本分會決定刊行工程通訊之微意在此。希望同人本此意旨，時常研究，時常通訊，俾本刊得以連續出版，並希望本分會以外之同人，及國內熱心提倡工業之人士，力予贊助與指教，國計民生，實利賴之。

　　　　　李待琛　三二・六・一・於沅陵孝平

湘西土法鍊鐵之考察 向惠

一·引言

湘省在昔為產土鐵有名之區，其出品如熟鐵（商名攸餅）及生鐵鍋（商名廣鍋）等，銷行遠及上海天津南京等處，且有輸出至國外之台灣及南洋羣島各地者，（安化鑄鍋工人，現尚有留居台灣未歸者。）自洋鐵輸入，價廉而質優，土鐵銷路遂大減。凡通商大埠洋鐵入銷之地，土鐵幾至絕跡，土鐵鍊廠遂紛紛歇業。湘西沅資二水流域，因交通較阻，洋鐵輸入較少，土法鍊鐵廠乃尚有少數存在。現值抗戰時期，外貨輸入不易，土鐵應用之範圍擴大，遂重足引起一般人之注意。湘西土法鍊鐵考察之動機在此。

二·鍊廠之分佈及產量

就作者考察所及，沅資二水流域土法鍊鐵廠地址之分佈，以安化為最多，沿資水之烟溪東坪而下，再溯敷溪而上，東及橋頭河藍田，北達寧鄉均有鍊廠設立。次為新化均設在資水兩岸。次為寧鄉湘鄉，皆隣接安化新化之區。其他如辰谿之中伙舖，漵浦之小江口，及綏寧之長舖子等地，亦均有鐵廠設立。其產量無確實統計可查，估計每年約為七千噸。

三·鍊爐之種類

鍊爐依其形狀不同，分為甑爐，月爐，及高爐三大類。甑爐係築在鐵鍋內，其形似普通蒸飯之甑；月爐因其爐膛之橫斷面為D形，如半圓之月；高爐爐體較上述二種均為高大；故分別得名。甑爐復以所用燃料不同，分為柴生甑爐，及煤生甑爐二種。茲將各爐之要點列表如左：

13459

爐 別	形　　　狀	外　形　大　小 (約)	所用燃料
甑 爐	倒立截圓錐體	高2公尺，上圓直徑1.1公尺下圓直徑0.80公尺	無烟煤塊或雜木炭
月 爐	截正方形錐體	高7.2公尺，上3.2公尺正方，下4公尺正方。	松柴炭
高 爐	截正方形錐體	高8.2公尺，上4公尺正方，下5公尺正方。	松柴炭

四·原料及出品

土法煉鐵所用原料，僅為礦砂及燃料二項，未有採用熔渣劑（Flux）者；其所成之爐渣，多係糖漿狀。燃料除煤生甑爐用無烟煤塊外，其餘均係用木柴炭，（卽木炭內尚夾有未經成炭之木柴）。礦砂俗稱「礦子」，名目頗多，大別為「滑礦」「星礦」及「石礦」三種；亦有就其顏色不同分稱為「紅礦子」及「黑礦子」；其成份約為左表：

礦 砂	成			份	%		備　　考
	鐵	錳	鎂	硫	CaO	SiO_2	
滑 礦	52.48	——	——		0.08	8.04	安化青山冲出產
星 礦	52.86	0.18	痕			8.26	安化東坪出產
石 礦	31.48	0.24	0.04	0.72	4.23	24.62	漵浦小江口出產

各爐每日夜（俗稱一條火）需用礦砂燃料及所出生鐵之重量約如左表（重量單位，市担）：

爐　　　別	需用礦砂	需 用 燃 料	出產生鉄
煤 生 甋 爐	1 5	1 8 　無烟煤塊	6
柴 生 甋 爐	3 0	2 4 　雜 柴 炭	11
月 　　　爐	8 0	8 2 　松 柴 炭	24
高 　　　爐	8 5	9 5 　松 柴 炭	32

　　出品多就其鍊爐爲名，分爲煤生板，柴鉎板，月爐板，及高爐板四種。煤鉎板及柴鉎板均爲約350×280×20公厘之鐵板，月爐板約爲450×320×25公厘，高爐板約爲600×450×16公厘。其主要用途爲：煤鉎板供煉熟鐵及鑄農具用，此種熟鐵稱爲煤生筒鐵，多係供造船釘用；柴生板及月爐板均供煉熟鐵及鑄土鍋用，此種熟鐵稱爲柴生筒鐵，亦稱毛鐵，多供造農器之用；高爐板上等者供鑄廣鍋（即鍋壁甚薄者）用，次者供煉熟鐵用，此種熟鐵其上等即稱攸鉼，品質較佳。各種生鐵之成份，因各地所用礦砂及燃料不同，無一定標準可言，大體約如左表：

生鐵種類	成　　　　份　　　　%				
	碳	矽	錳	硫	磷
煤 鉎 板	2·80	0·06	0·03	0·12	0·08
柴 鉎 板	2·98	0·04	0·04	0·0	0·10
月 爐 板	2·8—3·2	0·17	0·20	0·10	0·48
高 爐 板	2·8—3·2	0·54	0·25	0·04	0·76

其爐渣之成份，約爲左表：

爐　渣	FeO	MnO	LngO	SO$_3$	CaO	SiO$_2$	Al$_2$O$_3$	附註
溆浦大生鐵廠爐渣	6.43	0.27	0.12	0.11	0.06	90.15	0.20	月爐
安化利安鐵廠爐渣	7.28	0.24	0.09	0.09	0.73	89.02	0.28	高爐
東坪富源鐵廠爐渣	10.72	0.12	0.06	0.14	0.82	86.02	0.34	高爐
新化煤生甑爐爐渣	7.85	0.22	0.05	0.18	0.75	90.25	0.20	

五·高爐煉鐵方法

土法煉鐵，以高爐爲較具規模，出品亦以高爐板爲較好。茲將其煉爐構造，爐工組織，及作業方法，分述如下：

煉爐構造　爐爲正方形土堆，上小下大。其全體爲含砂之粘土築成，周圍樹立杉木，以大樹作方箍，箍之。築時，先將其基地築平，於其中心點釘一小木椿作基點。次置一約四公寸直徑大之圓木柱於此中心。周圍撒以鬆土，每次撒土以一公寸二公分爲度。築爐工人共八名，分爲四組，每組二人，相向而立，共將築土木杵高舉，用力築下。木杵重約十六公斤。每層土共築十八次。築成緊土後，厚約六公分。於是再撒鬆土，如前築緊。並於築土較深時，即將中心木柱轉動，提上少許。如此繼續築上，約三十五天，即可築成。全高爲八公尺二公寸，共用四道木箍箍緊。此項工作，即稱爲築堆子。築成後，將中心木柱抽出。由爐堆之上向下將中心木柱所留之孔挖大，並於進風及出鐵水二方各開一孔，如附圖一所示之形。此項工作即稱爲開肚。將肚開好後，即以木柴火置爐底，將爐堆徐徐烘乾，需時約一月。第三步工作爲

裝爐，即於爐底進風貯鐵水及出鐵水之處，均以白色耐火石鑲砌之。其爐內溫度較高之部份，則敷以配和食鹽之砂泥；又耐火石鑲砌之接縫，及與爐堆泥壁相接之處，亦皆用鹽泥敷之。土法煉鐵者，視此步工作爲最重要，鑲砌爐底各處之耐火石各有專門名稱，如附圖二。裝爐完工後，爐體即全部告成。白色耐火石以產自武岡者爲最好；質堅硬，能耐高溫而不易破裂，各鐵廠多採用之。辰谿之大毛冲亦有出產，惟帶紅色，質亦較鬆，耐火程度稍低。白色者其外觀與四川之耐火砂岩相似，其成份未經分析，茲將四川砂岩之化學成份附下，以供參考：

氧化矽　85·30%　　　氧化鉀　0·54%　　　三氧化二鐵 0·10%

硫　　　0·01%　　　氧化鉛 11·74%　　　碳與有機物 0·01%

一氧化鐵 0·70%　　　水　　　0·2%　　　氧化鈣　　0·4%

二氧化碳 0·49%　　　氧化鎂 0·27%　　　氧化鈉　　0·31%

爐工組織　每座高爐所需爐工人數及名稱，規定如下表：

工　　別	俗　名	人　數	附　　　　　　　　　　　　　註
出爐渣及鐵水	老　客	二　人	作日班者稱日老客，作夜班者稱夜老客，日老客爲正工。夜老客爲助手。
加　　料	格　匠	四　人	日班二人 夜班二人
鼓　　風	長　班	十二人	每班三人，分四班，日夜各二班，輪流工作。
搥　爐　渣	渣老官	一至二人	爐渣內含有細粒鐵子，故須搞碎篩出。

13463

搥 礦 砂	礦老官	一至二人	選剔礦砂內之石塊，及大塊之礦砂搞小，將並其灰屑篩棄。

冶鐵作業：

烘砂 礦砂所含之水份，硫份，炭酸氣，及粘附之泥砂等雜質，一經焙烘，卽可大部驅除或脫落，故加入煉爐內之礦砂，須先經焙烘，俗稱爲「鍛礦子」。烘砂爐，係就坡地挖成一長方形之土坑，其大小深淺無定，普通以每爐烘成之砂，能供煉爐半月之用爲便。每座高爐至少須配烘砂爐二座，以便輪流焙烘供用。烘爐之上須建瓦亭遮蓋，以免烘成之砂，受雨變溼；其前尙須配建選砂及稱砂場所；其構造如圖三。烘砂之方法：先於爐底舖礦砂厚約二公寸，上舖木柴厚約八公寸，其上再舖礦砂一層厚約六公寸，再撒木炭一層厚約一公寸，如此交換舖置礦砂及木炭，直至爐頂爲止，其最上一層卽撒舖木炭末。舖好後，可卽由下引火，徐徐燃上。烘後之砂，挖出，將其大者搞碎，並篩去其細末，卽可應用。烘成之砂，因配用燃料少有規定，其溫度及通風均不易控制，有爲紅色者，有爲藍色者，更有鎔結成黑色渣狀體者，以烘成紅色者爲佳，用磁石試之，不爲吸引，能溶解於鹽酸中，用舌舐試，有粘吸性，多爲 Fe_2O_3。其藍色體有一部份能被磁石吸引，不易溶於鹽酸中，將其杵成細末，呈暗紅色，多爲 Fe_2O_3 及 Fe_3O_2 之混合體。渣狀體則全部可被磁石吸引，爲 Fe_3O_2 或有少許 FeO。礦砂經焙烘及篩灰後，其重量之損失，約爲百分之二十至三十。

開爐 煉爐於築成後，第一次開爐時，須先於爐底舖木炭灰

一層，厚約一公寸。築緊，再鋪碎木炭一層，厚約半公寸。再用木炭直立裝於爐內，高約三公寸，其上再用木柴橫架，支於爐壁上，高約四公寸。再由爐口投入乾竹尾枝厚約一公尺。再傾入直徑約一公寸之淨木炭約一千市斤。再加夾有柴頭之木柴約一千四百市斤。即可由爐底進風口引火徐徐燃之。約過十二小時後，即開始送風。（通例於上午五時引火，於下午六時開始送風）。

　　加料　加用木炭，不過秤，以籮爲單位。加用礦砂，則須過秤。加料時須先將柴頭木炭投入，再傾入淨木炭，然後將礦砂傾入。加木炭時務求落入爐內平整，如一邊高一邊低則不好。加礦砂則求集中在爐內之中央，不宜散至邊圍。至二者重量之配合，係就每次加炭一籮爲準，計重約三百五十至四百斤，加礦砂則由數十斤至二百餘斤不等，隨時由格匠與老客視所出鐵水之情形如何，商量定之；甚至有專加一次炭，而全不加礦砂者，稱爲『空籮子』。凡所加礦砂之量愈少，則所出之鐵質愈好，惟產量較少耳。每日夜加料之次數約爲二十至三十次。加入之礦砂約經十六小時便可成鐵水流出。爐內總容積約爲木炭二十二籮，約八千市斤。第一次開爐加料時，須於加炭十八籮後，始可酌加礦砂。

　　鼓風　風箱爲木製，多用整體柳木挖成，活塞周圍以雞毛紮之作漲圈。風箱內徑約六公寸，（有小至五公寸者）拉動衝程亦無一定，普通約爲一公尺。以三人拉動之。拉動次數不一律，每分鐘約爲三十二次至四十次。拉動時以一人吹口哨作節奏，使三人能同時用力，及往返拉動。出鐵水時則停止鼓風，僅稍稍拉動而已。

　　掏渣　出渣與出鐵水共在一口，與鼓風入口之位置成九十度角。此口常係微開，每次送風時即有火焰由此射出，呼呼作聲。

爐內所成之渣，因未配用熔渣劑，熔解點甚高，狀如糖漿，浮於鐵水上面，不易流動，須用鐵鈎掏出。否則爐渣積聚，有至凝結者，使鐵水不易流下，乃成爲渣鐵不分之狀。故老客須時時由爐口注視爐內，某處有爐渣存在，卽用鐵鈎撥動掏出。掏出之爐渣以色灰黑而質輕者爲佳，色深黑而質重者，則爲含鐵尚多之證。又爐渣內常含有小鐵粒頗多，可摘碎篩取之，約當爐渣之重量百分之五。

　　出鐵　煉爐爐底貯鐵水之處，略似一斜置之長槽，由爐後端者較前端低。鐵水由上流下繼續貯積於此槽內，俟滿後，老客卽將出鐵口之前台，用爐渣及木炭粉末作成鐵板模形，以長柄楓木板耙由出鐵水口伸入爐內，將鐵水向前排出，流入鐵板模內，卽凝結成鐵板隔約每。十五分至二十分鐘，能出鐵板一塊，每塊重約二十二公斤。流出之鐵水以流動性優良，當注入模內時，能往復起波動二三次而尚不凝結者爲佳；其鐵水不好者，則不能流動，鑄成薄板，俗稱爲粑粑鐵。

　　故障及修理　煉爐發生故障之現象，爲鐵之產量減少，流動性不良，甚至僅爲漿糊狀而全不流動者；所成之爐渣色深黑，質沉重，或至爐渣與鐵質並未分離。其原因頗多，茲分列如左：

（1）礦砂品質不合，不易還原；

（2）礦砂太小或太大；

（3）一次加入礦砂太多；

（4）加入木炭或礦砂落至一邊；

（5）加用木炭內含柴頭太多，以致木炭不時發生傾側之動向，使上層所加之礦砂落於一邊；

（6）加用小枝條之雜木炭，架擱爐內，空隙甚多，以致礦砂未經

還原，卽行落下；

(7)加用之木炭含水分過多，使爐內溫度降低；

(8)爐堆發生裂縫漏氣；

(9)爐堆內部熔蝕過多；

(10)進風口及出鐵水之出風口，二者之位置不合，以致風之分佈
　　　不勻，爐內發生有某部分燃燒不強，或上升之煤氣不足（卽
　　　大部煤氣由出鐵水口散出）等弊病；

(11)爐渣之熔解點過高，且集結在爐內某部，不能或未經掏出；

(12)進風口集結爐渣太多，未經清除；

(13)風箱活塞所紮之鷄毛太鬆，或拉風工人偸懶，以致鼓風不
　　　足。

由以上各原因發生之惡果，可總括或爲爐內溫度降低，還原
作用不強；或爲礦爐砂在內還原帶(Reduced Zone)時未經一氧化
碳全部還原，卽落下至燃燒帶，(Combustion Zone)以致須與固
體碳發生直接還原作用。礦砂之還原反應式與熱力關係如左：

$$Fe_2O_3 + CO \longrightarrow 2FeO + CO_2 + 6912 \quad B.T.U.$$

$$3Fe_2O_3 + CO \longrightarrow 2Fe_3O_4 + CO_2 + 41112 \quad B.T.U.$$

$$Fe_3O_4 + CO \longrightarrow 3FeO + CO_2 - 10188 \quad B.T.U.$$

$$FeO + CO \longrightarrow Fe + CO_2 + 4212 \quad B.T.U.$$

$$FeO + C \longrightarrow Fe + CO - 65772 \quad B.T.U.$$

從上列各式，知礦砂由固體碳還原時，消耗熱力甚大，爐內
溫度必致降低；同時礦砂雖被還原，而含碳量不足，熔解點甚高
。故凡爐內溫度降低，則鐵水流動性不良，其甚好者卽爲糊狀之

13467

粑粑鐵，或竟成爐渣與鐵質不能分離之現象。

上述各故障發生之徵候，除可就所出之鐵水及爐渣觀察知之外，由出鐵水處出風口射出之火焰所成之方向大小與顏色，及在夜間於爐頂加料口俯視爐內料層是否平整，與所呈之紅燒顏色是否各部均勻，（此種觀察方法工人稱爲吊格）亦可察知，至進風口及爐內貯水處是否積有爐渣，老客可常用掏渣鐵鈎棒由出鐵水口處伸入爐內探測之。關於故障修理之方法，可分別就其發生原因，設法補救。通常採用之方法爲左列三種：

（1）改良所用之木炭及礦砂；木炭以愈乾燥及含柴頭愈少者爲愈佳，礦砂則須注意焙烘得宜，及大小合度；

（2）減少加用礦砂之重量，卽使木炭之用量比率增加，使爐內溫度提高，工人稱爲收秤；

（3）校準進風及出風口之位置，進風口係由「光咀」「牆岩」及「頂皮子」等石塊組成之方形管，工人稱此項校準爲「模區」，出風口位置之變更，爲校準「保岩」之位置；

（4）加強鼓風，如活塞所縶鷄毛太鬆，卽行換縶。

六·結論

一般人一聞土生鐵三字，常以爲其質甚差，而視爲無甚價値。實則土生鐵卽爲一種冷風及木炭所煉之生鐵，如所用之礦砂適宜，其含硫磷之成份均可極低，用作製造熟鐵及煉鋼原料，均爲上品，對冷硬鑄物尤具特性，用作鋼性鑄鐵等原料亦有可能，惟因含矽量過低，用作鑄造原料，出品皆成白口鐵，而不能施工，是其缺點。此種現象，尤以用焦炭熔鐵爐時，如焦炭含硫過多，則出品更劣；因所含之矽量旣低，含硫之量如稍有增加，爲害卽最顯著，但如酌量配用矽鐵，（Ferro-Silicon）其品質卽可改良

。(作者於二十四年試驗如此)，在此抗戰時期矽鐵來源不易，如倣土法鑄鍋改用木炭熔鐵爐熔化，其質亦可較好。至高爐構造之缺點，其主要在僅有一個進風口，同時於相距九十度角位置之處有一出鐵水及爐渣口，此口常係敞開。二者之位置一有不合，則爐內可發生燃燒熱力分佈不均勻，及上升之還原氣體不足等現象，以致百病叢生。而此位置雖經一次校準，然因各部受高溫熔蝕之損耗，及出爐渣與鐵水時之撥動，常生變動，故幾無定規可循。土法煉鐵工人，於築爐，裝爐，及開爐等工作開始時，均須虔誠敬神，蓋亦自以無法控制，則惟有委之天命，乞靈於神也。其出品之優劣，照俗諺所云「一礦二炭三風箱四司夫」，其意即第一要礦砂好，第二要木炭好，第三要風箱好，第四要工人好，此自為經驗之言。惟其工人關係之重要性，雖列在第四，實則可居第一。蓋加料，鼓風，掏渣，及裝校進風口與出風口等工作，均屬人力為之，一有疏忽，則全部受影響，事後補救，每感不及，故管理至為困難，此亦土法煉鐵之一大缺點，又土法煉鐵所耗原料頗多，每出產生鐵一噸約需礦砂及木炭各三噸，所費人工尤多，故成本增高，土生鐵受洋生鐵銷入之影響而被淘汰，其原因大半在此。至改良之法，無論從技術及經濟方面而言，其要點皆為須採用鼓送熱風(Hot blast)方法，因鼓送熱風，則爐內溫度可以提高，鐵之還原可易完成，碳與矽質之吸收可以增多，而硫可以減少；同時燃料與礦砂之消耗，均可減少。且爐內熱力既多，可即隨礦砂之成分不同，配用原料及熔渣劑，爐渣與鐵可水分別放出；鐵之產量亦可增大，其利甚多。惟採用鼓送熱風方法，除須設備熱風爐外，其鼓風機及鼓風動力均須改變。又爐內溫度增高，則爐體構造多須改變。若更進一步，為謀燃料經濟起見，則煉爐放

散之煤氣，亦宜設法利用，因而影響至加料方法亦須變更。如就以上各點，逐一加以改變，即成為近代之鼓風煉鐵爐（Blast furnace）矣。鼓風煉鐵爐進化之歷史，即由上述各點演變而成，改良之方法，殆舍此無他。故作者對於採用土生鐵問題之意見，認為冶煉方面目下仍不妨採用土法高爐之方法，以求簡便，惟所用原料宜力求精良，操作方法宜力求有規律。應用方面，則宜改良熔鐵方法，且以能用木炭熔爐為好，以免鐵質一經鎔化，即形變劣。或加用矽鐵以改良其成份亦可。至如欲謀生鐵問題之根本解決，則非採用新式鼓風煉鐵爐之方法不可，欲就土法煉爐稍加改良，殆為不易達到之事，且建造鼓風煉鐵爐，以大型者為宜，因小型鼓風煉鐵爐，生產費仍頗高，抗戰結束後，將仍難維持也。

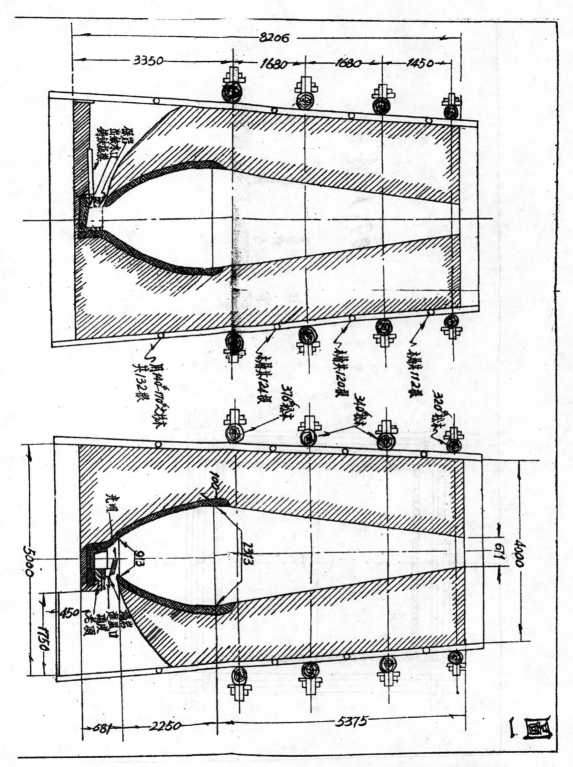

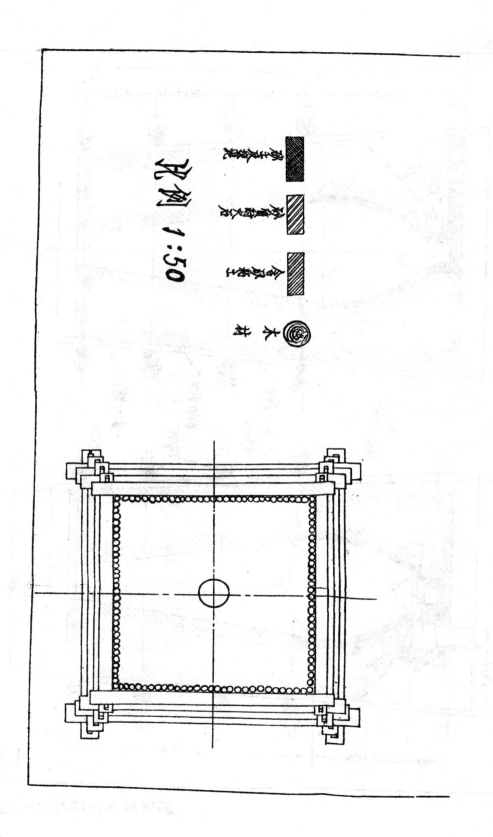

比例 1:50

13472

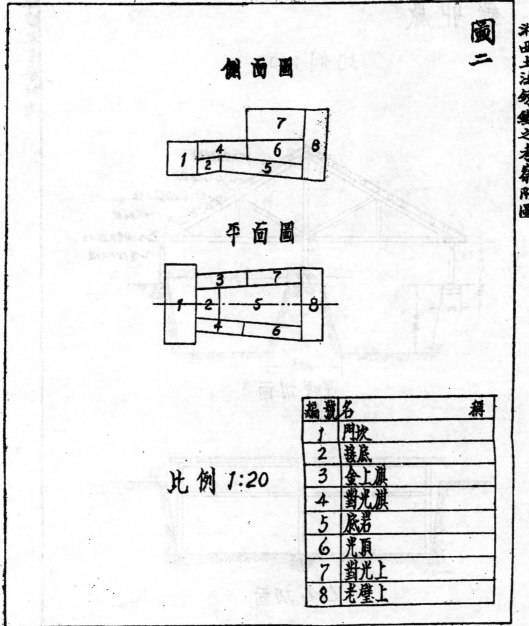

側 面 圖

平 面 圖

比 例 1:20

圖二　湘西土法鍊鐵之考察附圖

編號	名	稱
1	門坎	
2	淺底	
3	金上膜	
4	對光膜	
5	底岩	
6	光頂	
7	對光上	
8	老壁上	

鍛冊廠

比例 1:100

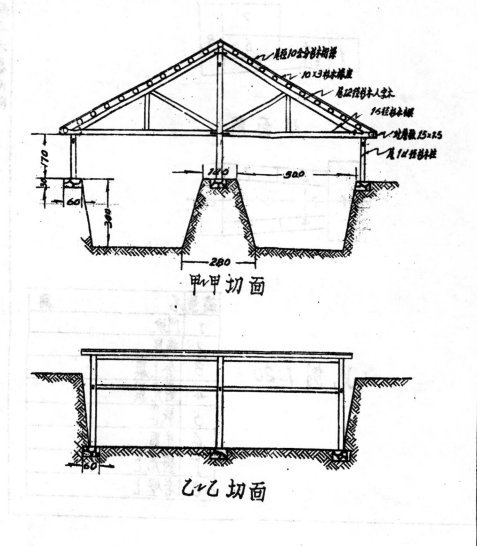

尾徑10公分杉木桁梁

10×3杉木撐度

尾12徑杉木人字木

15徑杉木樑

光層礙15×25

尾1d徑杉木柱

30 70

60

300

140 900

280

甲甲切面

60

乙乙切面

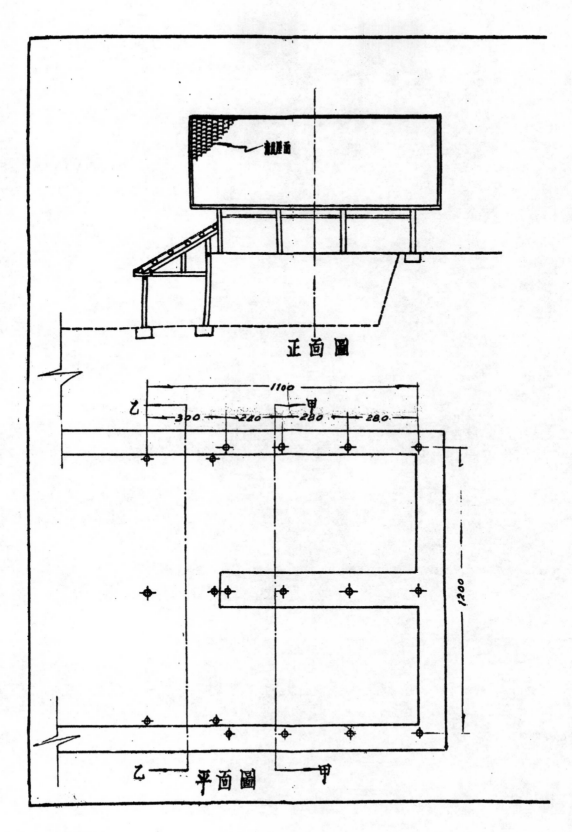

正面圖

平面圖

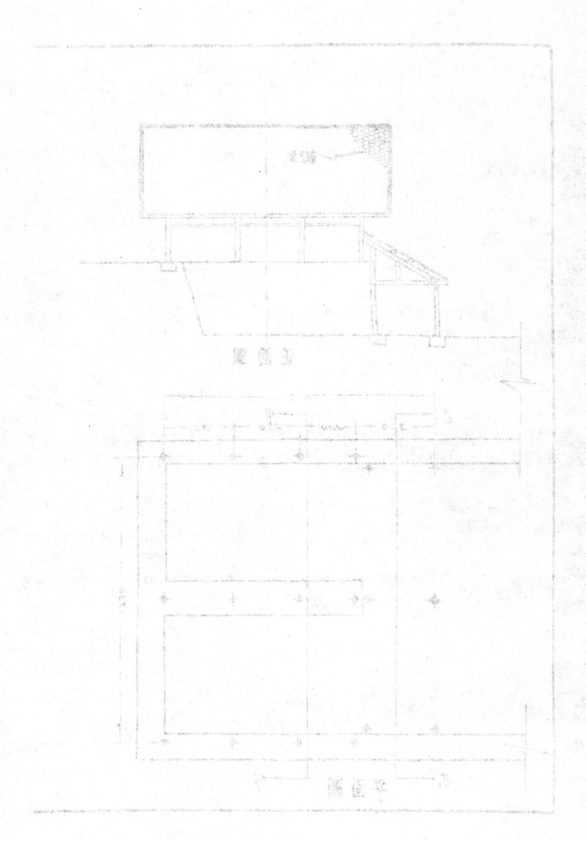

調查某廠製鍊鋼性鐵之方法

曹鼎漢

一・引言

鑄品（Casting）普通分爲六大類，卽灰色鑄鐵（Gray Cast Iron），合金灰色鑄鐵（Alloy Gray Cast Iron），可鍛鑄鐵（Malleable Cast Iron），普通鋼（Common Steel）合金鋼（Alloy Steel），及非鐵質金屬鑄品是也。惟值抗建而物資殊感艱難之今日，吾人欲求一種鐵質金屬，在鑄工作業中，於鎔化時，富於流動性，而獲免除鑄品發生砂眼之弊；在鑄品完成後，可行熱處理，而得調整鑄品益臻完美之利；在機械施工時，易於車削；取試料作材料試驗後，知其具有相當强大之强度（Tensile Strength），彈性（Elasticity），及硬度（Hardness），俾可充迫擊砲彈，榴彈，及其他特殊鑄品製造之需；要論原料，宜大量取給於國產之生鐵，及一般工廠堆集之廢鋼；言成本，自不許太昂；論製造，比較上，簡而易舉；則實非茲所述六類金屬，所克勝任，而非另闢途徑不可。美人席曼（Seaman），首創利用廢鋼，冶製鋼性鐵（Semi—Steel）之旨趣，或在節省物資。吾人研究此一問題之動機，則在解决鋼材不足以自給之厄運，而裨益於抗建也。吾師朱洪健先生，近年於某工廠，研究鋼性鐵製鍊之方法，頗著成效，作者去歲，追隨受教，茲將彼時所得資料，縷述於後，希冀可供同業探討之參攷焉。

二・鑄爐及配件

鑄爐用三噸半圓式鎔爐（Cupola），配備混合裝置（Mixing System），爐身內徑爲762米厘，全高爲11,354米厘，進風口係

方形，每邊寬爲 140 米厘，計一層，斜側式送風，進風口之傾斜角度爲75°進風口下至爐底之高度爲940米厘，進風口上至加料口之高度爲 3,360 米厘，爐壁分內外二層，內層用白石磚，（該磚產取於重慶近郊，幾含 SiO_2 95%，最耐高溫・）砌成圓形・厚爲114・5米厘外層用黃石磚，（該磚亦產取於重慶近郊，含 SiO_2 甚低，難耐高溫・）砌成方形，每邊寬爲1200米厘，無預熱空氣裝置，而附有鐵水混合裝置，熔渣浮於鐵水上可自動外流，且可再加配料於其中，是爲優點，鼓風機用二個，每個壓力爲每平方吋六盎斯，轉數爲每分鐘 2,880，馬力爲12，其簡圖附文後：

三・配料成份及成品物理性質

先後共經過六種不同配料之作業，每種配料成份，及其成品物理性質，有如下表：

甲、鎔爐每層之配料：

〔插14頁後〕

種別 料名	第一種 磅	第一種 %	第二種 磅	第二種 %	第三種 磅	第三種 %	第四種 磅	第四種 %	第五種 磅	第五種 %	第六種 磅	第六種 %
灰口生鐵			100	16·70	75	12·50	300	50·00	300	50·00	300	50·00
白口生鐵	120	20·00										
廢機件鐵	130	21·70										
回爐鐵	300	50·00	140	23·30	125	20·80	180	30·00	150	25·00	150	25·00
廢鋼	5·0	8·30	360	60·00	400	66·70	120	20·00	150	25·00	150	25·00
金屬總重量	600	100·00	600	100·00	600	100·00	600	100·00	600	100·00	600	100·00
錳鐵					3·0	(錳)0·40						
矽鐵	11·3	(矽)1·40	6·5	(矽)0·80	2·0	(矽)0·15	3·8	(矽)0·47	9·5	(矽)0·71	9·5	(矽)0·71
鎳鐵			3·0	(鎳)0·90	6·0	(鎳)0·90					9·7	(鎳幣)1·12
石灰石	60	10·00	60	10·00	60	10·00	60	10·00	60	10·00	60	10·00
底層焦炭	1110		1110		1110		1110		1110		1110	
焦炭	80	7·5:1	90	6·6:1	90	6·6:1	80	7·5:1	80	7·5:1	80	7·5:1

13479

乙、混合裝置中之配料：

種別	第一種		第二種		第三種		第四種		第五種		第六種	
料名 ＼ 單位	磅	%	磅	%	磅	%	磅	%	磅	%	磅	%
矽鐵	6·3	(矽)0·80					4·2	(矽)0·52	7·9	(矽)0·59	7·9	(矽)0·59
銅粒	5·0	0·83	5·0	0·83		0·83	5·0	0·83	5·0	0·83	5·0	0·83
鎵打灰	1·8	0·30	1·8	0·30	1·8	0·30	1·8	0·30	1·8	0·30	1·8	0·30

附註：1. 第一種之配料，係以白口生鐵及鐵件碎鐵代替青生鐵，適合於缺乏口生鐵之情況。

2. 第二種及第三種之配料，適合於製鍊強度較大之鑄鐵。

3. 第四種及第五種之配料，適用於无足有无足口生鐵時者。

4. 第六種之配料，與第五種者大體相同，僅需用1%強之鎳幣，因此，強度增加10%，硬度增加5%。

丙、成品物理性質：

種別 ＼ 性質	第一種	第二種	第三種	第四種	第五種	第六種
牽引強度（Kg./mm²）	25·3	37·1	41·0 38·6（回火後）	26·5	28·0	31·0
羅克威爾硬度（R."C"。）	16	25	25 17（回火後）	18	22	23
布林納硬度（Brinell H.）	190	240	240 200（回火後）	210	225	225

四·作業方法

初生火時，底層加焦炭1·110磅，此層焦炭高出進風口為45吋。次加石灰石（熔渣劑）60磅，次加金屬600磅，金屬與熔渣劑之比率為10：1。次加焦炭80磅，金屬與焦炭之比率為7·5：1。此即所謂一層之配料，以後照此比率遞加。鋼料應先鐵料加入，鋼料宜加於鎔爐內部之四週，俾可避免不易鎔融之現象。待料裝至三層後，即可開始鼓風。其出鐵水口，始終無需封閉。開始鼓風約十分鐘後，即有鐵水流出。其渣孔係附設於混合裝置上，利用一定高度，浮渣自動外流，故亦不需開閉渣孔手續。爐壁（就所用上述白石磚為內壁砌造者而言·）連續工作約三十小時，即需修理。以距風口上七吋區域內溫度最高，該區域之爐壁亦最易熔蝕。其下料之程序及數量，可以簡圖表示如下：

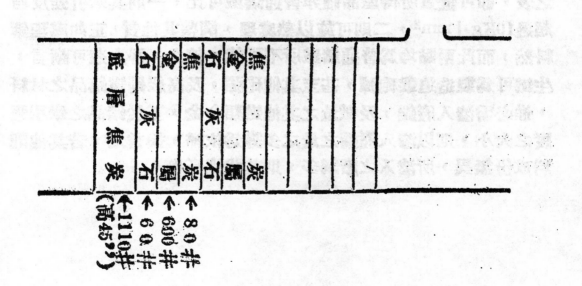

焦炭　金屬　石灰石　焦炭 ←80#　金屬 ←600#　石灰石 ←60#　底層焦炭 ←110#（高45吋）

五·結論

吾人由化學分析，及物理試驗之結果，知生鐵所含雜質之百分率甚高，雜質之百分率既高，則其強度，彈性，硬度，均不合於翻製砲彈，及其他特殊鑄品之用，若欲增進其強度，彈性，硬度，使合於上項鑄造之用，則有兩個條件必須滿足。一則應使其初生之石墨（Primary Grahhite），精鍊至良好狀態；二則必將其有害雜質之含量減至最低。減小雜質之含量，則當配合一定比率之較純之鐵，或較佳之廢鋼，以救濟生鐵中所含有害雜質之弊，因廢鋼之性質較純，實為配合鉻製高強度鑄品之最好材料，故配合廢鋼所成鑄物，炭磷矽之成分，可因之減低，至於硫之一部份則可因蘇打灰之加入而減低。又生鐵性質，因鐵類合金，如錳鐵，矽鐵，鎳鐵等之加入於鉻爐，或混合裝置內，最後所呈石墨狀態，則可達到適合之機械性能，與相當之強度。觀上節所示之表，即可證實所得產品確非普通鑄鐵可比，一則其牽引強度均超過19Kg·|mm²，二則可施以熱處理，調整其性質，正如處理鋼料然，而此兩點均為普通鑄鐵所不可能。總之，吾人茲可斷言，生鐵可為製造迫擊砲彈，甚至其他砲彈，及高級鑪鐵鑄品之材料，惟必需滲入廢鋼，及微量之其他鐵類合金，至於鑄品之牽引強度之大小，則以滲入廢鋼之量之多寡為依歸，換言之，若其他配料成份無異，所滲入之廢鋼多，則其強度高也。

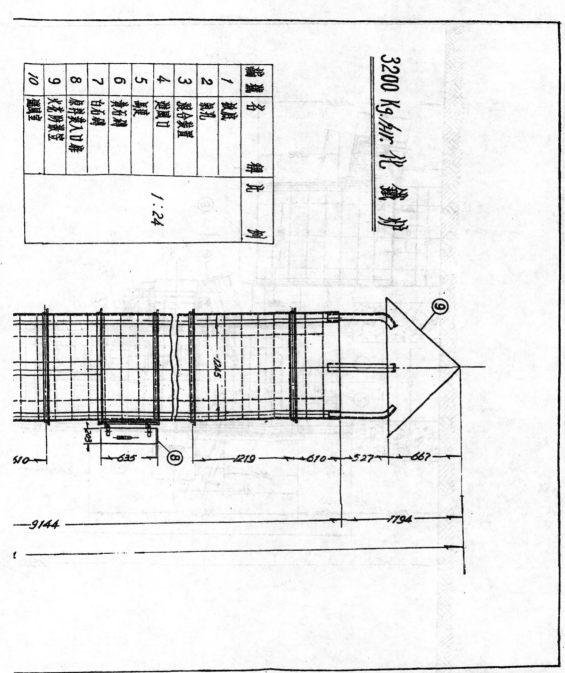

3200 Kg./hr. 化 鐵 炉

編號	名 稱	鋼 比	例
1	觀孔		
2	窺孔		
3	混合裝置		
4	送風口	1:24	
5	風囊		
6	蓋右升		
7	白石升		
8	原料裝入口架		
9	火花防塵罩		
10	加料室		

510 · 635 · 1219 · 610 · 527 · 667

9144 · 1794

1205

1205

⑧

⑨

圖料材造構座爐及部各炉鐵化

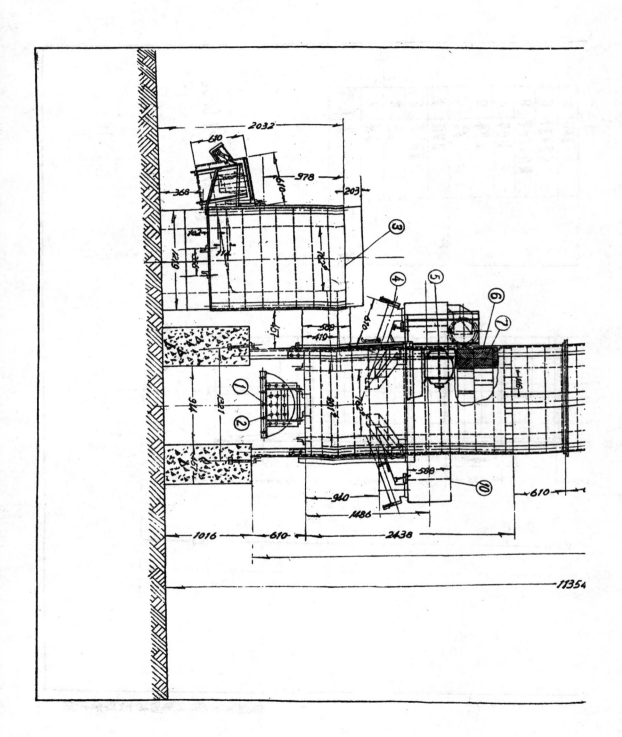

13484

鋼之臨界漲縮現象在淬火上所起之影響

蔣舜中

一·討論範圍

本題主要討論之點，為當鋼類加熱及冷却過程中，通過臨界溫度(Critical Temperature)所起組織變化(Structure Changes)之際，隨之而生之特殊漲縮現象，及此現象對於淬火上所起之不良影響。

二·普通所知鋼料漲縮性質對於淬火之關係

在本問題討論之前，先將一般普通物理常識所知之鋼料漲縮性質，對於淬火之關係，叙述其概，以示區別。當鋼料逐漸加熱至高溫而起膨漲後，如任其自然緩慢冷却，以至常溫，則可復在無阻礙狀態下，循序收縮，回復原狀。若在急速狀態下進行冷却，即舉行淬火工作時，則鋼料各部之收縮，不得自然循序而進；常因短時間各部冷却之先後及速率之不同，而起不同時及不平均之收縮。此種收縮，能使鋼料內部發生極大而不平衡之內力。此內力作祟之結果，可使淬火鋼件發生碎裂與變形。如各部斷面不同之鋼件，及本體粗大鋒口細薄之刀具等，在淬火時除鋼料內部組織良好，加熱與冷却適當而均勻諸主要條件外，常因急冷作用，細小部份在先冷縮而早呈堅強不變之硬化狀態；粗大部份，則因冷却較緩，於細小部份硬化後，尚仍放出熱量而繼續收縮，因而硬脆之細小部份，不堪耐受因此而生之內力作用而被破壞。其內力作用小者，或僅在內部萌生細微之裂痕，暫時隱伏，表面則

不察覺，一遇機會，即向外擴展，而起局部碎裂。故常見淬火時表面未有破損，而於除去其一部內力作用之退火中(Tempering)及退火後，反有發現者；或在使用受力之際，而突見碎裂者，均為此種最初胚生裂痕現象作用之擴展，非可作為在退火中，反有破壞作用，或適當受力之際，而有特殊破壞力之驚奇誤解。如內力作用強烈者，則破壞程度亦強大，而於冷却劑中即可發生碎裂也。至若細長與扁平之物件，於淬火後所起之彎曲扭轉等變形，亦為漲縮不平均之結果。

三・臨界漲縮與急劇炸裂

上述之損壞情形中，尚係程度較輕之「局部碎裂現象」，而恆於較小鋼件中見之；此外尚有破壞程度較重之「整個急劇炸裂或局部急劇炸裂現象」，此現象尚未論及，而實際上恆於較大鋼件中見之。此「局部碎裂現象」與「急劇炸裂現象」，為討論方便計，姑許作為本文討論之分界點，以示損害程度輕重之別；實則較重程度之炸裂，亦未始不起因於先生之細微之裂痕；不過碎裂現象有時雖起而尚可遏，炸裂現象則一起而不可制也。然則損害程度不同之「局部碎裂」與「急劇炸裂」現象之分別何在？曰：前者則係鋼件全部或大部未受所謂「臨界漲縮」作用所起之現象，後者則全因「臨界漲縮」作用所起之結果。而臨界漲縮則起於加熱及冷却過程中通過臨界溫度之處。故鋼件冷却作用，全部或大部外層完畢於臨界溫度上方，則此漲縮作用乃全部或大部可不發生，而不受其影響。如外表一小部份冷却於臨界溫度上方，內面大部份徐冷而通過臨界溫度，則臨界漲縮即因之而起，而被其破壞矣。而臨界漲縮之現象則又如何？據近代各金相學專家研究之結果，其漲縮方向，適與其他溫度時之漲縮方向相反，而非直線的進行；且

僅與臨界溫度時所起組織變化之某成份有關。此種特殊漲縮現象之發生，與前述正常漲縮現象大異其趣，在淬火工作上極關重要，所遇之困難恆特多，如不注意而深切了解之，則每遇困難，無法解決而將陷於迷途，不知所從也。茲為明瞭此現象計，更從學理上作進一步之敘述。

鋼之性質與組織，以純炭素鋼而言．全隨炭素成份之多寡而異。在固溶體學說（Theory of Solid Solution）中，有所謂重要原理所在之臨界範圍圖（Critical Range Diagram）者，茲先繪之如第一圖以便按圖索解之。

如第一圖鋼中之含炭量，約在0.85%左右者，其在常溫時之組織，全部為「剖來脫」（Pearlite）一種成份所組成，名為共柝鋼（Eutectoid Steel）。含炭量在0.85%以下者，為「剖來脫」與遊離之「斐來脫」（Ferrite）兩成份所組成，名為亞共柝鋼（Hypo-Eutectoid Steel）。含炭量在0.85%以上者，為「剖來脫」與遊離之「西門泰脫」（Cementite）兩成份所組成，名為過共柝鋼（Hype-Eutectoid Steel）。此三類鋼中之「剖來脫」量，以共柝鋼中為最多，亞共柝鋼中之量與含炭量成正比例而增減，過共柝鋼中之量，與含炭量成反比例而增減。此等情形更表明如第二圖。

當鋼類加熱至第一圖中之 A 1 或 A1-2-3 臨界點（Critical Point）——加熱時恆以 Ac1 及 Ac-1-2-3 代之——時，所含常溫時「剖來脫」成份之量，即全部變為「奧斯頓奈脫」（Austenite），亦名固融體（Solid Solution）；而同時其容積則非繼續先前之膨漲而膨漲，忽反轉而為顯著之收縮，溫度再上昇，則又轉為膨漲。如再由臨界點A1或 A1-2-3 上方緩冷——冷卻時恆以 Ar1

及 Ar-1-2-3 代之，較 Ac1 約低攝氏20――40度――而通過該點時，則「奧斯頓奈脫」仍復全部變爲原先之「剖來脫」；而同時容積則復反先前之收縮而轉爲膨漲，溫度再下降，則又轉爲收縮。此種容積上之變化，恆隨臨界溫度時所起之組織變化而伴生，且爲僅限於「剖來脫」一種成份有此特殊之性質。此種臨界漲縮現象示之如第三圖。（圖中曲線處卽示臨界溫度時之漲縮）

在加熱過程中所起之特殊臨界漲縮現象，於實際上無所妨礙。在冷却過程中，則此現象對於淬火上殊多不利；尤以對於大件實心物體（如二吋以上直徑之圓柱體）爲更顯著。因大件物品自臨界點 A1 以上急冷時，外層先行冷縮而硬化，保持「奧斯頓奈脫」或「馬丁散脫」（Martensite）脆硬之組織，內部則冷却遲後，而徐徐通過 Ar1 點，可能使「奧斯頓奈脫」組織仍復逐步變入「剖來脫」組織，同時轉收縮爲膨漲，內外部卽發生容積上之相差，如第四圖所示。因之內部發生膨漲力量。如脆弱之外層不堪支持，則立起整個急劇之炸裂。至細小物件，可能使在 Ar1 上方完全冷却，而避免此種體積膨漲之作用；有時所發生之局部碎裂，僅係起因於 Ar1 上方冷却時所起單一方向（卽直線方向）惟先後不同之漲縮之結果；其破壞內力爲向內之收縮作用，與前者破壞之原因，恰相反而迥不同也。而大件炸裂之危險，尤以高炭鋼爲甚。因如第二圖所示，鋼中含炭愈多，則「剖來脫」成份愈多；「剖來脫」成份愈多，則體積上之變化必愈烈也。

因此而可得一結論：鋼料在臨界溫度所起組織變化時之特殊漲縮現象，對於具有較大斷面之鋼件、雖各部斷面勻等，於淬火時，恆起致命之影響。一般對於淬火工作之觀念，常以形狀複雜之細小鋼件爲難處理之問題，對於形式簡單，各部斷面均一體積

較大之鋼件，恆視爲較易處理而無危險。而事實上適得其反，斷
面愈整齊而愈大之鋼件，其所遇淬火上之危險益愈甚，凡經過此
工作者均可知之。

四·急劇炸裂之防止

上述淬火危險應如何防止？其解決之方，則不可不從臨界漲
縮現象中求之；即務使此漲縮作用減低至不起炸裂危險之程度或
完全消滅之。而消滅之法，則與物品之設計有關；即對物品較大
之實心體，須在不減其強度下，去其內心有害之部份，而增加其
有效之冷却面積是也。吾國較大機械作業，尙屬不多，較大機件
及工具之加熱處理，因亦少遇。今特提出此種問題，以供一般之
研究；並舉一例如下，以資參考。

如第五圖所示之製造砲彈銅壳用之舂頭，所用鋼料，約爲含
炭量 1-1·2% 之炭素鋼，於均勻加熱至Acl 上方，淬火於水中時
，余曾遇及多次可怖之炸裂。其炸裂時間，或起於尙在水中進行
冷却之際，或起於完全冷却若干時間之後，或起於使用受力之會
；其炸裂部位，每在內孔底部斷面積發生相差之處（如圖中A-A
線處）作橫斷面之炸裂。（間亦有沿縱軸線起二分之一剖面及十
字形之四分之一剖面之炸裂者）。察其破斷面之淬火狀態，如第
六圖所示，僅在外層約5m·m·深之周圍，呈現淬火作用之細密組
織；逐漸向內，晶粒逐漸變粗而入於燜火（Annealing）狀態，
完全表現緩冷之程度。因此而考究炸裂之原因，全在外部先急冷
而硬化，內部緩冷而經過Ar1時，其組織則由「奧斯頓奈脫」變入
「剖來脫」，而起體積之膨漲致使外層不堪支持之關係。於是乃將
內孔鑽深至離凹底約25-30m·m·之處，以去其有害之物質，（內
孔加深可不影響強度與妨礙工作），而使離凹底之厚約與內孔週

緣至外緣之厚相等，如第七圖所示、而後舉行同時內外冲水之冷
却，使內心大部亦在 A_{r1} 上方起完全硬化，而減少臨界漲縮之作
用，結果則不起炸裂矣。同時舉行種種試驗，先將內孔改淺而淬
火，則炸裂部位亦提高，而仍在孔底之處發生。復將不鑽孔之同
樣大小之原料試驗淬火，則又起不定部位之炸裂。再作先冷於水
後冷於油，或完全冷於石灰水中，亦均未能完全避免危險。有時
雖受完全冷於油中亦起炸裂。祇有一法不起炸裂，卽在低溫時（
A_{r1} 以下）舉行之急冷，然此已非淬火之目的矣。凡此種種試驗
，均盦證明臨界漲縮作用之不爽。而經過內孔改深後，迄今已有
數載，處理數量，已達數十件，幸尚少遇意外炸裂之危險，是亦
一臨界漲縮作用能起不良影響之反證也。惟是對此工具之臨界漲
縮力已減至若何程度，是否已達最大之安全，則尚未悉而須待體
續研究者；並採取如此理論淬火之方法，是否適當而正確，尚祈
各工程專家賜予指示，俾得更完善之處理，而有裨於兵工製造則
幸甚！

第 一 圖

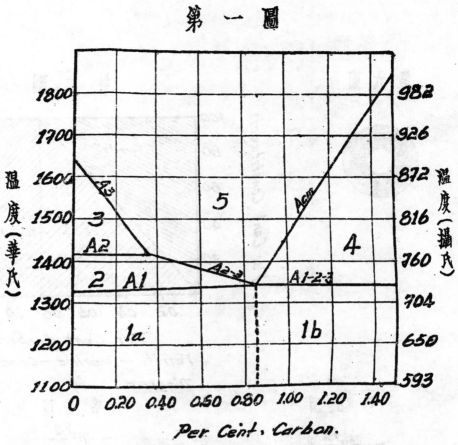

Per Cent. Carbon.

Critical Range of Carbon-Iron
Diagram.

第 四 圖　　　　　　第 三 圖

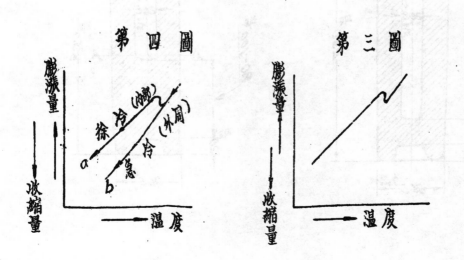

13491

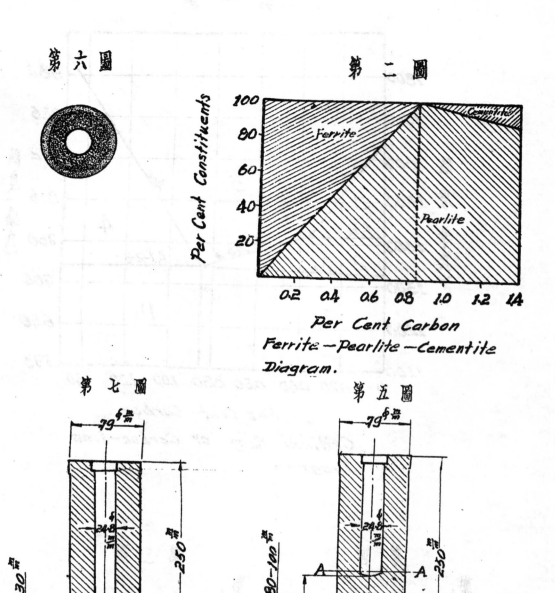

國產鎔銅鑵之使用經過　馬千里

二十七年廠址在長沙時，舶來品石墨鎔銅鑵之來源，即形缺乏，間亦有以滬造之國產石墨鎔銅鑵替用者，本題所指，僅限於黏土鎔銅鑵及石鎔銅鑵而已。

一‧黏土鎔銅鑵

黏土鎔銅鑵即黏土坩堝（Clay or white Crucible）歐美各國常用之以製造小量優等鋼，其所製之鋼名爲坩堝鋼（Crucible Steel）。粘土坩堝，一因價廉，二因其所製之鋼成分精確，且不增加碳量，對於製造低碳素鋼，尤其相宜，是黏土坩堝較優於石墨坩堝之點也。

本廠爲事實需要，廠址遷烟後，粘土鎔銅鑵，曾作一度之自製，歷時二年，鎔銅達二千噸，茲將材料之選取，配合及製造之順序，略述如下：

1。　材料之選取

黏土鎔銅鑵製造主要原料爲粘土，考黏土係自花崗石（Granite）或他種含有長石（Feldspar）（K Al Si$_3$O$_8$）之岩石與水及二氧化碳起作用，則鉀徐被除去，而化合物大半變爲含水矽酸鹽，（H$_2$Al$_2$〔SiO$_4$〕$_2$H$_2$O）純粹者即爲陶土（Kaolin）或稱瓷土（Chinaclay）爲一種白色而鬆軟之物質。如洗濯之，再令沈澱，其常得鉄之化合物，鈣及鎂之碳酸鹽及砂者，而爲普通之粘土。其有色澤者，因含鐵及錳之氧化物之故。

本廠所備粘土之原料，大概均採購於廠區附近，亦爲普通之一種，而其種類雖不少，質劣者居多，經累月之試驗，結果以本省新化安化二縣產者爲較佳，耐溫度高可塑性亦大，色都爲深灰

間亦有灰白者，吾人選料，並不以其色之深淺，而定其質之優劣，選料之標準，還以其黏力之大小而決，黏力大者謂之肥粘土，（Fat Clay）小者謂之瘠粘土，（Lean Clay）

為避免高溫時龜裂計，黏土鎔銅鑪製造時，除黏土外，須參加其他耐火材料，如細砂，碎火磚，煤或焦末，瓷器片或礦渣（Slag）等，惟此種參加材料，找取較易，故選取之規格亦較寬。本廠所用者，為本省寶慶產之無烟煤，無烟煤經燃燒後，取其渣滓中之各種矽酸鹽（Silicates）也。

2。 材料之配合

材料之配合，關係鎔銅鑪本身之壽命，至重且大，惟以所備之黏土成色不一，至配合時之成份，自不能期其劃一，當初製造時，該項工作，視為全般中最難之一點，後經多方之參考暨各種之試驗，始暫定其配合之百分率如下：

生 黏 土……………………45—48%
無烟煤渣滓……………………45—48%
熟 黏 土………………… 4—10%

上列配合百分率，悉依安化北溪產之黏土及寶慶產之無烟煤為準，至他地產之原料，配合時當立見不同矣。

3。 製造之順序

粘土鎔鋼鑪，概用手製，其製造順序如下：先將黏土原料，浸漬水中，約一星期之久，待水化及細分作用（Hydration and Bacterialaction）完畢後，泌去液質，除去雜物，按照上列配合比例，加入已經過火輾細及過篩工作之無烟煤渣滓，再混熟黏土攪和均勻，如覺乾燥，可加適量之水輾磨使黏，即成鎔銅鑪製造用之原料，乃切取適當之量，揉成毛胚裝入木型（附圖Ⅰ）用

手拍製，至相當時，用樣板（圖Ⅱ）檢查，成後脫型，經涼乾，，烘烤，預熱等工作後即可貯用。

圖Ⅰ—木型（24磅黏土罅銅頭製造用）圖Ⅱ—樣板（24磅黏土罅銅頭檢查用）

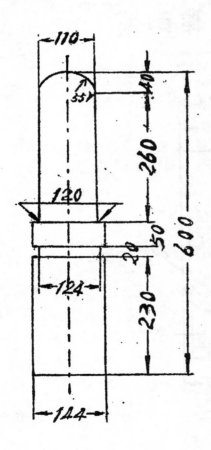

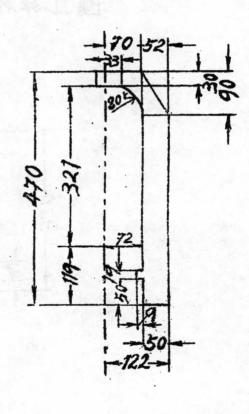

　　上製之鑪，可於其灼熱時，濕以食鹽，使成鎔融之矽酸鋁鈉之薄層，覆被表面，冷却時凝固，不易再受潮。

　　鑪之容量大者為50磅，小者為24磅，後者製造易，原料省且較耐用，本廠均採此種用之。鑪之高度，為其口徑二倍又半，其形狀及其他寸度，一如（圖Ⅲ）所示，至其耐用火數，隨其所鎔材料而不同，鎔銅屑時每鑪平均2火，鎔塊狀銅者平均3火。

圖Ⅲ 24磅黏土鎔銅讃

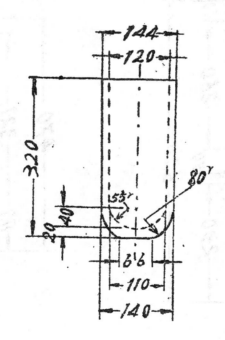

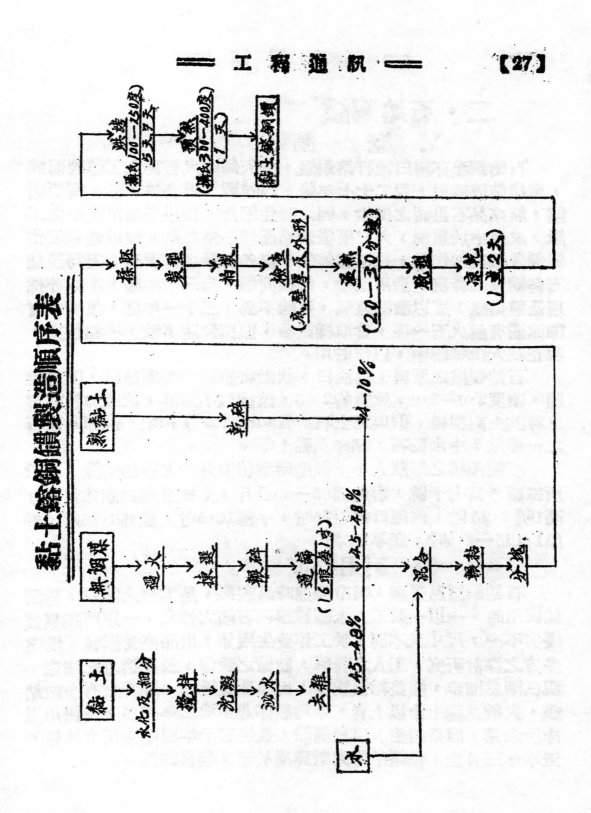

黏土陰嗣細嗣製造順序表

二·石鎔銅鑵

1. 概 論

石鎔銅鑵亦稱白泡石鎔銅鑵，由天然耐火石經人工鑿製而成，原作熔玻璃用，民二十七年餘，因抗戰風雲有加無已，海運閉塞，舶來品石墨鑵之供給，因之發生困難，益以各淪陷區域之工廠，咸集中於重慶，大有雨後春筍蓬勃一時之概。惟以鎔銅工作關係各廠整個作業，是不能停頓，經各工廠竭力調查，乃得該種石鎔銅鑵之發現，沿用至今，似無問題，自三十年起，本廠亦採用是種鎔鑵；究以渝湘遠隔，運輸不易，三十一年底，復查本省湘潭產有耐火石一種，曾取樣試驗，似與渝購者較，不相徑庭，現正在大批採購中，以作貯用。

石鎔銅鑵之原料，色淡白，狀緻密細粒，條痕色白，固結性脆，硬度2·0—3·0，比重約2·5，硝鹽酸不能溶，硫酸加熱能溶，考其上列種種，似與瓷土石（ Kaolinite ）相類，或即為該石之一種歟？中含長石，細砂及黏土等。

石鎔銅鑵之形狀大小，製造時悉仿照外購之石墨鎔鑵，本廠所採購者為七十號，容量為55—60公斤，（按照能鎔銅重量計）高1呎2·25吋，內徑口部8·75吋，中部10·5吋，底部6·25吋，壁厚1·125—1·5吋，底厚1·5吋。

2。 耐用程度

石鎔銅鑵易受潮，驟冷驟熱時易龜裂，是其最大缺點，當開始使用時，一以一般工人未認識該種石鑵之性質，一以所購鑵質優劣不一，尺寸又不同，致工作發生困難，出品亦受影響，後經多方之探討研究，工人之訓練，設備之改善，及採購時之注意，現已漸見進步，鑵隻耗損減少，出品產量增加，近月來有少數鎔鑵，火數竟達七十以上者，平均數亦超出前二年多多，為使用以來所未見，因果相生，事豈偶然，茲將三十年開始使用之月起，至本年三月止，每鑵平均火數詳列於下，藉供參閱。

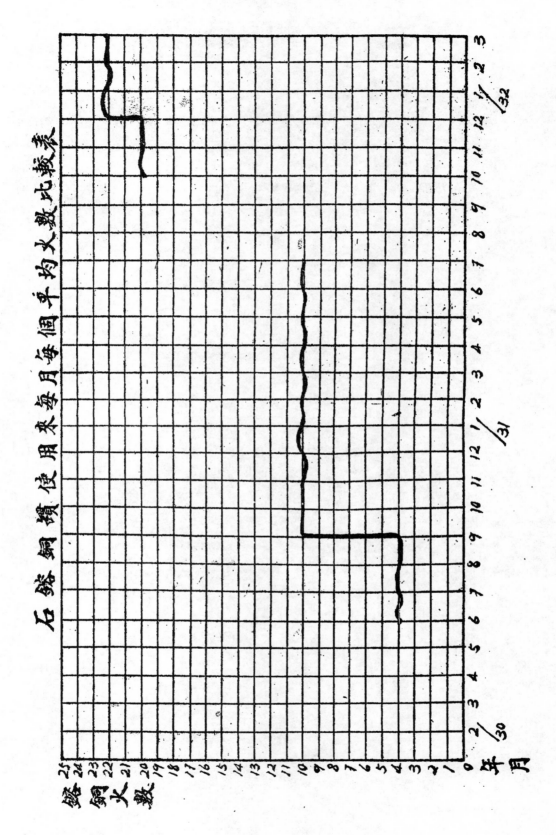

石器 銅鏡 使用 年來 每個月 每個 平均 火數 比較表

鐵
銅 火數

13499

3. 使用注意

石鉻銅鑵組織粗鬆，荷重力薄弱，遠不及石墨鉻鑵，此係事實，欲使用結果之良好，端賴工作時之謹慎，與小心耳。下述各點，為使用石鉻銅鑵所必須知者：

（一）不假借外力通風——普通坩堝爐工作，概利用烟囪之通風（Forced Draught）以縮短鉻融之時間，惟用石鉻銅鑵時則異是，依長期試驗告知，以坩堝爐本身之自然通風（Natural Draught）為宜，如工場中已備有烟囪者，可將烟道之節氣板（Damper）或烟道與爐間之通氣門阻塞，雖工作場所滿充烟霧，工作稍感不便，然爐內之燃料並無因空氣不足而發現未盡燃燒，或用量太多之弊，惟已經數火之鑵，稍加強其通風亦無妨，但須酌量當時之情形行之。

（二）燃料宜用烟煤或無烟煤——依據 Gruner 關於普通烟煤與無烟煤分類之告知，揮發物（Volatile Matter），烟煤含10—50％，無烟煤含8—10％，固定碳（焦煤）（Fixed Carbon），烟煤含50—92％，無烟煤含90—92％，職是之故，烟煤與無烟煤，引燃易，但在短時間內難達高溫，焦煤則反是。石鉻銅鑵雖經預熱之工作，其內部遺留有或多或少之水份，不宜在短時間施之高溫，且其所含長石等非經相當時間，亦不能使其鉻融，發揮其黏結之功能，石鉻銅鑵之選取烟煤無烟煤為適宜燃料者，此為主要之原因，本廠用煙煤，重慶各廠用無煙煤，焦煤曾試用有時，未見成效，因之停止者久矣。

（三）預熱——預熱為各種鉻鑵使用前所不可少之工作，外購石墨鉻鑵雖塗有防溼劑，亦常施之以上項工作，況石鉻鑵原係天然石製成，其所含水份自多，且其表面多細孔，吸收空間水氣更

易，此種內藏之水份，非經長期低溫之預熱，斷難促其洩出而飛發。預熱溫度約攝氏150—200度，其日期愈久愈好，然至少以十天爲限。

　　（四）原料加入之考慮——俟石鑪赤紅後，方得將原料加入，否則鑪身漏裂，於工作諸感麻煩也。原料以屑狀或細粒狀者爲合格，如爲屑狀或細粒狀者，亟宜想法擊碎，使成相當之形狀後，然後加入，鑪之上部可勉强放置較大塊狀，惟中部以下，非用細粒或屑狀不可，蓋全以大塊加入，非特耗廢較長之鎔融時間，且縮短鑪之壽命，影響工作至非淺鮮，又原料宜於近鑪口處輕輕加入，切忌自高而下，免使鑪身因擊碰成傷也。

　　（五）鎔融時之注意——石鑪底部宜墊以耐火泥或耐火磚製之座，藉以增加石鑪之支力，以防爐內發生過高之溫度，約每隔一小時可添加燃料一次，又所用之燃料係煙煤，因有揮發物之故，常產生膠稠狀之屑，易使空氣之來源斷絕，宜備6—7分徑之鐵條，常予以通搗，亦爲用煙煤作燃料時所不可少之工作。

　　（六）鑪身溫度勿使變遷過速——石鎔銅鑪一遇驟冷驟熱，易致龜裂，旣如上述，故在鑪鎔成之銅液，最好用鐵杓取用，轉注模型內，如製造鉅形鑄物，非將鑪身取出傾注不可者，其工作當愈求迅速，時間當愈求縮短，蓋非如是，卽不能避免意外之損失也。是用石鎔銅鑪來，卽行日夜換班制，其原因卽在於此。

　　上述各節，爲使用國產鎔銅鑪以來大槪情形也，惟以匆促書此，掛一漏萬處，在在皆是，如蒙先進諸君，多予指敎，幸甚感甚！

酒 精 製 造　　賀其燬

一・引言

　　酒精用途極廣，需要甚多，人有以酒精每年消費之多寡，覘一國之興衰者，則酒精對於抗戰建國上，吾人不難估量其重要性。

　　酒精之製造，就其製造之程序上言之，則有三個步驟，（一）製麴（二）釀酒（三）精溜。就其變化之機構上言之，則有（一）生物的（二）化學的（三）物理的三種變化。蓋製麴為微生物之培養，屬於生物學範圍，釀酒為澱粉變糖，糖變酒之作用，屬於化學範圍。而精溜一步，不過為酒與水之分離，利用沸點之高低，揮發之難易，操縱溫度，反復蒸溜，其變化為物理的，屬於物理範圍。茲將三步驟分別述之於下：

二・製麴

（1）製麴原理：

　　使用澱粉物質釀酒，必須兩種酵素。一為澱粉糖化酵素，能使澱粉變糖。一為酒精醱酵酵素，能使糖變酒。前者為「絲狀菌」（以毛黴及麴菌兩種最佳）所分泌，後者為酵母菌所產生。兩類之菌，均係植物性的微生物，故釀造者欲得兩種酵素，必先設法使能產生兩種酵素之菌，生殖繁榮，方可釀酒。繁殖之法，一須營養豐富，二須水分適宜，三須溫度適當。製麴原料，即為微生物之營養料。製麴時，必須調節水分，操縱溫度，即為使微生物得適於生存與繁榮之環境。故製麴無他，與養蜂育蠶，意甚相似。養蜂育蠶，必須選種，並預防病態。其於醱酵微生物亦然，故中央工業試驗所有純粹

菌種之培養。吾國釀酒，北方用麴，南方用藥，其實酒藥亦為麴之一種。以米粉造成，中雜藥料，如辣蓼肉桂，甘草，木香，川芎，烏頭，生姜，杏仁，陳皮，白朮，蒼耳子，炙附子，川椒等品。更有攙合白乾泥，以減低成本者。又有攙合蛇，蝎，鬧楊花，狼毒，麻黃，蜈蚣等物，以增酒味之辛烈者。而酒藥商每每諱莫如深，以為祕訣所在，全在藥性，不肯示人。實則全係微生物之作用，而藥無關係。黃海化學工業研究社，曾將各藥加以分析，其研究結論，為「製麴用藥，似為不當。」諸藥料中，惟肉桂有促進釀酵之作用，同時又有殺菌能力。故其結論又云「與其用之製麴，不如直接加入釀酵醪中。」且浙大農學院，用純米粉製酒藥，台灣之改良酒藥，亦不用藥，品質均佳。由是而知酒藥之說，未免貪微生物之功，以為藥力。

（2）製麴原料：製麴原料，以小麥為最佳。其營養則適於酒精釀酵微生物之繁殖，其黏度則無過於疏鬆，或過於黏滯之弊。故吾人製麴，完全採用小麥。

（3）製麴經過：吾人於三十一年七月二十日（即農曆六月初八）起製麴，兩日完畢，共用小麥九市石，每市石重一百四十市斤。

　　（甲）原料處理：先將小麥磨成粗粉，包括麩皮在內。粗細程度，務宜適當，以粗如芝麻為合度。

　　（乙）麴室設備：吾人所用麴室，乃將普通宿舍改裝夾壁重門重窗而成。下有地板，舖以麥草，均厚寸半。草用噴壺，取清水噴溼至成潤溼狀態而止。窗用油紙密閉，不透氣。

　　（丙）踏麴：踏麴需十八人，其工作分配，為一和粉，一

驗麴，一擺麴，一裝模，一量料，一舀水，一磕麴，一端麴，其他十人均踏麴。量料者，將一定量之麥粉，傾入鐵鍋中。鍋則斜置於桶上。舀水者，舀一定量之水，倒入鍋中。和粉者，卽將兩手指頭張開，將粉迅速反復在鍋中作「太極圖」式的和拌，越快越好。慢則麥粉吸收水粉不勻。和好，遞交與之對立之裝模者。裝模者卽以雙手用力壓入麴模中。麴模爲櫚木所製，取其堅實耐用，免於磕麴時磕壞。模成「井」字形，長一市尺二寸，寬六市寸，厚一市寸半。裝好後，卽遞給第一踏麴者，以腳踏之。迨第二模裝好，第一踏麴者，卽將原踏之麴翻轉其面，遞給第二人，以後按此推進，及於最後驗麴者，卽取麴檢驗硬度是否合宜，麴面是否光滑。否則交還再踏。合宜者，由磕麴者修理模外黏着之溼粉，將麴磕下。端麴者卽端入麴室。擺麴者將麴擺好。麴與麴間，保持三指距離，中塞麥草，使不傾倒斜倚，依次擺妥。一行旣滿，再疊一層。層與層間，須成「人」字形，以免壓倒。最多不過四層，四層旣畢，另擺一行。行與行間，亦須保持寸許距離，如此遞進，可擺滿全室。吾人祇用小麥九石，故不夠擺滿一室之料。十八踏麴，前六人需用腳跟踏，增麴硬度。後四人須用腳板踏，使麴面光滑均勻。吾人所踏之麴，每次用麴粉1290公分，用水540公分。故粉與水之比約爲2‧4:1。用水之量‧最關重要，此種配合，由經驗得知。

　　（丁）封閉麴室：麴旣入室，擺列整齊，卽加麴草掩蓋其上，厚約二寸。掩蓋之草，亦須噴水潤溼。封門二十日後，開放一天，掀去蓋草，上下翻動。再封閉過六日後，取置通風處一月，麴成，可收藏使用。

（戊）菌種來源：踏麴不過製成微生物之培養基。菌種來源，若以最科學方法行之，當購用中央工業試驗所釀造試驗室所培養之純粹菌種。吾人製麴，因係試驗性質，未用純粹菌種，全係取於自然。蓋空氣，麥草，房屋，什物之上，皆有各種菌種存在。不過有益者固可繁殖，有害者亦得叢生。此應控制溫度濕度，使益者生，害者死。而兩者之控制，全憑經驗，稍涉疏忽，便成劣麴。

（4）試製結果：吾人所製之麴，頗合優麴特徵，一皮薄，二有斑衣，三有清香，四斷面間有紅褐色環紋，茲將製麴程序圖解如次：

製麴程序圖解

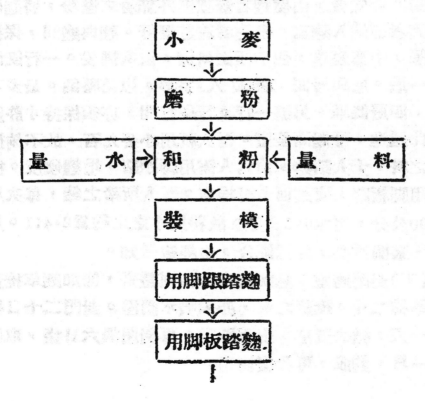

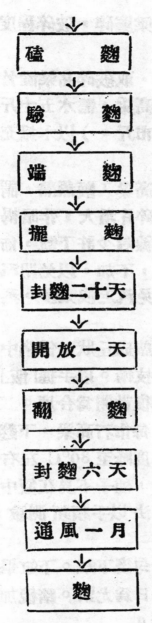

↓

| 磕　　麯 |

↓

| 驗　　麯 |

↓

| 端　　麯 |

↓

| 擺　　麯 |

↓

| 封麯二十天 |

↓

| 開 放 一 天 |

↓

| 翻　　麯 |

↓

| 封 麯 六 天 |

↓

| 通 風 一 月 |

↓

| 麯 |

三 · 釀酒

吾人於三十二年三月一日起釀酒，試用自製之麯。

（1）原料處理：先將高粱磨碎，破碎程度，以無整粒，又無細粉爲主。

（2）悶高粱：蒸飯先夕・取破碎高粱置竹蓆上，堆成丘狀，傾以沸水，大約一市石高粱，需水五十斤上下。（吾人所用高粱，每市石重八十七市斤。）以木掀充分攪拌，覆以竹蓆，上加稻草。

（3）蒸飯：次日取已悶高粱入甑蒸熟，謂之蒸飯。破碎之高粱，經一夕之「悶上，」碎片增大，作暗褐色，有香氣。先將水燒開，後取原料拌和糠殼少許下甑，佈滿甑底約五寸厚，迨汽衝上，再加，未上，不加，以免閉汽難熟。俟全部加入後，蓋之，邊緣圍布，免汽走洩太多。蒸一小時餘，減小火力，任悶二三小時。

（4）上漿：將飯取置竹蓆成丘狀，爸鍋中沸水澆灌，謂之上漿。澆水多少，爲重要技術。以手握「飯」，似有水分津出，而無滴水，手鬆時，飯復散開爲合度。

（5）下麴：磨麴成粉，每市石高粱，下麴十八市斤。俟飯充分翻拌，吸水均勻，溫度降至 30°C 左右下麴。溫度過高過低，皆可使麴中微生物，種子不易在飯中充分繁殖，所得酵素必少，酒量必微。舊法以手頻頻測驗，非經驗富豐，往往錯失。

（6）下缸：下麴攪拌均勻後下缸。下缸畢，一人躍至缸中，踐踏使緊。夏日應較冬日爲尤緊。踏後加糠殼厚寸許，蓋蓋，封泥，施行密閉醱酵。

（7）醱酵：封泥後十五日左右，可蒸酒。澱粉糖化，與糖變酒，均一次行之。因麴中有「繞狀菌」「酵母菌」及「澱粉糖化酵素

」與「酒精醱酵酵素」存在。如此處理，是為「固體醱酵。」乃
我國特有方法，各國均無。

（8）蒸酒：醱酵完畢，將醅取出拌和生高粱，並少許糠殼蒸酒。
糠殼作用，使醅疏鬆，容易過汽。蒸酒後，糟不棄去，再行
繼續醱酵。

高粱酒釀製程序圖解

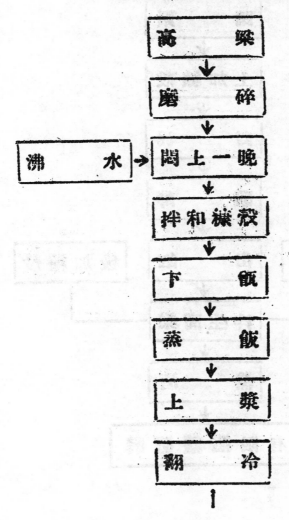

高 粱

磨 碎

沸 水 → 悶上一晚

拌和糠殼

下 甑

蒸 飯

上 漿

翻 冷

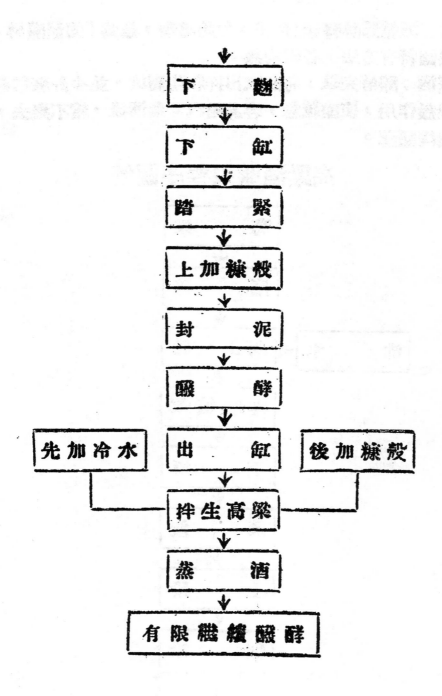

（3）有限繼續積釀醅：將酒醅摻和生高粱，然後蒸酒，蒸酒後，糟不棄去，生高粱藉以蒸熟，混合新熟高粱，仍然下麯下缸，再行釀醅。謂之繼續積釀醅。如此處理，可至三次或五次。但最後一次，不加新高粱。以其三五次後，糟乃棄去，一切如前故謂之有限繼續積釀醅。吾人採用此法。此外尚有所謂「無限繼續積釀醅」，擬後設備充實，再行採用。茲將各次試釀結果，列表如次。

試 釀 結 果

月／日	高粱 市斤	麯 市斤	酒藥 市斤	濃度 %	盤量 市斤	備考
3·15	170	36	無	62 37	15 8	初次試釀未加生高粱
3·17	180	36	〃	44	30	酒醅加生高粱70市斤後蒸酒
3·20	194	37	〃	33	31	酒醅加生高粱72市斤後蒸酒
3·29	279	48	〃	42 33	6 36	酒醅加生高粱90市斤斤後蒸酒
3·30	70（並3·17渣子）	35	〃	75 53	8 37	酒醅加生高粱90市斤後蒸酒 此係第二次總積釀醅

13511

日期					備註
3·31	275	42	"	37 35	22 23	一部份加酒藥下缸一部份 加熟高粱49市斤加麵下缸
4·1	72（3·20渣 子）	35	"	35 45	30 32	加生高粱52市斤
4·6	280	45	"	73 47 39	5 20 30	加生高粱98市斤
4·7	112·5	無	75	48 47	8 22	加蒸熟高粱56市斤加酒藥 試行繼續醱酵群
4·8	240	40	無	34 47	37 10	加生高粱92市斤
4·9	268	43	"	37 64	48 10	加生高粱84市斤
4·10	3·31精120	無	3·5	44	17	糟已棄。
4·31	400	66	無	49 42 72	26 80 25	加生高粱96市斤。
4·15	400	66	無	44 72 41	21 21 27	加生高粱100市斤。

日期	濃度	附記	數值				備註
4·16	90	（並180及渣子）	38	"	51/31	37/10	此係三次醊醅釀醱結果加酒藥不加高粱再行下缸試行第四次
4·17	49	（3·31及渣子）	25	"	74/45	13/28	加生高粱96市斤
4·1 9	56	（並3·7糟）	無	8·5	—	—	醸醅變酸再無結果
4·19	52	（並4·1渣子）	44	無	42	42	此係第三次醊醅釀醱結果再下藥不加高粱
4·20	90	（並4·1渣子）	46	"	66/55	33·5/44	此係醊醅3·29第二次釀醱結果加生高粱93市斤
4·21	92	（並4·8渣子）	37	"	53/62	36/27	此係醊醅4·8第二次釀醱加生高粱50市斤
4·22	93	（並4·8渣子）	40	"	61/59	35/31	此係醊醅4·6第二次加生高粱70市斤

附註：（1）表中酒之濃度，均以溫度15°C為標準。

（2）濃度均以容量計，用基魯沙酒精計，測定之。

(10) 酒藥與麴之比較

吾人所用酒藥，係洪江產，狀如紅棗，完全採用湖南舊法釀製。所得結果，不如用麴產酒之多。用麴係「固體醱酵，」可行繼續醱酵法，故得酒較多。用藥係「液體醱酵」，蒸酒後即棄糟，故得酒較少。曾經用藥試行液體繼續醱酵法，結果甚劣。將糟一百十二市斤，加蒸熟高粱五十六市斤，醱酵後變酸。用藥手續簡單，高粱不須磨碎，可省人力。用麴手續繁重，但酒之風味佳美，用藥反是。但用藥若採用固體醱酵法，亦可繼續醱酵。曾以用麴蒸酒一次之糟一百二十市斤，加藥三市斤半，得酒十七斤。

四・精溜

(1) 精溜之設備：

精溜部份之設備，除鍋爐，水塔，及冷凝器，預熱器，酒精安全流量測定器等外，其最要者為精溜塔。塔有三種，一泡蓋隔板精溜塔，二篩狀隔板精溜塔，三塡充式精溜塔，以第一種效率為大。

(2) 泡蓋隔板精溜塔之原理，

每層有噴氣管十餘箇，酒液氣化後，由各管冒上，每管罩上一箇泡蓋，（又稱為帽蓋），氣觸蓋頂，折轉由泡蓋下部周圍之裂縫鑽出。工作之際，各隔板上均積液體一層，將蓋周裂縫浸沒，使蒸氣由裂縫鑽出時，必經過液層，發生氣泡，故稱泡蓋。氣泡之生，在使蒸氣與液層發生熱的交換。液層中有相當的酒成分，受熱揮發昇騰。蒸氣中之水成分，因己失出一部分之熱，亦相當的凝縮液化，留於此層，如此遞進，愈上水分愈減，酒分愈增。而每隔液層，自必愈積愈高，然其高度，超過迴流管高時，即流至

下一隔板。下一隔板之液，又超過時，又可流至再下一隔板，如此遞降，終至廢液盡至塔底，一次放出。而迴流管之下端，插入下層液中甚深，可避免蒸氣由此衝上。

（3）塔之設計：

吾人設計之塔，爲泡蓋隔板式，乃利用黃銅碎屑翻砂製成。全塔四十層，塔頂與塔底除外。每層有泡蓋十四箇，噴氣管十四根，採用錯綜迴流。加熱桶以紫銅皮鉚製，置於塔旁，以導管聯繫。本塔之設計，係本下列要點，斟酌工作情形決定。

（4）設計要點：

（甲）泡蓋隔板，精溜塔，板與板間之距離，最小應爲六吋。

（乙）塔蓋與最高一層之距離，宜較他層爲最高。

（丙）各噴氣管之總面積，應佔隔板面積百分之十至二十。

（丁）裂縫浸沒之深度，可超出裂縫一吋至二吋之高。

（戊）每層諸泡蓋上諸裂縫窒隙面積之總和，應與諸噴氣管口面積之總和相等。

（己）蒸氣在泡蓋內通過路徑，其面積應等於蒸氣入口之面積，加泡蓋上各裂縫之面積。

（庚）裂縫之寬度，最小應爲 $1/8$ 吋。

（辛）圓形泡蓋之直徑，若爲4吋至7吋則蓋與蓋間之距離，至少應爲1吋至2吋。

五·結論

（1）吾人所製之麴，經試用結果尚佳。然從任何方面言之，必不如採用純粹菌種之善。以後大量製造時，宜用純粹菌種，竭力使其現代化。

（2）繼續醱酵，比一次醱酵佳，以後仍當廣續採行，並試用無限繼續醱酵法。

（3）酒藥產酒，不如麴多，風味亦遜。以後仍以用麴好，且就成本上計算，麴亦合宜。

（4）吾人製麴，除水與小麥粉外，確未用藥，結果頗佳，足徵釀酒並不需藥。

（5）用酒藥照湖南液體醱酵方法行之，不能行繼續醱酵。

（6）吾人設計之精溜塔，尚未裝置竣工。但在趕製時，適中央工業試驗所代甘肅省立酒精廠設計圖樣購到，取與檢較，無多出入。

戰時硝酸之製造　　龔警鐘

一·導言

製造硝酸，除「合成法」因設備與技術均較繁難其實際情形暫不贅述外，其以硫酸分解硝石之舊法而製成者，實屬蒸餾工作之範圍，原無記述之價值。惟處抗戰期中，物力艱窘，一切設備，均須另求代用品，方可達到目的，其頓挫困窘之經過，或可供戰時從事斯業者之參考。爰以親身所歷者記述如次：

二·籌劃經過

我國酸鹼工業戰前猶在萌芽時代，而從事硝酸製造之工廠，更屬寥寥，抗戰以還，又幾經戰事摧毀，原有基礎尚難保持，遑論發展？際此海運被阻，外貨斷絕，供求遂益日懸殊。兵工廠用以製造火藥之硝酸不但品質宜純，且用量亦鉅，故多自製供用，惟專以製造雷汞（俗名白藥）者，因用量較少，則仍仰求外來，然均感于交通梗阻，運輸困難，莫不亟謀自給之道。湘西某廠，迭以硝酸購運艱難，且曾一度陷于停工，需求更急，遂有積極籌製之計劃。但所存之硫酸雖多，然向無製造硝酸之設備，欲於短期內以求自給，殊非易事。蓋硝酸原屬一種最強之氧化劑，除貴金屬特種合金及玻璃陶磁等物質外，均易被其侵蝕，故製造硝酸之設備，多以特種合金鑄造，或用玻璃陶磁製成。然此均非目前所能製備者，故為適應戰時環境，迅速完成製造設備以濟急需起見，幾經思慮，始決定利用盛酸之瓦罈及玻璃瓶以作冷凝設備，並以大玻璃管灣製冷凝管及各種導管，所需之分解鍋，則用生鐵鑄造，更參照瓦練定邨（Valentiner）式之減壓蒸餾裝置，于石灰吸收器之後，設置抽空器，此當時設計之主要原則也。

三·製造設備

　　茲將設備全圖說明如次：【圖附文後】

A·為生鐵分解鍋，內徑 800 公厘，厚20公厘。分上下兩部，中間夾石棉紙，以螺絲門緊合之。上部有原料投入口及氣體蒸發口，下部有殘渣放出口。

B·為內徑進口4吋出口2·5吋之生鐵灣頭。

C·為準備器，用盛硫酸之瓦罈裝設之，其下部裝一玻璃虹吸管，近於頂部之處，挖有二吋大之孔，此孔與 B 之間，用大玻璃管連接之。

D·為水箱，內裝1·5吋之玻璃冷凝管，C D 之間，為一玻璃大導管，長一公尺。

E·為接酸罈，其下部裝有虹吸管，由冷凝管凝成之酸達到虹吸管灣度之頂點時，即自動流出，而可直接裝罈備用。

F·為凝縮瓶，係利用盛裝舶來硝酸之空玻璃瓶裝設之，此瓶可容七十斤。

G·亦為凝縮瓶，係利用盛硫酸之瓦罈裝設之，共兩列，計十三個，內盛蒸餾水，各罈之間，用一吋玻璃導管連接之。

H·為吸收器，亦係盛裝硫酸之瓦罈，內儲石灰乳。

I·為抽空器，係利用木圓風箱改造而成，（將四片風門倒換之使往復均成吸器作用）其中活塞圈，則改用牛皮。H與I之間，用1·5吋橡皮管連接之。

J·為殘渣池，設於室外，由分解鍋放出之融熔狀殘渣，經溝道而流入池中。

L·為冷水桶，由此供給冷却水至D。

M·為水箱之熱水流出口。

O·為硫酸倒入器，係將盛酸瓦罎之背面開一大孔，依水平位置
　　放於室外，其旁築一台，倒酸時先將酸罎置台上直接倒入之。

P·為三吋鑄鐵管，由硫酸倒入器流出之硫酸，經此管而流入分
　　解鍋。

照分解鍋之容量，以每次加入硝石壹百貳拾公斤及分解時間
十小時計算，則每日可產濃硝酸約八十公斤，如分日夜兩班
連續製造，產量當可倍增，以之供給實際需要，尚有餘裕。

四·解除困難

凡事在創辦之初，困難決難倖免，戰時工業，在求自力更生
，尤非易事，即在平時興舉一事，其設備雖可仰求舶來，然裝設
試造之際，困難尚多，況以利用廢物而欲求其一帆風順迅赴事功
者，洵屬萬難矣！謹將當時所遭困難及謀解除經過縷述如次：

（1）耐酸接合劑之製造

耐酸接合劑之兼有耐熱性者，首推水玻璃、此物在戰前常充
斥市場，價亦低廉，但目前則無處可售，經多方搜購，終難濟用
。玻璃陶磁之接合，既非用此不可，遂迫而從事研製。原擬用鋼
質廢彈殼置鍛鐵爐內熔製之，以求速成，終因火力不足而罷，嗣
乃商請友人借得粘土坩堝，並建造高溫火爐，積極試造，然以經
驗欠缺，又無熟練技工，舉凡配料加煤，均須躬與其事，坐守爐
旁，眠食未離，經多回實驗，始獲成功。以往係用士瀝青混和石
棉以作接合劑，常因熱熔化而混入酸中，甚至走漏酸氣，傷人誤
事，為害至烈，從此遂告解決矣。

（2）玻璃冷凝管之灣製

原擬製備徑大半公尺之玻璃圓形蛇管以凝縮硝酸，曾親往玻
璃廠定製，因該廠未曾製過，且限於設備與技術，不敢承製，幾

度奔馳，一再商洽，始允從事試造，卒以吹管所取之融熔玻璃，僅足供拉製三公尺之管，且當其灣曲成形之際，每因急冷而破裂，其灣度厚薄層次，更難于瞬刻間使之一定，縱可勉使成形，又以長度有限，無法熔接，終歸失敗。嗣乃改用已成之直管，用吹焰就規定之石棉手搖圓筒上燒之使成定形，亦未成功，最後乃變更計劃，將圓形改成梯形，其接口則用耐酸劑包裝，高寬均為一公尺，全長共計十公尺，始勉強適用。

（3）利用盛酸罈以作冷凝器

盛酸瓦罈及玻璃瓶均能耐酸之侵蝕，用作硝酸凝縮器，固極適宜，惟須穿孔以玻璃導管連接之，是為最大之困難。蓋玻璃陶磁之硬脆性甚強，稍受敲擊即生龜裂，迭經思考並親試多次，卒能照所需之大小，穿鑿圓孔，其法係利用其硬脆易於崩碎之特性，先將小鋼鑿之尖端置于瓦罈上用小鎚緩緩敲擊，俟得微細之裂痕後，即可利用其凸凹面小心鎚打，務宜善用其角度漸漸擴大，切不可操之過急，待表面次第崩碎即可穿成一小孔，再沿其四週均勻鎚擊之，遂擴展而成一大孔。惟穿鑿玻璃瓶則較難，須先用刀邊形砂輪磨擦其表面，俟其穿透，再利用小鋼鑿本身之重量，沿孔之破面並細察其角度小心敲擊之，即漸成一大孔，然偶不留意，即生裂縫。

（4）分解鍋之易被腐蝕

分解鍋原應全部埋裝爐內，最初即已計劃及此，惟在試造之初期，因便於隨時折卸以觀察其內部是否有被酸質侵蝕之情形，故上部暫予留露，詎料當時之困難叢生，即起因於此。蓋鍋之上部未予保溫，一部份硝酸蒸氣遂被凝結而反回鍋中，蒸餾時間因之延長，鐵質更與之作用而發生水蒸氣，隨硝酸蒸氣而出，而同

被凝結，以致所獲之硝酸不但濃度甚低，且帶綠色，經察鍋蓋內壁果被腐蝕，於是將鍋蓋埋裝並用石棉線纏絮灣頭以保其溫，更加大抽空力量及略增蒸餾火力，工作始趨于正常。

五 · 作業實施

（１）所用原料

製造雷汞之硝酸，其品質宜純，尤忌氯化物之混入，故製造硝酸之原料必須純淨，現所用之硫酸其濃度為 64°—66°Be'，且係用接觸法製成，當可合用。惟硝石係湘省出產之硝酸鉀，雖經提煉，然據分析之結果，內含氯化物尚多，後經第二工廠加以精製，其氯化物始減至千分之六，茲將硝酸之作業實施記述如次：

（２）工作程序

先秤取硝石120公斤加入鍋內，次秤濃硫酸135公斤倒入設置室外之硫酸倒入器，經由輸酸管（此管之一端與分解鍋相距三公尺，另以鉛皮管銜接之，硫酸倒完後仍即取去，）而流入鍋內，同時即緩緩昇火，並開始抽動抽空器，俟原料加完，即將鍋口封閉，硝石遇硫酸，即起作用而發生黃色之硝酸煙，並發生反應熱，此種現象，均可于靠近灣頭之大玻璃導管中窺測之，蒸餾溫度規定150°—210° C，原係用溫度計測定，嗣因操作漸趨熟練，司爐工人可憑其經驗藉上述之玻璃導管測驗之，溫度之增減，可啟閉烟道之閘門調節之，在最初之溫度，宜保持 150°C左右，以免因反應激烈而致鍋內之原料沖湧而出。約經半小時後，冷凝管即有硝酸流出，漸次增多，約四小時後，酸液即徐徐減少，此時宜即昇高溫度，八小時後流出之酸液，即漸成點滴狀態，溫度昇至最高點，發出之硝酸蒸氣亦變成棕紅色，（此為硝酸因過熱而分解成為氧化氮之證）至滿十小時後，即毫無酸液流出，棕紅色

之硝酸蒸氣，亦漸次消失，即將分解鍋放出口之螺絲門啟開，放出鍋內之殘渣，並將火熄滅，俟鍋稍冷再開始次回之製造。每日分日夜兩班連續製造，計每回可獲 46°—48°Be'之濃硝酸約七十公斤，製造五次後，由冷凝器吸入蒸餾水而成之 35°—40°Be'硝酸約八十公斤，用玻璃虹管吸取之，再換裝蒸餾水，故冷凝器與導管之接合，均用土瀝清混合石棉纖維塗墁之，以便裝拆。

六·產品成份

在製造之初期因設備未臻完善，經驗尚不充實，一切均未趨入正軌，故製品之成份如何？頗滋疑慮。為慎重計，曾取其混合試樣託何漢雄先生詳加化驗，據其分析之結果如次：

S ………………………………………… 0·0902%

Cl ………………………………………… 0·0097%

Fe ………………………………………… 0·0274%

Cao ……………………………………… 0·0297%

成份中之有鈣質，當係水玻璃摻和洋灰以作接合劑之所致。然各項雜質其量均不及百分之一，自難與化學純淨 (Chemical Pure) 之物作同日語也。

七·結論

此次籌製硝酸，費時三月，歷經困挫，幸產品數量足敷應用，品質亦尚合格，然卒以設備所限，難期精進，將來自必歸于淘汰，故戰後硝酸之製造，如仍用「硫酸分解法」則不論其設備如何改進，終難與「合成法」相競爭。蓋「合成法」所需之原料為空氣，既可取之不盡，用之無窮，而品質又極純粹，較諸以舊法所製者，其成本與品質之懸殊，何啻天壤之別？甚望我國技術先進速作未雨綢繆之計，期能早日實現，以奠立我國防化學工業之基礎，是則作者草擬本文之意耳。　　三十二年四月十五日于孝平

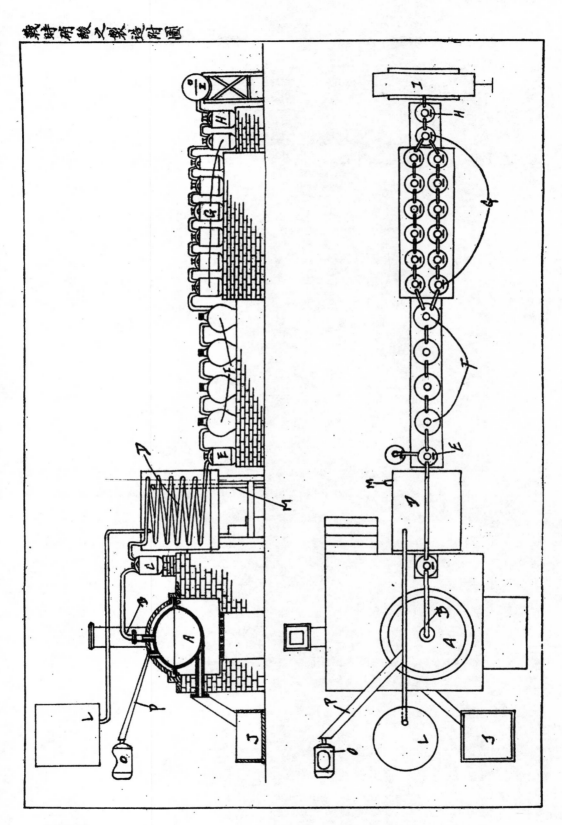

採用國產原料製造軟皂之經過

楊 文 振

一‧序言

皂品種類雖多，大別之可分爲硬皂和軟皂兩種。硬皂姑就日常洗滌用皂及化粧用香皂而言，凡國內各都市縣鎮，日需數量，固不易統計，卽窮鄉僻壤，各階層，亦大多視爲日常生活之必需品，往昔全賴舶來品供給，以致資源外溢，觸目驚心，嗣後國人逐漸設廠製造，無形中挽囘利權，殊非淺鮮。惟軟皂一項，除國內各大工廠需用外，其用途原不及硬皂之普遍，而各需用廠家，又以舶來品價廉物美，均樂向外購辦，故極關重要性之軟皂，不獨國內鮮有製造，抑且無人重視。抗戰軍興，交通梗阻，非關國防軍事緊急物品，幾均無法由國外購到，往昔慣用外貨者，有如晴天霹靂，忽然發生嚴重問題。余是時供職某大工廠，適值舊存軟皂告罄，而各種機械之減磨潤滑洗滌等，又不能須臾缺乏上件，幾經研討，始採用土產原料加工配製。試用結果，其功效比舶來軟皂，固無若何遜色，且成本低微，較之外貨，則經濟遠甚。顧科學日新月異，今日認爲滿意者，或來日卽變爲陳腐，故敢將製造經過披露，以供各專家學者參攷，冀其有所改進焉。

二‧製造原料之選擇

凡優良之軟皂，必需優良軟之原料，固不待言，但戰時物力維艱，更須顧及國內生產情形，及經濟原則，方爲兩全。查湖南之湘西湘南一帶，對於桐油，茶油木油及土碱（主要成份爲炭酸鉀）石灰松香等，均年產豐富，售價低廉，選作製皂原料，頗合上述條件。惟木油土碱各料，如係自行提製者，當可合用，否則

13525

商人惟利是圖，任意摻雜，則須加工精煉，以免有礙成品之優良。

三·苛性鉀碱液之製備

秤白色固體土碱若干公斤，放置鐵質鍋內，然後加入清水拌和，如鍋內溶液濃度已達17°Be˙時，則停止摻水，直接加熱，使其沸騰。再秤土碱量60—70%粉末狀石灰，徐徐加入鍋內，隨時攪拌，繼續煮沸2—3小時。欲試驗作用是否完成，可自鍋內取出一部份，靜置沉定，於清液加少許石蕊，（Litmus）但最宜加入烷橘紅及適量鹽酸，使變紅色，如無泡沫，則可視爲作用完成而無未變化之炭酸鹽。如有泡沫，則係石灰量於第一次加入時不足，須再行酌量增加，並繼續加熱，令此混合物煮沸兩小時後，再令靜置復如前試驗之，以炭酸鹽完全變化爲止。次再試驗灰水中石灰是否適當，如前取出一部份加入炭酸鹽液，或用口吹氣，如有雲狀沉澱，則係石灰量過多，卽應酌加土碱於煮鍋物質內，再煮之。當此項試驗已示灰水中旣無未分解之土碱，復無多餘石灰時，以令於過程所成炭酸石灰沉定，用虹吸管吸出清液，（苛性鉀）放入儲藏之瓦器內，所餘殘渣再加清水攪拌，仍將清液吸出，以作下次溶解土碱之用，餘渣則可除去之。如嫌上項苛性液濃度不夠，或含雜過多，可放入鑄鐵鍋內使之蒸發變濃，至濃度37°—42°Be˙爲止，於此次蒸發後，再令未沉定之任何不溶解雜質沉定過濾，嗣再將清液重放入鑄鐵鍋變濃，當工作完畢時，加入硝石（KNO_3）使殘餘不純物質氧化並盡除之，使與苛性鉀分離，最後試驗鍋內濃度，可達所欲求之碱濃度。

四·製皂原料之配合比

凡動物油脂及各種植物油，多可與苛性鉀化合製成軟皂。但

須根據各種油脂之性質，及其碱化價，適當配合，不可任意加碱，有礙製品之優良，茲姑就現時製造配合比例分列於後：

A 皂品為琥珀色以至紅棕色者：

桐　油　　70%

木　油　　30%

苛性鉀　　20—21%

松　香　　5%　　　　（須另加碱先行碱化，然後混入油鍋內，其碱化價為17—19·3%）

B 皂品為淡黃色，以至灰白色者：

茶　油　　42%

木　油　　52%

苛性鉀　　20—21%

松　香　　2—3%

五·油與碱肥皂化之步驟

根據上項原料配合比，先將各種油質秤準放入碱化鍋內，（可利用空柴油桶）加熱熔融，俟溫度在43°—45°C 時，徐徐加入約 7°Be· 之稀碱液，漸將溫度升高，不停攪拌。上項稀碱之配製，係先將全碱量⅓，和清水兌成上項濃度，儲藏待用。稀碱液加完，約需兩小時左右。此時可將欲加之松脂，另行碱化放入鍋內，當油及碱業經混合，則將其餘⅔苛性碱兌成 20°—25°Be· 濃度，徐徐加入，以完成肥皂化。倘此時鍋中泡沫外溢，宜速將少許冷水噴入，並將溫度減低，俟泡沫下降，再將溫度加高，繼續攪拌。如鍋內物質將變成膠狀無法攪動，則宜酌量加入清水，以資調濟。尤須留意者，不宜有任何硬塊沉於鍋底。碱化完成後，則肥皂製成，全部工作，約需六小時上下。今欲確知是否完全碱化

，則以小刀取皂樣品放於小玻璃片上，候其冷查考下列三事：

1. 如皂清亮而爲半透明狀，則是指示肥皂已成，須煮至相當濃度。

2. 如冷皂點週圍尙顯有油痕，則鍋中須酌量加入 15°—23° Be· 濃度鹼液，再煮至相當時間後，重取其他樣品，試驗如前法。

3. 皂點爲灰色無光澤而爲粒狀現象，係表示鹼量過多之據，卽以相當油與鹼液加入再煮沸。此種經驗，全恃製造者之實地觀察，中間是否須加多量油或多量鹼，均依其實驗決定。煮皂時最關重要者爲操持溫度，最高溫度，以不超過鍋內物質將近沸騰點爲合宜，繼續煮熬至皂留於玻璃片上所指示得相當密度及光亮現象爲止。如欲增加光澤，可加少許炭酸鉀於皂中但切忌加多，以免皂品變薄並發生一層白皮留在皂面。軟皂製成，放入小木桶或其他包裝器，冷却卽可應用，如係商品卽可出售。

附註：用土鹼與石灰所製成之哥性鉀，毋須熬成固體，如製皂須計算其重量，根據水溶液濃度，卽可測知。例如哥性鉀水溶液濃度爲11°Be·則每一公升溶液中所含哥性鉀重量應爲97·42公分，25°Be·應爲265·8公分，26°Be·應爲280·2公分。

改良沅水河道的我見　李光憲

一、引言

沅江係揚子江中游的支流，洞庭湖水系湘資沅澧四水之一。長約1300公里，流經湘鄂川黔四省，爲我國通西南各省的主要河流。抗戰以來，保持西南大後方的聯繫，該河的貢獻更多，可見她的地位重要了。我們改良沅江河道，必須將其本身加以檢討，知道她的特性以後，然後才好進行工作。

二、沅江的優點劣點

甲·沅江的優點：

(一)具有一般溫帶河流的性質，即終年不結冰，可以常年通航。

(二)含沙量小，除洪水期外，四季晶瑩透澈，對於風景點綴和飲料的供給，都有很大的幫助，尤其是不易淤塞河床。

(三)地位重要，爲通西南的孔道。

(四)全流域均在豐富的雨量區域內(1250公厘)可接受充分水量。

乙·沅江的缺點：

(一)河道陡峻，水流易泄，故一屆少雨季節，河水便呈枯竭現象。

(二)主要河道內多險灘，航行困難。

(三)河流低下，少灌漑的利益。

由此我們可以見到，沅江已具有地理上的優越性和交通上的重要性，而其缺點，只是河床本身的峻急和欠整飭。

三、沅江與湘江的比較

再將其與她接近的姊妹河流湘江加以比較，則其缺點，更易明瞭。

13529

一·就其實測流速流量等項，列表比較（根據海關紀錄）

河名	測站	流　　量 立方公尺（秒）		流　　速 公尺　（秒）		橫斷面積 平方公尺	
		最　大	最　小	最　大	最　小	最　大	最　小
湘江	湘潭	15,456	211	1·666	0·065	9,277	3,226
沅江	常德	23,900	18	2·444	0·004	9,783	4,603

　　由上表檢查，流量一項，在最大時，沅江超過湘江，在最小時，則沅江反較湘江小甚，流速一項，在最大時，亦沅江較大，在最小時，則沅江又較小。可知沅江實因其河床傾斜甚大，水流過急，以致一瀉無餘。而湘江則處處顯示富有調劑性，能含蓄水量，實因其河床傾斜較緩所致。橫斷面積一項，則沅江較湘江大，此實測站所在地之特殊情形，原以常德一地。靠近沅江下游，較爲坦蕩淵深之處，故有上列數字云。

　　二·就其長度，流域面積，雨量大小推算其平均流量。列表比較（根據孫輔世著揚子江之水利及屠思聰著現代本國地圖）

河名	全長 公里	流域面積 平方公里	每年平均雨量 容積 立方公里	高度 公厘	蒸發或損失 容積 立方公里	高度 公厘	每年平均流量 容積 立方公里	高度 公厘	每秒平均流量 立方公尺/秒	流量成數 ％
湘江	1,400	100,000	140·0	1,400	95·5	955	44·5	445	1,411	31·8
沅江	1,300	95,000	118·8	1,250	68·8	724	50·0	526	1,584	42·0

由上表比較，可知湘沅兩河，流域面積，河水流量，和長度均很接近。（但每秒平均流量一項，均比前表所開實測最大流量小甚，也許所採兩種方法，各有差誤，或每一年中，兩河最大流量的日數，很少的緣故。）

三·就其輪航距離列表比較（根據孫著揚子江之水利）

河　名	輪航距離　公里	輪航終點	備　　　　考
湘　江	453	祁　陽	
沅　江	135	桃　源	

上表所列輪航距離，則相差遠甚。此實基於湘江下游及中游，均屬海拔 200 公尺的平原，地勢平坦，河床傾斜甚小的緣故。沅江則不然，下游雖同為海拔 200 公尺的平原，但至中游以上，即已至海拔 400 公尺的地帶。故河床傾斜甚大，水流易泄，不能保持一定深度，以致險灘層出，輪航距離，也就隨着縮短了。關於這一點，也可以用河水流量及流速公式說明。按流量及流速公式為：

$$Q=FV \qquad V=C\sqrt{RJ}$$

式中Q表示流量，F表示流水橫斷面積，R表示水力徑，即溼界線和流水斷面的比值，J 表示比降，即河床傾斜度，C 為與河床粗糙有關的流速係數。由流速公式，可以看出，河床傾斜度大，即比降J大，比降J大，流速V隨之亦大；流速V大，如流量Q一定，則非縮小河水斷面不可，所以沅江常時呈着枯竭現象了。

四·改良沅江須築壩蓄水

所以我認為要改良沅江河道，必須知道她的特性，尤其是她

13531

的缺點，然後才好對症下藥。所謂對症下藥，便是應該從補救她的缺點一方面做去。我說的補救她的缺點的辦法，是怎樣的呢？那就是應該從「化河爲渠」做起，具體的說，便是應該從築壩蓄水做起，查築壩的效果有三：

（一）減小比降，減低水流速度，擴大水流橫斷面積。

（二）抬高水位，適宜灌漑。

（三）造成水力壓頭，獲得水力。

怎樣減小比降呢？因爲築壩以後，壩上河道，被水充滿，無異於用土塡平，卽是河床傾斜度減小，也就是減小壩上一段河流的比降，比降減小以後，水流的速度，是要減低的，流速減低，便可使水流橫斷面擴大；橫斷面擴大，不是伸展河面的寬度，便是增加河水的深度，這樣航運的利益，便獲得了。怎樣抬高水位呢？因爲以前河水是沿河底流行的，築壩以後，無疑地便要越過壩頂流行了。這樣壩有多高，河水也就要積貯多高，水位當然是要抬高的；水位抬高，便能適宜於灌漑。這個道理，便是和酒壺提高了，便易於斟酒一樣，無用細說。怎樣造成壓頭呢？這也是與抬高水位有關的，築壩以後，壩上的水，高齊壩頂，壩下的水面，則僅及壩脚，這壩有多高，水面的差異，便有多大，這種差異，便是水力壓頭，水力壓頭，是可以用來發生電力的。所以我說，只要築壩蓄水，一切的情形，都可以反轉過來，以前認爲缺點的，現在都變爲優點了。我們改良河道的目的，不過是爲航運着想，而隨來的好處，却有三樁，這樣一舉三得的利益，豈太夠人興奮了！

築壩以後，也可以引起的不良現象：

（一）築壩後，河水流速減低，可能將所挾帶的泥沙，沉澱在壩

的上下，塡塞河身。

（二）洪水無法排洩，引起水災。

（三）提高水位後，可以傷害兩岸農作物。

但這都是有補救方法的，關於（一）（二）兩項，欲避免這些事實發生，可設活動閘壩，或固定壩與活動壩並用；或另開支河，洪水期間，將其打開，以通過水量。又水中挾帶泥沙，多在洪水時期，此時將活動閘壩打開，自可以不使泥沙淤積，反可將平時淤積的泥沙，沖刷淨盡。關於（三）項，只要選擇適宜的地點，和適宜的高度築壩，亦可避免。又沅江兩岸，多是高地，選擇築壩的地方，是不成問題的。我已說明了改良沅江河道，應從築壩着手的理由和利益，再把築壩工程約略估計一番，以便知道可以獲得的利益，究竟有多少，以作這篇文字的結論。

五・築壩工程之估計

我認爲在桃沅一段間，選擇適宜的地點，建築40呎高的閘壩一座，是可能的，（壩的高度，和座數也許可以增加，但總須實地測量，）現在卽以築40呎高的壩一座而論，所需要的強度，當以能抵抗40呎高的水力壓頭可能發生側壓力爲標準，並給以相當的安全率，而決定壩基寬爲50呎高爲70呎（一部份埋入河底）橫斷面成三角形，（安定度之計算附後）全長爲3000呎，則其體積求出如下：

全壩之體積＝½×長×高×寬＝½×70×50×3000＝5,250,000立方呎

預計壩爲石質，用洋灰結合，每立方呎工料費暫定爲20元（此數與運費有關，但以就地取材而論，或不致超過此數）則其總值爲：

總值＝20×5,250,000＝105,000,000元。

設築壩一座，可改良河道100公里，使其能成輪航河流，又其運輸力量，設與鐵道相等，（實際大於鐵道）則其功用與築100公里之鐵道相同。查鐵道建築費，每公里約計3,000,000元（戰前每公里約100,000元，今以其30倍估計）則全路長之建築費應為300,000,000元，較築壩費高出2.5倍強。又先前說過沅江每秒平均流量為1,584立方公尺/秒，折合英制為55,440立方尺/秒，以現今水輪效率為百分之八十計算，每秒11立方呎之水落下一呎，便可得一匹馬力，由此計算，40呎高之閘壩，以每秒55,440立方呎之水落下40呎，可得馬力200,000匹，（設廠時，所能利用之馬力，或較此數為小，然此實可能發生的動力）折合電力為150,000啟羅瓦特。假如利用蒸汽力量發同樣的電，根據某工廠的紀錄，每度電力（啟羅瓦特一小時）需煤6磅，以一年計算，則發生上開電力，需煤3,500,000噸 論其體積，為140,000,000立方呎，等於所築壩的體積26.6倍，以牠的價值而論，應值560,000,000元（每噸時價160元）相當築壩費的5.3倍強，再電力的價值為2,865,200,000元（沅陵時價每度1.8元）等於築壩工程費22倍。還有灌漑的利益，不在此內呢。卽此數端，就可以見到「化河為渠」所獲利益的龐大。這種事業，由地方舉辦，則地方可得這龐大的收入，是很夠充實人民經濟力的；如由國家舉辦，則國家也可以得到這龐大的歲入，在抗戰建國的今日，是足夠充實國家的力量的。如不能下此決心，完成這種偉大的工程，那麼這個偉大的動力，便隨着流水逝去了，再也不會囘頭的！

關於沅江河道的改良，所牽涉的問題很多，如經費的龐大，不容易籌措，築壩材料（包括鋼料及洋灰）難充分搜集。又如建

築水力發電廠所需設備，不易取得，以及動力的應用，須有多數工廠銷納，凡此種種，目前均成問題。不過關於築壩工程進行，以及水力發電廠的設計，均有熟悉此段河流地形、河床地質，和水文等等的必要；但此項工作非一朝一夕的時間，所能完成，故政府應早為籌劃，最好設一專門機構，執行此種任務，以免臨時手足無措。再目前治理河道的方法，我並不反對，因為我反對了，對方會說，分明河道裏面有礁石，梗塞河心，或由河岸伸出，不除掉牠，還要牠來增加打破船隻的紀錄嗎？本來河水很淺，不將其濬深，船隻怎樣往來呢？這種詰問，是很有理由的，而實在這種方法，也有幫助整理河道的；不過專在這一方面着手，依照沅江的特性說，是不適宜的，因為前面已經說過，沅江河道峻急，再加上濬深和打灘，是會不能蓄水，而迫使河水更加枯竭的，不但不能得到水力和灌溉的利益，就是改良航運的目的，也會達不到的。我前面已經拿湘江來比較，兩河的流量很接近，但是通輪航的距離，湘江便大了許多；這便是湘江水勢坦緩的緣故。所以我們要改良沅江，得到如湘江一樣便利的航運，便要以湘江為參考，也要使沅江水勢坦緩；要使沅江水勢坦緩，那根本只有築壩蓄水「化河為渠」之一法了。

六·閘壩安定度之計算法：

參看下圖，以一呎長為準。

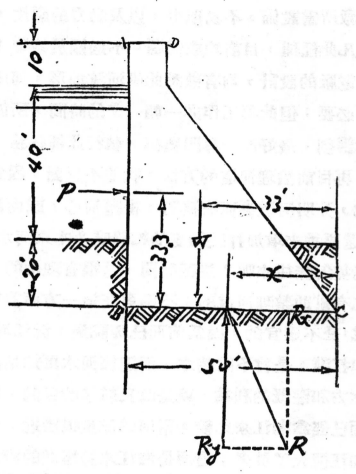

　　如欲壩保持不傾倒，則 W，P 及 R 應保持平衡；三力平衡，則必相遇於一點，而 R 必與 W 及 P 之合力大小相等，方向相反；此壩既為平衡，則按平衡公式：

$$\Sigma Fx = 0, \qquad \Sigma Fy = 0 \qquad 及 \quad \Sigma M = 0$$

因　$\Sigma Fx = 0$，　則　$Rx = P$，　故

$$Rx = P = W\tfrac{1}{2} \times H = 62 \cdot 4 \times 20 \times 40 = 49,920 磅$$

因　$\Sigma Fy = 0$，　則

$$Ry = W = 150 \times 1750 = 262,500 磅$$

故 $R = \sqrt{Rx^2 + Ry^2} = \sqrt{49,920^2 + 262,500^2} = 267,200$ 磅

設 X 為自 C 點至反力 R 與壩底相交之點之距離，

因 $MM = O$， 則

$Ry \times + 33\cdot3P - 33W = O$

將 Ry，P 及 W 之值代入，得：

$262,500X + 33\cdot3 \times 49,920 - 33 \times 292,500 = O$

故 $X = 26\cdot6$ 呎

故每呎長之壩，其合壓力為 267,200 磅，其作用線為經過底邊距 C 點 26·6 呎處，可無傾倒之慮，又壩基已嵌入河底，故滑走力 Rx 可不致超過磨擦力，亦不致滑動，故甚為安定。若設計時，使成拱壩或架構壩，更可縮小壩身橫斷面，而不減其安定度。

三二年四月一四日於孝平。

會 員 消 息

△ 王　濤先生，於二月杪偕同施念遠先生因公赴渝，聞曾出席全國工業建設會議，現已由渝飛昆明，不久卽將囘辰。

△ 婁育後先生，於前月在辰與王端小姐訂婚，王小姐係滬之江大學高材生，聞不久卽可舉行結婚典禮。

△ 張寶華先生，係水泥專家，今年正值六旬大慶，因時值非常謝絕稱觴，水泥廠同人共贈手杖一根，以誌慶賀，張老先生，年事雖高，然壯健一如往日。

△ 張恩鐸先生，於二月間痛遭父喪，體力大見衰減，見者無不爲之感動。

△ 章定壽先生，服務水泥界十有餘年，最近已調赴江西水泥廠任化學師。

△ 王宰如先生，現患肺出血症，臥病不能起床，諸會員前往慰問者甚多。

△ 孫寶書先生，咸稱『常熟機師』，其球藝精良，球場上足跡不絕，現負水泥廠同人俱樂部體育股股長之責。　　　—松—

△ 胡庶華先生，爲本分會前任會長，主持湖大三年以來，成績卓著，前奉命爲中央訓練團指導員，於三月十九日離辰赴渝，嗣參加靑年團全國第一屆代表大會，被任爲監察委員兼靑年團其他要職，聞以工作繁重，已向教部呈辭校長職。

△ 何之泰先生，爲前任副會長，此次赴渝參加工業建設計劃會議，討論戰後工業建設綱領等案，已於四月三十日大會閉幕後返校。

△　周則岳，王正本，曾文祉三先生，新由成都貴陽等分會來辰，均在湖大担任教職。

△　李待琛先生，爲本分會現任會長，熱心提倡我國固有道德，近來公餘之暇，選註陳文恭公宏謀原輯之五種遺規，不久付梓。　　　　　　　　　　　　　　　　　　一錚一

△　宋建寅先生，爲本分會現任副會長，每日黎明卽起，堅苦過人，雖骨立森森，而精神奕奕，主持某工廠之工務，常自謂爲「總工頭」。

△　朱　驥先生，係化學工程專家，對於園藝尤饒興趣，近來布置公園，每日必親往指導，又好於住宅周圍隙地，親植花卉，已蔚爲大觀，常隱約瞥見階前花徑，蝶影雙雙，蓋伉儷情濃，有勝於畫眉者。

△　智　洪先生，近來對於代汽油代煤油，研究甚力，常在一小試驗室內，作深刻的實驗，聞已達到比普通進一步的成績。

△　米彥犖先生，近在某廠主持各種研究試驗工作。先生留東多年，秉有機械探礦法律三個學士頭銜，其飽學一如其大腹便便，食量亦較常人爲大，每餐非五六碗不飽云。

△　田廣堯先生，服務兵工十餘年，爲一溫厚長者，和靄可親，其在家庭，亦極溫順，有某廠××委員長之稱。

△　文國華女士，湖大土木系畢業學術旣優，事務亦極擅長，尤熱心公益，深服膺「人生以服務爲目的」之敎訓，每月必回母校湖大數次，蓋以母校爲家母云。

△　蕳傳新先生，年來担任某廠建築工程，責任心重，常力疾從工，每日天黑猶未離辦公室，故其重大任務，得以圓滿完成。

△　李才稻先生，精明強幹，近主持某廠第二製造所，成績卓著

，說者謂其賦性一如其頭頂之光明磊落也。

△ 向　廬先生，研究汽車用煤汽發生爐極早，曾供給社會以此項爐座，爲數甚大。近主持某廠一種重要製造，盡量發揮其深刻研究的頭腦，以謀改進，頗著成效。

△ 楊從先先生，雖有年事，身體亦較弱，然埋頭讀書，仍不稍間斷，其好學精神，令人起敬，又爲人懇懇懇懇，有楊婆婆之稱。　　　　　　　　　　　　　　　　　　　　　—神—

△ 吳興宗先生，賦性厚道，作事孜孜不倦，已完成某廠幾種大工程，近又抱定信念，推進一二特殊工作，年內可觀厥成。

△ 王　鍼先生，爲國內有數之火工專家，年逾耳順，強健如壯年，近來籌備酒精製造，其精餾塔最爲考究云。

△ 李神哉先生，在某廠工作甚忙，近來遠道往湖大教授金相學。其夫人原習醫，每日在家除調理五位小姐外，致力於家庭生產，常養雞盈百，餵豬數頭，種蔬菜亦多，誠賢內助也。

△ 曹鼎漢先生，自前奉令赴渝受鋼鐵高級熱處理訓練歸來後，害病月餘，近病愈，正籌備鋼性鐵之製鍊。

△ 羅俊奇先生，曾多年執教於各大學及專校，近參加某廠製造工作，至爲熱心，並翻譯各種有用資料。

△ 賀其燬先生，在某廠埋頭酒精之研究頗久，近不得已暫時回縣籌辦中學。　　　　　　　　　　　　　　　　　—華—

中國工程師節辰谿分會標語

一・六月六日，是　大禹誕辰，是中國工程師節！

二・紀念　大禹誕辰，要效法他忘己濟物勤勞治水的精神！

三・紀念工程師節，要努力國防工業之建設！

四・實現　國父實業計畫！

五・恪遵　總裁抗建國策！

六・將士浴血抗戰，專家埋頭建設！

七・本自力更生的教條，力謀抗戰物資之自給！

八・開發湖南資源，促進湖南工業！

九・體念　大禹平洪水除猛獸造福人羣的偉績！

十・擁護　總裁靖國難驅倭寇拯救國家之危機！

十一・中華民國萬歲！

13541

中國工程師學會啟事

本會工程雜誌雙月刊，在後方復刊，業經編印十二期，計自十四卷第四期起至十六卷第三期止。現在發行預約訂閱。其價格經董事執行聯席會議議決：普通十二期300元，關係機關240元，已繳清會費之會員120元。印本有限，預訂者宜迅為備價，通函重慶上南區馬路一九四號之四本會總會，或各地分會，或經濟部轉本會吳總編輯承洛，自當製給收據，依照按期寄遞。凡屬會員定約，每期並附贈會務特刊一期。

中華民國三十二年六月六日出版

工程通訊 第 一 期 非 賣 品

編輯兼
發行者：中國工程師學會辰谿分會李神哉

通訊處：湖南社壇坪鞏固商行

印刷者： 鞏 固 商 行 印 刷 所

13542

粟固商行
印刷所印

中國工程師學會辰谿分會

工 程 通 訊

第 一 二 期

（合 訂 本）

民國三十三年五月刊

中國工程師信條

一　遵從國家之國防經濟建設政策，實現　國父
　　之實業計劃。

二　認識國家民族之利益高於一切，願犧牲自由
　　，貢獻能力。

三　促進國家工業化，力謀主要物資之供給。

四　推進工業標準化，配合國防民生之需求。

五　不慕虛名，不爲物誘，維持職業尊嚴，遵守
　　服務道德。

六　實事求是，精益求精，努力獨立創造，注意
　　集體成就。

七　勇於任事，忠於職守，更須有互切互磋親愛
　　精誠之合作精神。

八　嚴以律己，恕以待人，並養成整潔樸素迅速
　　確實之生活習慣。

目　次

13547

反侵略國一覽表

國　名	所在地	面積萬方公里	人口萬人	國　名	所在地	面積萬方公里	人口萬人
中　　國	亞　　洲	1100	45780	埃　　及	北非	98	1421
印　　度	﹐﹐	380	38500	美　　國	北美	784	13300
伊　　朗	西南亞細亞		1500	加　拿　大	﹐﹐	966	1142
伊　拉　克	小亞細亞	3·7	296	墨　西　哥	﹐﹐	197	1700
菲　律　賓	南洋羣島	30	1615	瓜　地　馬　拉	中美	11·3	300
英　　國	歐　　洲	※2·4　3462	4493　44057	哥斯達黎加	﹐﹐	5·9	64
蘇　　聯	﹐﹐	2200	19300	洪都拉斯	﹐﹐	11·4	100
挪　　威	﹐﹐	21	292	尼加拉瓜	﹐﹐	12·7	138
捷克斯拉夫	﹐﹐	14·5	1500	巴　拿　馬	﹐﹐	8·4	60
波　　蘭	﹐﹐	38·8	3400	薩爾瓦多	﹐﹐	3·4	182
比　利　時	﹐﹐	※2·9　235	800　1100	古　　巴	﹐﹐	11·4	423
荷　　蘭	﹐﹐	※3·2	700	海　　地	﹐﹐	2·6	230
廬　森　堡	﹐﹐	0·26	30	多明尼加	﹐﹐	5	166
希　　臘	﹐﹐	12·7	700	巴　　西	南美	851	4027
南斯拉夫	﹐﹐	24·9	1500	玻利維亞	﹐﹐	133	340
自由法國	﹐﹐			智　　利	﹐﹐	75	4630
澳洲聯邦	澳　　洲	770	660	哥侖比亞	﹐﹐	128	928
紐　西　蘭	﹐﹐	27·1	200	秘　　魯	﹐﹐	138	620
南非聯邦	南　　非	122	900	烏　拉　圭	﹐﹐	18	204
阿比西尼亞	東　　非			委內瑞拉	﹐﹐	102	303
里比利亞	西　　非	9	200	巴　拉　圭	﹐﹐	44	84

※代表本土

13548

對於兩個「五年」計劃中所需水泥及設廠之建議　張寶華

一・一「個數字」

由　委座所著『中國之命運』中，我們知道在十年內即兩個「五年」計劃內，欲完成　國父所定實業計劃中業務之一部，祇水泥一項，其數量需五六，五四六，三八〇噸，又一，九七七，五〇〇噸，共計五八，五二三，，八八〇噸，每噸以六桶計算則合三五一，一四三，二八〇桶。　國父實業計劃研究會關於完成各業務；如鐵路・公路・水利・電力等工程，雖曾發表需用水泥數字，但沒有一個正確的總數字，這一次在政府領導之下，所開工業建設會議，想已議成水泥需用較確之數字，但未宣布。所以現在祇以三五一，一四三，二八〇桶之數字，作爲討論之資料。

二・過去及現在之水泥廠及其產量

查抗戰以前我國水泥工廠，大小祇有九處，即唐山啟新・濟南致敬・太原實業・上海華商・龍潭中國・棲霞山江南・大冶華記・重慶四川・廣州西村是也。此九廠在七七以前，其產量約爲七，〇〇〇，〇〇〇桶至七，五〇〇，〇〇〇桶，惟現除大冶華記之一部份遷湘西，及重慶四川水泥廠仍舊完整外，餘均在淪陷區，其情形約如下：廣東之西村聞已被敵人摧毀，太原之實業，及濟南之致敬均有被敵摧毀之可能，華記一部之殘廠機器亦已陷敵手，上海華商及龍潭之中國亦已被敵接管，唐山之啟新雖未接管，但出貨亦受敵統制，至棲霞山之江南，因無原動力尚未開工云。所以將來實在能存在者若干，則難下斷語。

13549

在抗戰期內成立之工廠，約有七八處，除華中係大冶華記拆遷者，規模較為宏大外；每日能產五百桶，其餘如昆明、貴州、江西、蘭州、陝西、湖南各廠均屬土窰小廠，機器均不甚完備，，產量僅數桶至一百五十桶不等，廣西機器雖較完備，但產量亦祇每日三百桶。此新成立工廠產量之總數字極難固定，因有數處尚在擴充，有數處尚在建設，以最高估計，年產祇作一，〇〇〇，〇〇〇桶。

綜上各舊廠，因有二三處已為敵摧毀，為計算便利計，以戰爭平定後，僅能作半數存在，其產量則僅有五，〇〇〇，〇〇〇桶，連同抗戰時期所設廠之產量為一，〇〇〇，〇〇〇桶，則在戰爭平定後共約六，〇〇〇，〇〇〇桶

三·將來之水泥廠及其產量

以十年內共需水泥三五一，一四三，二八〇桶為目標，以舊廠每年產量五，〇〇〇，〇〇〇桶，及抗戰期內新廠每年產量一，〇〇〇，〇〇〇桶為起點，我們大約可以估定將來每年應成立水泥工廠若干所，每年應產水泥若干桶。估計方法如下：（一）十年共分兩個五年計劃。（二）第一期（即第一個五年計劃）第一年以原有工廠十所（大小工廠暫作十所）每年產量六，〇〇〇，〇〇〇桶為起點，以後四年，每年新添工廠十所，每所平均每年產六五〇，〇〇〇桶，十所每年可增產六，五〇〇，〇〇〇桶。（三）第二期（即第二個五年計劃）每年仍新添工廠十所，惟每所每年平均產改為七〇〇，〇〇〇桶，則十所每年可增產七，〇〇〇，〇〇〇桶。照以上算法計算至第十年底可得總額三五九，〇〇〇，〇〇〇桶，與上述之目標額相較，祇溢出約八，〇〇〇，〇〇〇桶，茲特列表於下以備研究。

	第　一　期　五　年			第　二　期　五　年		
	每年產額，桶	工　廠　額		每年產額，桶	工　廠　額	
		每年添設	累計		每年添設	累計
第一年	6,000,000	10所	10所	39,000,000	10所	60所
第二年	12,500,000	10所	20所	46,000,000	10所	70所
第三年	19,000,000	10所	30所	53,000,000	10所	80所
第四年	25,500,000	10所	40所	60,000,000	10所	90所
第五年	32,000,000	10所	50所	67,000,000	10所	100所
每期總額	94000,000	10所		265,000,000	50所	
兩期總額	水泥359,000,000桶			工廠100所		

　　兩個五年計劃，除第一年原有水泥工廠十所外，以後九年每年成立工廠十所是否合理，作者不敢武斷，蓋水泥之需要全視各業務進行之速度爲標準，如進行之速度增加，則需要當然亦愈覺迫切，第一期由第二年起每年成立十所或有不足，若此，須觀屆時之情形如何而定，在必要時，每年可增至十二所或十五所。反言之，如各業務進行遲緩，則每年成立十所，其產量或有過剩，而水泥工業將受其影響，是則每年成立十所反覺爲多，上表所估，係照一般業務普通演進情形及經濟狀況而定，或能合屆時之適當需要，未可知也。

四・關於將來水泥廠之各項條件

　　欲在兩個五年計劃內，每年增加水泥產量六，五〇〇，〇〇〇

桶至七，〇〇〇，〇〇〇桶，每年增設大小新廠十所，並非容易簡單之事，第一須有機器，第二須有設廠地點，第三須有人才，第四須有資金。大約有此四項條件，即有其他問題亦易於解決。

甲　機器問題

從前舊廠之水泥機器大部均由歐洲採購者，其採購之準則，全視其工廠自身經濟力量及其顧問工程師之計劃爲依歸，所以各廠之機器構造效能各不相同，各有其優點亦有其劣點。以後新廠之機器最好有一標準，有了標準可以得到以下之利益；（一）機器配件可以統一，（二）管理人才可以普遍使用。（三）較爲經濟。第一個五年計劃開始之時，國內尙無製造水泥機器工廠，祇好仍向歐美訂購，將來則以自製爲目的，其訂購及自製辦法可照以下擬定辦法完成之；（一）在政府領導之下成立一水泥專家委員會。（二）由委員會之討論研究結果決定何國何廠機器最爲適用，最爲標準，或委員會自擬標準式交著名工廠代製。（三）經決定後各國營省營民營工廠均按照政府指定水泥機器工廠訂購。（四）應極力自籌工廠設法仿製，更與外國機廠連絡或購其專利權均可。至水泥機器之大小亦劃成標準，分爲大中小三種，大號機一套每日定爲可產水泥四百噸合二千四百桶，中號機一套每日產二百噸合一千二百桶，小號機一套每日一百噸合六百桶。機器之設計以簡單、堅固、容易管理爲目的，如此欲建一小廠可採購小號機一套，將來如營業發達，有增加及擴充之必要時，可按情形再購小號機一套或兩套，至於中廠及大廠之擴充亦是如此，均可按照固定計劃進行，達到簡單化標準化的原則。

乙　地點問題

水泥乃重笨之物，祇利於鐵路及水路運輸，製成水泥之原料

及燃料爲數均屬不小，所以對於設廠地點有三個必要條作；曰交通，曰原料，曰燃料是也。三條件俱備，方能稱爲全能工廠，否則必致成本增高無法存在，在原有數個舊廠中祇以啟新條件最爲完備，其他均不及，甚至有幾廠祇合交通一條件，所有原料及燃料均須運自遠處，極爲不便也。但當時此等工廠情形並不覺嚴重，何也，此無他，蓋因國內工廠不多，求過於供，有以致其存在也。欲三條俱備，原不易得，但至少有交通與原料之二條件，其第三條件之燃料，雖尚可運自遠處，但須有來源，否則談不得辦廠。以我國土地之廣，蘊藏之富，欲求三條件俱備之地點決不應有如此之困難，而現在僅有啟新一廠义何也，余則曰其原因有二；(一)當時之辦水泥廠者祇在運銷一層注意，其他則不計也，例如上海原料燃料均甚困難，但運銷一層非常便利，故竟有人在上海設廠，其餘如四川水泥廠亦同此例。(二)中國雖然地大物博，但未開發，所以結果成爲畸形發展而非普遍，例如江蘇一省竟有三廠之多。在此兩個五年計劃內，鐵路當然力求普遍，開發內地亦必然之勢，且有數處已着手進行，如開發西康，開發西北是也，所以對於覓地設廠 - 亦應普遍，祇要有原料燃料之兩條件，而鐵路交通已在計劃之內者，即應視爲適宜。以作者之管見，覓地點一節可歸上述之水泥專家委員會辦理之。委員會可照鐵路發展情形，將全國分爲若干區域調查，及調查明白以後，則決定何處可設大廠，何處可設中廠，何處可設小廠。如此不但可以普遍適合，且在經濟上受到俾益不淺。尚有一種意見必須銷除者；即最近仍有個性固執之企業家少加考慮，以爲製造水泥乃實業之一，故列水泥廠爲必辦之實業，結果因地點不適宜吃虧頗大，作者之意，並非對於該企業家有所責難，實覺彼等之眼光太實業化而全未計及其他，現在不辦水泥廠則已，欲辦水泥廠必須有交通、原

料、燃料三條件，此外當亦須顧及銷路，有此條件再着手進行，未有不握勝利之左券也。十餘年前尚憶江蘇無錫之實業家，以為無錫實業甚為發達，麵粉廠綠廠紗廠應有盡有，所以有發起辦水泥廠之舉，資金機器廠址，雖已完全籌妥，復經詳細考慮，及專家研究，方悉無錫並非適當地點，祇好將機器轉讓他廠立即終止，但已損失不貲，此事極可為我人之教訓，抗戰以後，國家之經濟並不寬裕，對於此點似應再三注意也。

丙　人才問題

機器是死的，人才是活的，有了活的人才能運用死的機器，才能生產，所以人才亦為工廠所必要。水泥工廠所需要之人才約分為兩種；（一）關於事務者。（二）關於技術者。此不特水泥工廠如此，其他一般工廠亦係如是，茲就一個簡單普通水泥工廠之組織，以估其需要之人才；

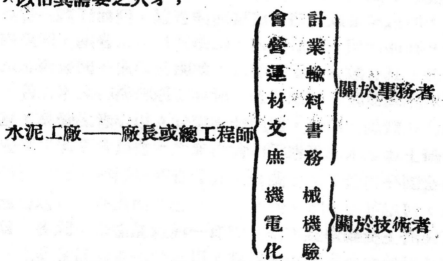

水泥工廠——廠長或總工程師

- 會計
- 營業
- 運輸
- 材料
- 文書
- 庶務　關於事務者
- 機械
- 電機
- 化驗　關於技術者

以上之組織甚為簡單，廠長之資格，最好對於管理水泥廠有相當之研究，並有技術經驗，否則除廠長以外另聘總工程師一人負技術上之總責，其資格須有水泥工廠一般智識與經驗能善於運

用機器及管理者，以增高其生產。此外計屬於事務者六科，屬於技術者三科，每科須設科長一人，科長以下設事務員或技術員各若干人，再下設辦事員若干人。科長以大學畢業方為合格，事務員及技術員以大學高中或高職畢業為合格，辦事員以初中畢業為合格，現就各級學校畢業者分訴計如下：

　　廠　長　一　人　　國內外大學工理文法學院畢業。

　　總工程師一人　　國內外大學理工學院畢業。

　　機械科長一人　　國內大學機械系畢業。

　　電機科長一人　　國內大學電機系畢業。

　　化驗科長一人　　國內大學化學系畢業。

　　會計科長一人　　國內大學經濟系或大學會計專科畢業。

　　文書科長一人　　國內大學文學系畢業者。

　　材料科長一人　　國內大學工學院畢業或管理系經濟系畢業。

　　運輸科長一人　　國內大學文法學院畢業。

　　庶務科長一人　　國內大學文法學院畢業。

　　營業科長一人　　國內大學文法學院畢業。

　　以上需大學畢業者十八至十一人。

　　每科設事務員或技術員各三人共二十七人大學高中或高職畢業。

　　每科設辦事員各三人共二十七人　初中畢業。

　　機械科需高等技工三人為領工，次等技工六人為領班。

　　電機科需高等技工三人為領工，次等技工六人為領班。

　　化驗科需高等技工三人，次等技工六人。

　　共計高等技工九人，次等技工十八人，技工以高小畢業為合格。

　　以上除技工外，另需普通工人四十八至六十人，連上全體職

員，共約計一百五十人，此項人數係指新式工廠布置完全者而言，如工廠布置較差，必多需普通工人，則甚至增至二三百人均屬可能。

此係指一個新式中等工廠估計，如每年設立新式中等工廠十所，則需要人才須十倍，於此，卽約需大學畢業生一百人，高中或高職畢業者二百七十人，初中畢業者二百七十人，技工三百六十人，普通工人六百人乃至一千人，共計一千五百人至二千人之譜。

查舊有工廠僅不及十所，能有水泥普通學識者實屬寥寥，所以在第一個五年計劃，尤其技術人才恐感不足，屆時在不得已時，祇好照舊有工廠辦法求助於國外，同時可儘量訓練，大約第二個五年計劃當有夠用之人才矣。不過對於乞助於國外一節，必須注意者，卽須聘經驗豐富之人，否則不但於工廠無大裨益，反增担負也。

丁　資金問題

欲在此抗戰期內談資本，可以說毫無把握，蓋物價工價時在增漲，無法有準確之估計。以下所稱者不過祇爲一個指數，有此指數將來可隨臨時情形確定也。爲便利估計起見，可將水泥工廠分爲小廠、中小廠、中大廠、大廠四等，小廠以每日產一百噸卽六百桶爲標準，需上列之小號機一套，中小廠以每日產二百噸卽一千二百桶爲標準，需小號機二套或中號機一套，中大廠以每日產四百噸卽二千四百桶爲標準，需大號機一套或中號機兩套，大廠每日以產八百噸卽四千八百桶爲標準，需大號兩套。工廠之資金雖不僅祇購機器而言，但至少有百分之七八十之資金係用以購機器，所以又可以機器價作爲標準，再凡機器愈小其單價愈大，機器愈大其單位價愈小，茲列機器假定單位價於下俾便估計；

工廠類別	機器類別	產量 (日產)	機器單價 (以每噸計算)	所需資金
小	小號一套	一百噸	六千元（美金）	六十萬元（美金）
中小	小號二套	二百噸	六千元（美金）	一百二十萬元（美金）
中小	中號一套	二百噸	五千元（美金）	一百萬元（美金）
中大	中號二套	四百噸	五千元（美金）	二百萬元（美金）
中大	大號一套	四百噸	四千元（美金）	一百六十萬元（美金）
大	大號二套	八百噸	四千元（美金）	三百二十萬元（美金）

　　以上各種工廠中，以辦中大工廠爲合算，蓋所需資金暫時不必籌較大之資本（如大廠需美金三百萬元以上），至產量每年可產七十萬桶之數，如位置在適宜地點，方屆第一個五年計劃開始時，當不至有過剩或不足之狀態。

　　現在一個中大廠需要資金美金一百六十萬至二百萬元，十所卽需一千六百萬至二千萬元，在此兩五年計劃內完成中大廠九十所，所需資金一萬四千四百萬元至一萬九千萬元，此數額有相當之大，決非人民所能獨籌，所以作者之管見，可將設廠之計劃擬妥後，分民營者若干所，省營者若干所，國營者若干所，及國省民合營者又若干所，以達到在計劃期內每年設新廠預定數爲目的，至必要時可照　國父之計劃加入外資。

五・結論

　　水泥一物，人人咸知爲建築工程必需之材料，但其重要性究至若何程度，一般人往往不能遽答，在兩個五年實業計劃內，必

13557

須完成首要之業務，當推鐵路、公路、水利、電力等工程，欲完成此項工程首之要物資，當推鋼、鐵，水泥其他各種金屬，木材煤，各種油類等等；各物資均互有連繫，缺其一，即影響各業務之進行，尤其以鋼、鐵，水泥，煤為然，國父在其實業計劃中，對于士敏土（即水泥）曾特為提及，可見其對於水泥之重視。所以水泥者乃完成鐵路，公路，水利，電力等各緊要工程物資之一，其重要性僅次於鋼、鐵。

我等已知水泥若此之重要，以所 委座『中國之命運』中所示之數字必須及期完成，於第一個五年計劃開始時，建設新廠須立即推動，否則徒獨空言於完成各項業務將大影響，作者所以作此篇其立意即在此。在此抗戰期內為預行籌設廠計劃，似乎可先進行者：（一）由政府領導之下先設立一專家委員會。（二）由委員會先着手在自由區內調查設廠地點。（三）討論設廠計劃。

尚憶本年春曾有工業建設會議及生產會議之舉，對於公營民營有所討論，水泥雖為重工業之一，但無明文規定水泥為國家獨營，其用意至善。蓋水泥為完成各工程之物資，應求其普遍，及達到完全自給自足為目的，再其需要數量實屬不少，欲建設新工廠資金亦相當之大，故能使民營則一方面可減輕國家之工作，能同時又減輕其負担也。惟有一層須注意者即是項工作既屬甚大，國家不應將此在十年內應完成水泥五八五二三，八八○噸，即三五一，一四三，二八○桶之責任完全加諸人民之頭上，所以（一）除民營外尚必須國營省營 （二）政府須有精密統計。（三）工廠不問國營省營民營均須標準化。（四）設廠地點必須合理化。如此方能於十年內達到完成三五一，一四三，二八○桶之目的。

高級鑄鐵製造法之研討 羅俊奇

一　導言

何謂高級鑄鐵？　於銑鐵中，加入多量鐵鋼屑，及其他合金劑，合併熔解，以製成之鑄物，其品質比普通鑄鐵較爲優秀，耐力較大，機械加工容易，因特稱曰高級鑄鐵。

高級鑄鐵與鋼性鑄鐵　最初有法國冶金學專家，於銑鐵中加軟鋼屑，混合熔解，以製成比普通鑄鐵較強之鑄物，稱曰半鋼性鑄鐵（Semi-Steel Cast Iron），或簡稱鋼性鑄鐵。至1850年前後，工業上始漸見諸實用。在1920年以前，尚襲用原名。但此名稱所包括之範圍頗廣，在是時，凡混合 5 ％ 以上至60％之鋼鐵，所製成之鑄鐵，皆以鋼性鑄鐵稱之。實則同屬鋼性鑄鐵，其所混合之鋼鐵量，往往大相懸殊，所配用之合金劑，亦復種類不一，因而所得之鑄品，在廣泛之範圍內，變異亦頗大，乃加以同一之名稱，於義殊有未叶。故於1920--1922年，經歐美各國同業間，先後會議之結果，遂廢止鋼性鑄鐵之原名，專就物理的性質，定其限界，卽凡特種鑄鐵，抗張力在30000磅／平方吋以上，抗折力在4000磅以上（指標準試桿之載重言）者，槪稱爲高級鑄鐵（High Grade Cast Iron Or High Duty Cast Iron Or High Test Cast Iren）云。

高級鑄鐵之需要　在歐美工業發達之國家，其使用高級鑄鐵之目的，一方面爲使製品有相當超高之耐力，他一方面則爲求費用之經濟，與工作之便利，蓋以凡一機械之製造，其中必有若干部分，須使用鑄鐵，而因近代機械製造術之進步，其機能亦已逐日增高，究非普通鑄鐵所可企及，但在性質上及經濟上，又不便

使用軟鋼與熟鐵，或鋼鑄物與可鍛鑄鐵，則非使用特種鑄鐵即高級鑄鐵不爲功。故工業愈發達，機械能率愈進步，則高級鑄鐵之需要量愈多。　我國工業之發達，固屬遲緩，對於高級鑄鐵之製造，在鑄造同業間，似尚少有人注意及之。然因時代之推進，近來對於是種鑄鐵之需要，事實上日見迫切，因其可爲鋼鑄物及可鍛鑄物之代用品，藉以補充鋼鐵原料之不足故也。　故在我國機械工業界，對於高級鑄鐵之研究及製造，實爲今日當務之急，其關係於抗建前途者頗大，竊願斯界同人，急起直追，從事於斯，以謀鑄造業之革新，不佞願爲參加研究之一員，是篇之作，愧無特別資料，可資貢獻，聊以拋磚引玉，冀聞共鳴耳。

二　高級鑄鐵之性質

（一）一般的性質　高級鑄鐵之結晶組織頗緻密，質強硬，富於靱性，旋削加工容易，耐衝擊力強，耐摩滅性及耐熱耐酸耐蝕性均高，爲普通鑄鐵所遠不及。用顯微鏡檢視時，知其組織大部分爲徐冷鋼（Pearlite）質，略夾少許渦卷如纖毛狀，均勻分佈之黑鉛，故亦稱爲徐冷鋼鑄鐵（Pearlitic Iron）。

（二）耐力的限界　高級鑄鐵之耐力的限界如次：

抗張力（試桿直徑$1\frac{1}{4}$吋，削成0·8吋）爲30000（或作29120）磅（每平方吋）以上

抗折力（試桿直徑$1\frac{1}{4}$吋，長15吋支點距離12吋）爲4000（或作3500）磅以上（試桿載重值），撓曲0·12吋以上。

在此耐力以下者，視爲普通鑄鐵。至於逾此限界以上，抗張力及抗折力至何磅止，撓曲至何吋止之最上限界，則未確定，以其製造法正在研究進步中，今後能達到如何程度，尚未可量也。

（三）化學成分　高級鑄鐵之化學成分，本無嚴格的規律，卽如其主要成分鋼鐵屑之一項，不論所加爲若干%，祇求其耐力能達到上記限界值以上，則槪稱之爲高級鑄鐵。但依其所加鋼鐵屑分量之差異，其化學成分亦自不同；又因適應需要，有加鎳者，有加鉻者，有加銑者，有加錯者，有加鉬者，至於錳矽二項，則爲一般應加之元素；從而所依加元素種類及分量之不同，所得鑄品之化學成分亦自互異。惟主要成分之含量，如碳，矽，錳，燐，硫黃等，則有大體適當之範圍。如第一次歐戰時，法政府對於砲彈用鋼性鑄鐵，所規定之成分如次：

全碳與矽合計量　　　4·60%以下（但全碳＝化合碳十黑鉛碳）

化合碳　　0·80%以上，　　　　　　　錳　　0·80%內外，

燐　　　　0·10%以下。

依實地經驗，欲製品之抗張力達35558磅／平方吋時，全碳與矽之合計量，不可超過依次式算出之數值，卽

T.c＋Si＝4·60%　　　式中T.c示全碳量，Si示矽量（%）

但用Cupola熔解法時全碳量以3·00%前後爲適當卽

化碳合（C.C）　0·80土0·10%　　全碳量（T·C）　2·90～3·10%

矽（Si）　　　1·00～1·60%（鑄物肉厚在$\frac{3}{4}$″前後者1·50%肉較薄者增加較厚者減少）

一般高級鑄鐵含燐量，比上記之值（0·10%）略高，但至多不許超過0·5%；含錳量爲0·50～1·00%（肉薄者0·50%，中肉0·75%肉厚者1·00%以內）；含硫0·08%以下。

〔附註〕上記各元素之成分（%）亦有例外

三　高級鑄鐵之種類及用途

高級鑄鐵之化學成分，隨用途而異，得依用途分類如次：

（1）高壓鑄物　　耐受水及蒸汽或他種氣體之高壓者。

（2）耐熱鑄物　　在高熱中使用時成長（Growth）極少者。

（3）耐酸鑄物　　不易爲酸類或鹽類之液體或氣體所腐蝕，

　　尤其不爲鹻所侵蝕者。

（4）耐摩衝物　　與他體接觸運動時摩耗極少者。

（5）耐衝擊爆發鑄物　　如內燃機之氣缸（Cylinder）活塞

　　（Piston）等，在高熱中耐受衝擊爆發力者。

（6）硬質鑄物　　如車輪輵子等，質甚堅硬者。

以上各類鑄物，均具有特別優秀之性質，遠勝於普通鑄鐵，但各依所要求之特性，須加特別金屬元素，如鎳，釩，錳，等，製成合金。

又一方面有依化學成分各就其能發揮特能之主要元素，以立系統者，如所謂矽系統，錳系統，鎳系統，鉻系統等，各類高級鑄物是也。

四　原料之配合

高級鑄鐵所含各元素之適當比率，已敍述於第二項中，玆述製造時，爲使所含各元素，達到前記之比率，所需要各原料之配合方法如下：

(一)原料種類之選擇與分量之決定。

（1）新銑與鑄屑　　共占　30～70%

〔附註〕新銑以用三號金型銑最爲適宜因三號銑合碳在2·8%以上，含矽1·5～2·5%，含硫在0·8%以下；金型銑比砂型銑質較潔淨，含黑鉛亦較少。混合鑄屑之目的，在節省原料費，但用鑄屑少者質較佳。

（2）鋼鐵屑　　占30～70%

（3）矽銑　　用含矽12·00～25·00%之矽銑，與銑鐵共同裝入爐內，再用含矽70～80%之矽銑粉末，投入混湯鍋或盛湯器（Ladle）內，使混合熔解。

〔附註〕矽能增進鉄水流動性，故熔鉄爐中不可加矽。純矽之熔解點，較銑鐵爲高（純錳亦同），故用矽銑。矽在爐中，因起化學變化，而有減耗，用量多，則減耗亦多，故須留應加矽量之一部，投入於混湯鍋或盛湯器中。鉄水中加矽銑，則溫度相當減低，故宜用含矽多量之矽銑（錳銑亦同），則所用之矽銑少，溫度之減低亦較少。

（4）錳銑　　其含錳量爲15·00～85·00%，用法與矽銑同，用含錳低量之錳銑，裝入爐內，用含錳高量之錳銑，投加於混湯鍋或盛湯器內。

〔附註〕錳之作用在去氧脫硫，依實地經驗之結果，錳在爐中之減耗量，約爲其原量之20%，矽之減耗量爲其原量之10%。

（5）鎳　　於原料中加適當鎳量時，在相當廣泛之範圍內，不論其碳矽之含量如何，恆得改善其組織，使成爲徐冷鋼質（Pearlite）之鑄鉄，卽高級鑄鉄。但所加鎳量，一般達0·25%許，已爲有効，至1·00%時，作用最銳敏，在3·00%以內時，其効力殆正比例於其量而增強，若達5·00～10·00以上，効力反爲減低，甚至全然無効。

鎳雖得使用純粹品，但其熔解點太高，爲1450°C，故仍宜用其合金。美國市販之 Nickel Shot 係直徑¼吋至½吋許之鎳珠，可投于盛湯器內，與鐵水混合熔解。

（6）鉻　　鉻與碳化合成碳化鉻，再與鑄鉄組織中之Cementite 相結合，得防止碳之黑鉛化，適合于高級鑄鉄所要求之組織。加鉻0·4～1·0%以內於特別肉厚之鑄物時，得防止其厚肉部之

組織變粗大，而賦與以均一之組織與硬度，若鉻量加至1‧0％以上，則得防止鑄物之成長，而增加其耐酸耐熱與耐摩耗性，但不易施行機械切削，對于機械之製造，殊非所宜，故宜如次欵所述，與鎳配合用之。

鉻亦與鎳同樣，可將銑鉻合金(Ferro-Chrome，含60‧0％Cr)粉粹，投于盛湯器中，混合熔解，但亦得使用約含 Cr45 ％ 之銑鉻合金，由裝料口投入爐內熔解之。

（7）鎳鉻合金　　製造機械所使用之高級鑄銕，於熔製時，往往有配合鎳鉻合金者，其目的在利用鉻之硬化作用，與鎳之軟化作用，互相調劑，以得高力之鑄物。用鎳多在3％以下，鉻在1％以下，其相互之配合比例，以$Ni:Cr=2‧5:1$為最適當。

此外如銑，錳，鎢，鉬等，對於高級鑄銕之製造，各依其所要求之特性，皆有特效，但係稀有金屬，實際上使用者尚罕，敍述從略。

（二）原料配合之計算　　茲舉二例，以示配合之計算法如次：

例1‧　　設用鑄屑，鋼屑，新銑，錳銑四項原料，其所含碳，矽，錳，磷，硫量（％），依次如表內各欄所示，欲製成含碳3‧25％矽1‧40％，錳0‧7％，磷0‧3～0‧4％，硫0‧1％之高級鑄銕問其配合量各若干。

〔解〕如次表：

原 料 配 合 表

製品分折	配合 合 Kg	C 3·25%		SI 1·4%		Mn 0·7%		P 0·3~0·4%		S 0·1%	
		%	Kg	%	Kg	%	Kg	%	Kg	%	Kg
配合											
鑛物 屑	30	3·3	0·99	1·4	0·42	0·7	0·21	0·3	0·09	0·1	0·03
銅 屑	30	0·5	0·15	0·3	0·09	0·5	0·15	0·1	0·03	0·08	0·024
鑛物 鈑	40	3·7	1·48	2·5	1·00	0·6	0·24	0·6	0·24	0·04	0·016
鈑		—	—	—	—	—	0·40	—	—	—	—
計	100		2·62		1·51		1·00		0·36		0·07
燒減耗				米1 -10	0·15	-20	0·20			米2 -25	0·017
合計實值（包括減耗）	100		2·62		1·36		0·80		0·36		0·053
假定焦炭爲 17											
% 含硫量 1 %											

此合量之 30 ％為

熔　鐵　吸　收　則

$17 \times \frac{1}{100} \times \frac{30}{100} = \frac{510}{10000} = \frac{50}{1000}$

假定鋼屑于熔解

中加碳率 2·7％

則 (2·7－0·5)× $\frac{30}{100}$ 為

鑄品之組成

米1：　$1 \cdot 51 \times \frac{10}{100} = \frac{}{100} = 0 \cdot 151$

$1 \cdot 51 － 0 \cdot 15 ＝ 1 \cdot 36$

米2：　$0 \cdot 07 \times \frac{25}{100} = \frac{}{100} = 0 \cdot 0175 \doteqdot 0 \cdot 017$

		0·05					0·103
							0·36
							0·80
							1·36
				0·66			3·28

　　表中係以錳銑補足錳在爐中之減耗量，其所減耗之值為20%，Si之減耗量為10%，P則不變，又焦炭中硫黃之30%為熔銑所吸收，鋼屑原含碳甚少，熔解中加碳至2·7%，是等皆由經驗得之，殆可視為定比。從而本題內各原料配合結果之比率30:30:40，即3:3:4，可知其亦由經驗得之。依此比例配合時，則得含C3·28%，Si1·36%，Mn0·8%，P0·36%，S0·103%之鑄品，與所要求各成分含量之比率甚相接近。但若無此經驗，則不得不屢變是等比率之值，反覆計算之，方能確定其配合量，故不如用第二例之計算法，較為便捷。

　　例2·　　　設工場現有原料與所要求鑄品之矽錳含量，各如次表所示，試計算其配合量。

	矽	錳
銑鐵	2·00%	0·18%
鋼屑	0·15	0·45
鑄屑	1·20	0·30
鑄品所要成分	0·90	0·31

但左表所載，係除去爐內減耗量以後之值。

〔解〕　　依混合比例法先按含矽量計算之。

	I	II	III	IV	V	VI
銑　　鐵		2·00	1·10	75		75Kg
鑄　　屑		1·20	0·30		75	75Kg
欲得鑄造品	0·90	……	……	……		
鋼　　屑		0·15	0·75	110	30	140Kg
						合計 290Kg

Ⅱ與Ⅰ欄相減　　轉換　　再轉換

所求得原料配合量爲

含矽2·00%之銑鐵　　　75 Kg

含矽1·20%之鑄屑　　　75 Kg

含矽0·15%之鋼屑　　　140 Kg

得含矽0·90%之鑄造品290 Kg卽

銑鐵爲　　$\dfrac{75}{290} \times 100 = 25·86\%$

鑄屑爲　　$\dfrac{75}{290} \times 100 = 25·86\%$

鋼屑爲　　$\dfrac{140}{290} \times 100 = \underline{48·30\%}$

　　　　　　　　　合計100·00%

就此結果檢算之：

由銑鐵所得之矽　　2·00×25·86＝51·72

由鑄屑所得之矽　　1·20×25·86＝31·032

由鋼屑所得之矽　　0·15×48·30＝ 7·245

所要鑄品含矽　　　　　　合計89·997＝0·90%

故知所求得之配合量爲正確。

次就已得結果，計算鑄造品之含錳量：

銑鐵中之錳　　0·18×25·86＝5·655

鑄屑中之錳　　0·30×25·86＝7·758

鋼屑中之錳　　0·45×48·30＝21·735

　　　鑄造品中之錳……………合計35·148＝0·35%

卽依所求得之比例配合時，鑄品中含錳量爲0·35%，與原所要求之錳量0·31%相差甚微，對於其物理的性質，無甚影響，殊無改算之必要。但錳量若過多或過少則須適度變換其比例，卽如下於第Ⅵ欄之後，應續行第Ⅶ欄以下之計算。

就鋼屑量言之，現所求得鋼屑之配合量爲48‧30％，約近於50％，其熔解法頗須熟練，若非熔鉄爐與送風機之設計與設備，均臻完全，則難獲良好之結果。設更欲配合較少量之鋼屑，使達到所預期之成分，則上記之計算法，亦須如次續行之，即於第VI欄之後更延至第IX欄。

	IV	V	VI	VII	VIII	IX
銑 鉄	75			75		75Kg
鑄 屑		75			225 (=3×75)	225Kg
欲得鑄造品	………	…………	………	………	…………	………… …………
鋼 屑	110	30		110	90 (=3×30)	200Kg
						合計 500Kg

　　如斯求得第二次之配合量，爲　銑鉄 75Kg，鑄屑 225Kg，鋼屑 200Kg，合計爲500Kg，即鋼屑量已比以前減少。

　　換算爲各原料之％即

　　　銑鐵　　$\frac{75}{500} \times 100 = 15\%$

　　　鑄屑　　$\frac{225}{500} \times 100 = 45\%$

　　　鋼屑　　$\frac{200}{500} \times 100 = 40\%$
　　　　　　　　　　合計100%

　　再檢算之：

　　　由銑鉄所得之矽　　$2\cdot00 \times 15 = 30\cdot00$

　　　由鑄屑所得之矽　　$1\cdot20 \times 45 = 54\cdot00$

由鋼屑所得之矽　　　　0·15×40＝　6·00

鑄造品含矽量　　　　　　　合計90·00＝0·90%

此值正確適合于所豫期之含矽量。　次就此配合檢算錳量：

銑鉄中之錳　　　0·18×15＝2·70

鑄屑中之錳　　　0·30×45＝13·50

鋼屑中之錳　　　0·45×40＝18·00

鑄造品中之錳……………合計34·20＝0·34%

依此比例配合時，其含錳量比第一次求得之配合較少，更接近於原所預定之成分，當認爲滿足。

此外尙有使用一定圖表之簡易算出法，茲爲省篇幅計從略。

五　高級鑄鐵熔鐵爐

如第一，第二圖各示高級鑄鉄用熔鐵爐之一種，前者爲甌型爐（ Cupolet ）適用于小規模之鑄造廠，後者爲固定式熔鐵爐（ Stationary Cupola ），適用於大規模之工廠。

茲就圖解釋如次：

A爲爐殼，內襯耐火材。B爲爐底，係於鐵板上，築成厚3吋以上之砂底，附以約$\frac{1}{12}$之斜度。C爲風箱，係圍繞爐殼一部之一中空圓筒。D爲進風口，依爐之大小，其數爲四個以上以至八個（用偶數），其水平斷面形狀，如第三圖所示，外狹而內寬，以使送風均勻；縱斷面形狀則如第一，第二圖所示，外高而內低，以使送風較容易達到爐心。E爲合金劑投入管，所要加入之合金劑，如矽銑，錳銑及鎳等之一部或全部，卽投入於此管內，加以豫熱，至近於熔解點之溫度時，始墮入爐內，卽行熔解。F爲高熱瓦斯誘導管，由爐內放出一部熱瓦斯，由E經F，復返入爐內。G爲出渣孔，H爲出鐵水口，I爲裝料口，J爲送風管，K爲窺孔。

高級鑄鐵熔鐵爐之特徵略如次：

（1）高級鑄鐵用爐，由爐底至進風口之距離，卽湯溜之深度，較之普通熔鐵爐爲甚淺，從而鐵水在湯溜內，與焦炭接觸之時間甚短，由焦炭吸收之硫黃當然較少；且在湯溜內熱度之降低亦少，比較能保持高溫之鐵水。

（2）從來熔製合金鑄鐵之舊法，爲（I）將合金劑與其他原料，共同由上方裝料口投入，（II）將細粒合金劑，另行預熱至赤色程度後，投入於普通之盛湯器內，或投入出湯嘴，令隨鐵水冲入盛湯器內，混合熔解。（III）將合金劑另在坩堝內熔解後，注入盛湯器內混合之。用此三法，其弊在熔解不完全，成分不確實，混合不均勻，及溫度降下，或費用不經濟。若現在所用特別設計之高級鑄鐵用熔爐則不然，因各種合金劑，係先在合金投入管內預熱，至將近熔解時，始墜入爐內，卽行熔解，故可免除上述諸弊。惟錳矽等在爐內熔解時，因化學變化的關係，有相當減耗，量愈多則減耗愈多，故於爐內僅熔解其所需要量之一部，留一部另投入於特別設計之盛湯器內，令與鐵水混合熔解。

（3）高級熔鐵爐之最高熱部，能達到 1750°C，比普通熔鐵爐之溫度特別高，故能完全熔解鋼鐵，及投入爐內之合金劑。

（4）高級鑄鐵之製造場，爲使鐵水不與爐內焦炭長時間相接觸，有於爐外另設前湯溜（Front Reciever）或混湯器，以備混湯及投入曹達灰等，或用他法使之脫硫者；且有於湯溜內，燃燒重油，使保持高溫者。爲使鐵水保持潔淨，以助成其良好之結晶組織，有另設熔渣分離器者；亦有卽在特別構造之盛湯器內，執行混湯，兼去熔渣者，是等附屬器，往往不能悉備，可視製造規模之大小斟酌採用之。

（5）高級鑄鐵熔鐵爐所附風箱之斷面積，約爲風管斷面積之

3倍至以4倍，而風管與爐腹斷面積之比，依爐腹直徑，或為500mm·或為1000mm·或為1500mm·各以下，其比為1:1·75或1:1·55或1:1·35，不可小於此值。此外數字，按比例計算。

六 高級鑄鐵製造之實例

高級鑄鐵之製造，本可分為（一）依化學成分，（二）依鑄造作業及熱處理法之二方針，而以此二者並行為萬全之策。故在原料準備不充分之工場，依第（二）之方針，仍可作成具有優秀之物理的性質，達到標準強力，能施機械切削之高級鑄鐵。近代世界各國鑄造界所從事研究之目的，亦即在乎此。蓋高級鑄鐵之結晶組織，依顯微鏡試驗之結果，知其大部份為徐冷鋼(Pearcite)，與少量勻細呈渦卷纖毛狀之黑鉛所構成，此種組織固可由物理的手段獲得之也。試舉一二實例於次：

（I）藍滋法　　德國 Manhein 市Lanz 鑄造場，所發明製造高級鑄鐵之方法，稱為藍滋法（ Lanz Process ）。其要點係使鐵水在凝固點以前，迅速冷却，以減少黑鉛之生成，並令其勻細分布，又達凝固點以後，則使之徐緩冷却，以去其初析之Cementite，而得純正徐冷鋼組織之鑄鐵，即由冷却速度之制馭，以製造高級鑄鐵者。從而鐵水之溫度須高，愈高溫則凝固愈速（就凝固點以前言）；鑄型中所築之砂型須薄，愈薄則冷却亦愈速；並有將此項砂型作成中空，或於其中充填熱之絕緣物，使在凝固點後，冷却甚為緩慢者。大抵對於形狀簡單之鑄物，即依此法製作之，至形狀較覆雜之大鑄物，則須先將砂型烘乾，再加豫熱至適當程度，方鑄入鐵水。惟究用若干溫度之鐵水，鑄入若干溫度之砂型，又原料之成分如何，所得鑄品之成分如何等，均未經詳細發表，僅依各國雜誌之推斷，與樣本試驗之結果，知其鑄品之組織，完全為徐冷鋼質而已。

自藍滋法發表以來，美國亦有多數研究者，進而實地從事高級鑄鐵之製造，結果獲得專賣特許權，就中1924年．Diefenthalar氏獲得特許之要領，有二種如下：

其一　　依次之成分：

全碳	化合碳	黑鉛碳	矽	錳	燐	硫	鐵
3·00	0·85	2·15	1·00	0·70	0·40	0·10	94·80

則所用鑄型豫熱之溫度為

肉厚10mm·者　　　390°F（199°C）

肉厚20mm·者　　　300°F（149°C）

肉厚30mm·者　　　210°F（ 99°C）

其二　　依下之成分：

全碳	化合碳	黑鉛碳	矽
2·80	0·85	1·95	0·80

則鑄型溫度為

厚10mm·者　　　470°F（243°C）

厚20mm·者　　　380°F（193°C）

厚30mm·者　　　290°F（143°C）

用上述方法製造之鑄物，其抗張力，每平方吋在 50000 磅以上，為徐冷鋼質，容易加工，其可削性略與鑄鋼同。

又一法　　用與上相似之成分，但不將鑄型豫熱，即以普通之砂型鑄造之；當鑄入鐵水後，即行迅速將鑄物連同砂型，一並移入於已加熱之爐中，令徐冷緩却，亦可得同樣之結果。

此外又有Diefenthalar與Ship兩氏，共同獲得專賣權之製造方法，其製品含碳矽量，依次式定之：

全碳％＋矽％＝4·0％

並依碳、矽成分，及鑄物肉厚之變化，以定鑄型加熱之溫度

，製有曲線圖表，可供隨時應用，茲從略。

　　由上可知藍滋法係以製造低碳低矽之高級鑄物爲目的，對於鑄型加熱之溫度，則依其化學成分，及鑄物肉厚之變化而定。

　　（ II ）艾邁爾法　　Thyssen-Emmel 氏獲得專賣特許之高級鑄鐵製造法稱爲艾爾邁法（ Emmel process ）。其製品爲低碳鑄鐵，與 Lanz 法同；但其含矽量則大異，約爲 Lanz 法所含矽量之二倍；且錳量亦比 Lanz 法爲多。

　　茲示 Emmel 所製出高級鑄鐵之數種分析數值於次：

	A	B	C	D
全碳	2·64	3·36	2·88	2·90
化合碳	0·82	0·89	0·92	0·89
黑鉛碳	1·81	2·47	1·96	2·01
矽	2·14	1·90	2·29	2·09
硫黄	0·159	0·126	0·185	0·107
燐	0·25	0·50	0·21	0·26
錳	1·37	1·90	0·75	0·99

　　Emmel 法，係用 Cupola 熔解，如上表所示，可知其對於所含各元素之成分，似不受若何規律之嚴格拘束，即係依上述之第（二）方針，賴鑄造作業法以製成高級鑄鐵者，惟其含碳量竟低至 2·64%，究係用何方法，而得此結果，未經詳細發表，據氏於 1926 年，在英國獲得專賣特許權時，所報告之要旨則如次：

　　「用 Cupola 製作低碳鑄鐵時，須用緻實質之焦炭，原料則鋼屑占 50% 或以上，其餘用含碳矽多量之銑鐵，與普通鑄鐵同一處理法，投入焦炭量，爲原料鐵之 9 以至 13%，用高壓送風，其風壓爲水柱 15·7 吋以至 32 吋。如斯，則可得低碳之鐵水，由出鐵口放出時，其含碳量約爲 2·00 以至 3·00%。」

Emmel之鑄鐵，往往有比Lanz之鑄鐵，其機械的性質更爲優者。其作業要旨，蓋在力求黑鉛之粉碎，故其製品之耐摩減性頗高。依氏所論，含此種粉碎（因鐵水高熱）成極微細之黑鉛之鑄鐵組織，比純粹徐冷鋼之組織更爲優良云。

依1926年，德國Gilles氏發表之實驗報告：

「將使用於Cupola之焦炭，浸於石灰汁中，如菜類之沾濕醬醋，用以熔解鐵鋼原料時，在未沈入熔解帶之前，毫不燃燒，迨入熔解帶後，始急速燃燒，故能發生高熱，由出鐵口放出之鐵水，得升到攝氏1500度之高溫；且鋼鐵在熔解中，加碳作用甚微。」或許 Emmel 氏卽係用此法，以作成含碳量甚低之高級鑄鐵。如是推察，似亦合理。

七　鑄造作業及熱處理法

高級鑄鐵之製造，不能專恃原料上化學成分之配合，及熔鐵爐構造之如何，其實地作業方法，關係尤爲重要，茲略舉如次：

（1）高級鑄鐵之製造，須混合多量之鐵鋼屑，與銑鐵共同熔解，但鋼鐵之熔解點，均比銑鐵爲高，如軟鋼之熔解點爲 1475°C，硬鋼之熔解點爲 1420°C，鍊鐵之熔解點爲 1600°C，故爐內之最高溫度，須達 1600°C，比普通鑄鐵之熔解溫度，約高出 200°～400° C。爲使爐內達到如此高溫，其特別作業方法如次：

【a】熔鐵爐具有特殊之裝置，其寸度之比例亦特異（見附表）。

附 表

爐號數	每時熔鐵量 噸	爐外徑 吋	爐內徑 吋	進風口總斷面積 平方吋	送風管內徑 吋	風壓 水柱,吋	一分間所要空氣量 立方呎	送風機所要馬力
1	½~¾	24	18	65	6	6～7	500	2
2	1～1½	28	22	100	8	6～7	750	2½
3	2～2½	36	28	120	10	7～9	1250	4½
4	2～2½	38	28	120	10	7～9	1250	4½
5	3～3½	46	32	180	13	9～11	1750	7½
6	4～5	56	38	260	16	11～13	2500	10
7	6～7	61	42	340	16	11～14	4000	13
8	7～8	64	45	400	16	12～15	5000	16
9	8～9	67	48	460	16	12～15	5500	18
10	10～11	73	54	550	18	17～20	6300	21
11	13～14	86	60	600	18	20～22	7500	25
12	15～18	90	65	660	18	22～24	10000	32

甑形爐（1～4）　固定式爐

〔附註〕表中未載者，另有規定比例，茲從略。

【b】使用緻密堅實，比重大，着火點高，含硫少之焦炭；且須大小合度。

【c】底層焦炭達到熔解帶之頂上水平線而止，以距進風口上緣約20吋內外，爲適當之一定高度，過高過低，均足減低爐內之溫度。

【d】除底層焦炭外，每層鐵與焦炭重量之比（簡稱焦炭比）約爲7～10。

【e】送風須均勻，比普通熔鐵爐所用風壓較低，風量較多，其標準視爐之大小而定。

【f】爐內送風不可太早，開爐時，先依自然通風點火，俟底層焦炭之上表面，達到赤熱，發青黃色火焰時，方開始用機械送風。

【 】每次開爐以前，須將上次附着於熔解帶部分之爐渣，完全敲去，用耐火材補修完好，並烘乾。

【h】若在熔解中途，發見爐熱降下，則對於以後每囘裝塡，須比前增加焦炭量；或另加一囘，專裝焦炭，以補足底層焦炭之一定高度。

【i】每囘裝塡原料，燃料，均須均勻，其表面須成端整之平面。

【j】勿使用過於碎小之鐵鋼屑，爲壓孔（Pnnch）屑，旋削屑，鉋屑，及厚½吋以下之鐵板，均不可用，因其熔解較早，塞住空隙，旣有妨通風，且易生氣巢。

（2）鐵水在注入鑄型以前，須於相當長時間內，保持高溫，使其中之黑鉛核，因被熔解而減少，爲達此目的，其設備及作業法應如次：

【a】爐內之湯溜須淺，使不能多貯鐵水，以減少隨時間

之緣過,以致溫度降下之程度。

　　　　【b】爐內或不設湯溜,另於爐外設湯溜,即所謂前湯溜,以貯鐵水,使爐內熱氣,得隨鐵水一同流出,而入於前湯溜內,藉以保持高溫;並有在此種器內,燃燒重油者,更足以增高其熱度,耗油無多,而所得鑄品之組織,益見優良。(第四圖)

　　　　【c】用第五圖所示之盛湯器,以盛鐵水,此器之內郶,凡與鐵水接觸處,須敷厚3吋以上之耐火材使不散熱,並於未盛鐵水時,燃燒木材或木炭,以豫熱之。

　　　(3)爲使鐵水在凝固以前,冷却迅速,以減少黑鉛之生成,凝固以後,冷却徐緩,使其結晶變成徐冷鋼組織,其作業法,除依前(1)(2)兩欵外,並可:(a)將鑄型先行加熱至400°～500°C;(b)薄築型內之砂層;(c)砂型內設中空部,或充填不導熱物質。(見前章工項)

　　　(4)除既加錳以脫硫外,更施行次之脫硫法:

　　　　【a】用含硫少量之焦炭爲燃料。

　　　　【b】爐內熔解帶及湯溜均須淺,或另設前湯溜,則鐵水與焦炭接觸之時間較短,由焦炭吸收之硫黃亦較少。

　　　　【c】於湯溜(或混湯器)內,再加脫硫劑(例如曹達灰)。

　　　　【d】除用以上諸法外,更有使用特別脫硫裝置者,如震搖脫硫器,其一例也。(鐵水受震盪時,其所含硫黃,因與空氣接觸,被氧化而成熔渣,上浮於表面,得除去之。是項裝置,見第四圖,其下部所附之車輪凸輪及輪軸等,聯結於電動機,即爲使湯溜震搖而設也。)

　　　(5)鐵水不潔淨,爲發生氣巢,及鑄引之一大原因,故鐵水內之熔渣,務須完全除去。其法或特設熔渣分離器,一方面可以

充分除去鐵水內之熔渣；他方面，因此器卽係湯溜之一種，爐內
不須設湯溜部，故亦可減少由焦炭吸取之硫黃；並可於此器內，
投加脫硫劑。或卽用第五圖所示之盛湯器，亦可達同樣之目的，
因此器之特點，卽在便於去渣也。

（6）熱處理法

普通鑄鐵有下之數優點：

（1）鑄造容易　　（2）耐壓力高　　（3）機械加工容易
（4）摩耗性少　　（5）腐蝕性少　　（6）製造費低廉

其缺點爲：在一個鑄物內，各部不均等，有堅硬部，有鑄歪，
有曲狂，加熱後易發生成長現象，但是等缺點可依熱處理法矯正
之。

普通鑄鉄之缺點，雖得依熱處理，加以相當矯正，但終嫌脆
弱，是爲其先天的一大缺點，惟有高級鑄鉄，能補正此項俠點。
高級鑄鉄之製造，依以上各欵所述之作業法，旣盡其能事之後，
若其成績或有仍不能認爲完全滿意時，最後仍可施熱處理法以補
正之。

茲所謂熱處理，卽將已製成之鑄造品，再置於同火爐內，在
臨界溫度以下加熱，經過適度時間後，復冷却之，使改善其組織
及性質，而補正其以前之缺點。

更揭關于熱處理法之諸要點於次：

（1）熱處理之目的與効果：

（a）除去鑄物之歪變(Casting Strain)。
（b）賦與均一硬度，且增加其可削性。
（c）防止受熱時之成長。
（d）使機械加工之寸度，絕對精密，除去其加工後之變
形。

13579

（c）除去鑄品自然發生之物理的性質之變化。

（f）依攝氏 540 度以下之熱度軟化時，卽得除去其一切
之鑄歪；且得減少其因加工所生之破損，及受衝擊時之毀損。

（g）對于衝擊之耐力，大爲改善。

（h）高級鑄鉄之製造與熱處理，有不可離之關係，若不能具備鎳及釩等之貴重合金時，依熱處理法，可得與加是等合金同等或且超過之優良性質。

（i）就一般言之，鑄鉄加熱至 870°C，維持其熱度，達三時間後，仍使在原爐內冷却，待變黑色時，乃取出置於空氣中，冷却之，所得之成績最爲良好。

（2）熱處理之臨界溫度

普適鑄鉄及高級鑄鉄之完全臨界溫度，依其化學成分，得按次之公式算出之。施行熱處理時鑄物之加熱，須常在臨界溫度以下。

攝氏臨界溫度 $= 730°C + (28°C \times Si\%) - (25°C \times Mn\%)$

華氏臨界溫度 $= 1346°F + (82\cdot4°F \times Si\%) - (77°F \times Mn\%)$

（3）熱處理必要條件

（a）鑄物加熱中，依燃料之燃燒，所生之瓦斯及灰分，務須勿令與鑄物相接觸，故宜于 Muffle Furnace 內行之。

（b）鑄物之加熱，須各部均一。

（4）熱處理前後之硬度，以用 Brinell 硬度試驗爲最適宜，至于 Shore 硬度試驗因不能表出與鑄鉄重要性有直接關係之比率，可不用之。

八 結論

綜括上述諸項，可得下之結論：

(一)我國急待高級鑄鉄大量的生產，以應時代的需要

(二)我國鑄造界，亟應普遍的從事高級鑄鉄之研究與製造，以促進重工業之建設與發展。

(三)在鑄造原料與器具準備充分之工場，應依第六項所述(一)(二)兩方針，卽並用依化學成分，與依鑄造作業及熱處理法之二方針，以從事高級鑄鉄之製造，是爲策之最安全者

(四)在原料與器具不完全之工場，應依第六項所述(二)之方針卽依鑄造作業及熱處理法，亦得製造同樣優良之高級鑄鉄。

(五)製造高級鑄鉄，如發見成績不良好時最後可用熱處理法補救之。

(六)漸求普遍推行高級鑄鉄之製造事業，非不可能。

三二·九·四· 於沅陵孝平

鈹(Beryllium)一怪金屬 張叔方譯

鈹之原料爲綠柱石；亞，非，南美各地出產甚豐。

値得注意者，普通青銅中含錫12%，用鈹2%卽可代替之，對故配製青銅而言，一定量之存鈹，其效用在錫五六倍以上。

鈹爲原素中第四種最輕者，週期表中僅有氫、氦、鋰三原素，位列其前。

鈹本身殊少價值，僅稍稍用於數種精密設備，但以少許與他種金屬配合金時，其消費至爲驚人。

13581

鈹（2％）銅（98％）合金較建築鋼爲尤硬，更足奇者其抗
張強度爲每平方英寸185,000磅。鈹（2％）鎳（98％）合金爲最
硬金屬之一種，抗張強度竟達每平方英寸300,000磅。

與其他合金相較，可顯見鈹之特性：

	每平方英寸抗張強度
銅鋁合金	53,000磅
建 築 鋼	60,000磅
黃 銅	70,000磅
矽 銅	80,000磅
不 銹 鋼	90,000磅
磷 銅	100,000磅
鎳銅合金	125,000磅
鈹	110,000磅
鈹銅合金	185,000磅
鈹鎳合金	300,000磅

用作彈簧，則鈹銅合金性質之佳，無與倫比。磷銅彈簧振動
四十萬次卽斷，最佳之彈簧鋼，亦只能承受兩三百萬次振動，而
鈹銅與鈹鎳合金可耐振至二百萬萬次。

鈹合金工業，德國在一二十年前，雖已開其端，但美國直至
一九三四年，尚未大量生產。現在美國兵工廠中已佔有一席地位
。戰後用途不難預卜，將來純鈹或可庖代鋁錳，尤以航空方面，
希望最大。在「輕金屬時代」，鈹實爲金屬中之最輕者。

══摘譯自一九四三年五月號美國科學文摘══

第一圖

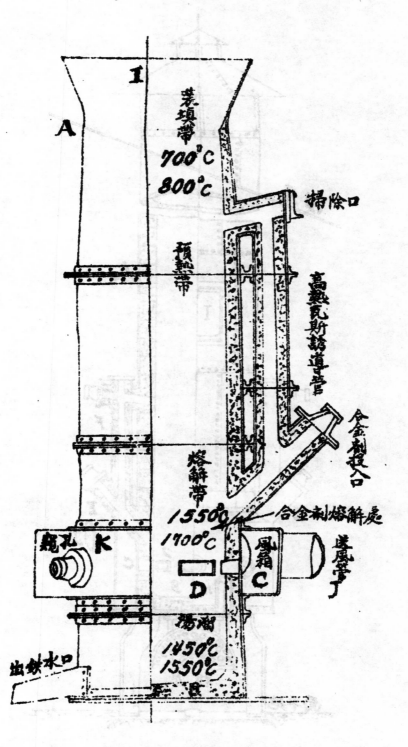

荒填帶
700°C
800°C

I

A

揚除口

預熱帶

高熱瓦斯誘導管

合金劑投入口

熔解帶
1550°C
1700°C

合金劑熔解處

窺孔　K

D　　C

風箱

送風管丁

燃燒帶
1450°C
1550°C

出銑水口

13583

第 二 局

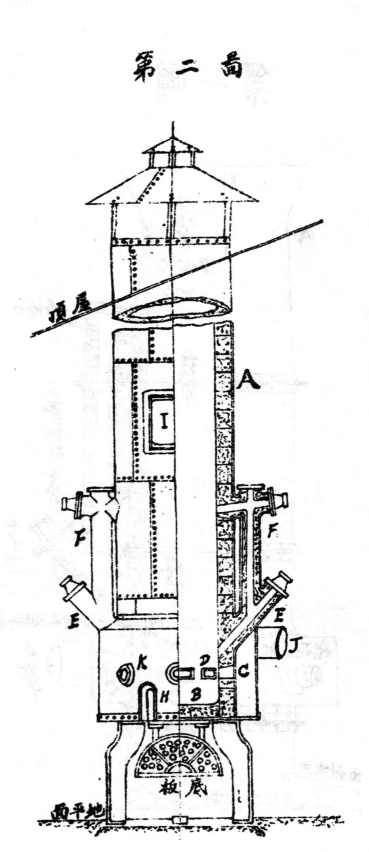

頂屋

A

I

F
F

E
E
J

K
D
C
H
B

底板

地平面

13584

第 三 圖

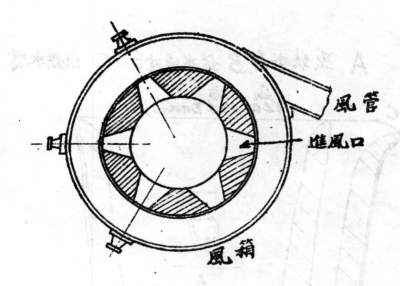

風管

進風口

風箱

第 四 圖

前湯溜(附重油燃燒器)

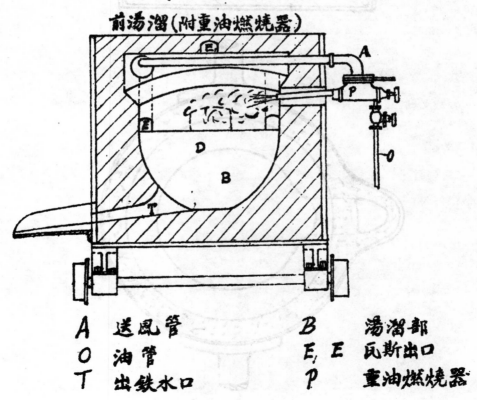

A	送風管	B	湯溜部
O	油管	E₁ E	瓦斯出口
T	出鐵水口	P	重油燃燒器

第 五 圖

A 盛鉄水部 B 鉄水通过口 C 出鉄水嘴

盛 湯 器
(Tea Pot Ladle)

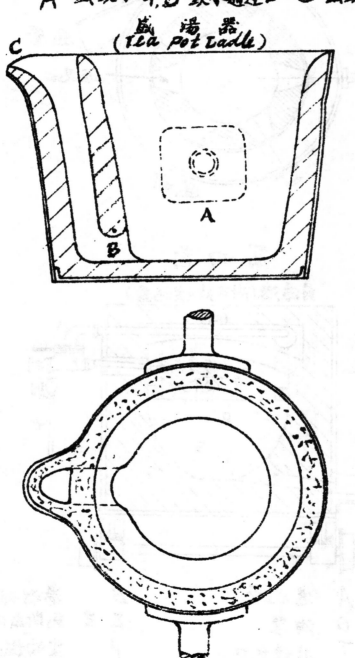

13586

各種內燃機之比較　鮑慶恩

一　定義及分類

凡以流動性燃料，混合適當之空氣，輸入于汽缸內，使燃燒發生高溫高壓之氣體，直接利用此種汽體之熱膨脹以推動活塞之「往復機關」，統稱為內燃機。現時海、陸、空、各方面所用之內燃機，其種類及型式均極繁多，茲就最被普遍採用者略述之。

依操作方式分類時，在活塞一往復間，由一回爆發或燃燒而發生動力者，曰二衝程機；在活塞二往復間，由一回爆發或燃燒而發生動力者，曰四衝程機；又依燃燒方式分類時，燃料與空氣之混合體一次進入汽筒後，藉點火引起爆發，使氣筒內壓力急速上升者曰定積機，燃燒時燃料自動的繼續注入，使汽筒內氣體起定壓的膨脹者曰定壓機。

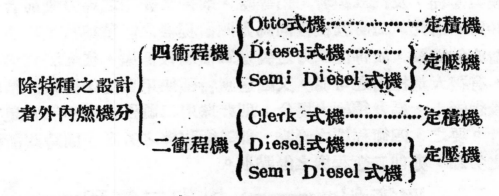

除特種之設計者外內燃機分 ⎰ 四衝程機 ⎰ Otto式機·············· 定積機 / Diesel式機·········· ⎱ 定壓機 / Semi Diesel 式機 ⎰ 二衝程機 ⎰ Clerk 式機·············· 定積機 / Diesel 式機·········· ⎱ 定壓機 / Semi Diesel 式機

依燃料種類分類時，其名稱列舉于下：

1·汽油機，2·煤油機，3·重油機（包括柴油及植物油），4·安息油機（Beazol），5·酒精機，6·煤氣機（天燃煤氣，發生爐煤氣等），7·混合煤氣機（使空氣與水蒸汽共同經過赤熱之煤炭、焦炭、木炭、或泥炭等，所發生之混合煤氣）。

二 OTTO式四衝程機與CLERK式二衝程機之比較

Otto式四衝程機在四衝程中，僅有一次爲工作衝程，換言之，主軸迴轉二次始有一次爆發，故縱令配置較大之飛輪，亦不能調節其迴轉力充分均一，然因構造堅固，動作確實，即信賴度較高，樂爲各界所採用。

Clerk 式二衝程機在二衝中，即有一次爲工作衝程，換言之主軸每一迴轉均有一次爆發，故其飛輪雖較小，而主軸之迴轉力則均一，惟所需空氣或混合氣體須先經五磅左右壓力之壓縮，始可輸入汽缸內使用，致損耗一部有效功量。本式機之每匹馬力燃料消費量及爆音，均較Otto式機爲大。

Otto式四衝程機與 Clerk 式二衝程機之每分迴轉數，汽缸之內徑與衝程，及汽缸數者均相等時，則後者發生之馬力較前者約多80%。因此，二衝程機較同馬力四衝程機之體積與重量均小，構造亦較簡單，故每匹馬力之製造單價遠較低廉，從經濟立場觀之，有被大量採用之可能。又因適應特種使用目的，例如體積與重量須極小，馬力須極大場合，則非採用二衝程機決不能滿足其條件。要之，四衝程機之優點，即二衝程機之劣點，同時四衝程機之劣點，亦即二衝程機之優點也。

三 四衝程DIESEL機與二衝程DIESEL機之比較

Diesl 機亦分四衝程及二衝程二種，與 Otto 式四衝程機及 Clerk 式二衝程機不同之點，即前者爲定壓機後者爲定積機。

Diesel機與Semi Diesel 機之區別，前者係完全藉高度壓縮

之空氣所發生之高溫，使噴入之燃料自然爆發；後者之壓縮比雖較小，惟另備一由外部加熱之熱面，使噴入之燃料觸及此熱面時即引起爆發，其餘各點二者無異。

(甲)四衝程機之優點：

　　a·關于設計及製造方面均較二衝程機爲易，且動作確實故障較少。

　　b·二衝程機每接近衝程終點之際，須于瞬間交換廢氣與空氣，或混合氣體，又每分間之爆發數亦多，故爲預防引起過熱計，其平均有效壓力較四衝程機低減。

　　c·二衝程機之燃料消費量，較同馬力之四衝程機，每馬力約多10～15%。

(乙)二衝程機之優點：

　　a·體積及重量均較同馬力之四衝程機爲小，且構造亦較簡單。

　　b·因每一迴轉均有一次工作衝程，故迴轉力較爲均一，使用較小之飛輪卽足調整。

　　c·汽缸較同馬力之四衝程機爲小，故作用于各運動部分之內力亦小。

　　d·四衝程機常因排氣瓣過熱致生故障，然二衝程機則無。

　　e·逆轉時較四衝程機簡單容易。

四　燃料消費量

．普通各種內燃機，每實用馬力（時）全荷重之燃料消費量如下：

1·汽油機（主要汽車用）　　汽油　　　　　　260～350　Grs
2·汽油機（主要航空機用）　汽油　　　　　　220～350　Grs
3·煤油機（農業用小馬力者）煤油　　　　　　320～360　Grs
4·Diesel 機　　　　　　　　重油　　　　　　180～220　Grs
5·Semi Diesel機（船舶用）　重油（或輕油）　260～310　Grs
6·安息油機　　　　　　　　Benzol　　　　　280～350　Grs
7·酒精機　　　　　　　　　酒精（含水量15%左右）440～470　Grs
8·煤氣機　　　　　　　　　煤氣（Calory低值）2300～2800 Cu-ft
9·混合煤氣機　　　　　　　木炭　　　　　　400～500　Grs

　　上表所列之燃料消費量，均係普通設計之各種機關之近似平均值，惟宜注意者即此種平均值受下列各項因素之影響而稍有增減。

a·在同一型式機關中，其汽缸容積若愈增，則每實用馬力之燃料消費量愈稍減。

b·其迴轉速度若逐漸上升，則燃料消費量亦隨之大增。

c·在同一轉數時，無荷重之每馬力燃料消費量，僅相當全荷重時之 $\frac{1}{4}$～$\frac{1}{5}$。

d·半負荷時之每實用馬力燃料消費量，較在全負荷時每實用馬力燃料消費量增加20%～25%。

e·在同一情況下之水冷式機，較空冷式機之油料消費量略少。

附汽油機之每分迴轉數對燃料消費量及馬力之關係線圖于下：

五　各種內燃機之最高壓力

茲將使用較多之各種內燃機，在壓縮衝程中之最高壓力，列表于下：

機關種類	燃料	最高壓力 (Kg/Cm^2)
1・汽油機	汽油	3.5～8
2・洋油機		3 ～8
3・Diesel機	重油	31 ～35
4・Semi-Diesel機	重油	14 ～20
5・安息油機		3.5～8
6・酒精機		5 ～12
7・煤氣機	普通市面用煤氣	5 ～8.5
	熔壙爐煤氣	8.5～16
8・混合煤氣機	木炭所發煤氣	7 ～12

〔註〕1・汽油機（壓縮比爲5）如用洋油（壓縮比4.5）爲燃料，約減少10%馬力，如用酒精（壓縮比6.5）增高其壓縮比至7，即可增加馬力10%。

2・Diesel機所用之重油，其自然發火點爲400°C～500°C，如增加Diesel機之壓縮比，可利用各種煤炭製造煤氣時所殘餘之Coal Tar（如含有雜負可經過蒸餾或精製後）爲燃料，其自然發火點爲600°C～650°C。

六　各種內燃機之起動

a・汽油機　汽油之蒸發（氣化）較現用各種燃料均易，雖在冬季亦能引火爆發，故起動最爲敏捷，又能於最短時間變化其迴轉速度，亦遠非其他燃料所可及。

b・煤油機　煤油之蒸發能力較汽油爲小，故起動時亦較困難

13591

，而於冬季尤甚，此際須預將氣化部分加熱，或先用汽油始可起動。

c‧酒精機　酒精之蒸發雖較煤油為速，及燃燒後所剩殘渣極少，然在嚴冷時期不易起動，故事先須經煤油機起動時同樣之手續，又酒精之爆發較緩，致難達到高速度之目的。

d‧Diesel機　重油（包括植物油）在常溫中乃粘性甚大之液體，利用氣化器決不能使其蒸發，故採用高壓油唧筒及口徑極微之噴油嘴使之噴成霧狀，此種霧狀微粒與汽缸內之高壓縮空氣（溫度在重油發火點以上）接觸際，即行燃燒爆發。起動時除小馬力機普通藉手搖外，大馬力機均備有壓縮空氣筒或其他特種設備。

e‧Semi-Diesel機　如前述本機備有加熱熱面，使噴入之燃料觸及此熱面時引起燃燒爆發，故起動時須費若干時間，預熱熱面。

f‧煤氣機　此種機關乃利用煤氣為燃料，附有煤氣發生裝置，必候煤氣大量發生後，始可起動，故起動準備時間較長，且準備工作較複雜。

七　各種內燃機之採擇

上述各種內燃機均有優劣之處，採用者宜考慮使用目標，經濟條件及其他特殊要求等，例如：

1‧裝置地點之環境（固定用或移動用，舶用，陸用或空用）

2‧所需馬力及迴轉數

3‧機關之購入價格

4‧燃料消費量與價格及當地供給情形

5‧耐久度（壽命長短）及信賴度（動作確實與否）

6‧起動所需時間

7‧使用人員之技術如何

等項，究以何種機關為最適當，始可作最後之決定。

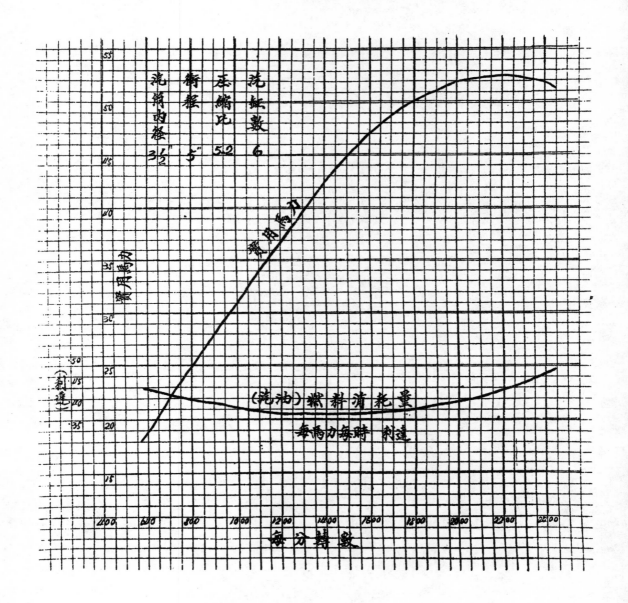

二次大戰中
戰術與武器之新姿態

張 叔 方

大戰爆發，而今四年，交戰國各竭所能，各展所長，勾心鬥角，出奇致勝，戰術與武器之運用，力求新巧，無復舊觀，形成劃時代之變化。　而大勢所趨，莫之能禦，順之者昌，逆之則亡，墨守陳規昧於順逆之勢而傾覆其邦國者比比皆是。　我中國處此驚濤駭浪之大時代中，幸能屹立無恙，與廢由我，安可不及時取鑑於人，覆車是懼；爰以國防工程界立場，對新戰爭工具，略加檢討。

戰術與武器，勢同輔車，不可偏廢，舍戰術而言武器，何殊閉門造車，談兵紙上。然戰術終係軍事專題，非茲編所欲詳贅，此不過擇其與武器性能最有關連者，時一涉及，以期彼此印證，互相發明。

我國抗戰，實爲二次大戰濫觴，六年以還，不少新戰術新武器見諸運用，然或當機密，或已週知，本文均不具論。

湘西塞閉，見聞難洽，而新式武器，各國多祕而不宣，莫窺堂奧。茲第就可能獲得材料，彙爲步兵、砲兵、戰車、空軍、海軍五編，雖語焉不詳，可觀向背。　而外人學能致用，謀國忠貞，亦可想見，足發深省。　倘能因而引起工程界之注意，當仁不讓，見賢思齊，集中力量，以建立合乎新時代之國防，斯則作者之微意，抑亦國家之厚福也。

一 步 兵

——步兵仍不失爲近戰主兵——

軍事技術進步，戰爭爲之改觀。騎兵已爲偵察機及輕裝甲部隊所替代，砲兵遠程射擊任務，亦已由轟炸機担任，步兵則用汽車或飛機輸送，稱爲摩托化部隊或空運部隊。 然時至今日，戰車飛機仍未能完全掠去步砲兵之優越性，就步兵而論，不論空軍戰車砲兵掩護如何周密，欲使步兵不加遺一矢，卽能確佔敵方陣地、尚屬理想。步兵任務之重要與艱鉅，依然如昔，未嘗稍替，仍不失爲近戰主兵。

新型步兵兵器

——自動步槍及手提機槍
最適合新型步兵之要求——

以步兵爲單純步槍兵之時代誠已過去，步兵兵器之複雜化，殆爲必然之趨勢。 白刃戰在史達林格勒爭奪戰中，雖仍不乏輝煌之戰績，但刺刀使用機會，究屬減少，素譜劈刺術之英軍，未與敵人謀面，卽由敦克爾克倉皇引退，可爲殷鑒。不寧惟是，步槍騎槍亦有漸歸淘汰，爲自動步槍手提機槍所庖代之勢。 在新式戰術下，戰鬥單位日趨簡單，步兵需有各自爲戰之能力。新興降落部隊及空運部隊，亦須以少數兵力，發揮強大之戰鬥力，故對攜帶兵器，有相同之四項要求：一、火力強盛；二、精度良好；三、攜帶輕便；四、不浪費彈藥。 步騎槍火力單薄，不足以應付現代戰爭。輕機槍又耗彈特甚，且重量倍於步槍，不便攜帶。

惟有自動步槍及手提機槍最適合新型步兵之要求。德國傘兵一萬二千降落荷蘭，所攜多係柏格門（Bergmann）式手提機槍。美國新型步兵，一律攜帶茄蘭（Garrand）式自動步槍，其口徑為〇‧三英寸（七‧六二公厘），全重九磅半，氣體活塞自動方式，射速每分三十發，三百碼距離八英寸方靶上一分鐘內可命中二十發，性能遠較步槍為優。美國除已有湯姆遜（Thompson）式手提機槍外，又新創性能優異之格萊新（Greising）式手提機槍，口徑〇‧四五英寸（一一‧四三公厘），殺傷力大。初速每秒900公尺，彈道低伸，危險界命中率均大。有效射程300公尺，在現代步兵所担任射擊區域，已足夠應用。射速每分500發，火力旺盛，亦可單發以節省子彈。槍重僅六磅半，槍管具有散熱片，長十一英寸，操作攜帶，均稱輕便。自動方式為機心後坐，活動部份不過三片，製造簡易，故障稀少。槍口所裝制動器，能使火藥氣體，由其上方小孔衝出，而其下架狀突起物，又導使氣體推進力向下，此兩項聯合作用，能使槍口跳角，槍身後坐，均減至極微，故命中率甚高。

美國鑒於第一次大戰中步兵之失敗，戰後銳意改革，現已發展成為適應時代之新型步兵，茲略舉其兵器配備，潮流所趨，可以隅反。 美國新制步兵連，以三步兵排及一直屬排組成之，步兵排士兵攜帶茄蘭式自動步槍，軍官使用手槍。直屬排包括連部‧迫擊砲班‧輕機槍班各一。迫擊砲班配備六〇公厘迫擊砲兩門，砲重51磅，彈重3—3‧5磅，最大射程1800碼。輕機槍班配備白郎林（Browning）式七‧六二公厘輕機關槍四挺，槍重20磅，射速每分300—600發。 步兵營由營部‧三步兵連‧一重兵器連編成之。重兵器連包括重機槍排二‧戰防槍排‧迫擊砲排各一。重機槍排配備白郎林一九一七式重機關槍，攻擊時使用八挺，防禦

時十六挺，最大射速每分 525 發，直接射擊時有放射程1800碼，間接射擊時可達4000碼。戰防槍排配備白郎林 M2 式一二・七公厘機關槍二挺，射程6000碼，百碼內可擊穿一吋半裝甲。迫擊砲排配備八一公釐迫擊砲二門。步兵團步兵師除正規步兵營外，並配屬有戰防砲、野砲、榴彈砲部隊，不在步兵之列，故不具論。

　　噴火器早在第一次大戰中卽已發明，二次大戰中應用更廣，不失為利器之一，其重量不大，可由人力背負而行，內儲液體燃料，以壓力噴出而點燃之，火焰可噴射至二十公尺內外。　馬奇諾防線，法國特為大暫，德軍除戰略上紆迴至防線後以包圍之外，對此堅強堡壘之正面攻擊，係乘黑夜降落傘兵於其附近，潛將堡壘之槍砲孔及通風口，以鐵皮銲封，留出一部份未封閉之孔口，用噴火器射入高熱火焰，使堡壘中高枕無憂之法軍，葬身火窟。　在東歐戰場上，噴火器與手榴彈同為蘇聯步兵狙擊德國戰車之利器，步兵潛伏壕內，待戰車駛近，卽將火焰向其瞭望孔注射，使戰車兵熱不可耐，或為燃燒廢氣所窒息。

製 槍 新 法

　　美國旣稱民主國家兵工廠，其軍火供應，遍於全世界各戰場，因不得不採用新法，增加生產。新式自動機器將鋼棒製成槍管，只需十二分鐘。來復線之鐫製（拔絲），改用新式工具，順次裝刀口甚多，刀口之在後者，恆較前者稍稍凸出，切削較深，故多裝一刀口，等於減省一道工作，工具上並有排出鋼屑之槽，可推進無阻。推削一次，可抵舊法十次，舊法鐫製來復線一條，需時十分鐘，新法一分鐘卽足，稱鑿削法（Broaching Method）。

新型步兵裝備

戰車不能在任何地形作戰，又不易肅清障礙地帶內之敵人，對於停止間之戰鬥動作，尤非所長，故戰車部隊攻佔一地，即須以步砲兵確保之。　新型步砲兵必須摩托化，始能緊隨戰車部隊前進。摩托化步兵所用車輛之性能，視其任務而定。普通車宜於後方公路之輸送，而不克担任前線之展開。履帶車適於短程之野地駛行，若用於長距離公路運輸，則迂緩而載重小，乘坐者易於疲勞，亦不相宜。　野行車（吉浦車 Jeep）與半履帶車，無論公路野地，均可行駛，吉浦車並有水陸兩用者，摩托化步兵用之最爲相宜。車之裝備，有固定裝甲、臨時裝甲　輕裝甲，不裝甲數種，因任務而異。

新型步兵之摩托化，不獨增加其機動性，使能緊隨戰車部隊進退，以適合運動戰之要求；即就步兵本身而言，亦可減輕其徒步行軍之勞頓，使戰鬥時保有旺盛之攻擊精神，六七十磅之背囊，不復爲步兵之累贅。

服裝方面亦有顯著之改革，多以寬鬆舒適相尚，有時爲適應環境，並改着僞裝。　奧地如霜雪遍野之蘇聯草原，士兵著潔白衣履，足登橇板，組成滑雪部隊。　在熱帶如新幾內亞之日本森林部隊，全身蒙罩僞裝網，滿結彩帛樹葉，或着近似土人膚色之裸裝，以僞亂眞，使敵迷惑。　美軍服裝，設計更巧，能隨冬夏翻轉着用，二十五英尺以外，即難辨認。

二 砲 兵

——轟炸機不啻飛行大砲。
砲兵在守勢作戰中之優越性
尚非轟炸機所能掠去——

現代戰爭對於砲兵戰鬥性能之要求有五：一、射程增大；二、砲彈加重；三、命中精確；四、發射迅速；五、運用靈活。在技術上各項性能均有一定限度，無法突破；若以飛機轟炸代替砲兵射擊，則一切頓改舊觀。　飛機航程，絕非砲彈射程所可幾及；德國長射程砲，遠擊122公里，然與新式轟炸機13000公里之航程相較，直如小巫見大巫。飛機炸彈重量亦非砲彈所能比擬。

遠程砲擊，觀測困難；飛機轟炸係直接瞄準，故命中精度，亦賢於砲兵。　砲兵射擊準備，需時頗長；飛機轟炸，則刹那之間，投彈以噸計，砲兵不能望其項背。重砲縱加摩托化，行動仍嫌迂緩，且不能通達之地帶甚多；飛機轟炸，迅速敏捷，不受地形限制。　故轟炸機不啻飛行大砲，打破砲兵能力極限甚遠，砲兵所不能達成之任務，轟炸機一一優為之。

德國有鑒及此，二次大戰初期，創用閃擊戰術，以輕快機動為前提，重砲口徑在十公分以上，摒置不用，逕以轟炸機代之。

英法拘泥於第一次大戰陳規，不接受西班牙內戰之新教訓，仍傾全力於砲兵之發展，對德國疾風迅雷之攻勢，茫然失措，坐聽屠宰。　世人始確信運動戰中，轟炸機實能喧賓奪主，重砲無復用武之地。

雖然，轟炸機亦自有其戰術上之弱點在，蓋不能不受氣候之限制，夜間出動，效果亦差；其尤飲恨者，為缺乏持久性，不能

繼續支持戰鬥，長於攻擊而拙於防守，與戰車頗為類似，是故固守陣地，殊非所長，仍須乞靈於重砲。

閃擊戰術，雖可乘弱攻昧，乘人不虞，然若兩軍勢均力敵，有備無患，縱以閃擊始，終必漸漸演變而為陣地戰，德軍故技之不得逞於東歐，足為明證，而砲兵在守勢作戰中之優越性，尚非轟炸機所能掠去。

新 型 砲 兵 兵 器

──七五野砲已為一○五榴彈砲所代。

平射砲口徑，由三七公厘
躍增至七五公厘。──

不獨重砲用於守勢作戰，重見其輝煌之戰鬥價值於蘇聯及北非戰場，即野砲平射砲亦不避笨重，日趨向於大口徑之採用。蓋防禦力量，日見增強，攻擊力量，不得不加大，始克收效。　七五野砲一向為砲兵標準輕兵器，在此次大戰中，威力頗嫌不足，新式一○五輕榴彈砲大有取而代之之勢，蓋榴彈砲用變裝藥，兼有加農與榴彈砲之長，曲射平射，彈道俱全，對掩蔽與暴露之目標，均能射擊，不第破壞力遠較七五野砲為強也。　三七平射砲以往為標準戰防兵器，此次大戰中，戰車裝甲，極力加厚，為三七砲彈所不能貫穿，故平射砲標準口徑，由三七公厘躍增至七五公厘。

德國執軸心牛耳，美國稱民主國家兵工廠，茲列舉兩國火砲概況，新型砲兵姿態，可窺一斑。

美國空軍，裝配二○及三七公厘機關砲，射速每分25─30發。防空部隊，使用三七・四○・九○公厘高射砲，尚有一二七公

厘（五英寸）重型固定高射砲，射高達39000英尺。 戰車上裝配七五公厘或七六·二公厘（三吋）戰車砲。 戰防部隊，採用七五公厘平射砲及一〇五公厘榴彈砲。

美國步兵隨伴砲爲六〇與八一公厘迫擊砲及三七平射砲。七五山砲（彈重6·8公斤，射程5100公尺）亦爲極佳之步兵隨伴武器，可載在氣胎砲車上高速馳行，可分卸爲數部份用獸力馱運，可由飛機運送，亦可用降落傘降落。

美國砲兵採用七五野砲 （彈重6·8公斤，射程13700公尺），一〇五公厘輕榴彈砲（彈重15公斤，射程11000公尺），一二〇公厘（四吋七）加農（彈重 23 公斤，射程18300公尺），一五五及二四〇公厘重榴彈砲。 新式四吋七加農，適於砲兵或戰防部隊用，其姊妹砲，新式一五五重榴彈砲（彈重 43 公斤，射程15000公尺），已替代久採爲美國制式之士乃德（ Schneider ）式一五五重榴彈砲。兩者均爲陸軍中長射程巨砲，架裝於同式之高速砲車上，運動性能良好，不擇道路，貨車能往之地，砲車亦能往，公路上更可馳驟如意。

德國除一五〇公釐榴彈砲不及美國一五五公釐者外，其餘各砲，射程均較同盟國爲優，尤以八八公釐高射砲，最稱傑出，可高射、可平射、並可代替野砲，一砲能兼三砲之用。其身長爲三十倍，穿甲燃燒彈重11·4公斤，初速每秒1300公尺，能於三千五百公尺距離，擊穿70公釐鋼甲，射速每分二十六發；由高射轉行平射，只需二三分鐘；行軍時由牽引車拖送，運動性能良好。七五公釐戰車防禦砲（ P.A.K.-41 ），亦爲極有力之一種，彈重12·5公斤，初速每秒1200公尺，五百公尺距離能擊穿 141 公釐鋼甲，二千五百公尺能擊穿67公釐鋼甲，射程雖較八八砲小，但全重較輕，僅一噸四，目標小而不易發現。 德國中型及重型戰車

，多裝配七五或八八砲，堅甲利兵，爲野戰中最犀利之武器。

德國防空部隊之配備：八八高射砲佔百分之六十，射高26000英尺；一〇五高射砲佔百分之二十，可射至31000英尺高度；其餘百分之二十係十五公分高射砲，射高竟達38000英尺。

德國野戰重砲，有一〇五公釐輕榴彈砲，彈重17·4公斤，初速每秒600公尺，射速每分十九發；一五〇公釐榴彈砲，彈重40公斤，初速每秒679公尺，射速每分十發；二--〇公釐加農，全重24噸，身長45倍，彈重108公斤，初速每秒900公尺，射速每分六發，射程16700公尺。

造 砲 新 法

美國鑄造砲管新法，頗值一述。砲管不復由整塊鋼管刳製，而用離心機（Centrifugal Machine）使鎔鋼高速迴轉，自動凝成管狀。此較舊法，不但可省刳削之勞，且鑄物所最忌之氣泡與雜質，均因比重較輕，離心力弱，被純良鋼液排擠而留集於內層表面，容易削除，不復爲砲身強度之患。

砲管鑄成後，即行調質，免去以往鍛作，調質，加工，再調質等繁複工作。熱處理用電力感應爐，溫度準確，加熱冷却均快，可獲得外硬內軟，最適合砲管要求之材料性質。電爐下儲冷却劑，抽開爐底，鑄物逕行落入冷却，避免與冷空氣接觸氧化，故淬火後不須打磨，生產速率，因此激增。

音 源 標 定 法

——敵人發砲，聞其聲即可測定其位置——

現代僞裝技術進步，砲兵陣地完全用僞裝網掩蔽，與附近地

13603

形地物，幾無二致，偵察機卽行赤外照相，亦難發現。

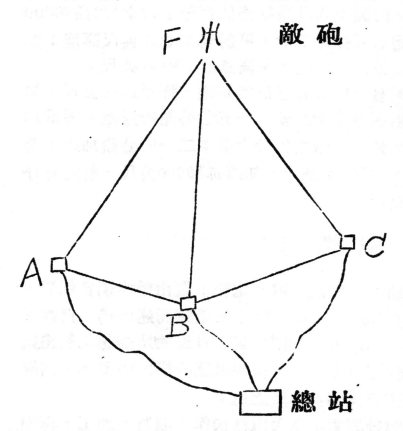

然大砲形跡雖可隱藏，發砲音響，無法消去。用音源標定法，能標定砲音來源，敵人發砲，聞其聲卽可測定其位置。

音源標定法爲聲、光、電學與數學之巧妙連用，設備簡單，在我方陣地內選定分站A、B、C三處（如圖），測定其間距離（AB及BC），每分站各置一微音器（Microphone），接收由敵方傳來之發砲音響。微音器功用，與電話送話器略同，能將砲聲振動，化爲電流波動，經電纜導入總站示波器（Oscillograph）。　示波器磁石兩極間，懸平行導線二根，上裝小鏡，電流經過導綫所生磁力，受磁場作用，使小鏡偏轉，所反射光綫，經多面稜鏡轉輪之連續屈折，攝入照片。光綫偏轉之大小，與電流强弱相應，故能將電流波動，化爲光綫跳動。由照片上光綫跳動之痕跡，可推算各站收到砲聲之先後，而求出其時間差，以時差乘音速，得各站與敵砲之距離差（卽FA－FB及FB－FC）。獲得此等數據後，音源所在之

標定，卽進入單純數學問題，其解法有三：

一、同心圓解法　　在地圖上標出Ａ、Ｂ、Ｃ三站位置，以Ａ、Ｃ兩站爲圓心，分別以距離差 FA—FB 及 FB—FC 爲半徑，作Ａ、Ｃ兩圓。再作一圓通過Ｂ站，與Ａ圓外切，又與Ｃ圓內切。其圓心Ｆ卽音源或敵砲位置。　此圓可由作圖法求之，或用同心圓透明膠板推合，更爲簡便。

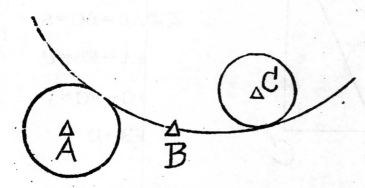

二、雙曲線解法　　以Ａ、Ｂ兩站爲焦點，FA—FB爲定差，作雙曲線（１），則曲線上任何點與Ａ、Ｂ兩站之距離差，恆等於 FA—FB，故音源應在此曲綫上。再以Ｂ、Ｃ兩站爲焦點，FB—FC爲定差，作雙曲綫（２），同理，音源亦應在此曲綫上。　是故兩曲綫之交點Ｆ，必係敵砲位置。

三、三角解法　　如地形許可，A、B、C三站能選在一直

線上，且距離相等，

則可用三角法解之：

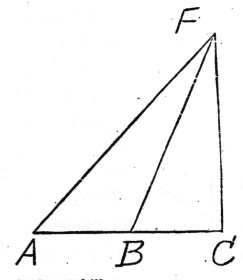

蓋設 AB＝BC＝S

FA－FB＝U

FB－FC＝V

FB＝D

由餘弦定律，可得

$$距離 \quad FB = \frac{2S^2-(U^2+V^2)}{2(U-V)}$$

$$方向 \quad \angle FBC = arc\ cos\left(\frac{S^2+2DV-V^2}{2DS}\right)$$

求得方向與距離，則敵砲位置，不難由圖上標定。　本法純用數式計算，精確程度，三法中當推第一，惟不免受限於地形。

為求測量正確計，可多設分站，裝置微音器五處，分為兩組，計算音源，互相核對，以增測量精度。

研究照片上音波跳動之形狀，並可推測敵砲口徑與性能。音源標定法亦可用以測量我砲彈着點，以便修正射擊。

三 戰 車

——機械化部隊之攻擊力
在步兵二十倍以上——

攻擊愈猛烈，愈出敵不意，其所生精神與實質之效果亦愈強。現代戰爭莫不避免陣地戰而力求于運動戰中擊潰敵人，此實軍事技術與戰術思想演進之新姿態。　軍事技術進步，使若干具有高度運動性與強大火力之新武器出現於戰場。　攻擊原為火力與運動之運用，攻擊力為火力與運動之乘積。機械化部隊之戰場速度，不止五倍于步兵，其火力又約同單位步兵之四倍，故機械化部隊之攻擊力，在步兵二十倍以上。

然戰車部隊常受地形限制，且目標高大，停止間之戰鬥，殊非所宜，故對既得陣地之固守，須由跟隨前進之機械化步砲兵担任之。　新式陸軍編制，由戰車部隊與機械化步砲兵組成機械化部隊，而以戰車部隊為其主兵。

機械化部隊若無空軍協助，則孤掌難鳴，不能澈底發揮其效用。故新式戰術，為機械化部隊與空軍協同作戰，以代替過去之步砲協同。

戰車部隊施行攻擊前，先以重步兵兵器、砲兵、及空中部隊，不斷猛攻敵人防線，化學部隊同時施放煙幕，以掩蔽戰車行動。　及至攻擊開始，砲兵卻轉向側翼射擊，以壓制敵方平射砲，俯衝轟炸機亦為戰車掃除前進障礙，空中與地上部隊之聯絡，以無線電保持之。

新 型 戰 車

——戰車重量傾向于二十五噸左右——

戰車（坦克 Tank）在第一次大戰中雖已使用，然以與今日戰車相較，殊有隔世之感。現代戰車約可分爲重型中型輕型三種，一噸半至十噸者爲輕型，十噸至三十噸者爲中型，三十噸至一百噸者爲重型。 輕型戰車速度雖高，僅能在步兵火器下活動，攻擊防禦，能力均感不足；重型戰車防禦力攻擊力特強，而躑躅不前，易遭擊毀，故戰車重量傾向于二十五噸左右。

戰車與平射砲，此矛彼盾，互爲消長。平射砲口徑，現已由三七公厘猛增至七五公厘，並有一〇五公厘平射砲出現，因此戰車裝甲不得不增強，始能抗拒，現有厚至九公分（三吋半）者，足能抵禦輕兵器與榴彈砲之射擊。 戰車時速平均五十公里，行程可達八十至一百二十公里。

新型戰車構造上改進之點頗多：旋轉砲塔，使機槍與砲得向任何方向射擊。瞭望孔爲敵人射擊目標，現改用反射鏡或轉折鏡，戰車兵可保安全，不復暴露，防毒設備亦有改進。 履帶用良質輕合金製成，堅牢耐用，運轉靈便。車身重量由多數小轉輪均勻分配于履帶之接地部份，亦有用橡皮轉輪以減輕噪音者，惟易損壞與擊毀。車身與履帶之間，有彈簧或水壓緩衝裝置，以緩和車身之顛播；地形小有起伏時，履帶可隨地形彎撓，大半能與地面相貼着，其接地面積大，則壓力分配勻散，縱在柔軟泥濘地帶，亦不陷落。

戰車攻防，以蘇德戰爭中最爲激烈，雙方出動，動輒千輛。茲略舉蘇德兩軍標準戰車式樣，以槪其餘。

大戰初期，德國在西歐戰場，使用二十五噸戰車，裝七九機關槍，三七公厘及七五公厘平射砲。其裝甲之厚，爲英法小口徑平射砲所不能擊穿，備砲之大，又爲英法戰車所不能抵禦，堅甲利兵，英法聯軍爲之披靡。　後在東歐戰場，德國更使用六十噸虎式第六號戰車，裝載八八公厘高平兩用砲一座，機關槍兩挺，戰鬥員五名，時速28—32公里；裝甲之厚，威力之強，一時無兩，惟因兩側裝甲稍弱，在史達林格勒爭奪戰中，蘇軍使用美國三七公厘火箭（Rocket）由側面將其制伏。嗣後德國又將兩側裝甲加厚，改良成爲豹式，惟尚未出現於戰場。

蘇聯十四噸戰車，裝七・六二公厘機槍及四五公厘平射砲，在西班牙內戰中卽已出現，戰鬥性能頗佳；惟有缺點，其機關槍平射砲，裝于同一旋轉樞紐上，祇能向同一方向射擊，雖可迅速旋轉，終難應付多方面之攻擊，尤以對臨近之敵兵，無法隨意壓低射擊。　大戰方興，蘇聯輕戰車有 T32 與 T70 式，裝二公分機關砲，中型戰車有 T28 與 T34 式・裝七六・二公厘速射砲。現今蘇聯裝甲部隊以新 T40 式輕型、三十四噸改良 T34 式中型及五十噸 KV 式重型爲主，而以英美輕型中型戰車輔佐之。KV 式裝甲極厚，能抵禦德國八八公厘破甲砲彈，本身亦裝備七六・二公厘速射砲，具有堅強之攻擊力，同盟國戰車中，尚屬創見。　蘇聯戰車另有一特點，外表僞裝極好，遠望有如木屋，牆瓦煙囪俱全，車隊停止時，德軍往往誤認爲一帶村莊，不加防備。

英國戰車之代表作爲邱吉爾式・維克斯式，與美國格蘭式、夏爾曼式，均高視闊步于北非戰場。美國二十八噸中型戰車，裝七五野砲，三七戰防砲及高射砲各一尊，機關槍數挺，時速40公里。又有三十噸 M3 式戰車，踏越鐵絲網工事，如履平地，在蘇聯及北非戰場，卓著戰功。

此外尚有特種戰車，如水陸兩用戰車，湖沼河流，不能限制其行動，造橋戰車可結合多輛以構成浮橋，噴火戰車對接近之敵兵，能作有效攻擊；德國戰車有時故作狡獪，噴出綠色火焰，使敵人望之，莫測是何等新怪武器，因恐懼而減低戰鬥力。　用戰車施放煙幕，亦甚簡便，卽滴發煙劑于戰車排氣管中，利用排出之廢氣，自動散成煙幕。

戰 車 防 禦 武 器

——戰車本身為防禦戰車之最佳武器——

在工業落後國家，機械化裝備自難與强敵相頡頏，然亦可求退守之法，戰車之防禦尚焉。　茲將防禦法之已奏效者，不憚辭煩，一一縷述；何者最切實用，自當斟酌物力，配合地形，以收運用之妙。

機關槍　○‧三英寸（七‧六二公厘）及○‧五英寸（一二‧七公厘）機關槍使用穿甲彈（鋼心彈），僅近距離對輕戰車之轉輪履帶瞭望孔觀測器有效。　步機槍發射普通彈，雖不能貫穿裝甲，亦能收精神上之效果；戰車兵聞鋼板外槍彈剝啄聲，知本身已遭射擊，往往經神緊張，減低戰鬥力，甚至有喪失戰鬥意志而自動退却者。在蘇聯戰場，德國戰車有時並未戰敗卽匆匆脫離戰鬥，殆卽此故。

戰車防禦槍　英軍每排配備波爾斯○‧五五吋（一四公厘）戰防槍一枝；槍重36磅，彈重52公分，初速每秒800公尺，射速每分8—10發，距離一百公尺能擊穿22公厘鋼板，三百公尺21公厘，五百公尺19公厘。　蘇軍每排配備20公厘戰車防禦槍一

支，德軍每連亦配備戰車防禦槍三枝，重36磅，均爲對付輕裝甲戰車之有效武器。

平射砲　新型平射砲口徑，有二○・二五・三七・四○・四五・四七・五七以迄七五公厘以上。其運動性各不相侔，小口徑者提挈便利，可隨伴步兵進退；大口徑者移動困難，除使摩托化以適用于野戰外，只合于固定陣地或要塞區域之用。

二公分至二公分五平射砲，類能連發（所謂機關砲），火力稠密，彈如雨注。　惟其砲彈活力小，不足以擊穿較重之裝甲。口徑在此以上，因機構上之困難，多不能連發。

三七平射砲，德・蘇・美各國均大量使用，初速頗高（800—900公尺），彈道極爲低伸，能在八百碼距離，擊穿一吋半至二吋半裝甲，或二吋厚混凝土。新式砲架，火線高不及三英尺，故目標低小，能接近前線使用。尾架係雙腿，故射界甚寬，有六十度方向角，及三十度仰角，對活動目標，能迅速瞄準射擊。砲重不過九百餘磅，裝有橡皮車輪，運動性能良好，在田野間活動自如，並能上峻陡之山坡。　戰車裝甲厚逾三吋，三七平射砲侵澈力弱，不敢問鼎，故新型平射砲均傾向于七五以上大口徑。然三七平射砲保有輕便靈活之長，仍不失爲優秀之步兵隨伴武器。

美國新式三七公厘火箭（Rocket），形似迫擊砲彈，用砲筒發射，藉火燄後噴之力，反動向前，初速每秒1200公尺，可擊穿三英寸厚鋼板。在史達林格勒，蘇軍用美國火箭，近距離向德國六十噸虎型戰車側方射擊，摧毀極多。

大戰初起，倉卒之間，各國不及準備大口徑平射砲，乃取七五野砲或一○五榴彈砲，發射破甲彈，爲一時權宜之計。今則七五平射砲，司空見慣，已成標準；美國及蘇聯並有一○五公釐平射砲，用汽車牽引，爲德國重型戰車之大患。

　　新型戰車之戰場速度，自出現以達戰防部隊陣地，不過八分鐘。而千碼以外，射難中的，千碼以內始有被阻可能，因此平射砲有效射擊時間，更減短爲五分鐘。射速以每分十發計，可發射五十彈，假令命中率爲百分之十，則每門平射砲至多能擊毀戰車五輛。照此估計，則一步兵師受一戰車師（五百輛戰車）攻擊時，應有平射砲一百門，在進攻路線兩側，作不規則之縱深配備，始克抵禦。

高射砲

小口徑如二○或三七釐公高射砲，多能兼作平射之用；大口徑高射砲配用穿甲彈，亦爲防禦戰車之優良武器，德國八八高射砲實爲個中翹楚。合平射高射而爲一，費用節省，裝備簡單，確係經濟而富于彈性之妙法。

大砲

當敵方戰車密集一處，或在狹小地帶前進時，各種大砲集中射擊，亦爲有效方法之一。在西歐戰場，德軍常用一○五山砲射擊法國低速重型戰車，蘇軍亦常用 122 公釐榴彈砲攻擊德國戰車，均卓著成效。

平射砲車

早在西班牙內戰中，共和軍缺乏戰防兵器，曾將山砲架縶于貨車上，射擊敵方戰車，雖無成效，實爲平射砲車濫觴。　現則以裝甲汽車配載平射砲，稱平射砲車，攻擊力與機動性均好、並有相當防禦力。而戰車之裝平射砲者，亦數見不鮮，如蘇聯十四噸戰車，裝四五平射砲；美國二十八噸戰車，裝七五野砲，三七戰防砲及高射砲；德國二十五噸戰車，裝七五及三七平射砲；六十噸戰車，裝八八高平兩用砲。皆併火力、裝甲、運動三者而爲一，可守可攻，實爲現代戰場上之理想武器。

轟炸機

空中部隊對敵戰車行列轟炸，可阻其前進。英國暴風式俯衝轟炸機配有时半機關砲，彈重 2.5 磅，足能洞穿戰車裝甲。在地面上二三十公尺低空向敵方戰車裝甲車掃射，最爲

有效，已經實驗證明，然此種機關砲口徑較大，射速緩慢，在空戰中殊為不利，故暴風機出擊，必須噴火式戰鬥機隨同掩護。

地雷 地雷質輕價廉，裝置容易，一枚地雷之爆炸威力，即足使現代戰車失其效用。路上地雷不清除，戰車決無法安然通過，而埋雷區域，多在敵人砲火控制之中，欲將地雷清除，亦屬匪易。 英國八磅（裝藥4‧5磅）及十磅（裝藥8磅）地雷，每師各配備二千枚；美國十磅半（裝藥6‧5磅）地雷，每師配備540枚；德國教訓式（Teller）地雷重十公斤，裝藥五公斤，在三百磅壓力下即行爆炸，每師配備2300枚。

手榴彈 用平射砲阻擊戰車，未必十分奏效；地雷雖能炸毀戰車，時間未必適宜；惟有手榴彈輕便靈活，為步兵對付戰車之最佳武器。在西班牙內戰中，平射砲與手溜彈擊毀蘇聯十四噸戰車之比例為一比三。 普通手榴彈重約一二磅，只可對付輕戰車，對重型戰車，須用四至六磅者；引火時間亦應較快，普通手榴彈約四五秒，炸戰車者二秒或二秒半即足，戰車速度每秒約四十英尺，手榴彈投擲距離以愈近愈好。擲彈手隱伏于深一公尺直徑四分之三公尺散兵坑內，待戰車行近，突然躍出，戰車瞭望孔視界頗小，不易發覺，及至發覺，已不及轉動機槍射擊。戰車之履帶傳動輪與瞭望孔為其脆弱部份，亦即手榴彈之良好目標。

水火 水為防禦戰車最有效之障礙物，故江流運河在現代戰爭中仍佔極重要之地位，在低窪戰場，可決堤泛濫，以阻止戰車部隊之前進。 在障礙地區縱火，亦為防禦戰車妙法。縱火工具可用噴火器；西班牙內戰時更為簡陋，浸透火油之舊布破氈，或酒瓶滿盛火油‧硫磺、白臘等物，瓶底開孔，以與引火硫磺罐相接合，均燒燃投入戰車腹下。戰車裝甲對此區區火焰，當可視若無覩，但燃燒生成之廢窒氣體及溶化白臘，吸入戰車發動機

13613

內，足使其滯礙叢生，動彈不得，卒致被俘。

羅馬尼亞天賦石油，其國防線上築有水火渠，略似古代護城河，渠旁遍築油池，以油管與渠相通。遇有緩急，即將油管開放，使油液浮流于水面而焚之，烈焰騰霄，水深火熱，機械化部隊不能不望而却步。

煙幕毒氣 在適當情況下，亦可施放烟幕以迷惑敵方戰車之視線，阻其進攻，或散佈毒氣，强迫敵人在戰車中罩戴防毒面具，而遲滯其動作。

壕坑 在平原上，防禦壕坑亦不無功用，寬度須在十五英尺以上，以免重戰車跨越。後壕壁可築成斜面，前壕壁必須垂直，高度至少六尺，並宜用鋼骨水泥構築，以免爲戰車壓崩，如壕坑內滿堆壓崩之泥土，戰車陷落後亦有爬起可能。

其他 鋼軌斜植土中，露出地面二三尺，或利用樹幹，斬成木椿，均能穿入戰車腹部，將戰車頂起使履帶失勢空轉，不能行動。戰車行進極慢時，鐵橇、電線或其他類似之金屬物可使捲入戰車齒輪內，使其停頓，以壅塞全隊之通路。 以鐵絲刺網阻止機械化部隊，直如螳臂當車，惟有新式擋路絲（Danert Wire），對輕戰車能加防阻。 舖玻璃碎片于道路，或用尖釘倒植木板上，均可損傷摩托化部隊輪胎。

上述種種，或爲消極防禦，或爲積極防禦，不妨斟酌情形，同時並用，截長補短，功效自彰。然以子之矛，攻子之盾，戰車本身，斯爲防禦戰車之最佳武器，平射砲車除防禦力較戰車稍弱外，橡輪越野，賢于履帶，各國多以之組成戰車驅逐部隊。至於其他武器，不過相輔相成，爲之造成更有利之情況而已。

平射砲與地雷，爲處于劣勢軍隊防禦戰車進攻之特效武器。在東歐戰場，蘇聯大量使用平射砲，卒能補償其戰車方面之劣勢。德軍在北非獲得初期勝利，亦爲大量使用平射砲殲滅英國戰車部隊之結果；其後德軍直迫埃及，英軍能以劣勢阻止德軍前進。復爲大量使用地雷之成效。

四 空 軍

——空軍能左右海戰陸戰之勝負
俯衝機與魚雷機聯合進攻
爲海軍艦隊最大之威脅——

二次大戰中，空軍發展最足驚人，雖陸戰未能盡奪步砲兵之優越性，海戰未能抹煞艦隊全部力量，然其威力之强，足能左右海戰陸戰之勝負。在空中優勢未獲得以前，單獨海陸軍之行動，難有成功希望。

空戰中，轟炸機恆爲戰鬥機所制，故在戰術上，戰鬥機爲攻勢，轟炸機爲守勢。然就戰略而言，則轟炸機爲攻勢，戰鬥機爲守勢，蓋對地面之攻擊，關係戰局成敗，舍轟炸機莫屬，戰鬥機無能爲力也。

運用空軍以轟炸敵人後方，亦爲爭取勝利間接而積極之有效方法，英美卽以是逼使義大利屈降，減輕德軍加諸蘇聯之壓力，並使德國不得不放棄其所向無前之攻勢，退而自保。 此種戰略轟炸，每次出動飛機愈多，則對目標之破壞效果愈大，而本身損失百分比亦愈低，良以大隊機羣出現天空，地上防空部隊，應接不暇，顧此失彼也。

雖然，現代防空力量，堅强無匹，又未可等閒視，新式高射砲射高一萬公尺，大凡軍略要地，高射砲配備稠密，上空每一部份，皆散佈有砲彈破片。 飛機無法安全通過火網，因而發展爲下列四種新戰術：

一、高空轟炸 新式轟炸機之飛行高度，上窮碧落，超出

一般高射砲火射高以外，德國同溫層轟炸機，飛行於 12000 公尺以上，美國飛行堡壘高飛至 13000 公尺，不獨高射砲仰企莫及，即戰鬥機亦無力追蹤。

　　二、夜間轟炸　　戰鬥機航程較轟炸機近，故對遠程目標之轟炸，不克掩護。轟炸機爲避免損失，除施行高空轟炸外，惟有夜間出動，藉黑暗之保護，始得施行中空轟炸。　夜襲時，先投下大量燃燒彈，在地面構成火災，照明目標，使燈火管制，全歸無效。燃燒時所生煙焰，又能使防空部隊之觀測與射擊，發生困難，飛機遂得肆行投彈。

　　三、俯衝轟炸　　高空轟炸，命中甚難，尤以活動目標：陸戰如戰車，海戰如戰艦，其激如矢，稍縱即逝，惟有俯衝轟炸，始克奏效。俯衝轟炸機飛臨目標上空，翻身而下，逕奔鵠的，迨降至500—1000公尺高度（300公尺以內本身有被殃及危險），乃弛彈上颺，命中精度之佳，方之砲擊，未遑多讓，且疾如鷹隼，不獨陸上目標遁地無術，即海中艦艇亦旋迴已遲。

　　四、薄地轟炸　　轟炸機最新式戰術，亦稱跳躍轟炸術（Hedge-hop Bombing），係以二三十公尺極低空接近目標，掠樹梢屋脊，作高速飛行，向目標投彈後，即破空飛去，炸彈爆炸，略具延期，以免傷及本身。高射部隊對此種新穎攻擊姿態，有如電光石火，一瞬即逝，無從把握。若以戰鬥機追擊，稍高則難命中，稍低則有衝及地面危險。

　　海上空軍以航空母艦爲基地，爲地位所限，比之大陸空軍，性能上自多遜色，且陸上空軍利用飛機場網，又能迅速集中於任何地點以造成優勢，故以航空母艦在敵方海岸島嶼附近作戰，顯係處於不利地位。日本突擊中途島，損失航艦四艘，美國島上空軍強大，僅折一航艦，爲極明顯之教訓。

海洋戰門，距岸遼遠，則優劣形勢丕變，航空母艦實可引吭高鳴，蓋陸上空軍因航程、氣候、地理與海戰機動性種種關係，常不克及時出現於戰場，英主力艦却敵號與威爾斯親王號遭日機襲擊於新加坡海外，缺乏航艦護衞，遠乞援於錫蘭陸上空軍，迨救援趕到，則戰門告終，巨艦已沉，敵機遠遁，海面上惟餘水兵與油漬，浮沉其間。

在海戰中，俯衝轟炸機與魚雷機聯合進攻，爲海軍艦隊之最大威脅。魚雷機初期戰術，係正對目標以二十公尺低空掠海面作直線飛行，迫近至1500—2000公尺以內，始將魚雷射出，離水面近，則魚雷入水輕，不致震毀內部精密結構。然亦不能過低，過低則飛機有被浪花裹入海中之可能。以飛機施放魚雷，迅速敏捷，迫近目標，較之潛艇魚雷艇，更合乎機動突擊原則，故收效甚宏。英國劍魚式舊型魚雷機在大蘭多港擊潰義大利艦隊，日本魚雷機在新加坡海外擊沉英國主力艦，皆爲明證。　惟其戰術上之優點，亦卽戰術上之弱點，蓋低空迎面飛來，不雷贈予艦上砲手及空中戰機以集中射擊之良好機會。中途島之役，美國魚雷機十五架白晝進攻日本航空母艦，全軍覆沒；巴蘭特海之役，德國魚雷機俯衝機二百餘架進攻由英駛蘇之巨大護航隊，因距陸過遠，不能以戰門機掩護，而俯衝機之攻擊，又未與魚雷機聯合施行，卒致損失四十餘架，鎩羽而歸。

魚雷機戰術上之特點頗與驅逐艦相類，夜間作戰最爲有利，若在白晝，則必藉烟幕掩護，或與俯衝機同時進攻，互相呼應，以分散敵艦砲火，始克成功。　新式魚雷機尾舵上裝有新機件，進攻時改作弧線飛行以代直線飛行，用能避免砲火擊中，其戰術亦因之大爲革新，卽以魚雷機一隊，環繞敵艦上空飛行，順序循螺線滑至目標附近海面，數十魚雷，四向蝟集，敵艦鮮能倖免。

珊瑚海之役，美國魚雷機24架配合俯衝機36戰鬥機16，運用此種嶄新戰術，擊沉日本航艦二，軍艦二十一，美國航艦勒克星敦號遭同樣攻擊，亦傷重而沉，魚雷機因此重露頭角。　最堪注意者，此役兩國海軍艦隊未及謀面，戰事完全進行於空中，勝負亦完全決定於空中，空軍左右海戰之力，由是益彰。

新 型 飛 機 結 構

現代飛機結構上最顯著之特點，分述於次：

流線形　不論飛機種類如何，任務如何，空氣抵抗，愈小愈佳，笨重之雙翼機，早歸淘汰，現代飛機均係單翼型，不獨空氣抵抗小，操縱亦更靈活。　空戰中，昇騰、轉側、俯衝、滾飛等動作因空氣動力與渦流作用而引起各種內力，極堪注意，如渦流震蕩之力，即足使機翼折斷，故設計新式飛機，均由研究空氣動力與渦流震蕩入手。

凡物以高速運動，必消費大部份能力於空氣抵抗，由研究空氣渦流之結果，知物體作流線形，導使空氣順滑而過，可減省不必要之抵抗力。　速率接近音速（每時七百四十英里），則物體前方空氣不及避讓，被壓縮而激成音波，能力之耗費更大，其流線形自與低於音速者迥不相同，以高於音速之子彈為例，其前端作尖弧形，後部作船尾形，方能順利鑽行於本身所造成之音波中。　飛機時速尚未能超過五百英里，小於速音甚多，故其流線形前圓禿後尖小，與子彈大異其趣，飛機各部份，小至一支桿一尾舵之微，莫不作成前圓禿後尖小之形狀，故結合成機，仍能適合流線形之要求。

飛機時速雖尚不及音波，空氣壓縮現象已極顯著，尤以本身

在高速旋轉中之螺旋槳，受內力最大，設計者最所重視。

發動機　新型發動機之設計，大多致力於馬力之增强，一九二九年600匹馬力之發動機，一九三六年已增至2500匹馬力，而體積重量無甚增加，大致每重1·1磅可發動一匹馬力。高空飛行，空氣稀薄，發動機馬力，必大減退，裝置新式增壓器，可在高空保持大氣壓力，使馬力較低空並無遜色。

螺旋槳　一九四三年春，美國對轉螺旋槳（Counter Rotating Propeller）試用成功，對高空飛行，有極大貢獻。此種螺旋槳有十二吋徑之三葉槳兩具，前後安裝於同心軸管上，由同一發動機運轉，一作左旋，一作右旋，遂能解決三大問題：

一、高空空氣稀薄，欲保持高速，必須增大螺槳面積，卽將槳葉加寬加長，或增加其片數，然此均有一定限度，難達理想，對轉槳旣增加螺槳面積，而槳葉之大小數目如故。

二，獨槳單向迴轉，扭轉反動力極大，尤以高空高速小型戰鬥機爲甚。對轉槳之扭轉力，一正一負，適相抵消，消去不必要之內力。

三、氣流之由槳葉間逸走者，不獨消散一部份能力，並因向後衝擊，更增加機身之空氣抵抗。對轉槳之後槳，有收容由前槳逸走之氣流，吸取其能力而減少飛機抵抗之雙重作用。

多層板　第一次大戰時，飛多機用木質多層板構製，戰後則惟輕金屬是尙，一時所謂全金屬飛機，甚囂塵上。金屬機固有其優長之特性，然木質機之所以暫時衰落，並非本身性質欠佳，而由於當時多層板之粘合，缺乏耐久膠汁。現因樹脂之使用，盡改舊觀，酚蟻酫樹脂（Phenol Formaldehyde Resin Adhersives）之耐久性，較木質本身尤强。　戰時金屬工業最忙，木作工業之原料技工，較易獲得，而木質機與金屬機性質，優劣互見，各有

短長，金屬機未必卽獨勝擅場，抉擇之間，僅視原料來源而定。
木質機之優點，有如下述：

1、強度與重量之比值，木質機較金屬機爲優。

2、木製飛機框架，能吸收砲彈活力，砲彈擊中時，不過貫
　　穿一洞而已，未足毀傷之。金屬框架抵抗力大，受砲彈
　　衝擊，易於碎裂。

3、木質多層板可製成任何複雜形狀，若以金屬製之，必甚
　　困難而極昂貴。

4、木質多層板能構成光滑之流線形表面，不似金屬機有接
　　合縫、皺紋、鉚釘等增加空氣抵抗之凸起物。

5、木質機原料設備人工，較易獲得，合乎大量生產原則。

6、木質機強迫降落海面時，有浮而不沉之最大優點。

　　因是今日飛機製造，木質機已能與金屬機分庭抗禮，且駸駸
然有獨霸之勢。木材與金屬混合製造，尤極普遍，金屬用於飛機
着力部份，木材則用於受力稍弱處，操縱部份如尾舵小翼平衡翼
垂布等，均用多層板。螺旋槳用比重較大之多層板，僅槳緣槳尖
鑲以金屬，重量輕故扭力小；駕駛座用多層板，則較金屬者輕巧
而富于彈性；通風管、着陸架、天線桿等用多層板，則有不導電
之功。　運輸機之機翼、桁柱、肋材、表皮均用多層板，高速巨
型戰鬥機亦多用木製。木材取材於樺、橡、核桃木、虎尾樅、桃
花心木等，多層板之層數，由三層至九層，視部位而定。

　　着陸輪　舊式着陸輪裸伸飛機腹下，空氣阻力甚大，後因
航速激增，故在着陸輪外，加裝流線形護売，阻力稍減，近年更
盛行可縮起落架（Retractable Undercarriage），飛機升空後
，着陸輪折入機腹，艙門密掩，空氣抵抗，減至於零，降落時復
將艙門打開，伸出着陸輪以備着陸。

最近趨向，尚用可縮三輪式着陸輪（Landing Gear of the Retractable Tricycle Type），其與以往雙輪式着陸輪相異之特點，為將兩主輪後移，除去機尾小輪，另在機首下加裝一前輪，三輪均可縮入機腹，不致引起空氣抵抗。三輪式着陸輪優點甚多，美國閃電式與戰鷹式戰鬥機均已採用。

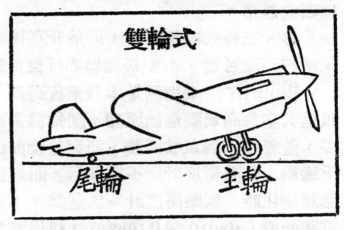

1、飛機航速增加，降落速度亦隨之加大，雙輪式着陸輪操縱困難，不適應用，三輪式着陸輪可容許較大之着地速度。

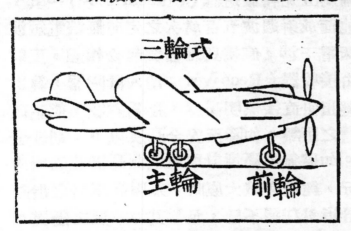

2、用三輪式着陸輪，飛機重心移至主輪前，飛機頭向不致擺換，且前輪便於調整方向，亦有阻止頭向擺換之效用，雙輪式之尾輪，不足語此。三輪式既可迅速轉向，飛機起飛時不妨先順風滑走增速，再作急轉以行逆風起飛。

3、雙輪式着陸時，尾輪觸地，投角大增，易發生反跳，三輪式着陸，投角不大，無此弊病。

4、雙輪式機身與地面成11°仰角，駕駛員不能前視，起飛時多存戒心。三輪式機身較平，仰角4°，故視界良好，可放膽起

飛，無摸索之苦。

　　5、三輪式三足鼎峙，重心在主輪前，故較穩定，側風不能妨礙其起落。

　　6、三輪式機身較平，近於升空後姿態，故起飛時操縱簡單，滑行距離可短，小型飛機場亦可自由起落。

　　測高計　飛機測量本身飛行高度，以往係用氣壓高度計，根據升空愈高氣壓愈低原理，測知機身高出海面高度，其缺點頗多，蓋氣壓常因氣候而變，而突起物如山尖、電塔、高廈，於氣壓無關，氣壓高度計所不能顯示，而飛機常因誤觸失事。且高度急邃變化時，氣壓高度計感應遲鈍，不克及時預告危險。新式射電測高計（Radio Altimeter）利用電波測量高度，正確敏捷，，效果大不相同，其設備為五瓦特發送器（Transmitter）一具，經飛機右翼內天線，向地面放射週波五百萬次之定向無線電短波，此種超高頻率，不受天電干涉，直接與地面突起物相觸，反射至飛機左翼內天線，經由接收器（Receiver）傳入計時器，算出電波往返時間，由刻度盤指針直接標明高度，極為靈敏，能正確顯出飛機離下方最高物體之距離。如降至安全高度以下，則紅燈大明，駕駛者及早知警。如將氣壓高度計與射電測高計並置機內，在城市上空作水平飛行，經過嵯峨大廈時，氣壓高度計之指針木然不動，而射電測高計指針狂躍不已，足徵其靈敏度之優異。

　　近紫外燈　飛機 駕駛員 夜間 用近紫外燈（Near-Ultra-Violet Light）閱讀命令、圖表、地圖、照片等物，無需在機艙內設置暗室部份，仍能不為敵機所見。　此種新式燈為美國戈登（Gordon）所發明，形體輕巧，攜挈便利，內藏2.5瓦特光源，發出近紫外短波，波長3600A（A＝Angstrom千萬分之一糎）為肉眼所不能見，蓋波長在3800A以下者均在不可見範圍之內

也。此種短波與螢光板衝擊時，能加強螢光分子之表面張力，而射出較長（4000A）之可見光波，構成微弱輝光，適足照明螢光板下之文件，以供閱讀，而不為遠處敵機所發覺。螢光板係在透明膠板上塗以橙紅色螢光質，雖受白日強光，亦不變性，必須在近紫外燈下，始發微光，螢光板上，亦可用鉛筆直接草寫報告，而於事後擦去之。

赤外照相　二次大戰中，偵察機多用赤外照相攝取敵方戰略要地。赤外照相（Infra-red Photograph）所用照相機，原與普通照相機無異，所異者其軟片只對赤外線特具敏感，對其他光線之照射殊少作用，鏡頭上加置特種濾光鏡，只讓赤外線透過，其他光線一概阻攔。　赤外照相在軍事上之重大價值有三：

1、偵察機儘可在高空拍攝照片，無遭高射砲擊落之虞。

2、赤外波較普通光波稍長，塵霧所不能阻，故高空赤外照相之清晰程度，不亞於十英尺內之普通照相，而視界則遠過之。

3、使淆惑肉眼之偽裝暴露無遺；蓋同一景物之赤外照片與普通汎色照片（Panchromatic Photograph）週不相同，碧茵芳草地在普通照片中呈暗黑色，而在赤外照片中瞳瞳有如雪景，秋水長天，俱成黑色，其他景物在赤外照片上之明暗深淺，與普通照片莫不各異其趣，真偽不難立斷。

大自然中萬物對赤外線之反射性各有不同，綠色植物反射赤外線約50%，常綠樹稍遜，高亢地反射30%，卑溼地在10—20%之間，因含水多寡而異，水之反射性視10%猶低。

棕黃灰色過去在偽裝上為一優異之色彩，蓋其中泥土之各種色素全具，不論置諸草地、沙礫、乾地、溼地、水面或其他自然環境中，均不致引人注目。然在赤外照相，此種中性偽裝色彩，

雜諸草木內則白中顯灰，置之沼地上則黑中顯白，完全失去僞裝意義。故以往只需一種棕黃灰色即夠應用，而現在不得不調製六種之多，此六種棕黃灰色，在肉眼中雖係同色，而在赤外照相上呈現明暗深淺不同之六色，始足供各種環境之選用。棕黃灰色尚不過標準僞裝色之一種，足見僞裝工作之繁複。

僞裝塗料所採用顏料中，紅橙黃白諸淺色之赤外反射性約由50%至80%，綠藍灰黑諸深色之反射性則在10%以下。調合此等單色以成複色時，其反射性偏近於深色顏料，並不與其成份之多寡成正比，殊屬異事。因此僞裝塗料之反射性，自非一一測驗，無從懸擬。

僞裝之困難，此猶未已，若不小心將事，則如烏賊吐墨、鴕鳥匿目，誘敵者適足資敵，仍難逃赤外照相之明鑒。今如堆集彈藥於高亢之地，外表所塗假漆，其色彩及反射性（30%）均使與泥土相同，旣可避免肉眼發覺，亦可逃避赤外照相搜尋，似已盡僞裝之能事矣。不虞大雨傾盆，土壤盡溼，地面以含水多，赤外反射性大爲低減，而彈藥上之假漆如故，其反射性不因水分而有所更易，斯時敵機前來偵探，則照片黑色溼地上、赫然有灰色彈藥存焉。又如機場新竣，飛機塗料，自應與附近草地同具50%之反射性，方足以掩敵機耳目，然久而久之，草地經步履踐踏，車輪轔轢，反射性必大爲低減，斯時飛機在赤外照片中，不復能與草地融合無間，而在深灰中顯露蒼白之輪廓矣。大地瞬息千變，塗料中尚無可隨自然爲轉移者，故在赤外照相下，欲使僞裝十分成功，殊不可能，而最危險者，莫如僞裝之赤外反射性如何，肉眼不得而知，往往盲然自認安全，早爲敵機發現而不自覺。

亨特反射計（Hunter Reflectometer）利用光電管以測度赤外反射性，一般言之，雖頗有效，然累重不能供戰場之用，且光

電管與赤外照片，靈敏度究不相同，同係一物，雖赤外反射性相若，只因表面光澤與否，反射計上讀數便高下不一，故亨特反射計未能正確衡量赤外反射性。最妥善之方法爲用赤外軟片與濾光鏡實地照相，美國伊斯曼（Eastman）赤外軟片與烏拉吞（Wratten 87 or 89）濾光鏡爲甚優異之工具。

免凍裝置　冬季飛機作高空飛行，表面最易結冰，問題甚爲嚴重。新法利用發動機所排出廢氣之餘熱，以加熱空氣，導入兩翼內前緣所加裝之多孔長管，散入兩翼內部，以保不凍。飛機尾部另設加熱器，其燃料用導管由機身前端引來，加熱之空氣同樣由多孔長管散入尾部，以免凍結。此種新式裝置並不增加飛機載重，蓋可省去橡皮除冰器（De-icer）也。美國加泰林拉巡邏轟炸機首創是項設備，解放式及科羅拉它機亦將起而效之。

飛機跑道　美國新製一種可移動之飛機跑道，係用多孔鋼板數百塊，互相筍接，平舖地面而成，無論敵前或黑夜，敷設修補，均極便利，半小時內可供飛機起落，南太平洋諸島登美陸軍所築速成機場，即用此法。　多孔鋼板係用低碳軟鋼片舂壓而成，製作簡便，適于大量生產，而低碳軟鋼之性質，堅牢柔靱，能緊貼地面，無囘彈反跳之弊。鋼板每片重量，不過65磅，長10英尺，寬15英寸，上穿圓孔三列，每列29孔，兩孔中心距爲4英寸，孔徑 2⅝英寸，對車輪步履，供給適當之摩擦而不致使其陷落。兩列

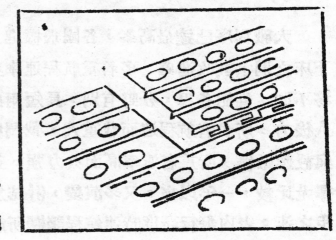

圓孔間壓凹槽一條，槽深⅛英寸，足增鋼板強度。孔緣向下方捲伸成邊（邊高約為凹槽深度之半）故挤合結成跑道，道面毫無尖削突出足傷輪胎之物。鋼板穿孔，作用有七：一、減輕重量；二、免滑；三、孔緣向下捲伸成邊，可增鋼板強度；四、雨水可以均勻漏下，不致瀦聚或衝滴一處，損壞地基；五、地基易于乾燥；六、地面花草，可由孔中穿出滋生，于偽裝有助；七、地基小有凹陷處，可將碎石遝傾板上，搖動鋼板，碎石自然由孔落下填平。鋼板兩邊，各具一列長條孔及 L 形鈎，以便彼此鬥合，鬥合後每隔2‧5英尺，插一鋼片簧夾以固結之。

裝運時，每五塊鋼板疊合，繫為小束，合六小束為一大捆，共三十塊，厚僅12‧5英寸，可舖蓋375平方英尺之地面。運輸困難地帶，大捆復可拆為小束，由人力搬送。

重轟炸機跑道，需寬度150英尺，長度5000英尺。戰鬥機有90呎寬1500呎長即足，如情況緊急，再小面積亦能勉強使用。

各 國 空 軍

大戰程序已達最高峯，各國飛機進步，視開戰之初，不止上下床之別，其改進處，多着重航程速率與載重之增加，但飛機任務不同，性能各異，分野有別，長短兩歧，轟炸機任務在攻擊敵人後方，所貴者航程遠而載重大，戰鬥機任務在掩護友軍轟炸機與截擊敵機，所重者速率高而火力強。茲就今年各國優秀機種，擇尤比較，一年以來，又多演變，併誌於後，於以覘戰時武器進步之速。表內飛行高度時速航程諸欄所載，均係概略數字。

國別	重轟炸機	發動機數	飛行高度（英尺）	載彈量（噸）	時速（英里）	航程（英里）
美	飛行堡壘	4	40000	3	300	3000
美	解放式	4	35000	4	290	3200
英	蘭開士特式	4	25000	8	290	3000
英	哈里法克斯式	4	25000	5·5	290	3000
德	容克式	4	25000	3	250	2000
德	伏克伍夫式	4	30000	4	280	3000
日	帝式	2	30000	3	280	2400
日	川崎式	2	25000	2	240	1300

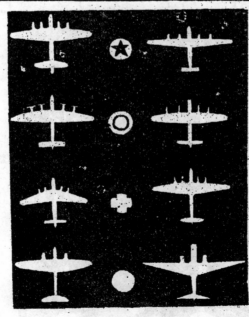

飛行堡壘
FLYING
FORTRESS

蘭開士特式
LANCASTER

容克式
JUNKER 90

帝式
MIKADO

解放式
LIBERATOR

哈里法克斯式
HALIFAX

伏克伍夫式
FOCKE-WULF
200K

川崎式
KAWA 95

13627

國別	中轟炸機	發動機數	飛行高度（英尺）	載彈量（噸）	時速（英里）	航程（英里）
美	密撒爾式	2	30000	2	300	2600
	劫掠式	2	30000	2·5	340	1000
英	白倫罕式	2	30000	1	290	2000
	漢普敦式	2	30000	1	270	1800
德	杜尼爾式	2	30000	2	350	2000
	容克式	2	30000	2·5	310	3000
日	三菱式	1	30000	2	300	1500
	微風式	2	30000	2	210	1100

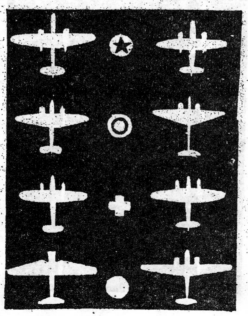

密撒爾式
MITCHELL

劫掠式
MARAUDER

白倫罕式
BLENHEIM

漢普敦式
HAMPDEN

杜尼爾式
DORNIER-217E

容克式
JUNKER-88A1

三菱式
MITSUBISHI-104

微風式
SOYOKAZE

13628

國別	戰 鬥 機	發動機數	飛行高度（英尺）	裝 備 槍	砲	時 速（英里）	航 程（英里）
美	飛 蛇 式	1	35000	4	1	400	1000
	閃 電 式	2	38000	4	1	410	1100
英	暴 風 式	1	35000	8	4	340	800
	噴 火 式	1	38000	8	2	390	700
德	梅塞斯密特式	2	38000	4	1	380	700
	伏克伍夫式	1	38000	6	2	395	1000
日	三菱零式	1	38000	2	2	330	2000
	名古屋零式	1	33000	2	2	340	2000

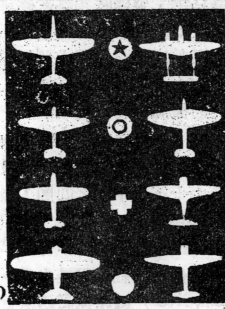

飛 蛇 式
AIRACOBRA

暴 風 式
HURRICANE

梅塞斯密特式
MESSERSCHMITT
--109

三菱零式
MITSUBISHI-ZERO

閃 電 式
LIGHTNING

噴 一 火 式
SPITFIRE

伏克伍夫式
FOCKE-WULF 190

名古屋零式
NAGOYA-ZERO

轟炸機　美國飛行堡壘（Flying Fortress）之航程與載重，世罕其匹，飛行高度，上達四萬英尺，備砲纍纍，裝甲重重，自衛力量特強，結隊飛行，堅如堡壘，無盲點可資攻擊，不論白晝夜間，有無戰鬥機掩護，能自行掃蕩敵機，或高飛至敵機敵砲威力所不及之上空，翱翔自在，敵人末如之何，為未來空戰另闢一新途徑。飛行堡壘之始型為B-17式，美國波音（Boeing）廠出品，翼展105英尺，全重24.5噸，載彈三噸，裝1200匹馬力拉愛特式發動機四座，時速300英里，航程3000英里，備機槍13挺。1943年美國道格拉斯（Douglas）廠更加擴大，製成B-19式，翼展212英尺，身長112英尺，全重82噸，載重18噸，乘戰鬥員6-8名，裝2000匹馬力發動機四座，時速330英里，航程7750英里，續航時間22小時，當代轟炸機中，允推巨擘。　飛行高度超過25000英尺，發動機內碳刷與銅條整流器摩擦，研成粉末，散入稀空，數小時內耗蝕殆盡，飛機時須降落修補，甚至在空中發生危險。飛行保壘採用愛爾西氏（Elsey）法，將多孔碳刷飽浸秘密化學藥劑，在碳刷與整流器間，構成薄層潤滑劑，以減磨耗，碳刷壽命因之延長至100小時。　高空飛行，空氣稀薄，飛行人員若罩戴供氧面具，則操縱駕駛，諸感不便，飛行堡壘設密閉駕駛室，用電力壓入空氣，飛行員高至40000英尺，不至絕氣。高空投彈，瞄準困難，飛行堡壘裝有諾爾頓投彈瞄準具，能於二萬英尺高空投彈，命中十英尺半徑之圓圈，最近又加改良，精度更進，為美機之特佳裝備。

　　蘇聯TB-7式重轟炸機載彈二噸，航程2500英里，與美國B-17式飛行堡壘相伯仲，有紅色堡壘之稱。

　　英國蚊式（Mosquito）機原係高速無武裝之轟炸機，現一變而為武裝長程戰鬥機，並可作偵察機用，以一機兼具三者之

長，爲空軍發展之最新姿態。　　蚊式機爲英國與加拿大陶哈維蘭（De Havilland）廠出品，翼展爲５４呎２吋，身長４０呎９‧５吋，螺槳軸高15呎３吋。　　武器配備有二公分機關砲四座，七‧七公厘（０‧303英寸）機關槍四挺，載彈一噸，多爲五百磅炸彈四枚，飛行員二人，並肩而坐於駕駛室，室中有加温設備，不論任何高度，飛行員無須穿着特別服裝。　　發動機兩座，爲美國派卡德汽車公司所造之梅林（Merlin）式，航程2400英里，時速雖稱400英里，實際且猶過之，1942年九月二十五日轟炸德國奧斯勒特務總機關之役，爲德國伏克伍夫式戰鬥機所攻擊，蚊式機揚長而去，伏克伍夫式在德機中雖以高速著稱，竟追之不及。蚊式機操縱性能極佳，較伏克伍夫式能作更小之旋轉，俯衝時可用單發動機低衝至地面二十英尺以內，再以400英里全速上升。　　在飛機改進中，蚊式機屢開風氣之先，在全金屬機時代，金屬與金工，英國素感貧乏，戰時尤有應接不暇之苦。木料木工，英國頗爲富有，而戰時閒散，無所事事。蚊式機以全木質倡，英國木作工業逐能與其他部門，同貢獻其偉大力量於國防工作。　　蚊式機另一特點爲薄地轟炸術之發明，1943年一月三十日柏林舉行希特勒秉政十週年紀念會，蚊式機運用此種新戰術，德國高射砲火一時都歸沉寂，任其肆虐而去。　　英國最近將四發動機轟炸機增加發動機一座而成五發動機，所增裝之發動機，與其他四座隔離，單獨發動，能減少轟炸機墜地之危險。

戰鬥機　　美國戰鬥機之最優異者爲閃電式（Lightning P—38）翼展42英尺，身長28英尺，爲雙尾式，裝發動機二，共2300匹馬力，時速400英里，航程1100英里，升速每分鐘4000英尺，機首內裝一磅砲一座，機關槍四挺。

英國噴火式（Spitfire）戰鬥機創型于1924年，經不斷改進

而成現行式樣，裝砲二門，其一藏在
螺旋槳軸筒內，兩翼裝配機槍八梃，
威力之大，並世無儔，其發動機為
1943年之梅林（Merlin-61）式，
與暴風機同，馬力2500匹，用雙層
雙速增壓器，雖在40000英尺高空，
馬力亦不減退，以視德國發動機只能

在20000英尺有效者，不啻雲泥之判。又因裝用變距螺旋槳，故
在任何空氣稀薄之高度，速率絕不因之減低。噴火式翼荷甚輕，每
平方呎僅25磅，故操縱性靈敏，以視德國梅式109號裝備少而速
率慢，翼荷反有31磅，伏克伍夫式190號亦有40磅，足徵噴火式
設計之佳。　在北非戰場，噴火式配有適宜于沙漠作戰之裝置，
其轉動及顯露之件，均不因沙塵而生滯礙，螺槳軸尖，有特裝之
膨脹保險，可免除沙漠中晝夜氣溫遞變之影響，性能之佳，其敵
人亦加傾讚。　英國布立斯陀超等戰鬥機（Bristol Beaufighter）
為雙發動單翼型，高速重裝，配備新式設備，藉電波之助，能于
黑夜探得敵機位置而迫近之，加以攻擊。普通目力須經45分鐘調
節，始能習于幽暗，故駕駛員候令起飛前，須戴黑色眼鏡休憩片
刻，以便夜視。

　蘇聯戰鬥機有雅克7式、密格3式及LA式，性能待詳。
　德國從西班牙內戰取得經驗，將阿拉它（Arado—68）式及
亨格爾（Heinkel—51）式戰鬥機停造，改造梅墨斯密特
（Messerschmitt—109）式及亨格爾（Heinkel-112）式，在大戰初
期，異常活躍。由大戰經驗，又進步而成高翼型伏克伍夫式159
號（Fucke-Wulf-159）及低翼型阿拉它式80號，均係全金屬機，

時速250英里。至1942年，最新式之伏克伍夫式190號（Fw—190）出現，裝 B.M.W. 801 式十四缸汽雙排汽冷發動機，馬力1600匹，在18000英尺高度速率最大，每時370英里，運轉靈便，爬升亦快，航程 000英里，爲德國現時最優秀之戰鬥機。

日本以其神武紀元名其飛機式樣，所謂神武天皇，雖無信史可憑，日人堅持其建國于公元前660年，其紀元恆多于公元660。戰前所謂九二式九六式轟炸機爲公元1932及1936年所創製，在日本紀元爲2592及2596年，日人取末二字以名其機式。 大戰以還，所謂零式戰鬥機蓋係公元1940年（1940＋660＝2600年）新式樣，時速330英里，航程2000英里，裝砲兩座，機槍二挺，頗以便捷見長，偷襲珍珠港以前，藏而不用，故一鳴驚人，然正式交綏以後，終以性能不逮，每戰皆北。去年有所謂超零式，亦稱零三式，蓋在日曆爲二六〇三年（1943＋660＝2603）出品，聘用德國技師，效法德機式樣，加砲一門，翼端作方形，馬力2000匹，速率增大，機身更輕，爬升力強，然其威力仍不足與英美爭衡，且極易燃燒，仍無閉油箱設備，故擊中卽炸，飛行員亦無裝甲防護。 最新之巡弋式戰鬥機，翼展28英尺，身長38英尺，輪廓頗與德國梅式109號戰鬥機相類，發動機與油箱 均經改良，速率亦優於零式，兩翼配7·7公厘機槍，機頭裝12·7公厘機關槍，俯衝速率較美國閃電式快，而升高速率較慢。

運輸機 美國民團式（Commando C—46）運輸機爲寇梯斯廠1942年製巨型全金屬機，發動機二，馬力共3600匹，翼展100英尺，重2.5噸，能載運軍隊輕野戰砲及偵察汽車作遠程運送。1943年寇梯斯廠更新造卡拉凡式（Caravan C—76）高翼型全木質運輸機，翼展108英尺，身長68英尺，發動機二，共2400匹馬力，裝可縮三輪式着陸輪，能在小型機場起落，機艙離地面高不過

三英尺，貨物裝卸極便，適于運送傘兵、空運部隊、野砲及其他軍需用品，作六七百英里之短程往復運輸，尤以機場甚小及缺乏修理金屬飛機設備地區，不致發生困難。 美國火星式（Mars）飛船翼展200英尺，全重70噸，裝2000匹馬力發動機四座，能載運武裝士兵50名，航程6000英里。 美國統一廠現正設計更大之運輸轟炸機，有載運士兵400名之能力，並可由美國基地起飛，橫渡大西洋，直接轟炸歐洲，問世在卽，極爲交戰各國所注意。

德國運輸機可載重七八噸，能在百公尺短跑道上起飛，機身肥短，形狀笨拙，尾部有飛行舵二，飛行時發出間歇之怪吼聲。此外新製之梅塞柏格式（Messerberg 323）運輸機，裝發動機六，着陸架亦具六輪，機艙區分多層，能載運士兵120－180名。

特種機 大戰中航空工業猛進，四年來視戰前十年所成就者尤多，所謂戰爭毀滅文化，亦促進文化，未必不然。特種飛機因戰爭刺激而崛興，現雖在民用階段，當有進入軍用之可能，爰記其大略：

陸行飛機（Roadable Airplane）爲飛機之可在陸地上馳行者，重僅800磅，翼展30英尺，空中時速120英里，可飛越400英里，地上時速僅約35英里。遇惡劣氣候，駕駛者可將飛機着陸，雙翼收折，繼續在地面馳行，暫避暴風濃霧之危害，危險區域一過，重復飛昇。

飛行汽車（Aerocar, Flying Automobile）爲汽車之可以飛昇者，重1500磅，僅及普通汽車之一半，在公路上時速約60－70英里，較普通汽車尤易駕駛。車壳透明，乘坐者可四向瀏覽。飛行時，退入汽車間，裝上翼與尾，翼展35英尺，螺槳裝於車後，故不妨礙前視，飛行時速100英里，航程250英里。

直昇車(Helicab)爲直昇機(Helicopter)一種新式樣，長25呎

，寬 6 呎，高 8 呎，艙內可容 2-5 人，全重 1500 磅，頭部似解放式轟炸機，平圓透明，以增乘坐者視界。發動機為 125 匹馬力輕型。車頂裝一水平螺槳，直徑 33 英尺，具四葉，主昇降，亦可傾斜成角，以轉航向。車尾裝六呎直徑之垂直螺槳，以抵消水平螺槳所產生之扭轉作用。車底裝前後車輪以便陸上馳行，裝空氣浮囊以便降落水面。陸地降落，有網球場大小空地即足，極適用於人烟稠密之鬧市。

空軍新趨向

晚近空軍趨向，除儘量發展各種飛機之原有性能外，並使兼負其他任務，良以飛機性能過於專門化，用途大受限制，不能適應環境，即不足以應付時代需要。故以戰鬥機兼轟炸機，陸軍機改海軍機者，數見不鮮。

美國首次轟炸東京之役，因陸上基地過遠，飛機航程不能達到，故用航空母艦黃蜂號冒險突進至三島附近，空軍起飛後，母艦即行遁走，以免損失。飛機轟炸東京後，須逕飛至中國基地降落，為海軍轟炸機航程所不及，故改用航程較大之密轍爾式陸軍轟炸機，而其形體較大，翼展 67 英尺，由航艦起飛，頗冒危險，倖得成功，為陸軍機用為海軍機之嚆矢。

英國暴風式戰鬥機加裝吋半機關砲二座，彈重 2.5 磅，可低飛至二三十公尺，向敵方裝甲部隊掃射，作為戰車掃射機。吋半砲口徑大，射速低，對於空戰為不利之弱點，故出動時必須配合噴火式戰鬥機在上空掩護，始得傾全力於對地面之攻擊。 英國蚊式轟炸機兼為戰鬥機偵察機，噴火式戰鬥機由陸軍機改為海軍機以航艦為基地，易名海火式。

德國伏克伍夫式 190 號戰鬥機，改用作夜間轟炸機，蓋德國在空戰中已被迫而取守勢，不得不集中力量生產戰鬥機，以資防禦，更因盟國空中攻勢浩大，轟炸機產量每況愈下，遇必要時只得勉強改戰鬥機作轟炸機用，兩方面性能，途均感低落。

飛機種類	飛　機　名　稱		陸軍式樣	海軍式樣	製造廠名	發動機數
重轟炸機	飛行堡壘	Flying Fortress	B—7		波　　音	4
	解放式	Liberator	B—24	PB4Y	統　　一	4
中轟炸機	密撒爾式	Mitchel	B—25	PBJ	北　　美	2
	劫掠式	Marauder	B—26		馬　　丁	2
	凡都拉式	Ventura	B—34	PV	威　　加	2
輕轟炸機	破壞式	Havoc(戰鬥轟炸)	A—20	BD	道格拉斯	2
	無畏式	Dauntlless(俯衝)	A—24	SBD	道格拉斯	1
	赫得孫式	Hudson(巡邏)	A—28	PBO	洛克希特	2
	蹂躪式	Devastator(魚雷)		TBD	道格拉斯	1
	復仇式	Avenger(魚雷)		TBF	格魯曼	1
巡邏轟炸機（飛船）	加泰林拉式	Catalina	OA—10	PBY	統　　一	2
	科羅拉陀式	Coronado		PB2Y	統　　一	4
	水手式	Mariner		PBM	馬　　丁	
戰鬥機	閃電式	Lightning	P—38		洛克希特	2
	飛蛇式	Aiyocobya	P—39		培　　爾	1
	戰鷹式	Wayhawk	P—40		寇梯斯	1
	雷電式	Thunderbolt	P—47		共　　和	1
	野馬式	Mustang	P—51		北　　美	1
	惡貓式	Wildcat		F4F	格魯曼	1
	海盜式	Corsain		F4U	張斯伍特	1
海軍偵察機	魚狗式	Kingfisher		OS2U	張斯伍特	1
運輸機	民團式	Commando	C—46	R5C	寇梯斯	2
	天車式	Skytrain	C—47	R4D1	道格拉新	2
	天馬式	Skytooper	C—53	R4D3	道格拉斯	2
	天主式	Skymaster	C—54	R5D	道格拉斯	4
	北極星式	Lodestar	C—56	R50	洛克希特	2
	卡拉凡式	Cayavan	C—76		寇梯斯	2
	特種解放式	Liberatov Express	C—87		統　　一	4

飛機生產　各國飛機生產，多作如下分配：戰鬥機及轟炸機30％，偵察機及運輸機15％，後備機25％，教練機30％。戰鬥機轟炸機因戰場損失浩大，教練機關係飛行人員補充，故佔生產百分數最大。

1943年初，各國飛機每月生產數：美國8000架，英國1000架，蘇聯2000架，德國3000架，日本700架，義大利300架。

另據其他統計，則尚不止此數。詳如下表：

年份	英　美	德　義	差　　數
1938	5,730	10,700	－ 4,970
1939	17,945	28,660	－ 10,715
1940	41,139	53,850	－ 12,711
1941	82,700	85,990	－ 3,290
1942	154,880	122,210	＋ 32,670
1943	268,660	159,470	＋109,190

表中所列數字均較保守，蘇聯日本缺乏資料，故未計入，然蘇聯生產能力，自較日本為優，故雙方差數，應不止此，於以卜勝利之誰屬。

美國飛機生產，平均每五分鐘一架，有增至每分鐘一架之計劃。英國產額距飽和點尚遠，正努力增產中，蘇聯失地收復，亦可急起直追。

德國工業區頻遭轟炸，產量日有低落之勢。義大利乞降後，軸心力量，更顯凋零。日本飛機工業，大半遷至朝鮮與東三省，聘用德國技師300人，採用德國式樣，產額現已增至1500架，並有每月生產3000架之野心。

新 式 炸 彈

滑翔炸彈 滑翔炸彈（Glider Bomb）爲德國秘密武器之一，其結構尚不得而詳，彈重殆在1000磅以上，附有滑翔翼，並配火箭裝置以增威力，由重轟炸機發出後，不斷受機上無線電操縱，導向目標，彈不虛發。此種「飛行炸藥」，形體甚小，高射砲轟擊，殊不經濟，而轟炸機本身逍遙高射火網以外，不受危險。

德人對此新秘武器，寄望殊殷，然在地中海攻擊盟國航隊，效果並不驚人。英國方面認爲此種武器之弱點有二：

1、轟炸機投彈後，不能卽時遠颺，必需時刻保持炸彈與目標二者於視界中，頻頻以無線電波操縱炸彈，俟其中的。

2、炸彈投出後，彈着目標前，轟炸機必需自由自在，不受一切干阻，始能確實控制炸彈之落下方向。

因此滑翔炸彈防禦法，以增大護航戰鬥機之巡邏圈爲第一，蓋射人不如先射馬，轟炸機旣需保持目標於視界以內，自不能逃避戰鬥機之射擊，滑翔炸彈失其主宰，自不免無的放矢矣。

此種武器可能爲陸戰利器，然德人如用以轟炸陸上目標，則盟方搜集破片而研究之，德人將無法保持其結構上之秘密。

氣球炸彈 1944年初，德國上空大空戰，德國戰鬥機拖曳氣球炸彈至進襲之轟炸機羣間，於適當時間擠放之，效果甚佳，擊落盟機六十四架。

其他聞名而未見諸實用者計有（1）麵包炸彈，在巨型炸彈內包藏無數小炸彈，半空散裂，彈落各雨，適於攻擊地面部隊。（2）魚雷炸彈，魚雷四枚結成炸彈，如不克命中敵艦，誤落海中，則魚雷四向分散，狠奔豕突，適於攻擊密集艦隊。（3）空炸炸彈，在來襲之敵機上空投下，落至敵機羣中空炸，與氣球炸彈相類。

新式防空武器─電測術

──用電波掃描天空，
能確知敵機之方位與實力──

二次大戰中，新式武器一出而威力空前，駭人耳目，如戰車毒氣之於第一次大戰者，殊屬罕覯，有之，其惟電測術乎。以往偵測敵機方位，全恃聽音機，缺點頗多，效能有限。電測術應用電波反射原理，迅速確實，此種原理之運用，並不新奇，航空方面早有測高計，航海方面已有測深計測礁器，科學方面亦有測電子層儀器，然防空方面之付諸實用，直至二次大戰中始克完成。英國在1935年由瓦特氏（Alexander W. Watt）領導，至1939年始能應用，稱爲射電測位器（Radio-Locator）。美國於1930年由德林格氏領導開始研究，1934年進入實用階段，稱爲雷達（Radar）。

電測術之設備，簡單精巧，一無線電發送機藉一極高之控制塔，向天空射出定向超短波，頻率約在 1000MC 左右，波長不及一公尺，在放射譜（Radio Spectrum）中接近光波，具有高度定向性與反射性。電波速度與光波同，均不能透入水面，但電波與光波不同之點，即能透過雲烟雪霧與黑暗，不受阻礙，其有效半徑達三十英里，在控制塔週圍三十英里之球形天空內爲其控制範圍，電波在此範圍內以有系統方式掃描（Scan）天空，其周密恰如電視屏（Television Screen）中之掃描，敵機一旦進入控制範圍，必爲電波所射及，無所逃於天地之間。電波與敵機遇，反射折回，復爲控制塔上拋物線型接收器所收集，檢波器內即發

生電流，放大後引入陰極射線管（Cathode Ray Tube）在其螢光板上（Fluoresent Screen）顯現一斑點，斑點之明暗，視電路極化情形而定，斑點之位置，與敵機在天空位置相應，敵機在天空飛進時，螢光板上斑點亦徐徐移動。

在適當距離設控制塔兩處，而將兩接收器併置于電測總站中，因兩控制塔對敵機方位不同，故兩螢光板上斑點亦在相應之不同位置，由坐標法及交會法可決定敵機在天空之方位，其高度經緯度均不難由此推出，由螢光板上斑點移動速度，可推算敵機航向航速，又由斑點數亦可卜知敵機來襲數目。

此種電測站，分區密佈于防空區域，而以地上防空司令部為其總樞紐。司令部平檯上攤置大地圖，女職員多人頭戴耳機，分別聽取各電測站測得敵機來襲報告，手持長桿在地圖上標明各區域內情況，防空官員高坐樓上，憑欄俯視，敵機動態，瞭如指掌，斟酌緩急，以電話指揮戰鬥機或高射砲迎頭截擊。

新式電測術較之舊式聽音機，優劣有天壤之判，茲申其說：

一、聽音機利用音響，測定敵機位置與方向，音波時速，不過741英里（攝氏零度時），而飛機時速已達三四百英里之間，故聽音機所測結果，不免失却時效。 電測術利用電波，速度與光速相同，每秒186000英里，往返敵機與控制塔之間，迅如電掣，敵機行動，無不立知。

二、電測術能確知來襲敵機之方位與實力，可預先調集戰鬥機于戰術形勝之高空，以逸待勞，無須再如過去，探照燈滿天飛舞，戰鬥機盲目搜尋之苦。

三、聽音機聽測距離有限，不過數英里，以與電測術30英里射電圈相較，優劣立判。

比法乞降後，德國乘戰勝餘威，陳兵海峽，千架機羣，頻頻

英倫，有鯨吞三島之勢，英國承敦克爾克大撤退之餘，喘息未遑，國力未復，然足能以劣勢空軍拒敵國門之外者，論功行賞，不得不首推電測術。黑夜中德機不時變換高度與方向，施行奇襲，然處處恆遭截擊，不解英機操何術預知，深致駭異。其後英國更使用夜戰機（ Radio Guided Night Fighter ），機中配備小型電測器，於黑暗中迅速迫敵機於射程以內，一次擊落德機百分之十，德機知難而退，自是不敢西向問鼎。

電測術之研究，英美雖早已肇端，至此始大白於世，二次大戰中，新武器收效之宏，當以電測術為最，而守秘成績，亦以電測術為第一。然我往寇往，德日諸國亦漸漸窺得端倪，競相倣效，電測術之前途，遂為各國科學家智力之角逐場矣。

對付電測術新法，由先頭機羣在目標上空散佈輕薄之錫片或雲母片，以遮斷電波，後續機羣藉其掩蔽，可行轟炸。

電測術不獨在防空方面突奏奇功，海戰方面亦正積極運用，英美飛機上新裝搜索潛艇利器有名千里眼者，亦即此物。電波自不克入水搜求，然潛艇亦不能不時常出水，以事偵察。一出水面，即為電波所觸，無從逃避飛機之銳眼。戰艦配設電測機，不論晴霧遠近，能偵知敵艦位置，發砲射擊或遣機轟炸。敵艦沉沒，尚茫然不省彈雨之從何而降也。

五 海 軍

——海軍之戰鬥價值尚非空軍所能抹煞，
　　航空母艦已形成現代海軍之重心——

　　第二次大戰中，海軍空軍爭霸極烈，空軍威力，日益強大，而軍艦構造，多故步自封，一時論者爲今後海軍能否存在，曾抱杞憂。

　　空軍攻擊海軍之武器，爲炸彈與魚雷。炸彈之投擲，有平飛俯衝兩種方式：平飛轟炸之高度，普通爲三千至五千公尺，航速風速高度以及目標速率，均可由投彈瞄準具詳細算出，對於巨型軍艦，命中率高達百分之三十。然飛機之準備時間約需20—50秒，炸彈之落下時間約需20—30秒（三千公尺高度之落下時間爲24秒，五千公尺爲32秒），軍艦足有時間向旁側避讓或繞圈迴避。若機翼蔽空，彈落如雨，軍艦閃避當較困難，然數機同時攻擊一艦，正亦不易。俯衝轟炸爲空軍新戰術，能縮短瞄準投彈及炸彈落下之時間，使軍艦無逃避餘暇，與用飛機放射魚雷，在現代海戰中，攻擊軍艦均最有效。然欲施行準確，亦自不易，蓋艦上高射砲火對低飛及俯衝之威脅極大。珊瑚海之役，美航艦勒克星敦號雖受重傷，而103架日機被艦上戰鬥機及高射砲擊落者43架。且魚雷時速以四十五英里計，發射後須經70—100秒始能達到目標，軍艦足可迴旋急轉以逃避之。故嚴格言之，飛機對軍艦之威脅，不比潛艇大。然軍事技術進步迫使戰略戰術隨之革新，無空軍掩護之海軍，其戰略價值比之過去已大爲低減，英國戰鬥艦却

敵號及威爾斯親王號由於缺乏戰鬥機掩護，在新加坡海外為日本魚雷機擊沉，海軍決定論及戰艦第一之海軍戰略思想，因此根本推翻，戰鬥艦並非無攻不克永世不沉之浮動堡壘，在敵方强大空軍實力附近，如不取得空中優勢，則不獨海軍行動難獲成功，海軍實力且無法保全。

海軍之空中力量繫於航空母艦，航空母艦雖易於擊毁，以往只担任海軍艦隊之斥堠任務，但因具有優越之機動性，能將空中威力發揚於陸上空軍航程以外之戰場，故航空母艦已形成現代海軍之重心，主力艦巡洋艦驅逐艦在昔為海軍骨幹，現反淪為航空母艦之護衞力量，美國將造艦政策之重點，由戰鬥艦移置於航空母艦，其次為護衞航艦之驅逐艦，足見大勢所趨。

然空軍對於數千海里以外，作用亦低，不能獲得重大戰果，在煙波浩渺之海洋上，主力艦巡洋艦驅逐艦仍有重大作用，尤以補助航空母艦、護航隊以及不利於飛機作戰之夜間及多霧暴風區域，其戰鬥價值，尚非空軍所能抹煞，而在敵方空軍被壓制或消滅時，仍不失為獨立之攻擊力量，故加强海空軍之協同，始能適應現代攻勢作戰之要求。

新 型 軍 艦 結 構

軍艦除防禦敵艦與潛艇之攻擊外，因現代空軍急劇發展，魚雷機俯衝機之攻擊，對軍艦威脅甚大，凡三十年前建造之舊艦構造落伍，抵抗力量不足，在現代戰爭中無術自存。

新式軍艦之構造，對任何方向，均有防禦力量。對於上方：則艙面甲板，具上下兩層，均在水面以上，上層甲板縱被炸穿，尚有下層可資防禦。新式甲板厚四英寸者，可抵禦250公斤炸彈

，五英寸可抵禦500公斤炸彈，六吋半者可抵抗1000公斤炸彈。三萬噸以上戰鬥艦所裝甲板，美國爲3吋，日本爲$3\frac{1}{2}$英寸，英國爲$6\frac{1}{4}$英寸。對於側方：則船舷在水面上裝甲，厚至十六英寸，與主砲口徑相同，對於射來之砲彈，足資抵禦。在水面下，因魚雷水雷破壞力量過大，無合理裝甲厚度，可保無虞，新式軍艦採用法國工程大將埃馬爾波丁（Emile Bertin）法，將船艙縱橫間隔爲若干小艙，各不相通，滿貯水、油、煤等物，船壳中雷時，可使其破壞效應局部化，夾壁縱因附近被炸坼裂，其內所附薄層、亦不漏水。太平洋海戰中，軍艦往往中炸彈魚雷數枚，尚不沉沒，可想見新式軍艦防護力量之强靭。

華盛頓會議限制，一等戰鬥艦噸位不得超過35000噸，主砲口徑不得超過十六英寸，故英美日各國戰鬥艦均將八九門主砲，集中於艦身之前部，分作二聯裝或三聯裝，以減小裝甲區域之長而增加其厚度，使主砲彈藥庫之防護更爲有力，十六英寸主砲初速每秒八百公尺，仰角四十度，最大射程34000公尺，於30000公尺距離可擊穿十英寸厚甲板。美國新近落成之45000噸戰艦，噸位雖超過向例，主砲仍爲十六英寸。

各 國 海 軍

美日海軍

太平洋爲美日爭霸之場，其他交戰國自顧不暇，暫難染指，請論美日海軍。

美日海軍力量，幾經戰役，現存者美國計有戰鬥艦22艘，內新完成者8艘，航艦40艘，巡洋艦50—60艘，驅逐艦300—350艘，潛艇165—295艘。日本計有戰艦10艘，內新完成者3艘，航空母艦7—8艘，外改裝者3—4艘，巡洋艦30—65艘，驅逐艦75艘，

潛艇80艘。一般言之，不止二與一之比，而美國造艦力量，每年約二千萬噸，大於日本八九十萬噸者約二十餘倍。戰局延長，美國海軍噸位，當呈壓倒之勢。

捨數量之多寡不言，日艦品質亦遠不如美國；凡建造軍艦，有應注意之點三：一為主砲即攻擊力，二為裝甲即防禦力，三為速率即活動力，最優秀之軍艦，三者分配均勻，無所軒輊。然日本造艦，特重攻擊力與活動力，寧犧牲防禦力。以三萬噸戰艦為例：陸奧長門為日本舊艦中之佼佼者，以與美國同型戰艦馬利蘭（Maryland）級相較，十六吋主砲均為八門，而副砲多八門（日艦5·5吋者20門，美艦5吋者12門），速率大二三海里（日艦23海里，美艦21海里），又為增加活動半徑，多載燃料油（日艦5000噸，美艦4000噸），因此犧牲裝甲厚度甚多，最要部分甲板，厚不過十二英寸，美國則為十六英寸。至於日本金剛級戰鬥巡洋艦，裝甲只八英寸，僅較美國巡洋艦五吋裝甲略厚，故所羅門之役，美國重巡洋艦舊金山號竟能擊沉日本金剛級戰鬥巡洋艦，舊金山號傷而不沉，實創海戰史上新紀錄，如深悉日艦弱點所在，亦無足異。

美日海軍裝甲之差，一般言之，為四至六英寸，而日本鍊鋼技術低劣，八吋鋼板抵抗力或尚不及美國五吋者，此實日本海軍致命缺點，與窄軌鐵道小徑槍彈同蹈覆轍，大錯已成，噬臍無及。

英義海軍 地中海上足與英艦隊一決雌雄者厥惟義大利海軍。義國造艦計劃，與日本犯同樣錯誤，不惜犧牲裝甲厚度，以增加速率與射程，其戰鬥艦以利多里奧（Littorio）級為最新，然裝甲僅能與英國戰鬥巡洋艦相比擬。萬噸重巡洋艦以薩拉（Zara）級之製造技術最合理想，其八吋主砲身長54倍，射程23000公尺，較英國肯特（Kent）級稍勝。惟艙面甲板英國肯特級為三

時，義國薩拉級則僅二时。義國七千噸以下之輕巡洋艦幾全無裝甲，夫巡洋艦防禦力不如戰鬥艦，速率不及驅逐艦而目標較大，如不裝甲則對於轟炸與砲擊，不能抵禦，大戰中義國巡洋艦傷沉比較最大，與造艦弱點不無關係。

優速艦隊能保持擇戰自由，原極有利於戰術之運用，然義國艦隊僅利用優速為避戰之用，與英國海軍一遇即逃，始終不敢拼全力以決雌雄，終於勢窮力竭，不戰而屈。

義潛艇技術比較落後，平時演習亦常以失事聞，大戰中損失尤重。義國海軍尚有一特點，即無航空母艦，蓋以地中海為其假想之海戰範圍，可用陸上空軍，無須建造航艦，此足見義國無雄圖大略，並失守在四鄰之訓，為戰略上大失策處。

英德海軍　大西洋中德國海軍自不足與英國分庭抗禮，然亦有三萬五千噸之一等戰鬥艦俾斯麥號梯爾比茲號二艘，各裝十五时砲八門，二萬六千噸之二等戰艦沙恩霍斯特號奈斯瑙號二艘，各裝十一时砲九門，袖珍戰艦希爾號盧巢號斯比號三艘，其他輔助艦種不贅。大戰以還，斯比號鑿沉於南美，俾斯麥號轟沉於大西洋，沙恩霍斯特號近又擊沉於北海峽，所餘僅一二等戰艦各一，袖珍戰艦二，合其全部戰鬥力，殆僅較英國一等戰艦二艘略強，英國駐留其全部戰鬥艦二十餘艘之半數於大西洋，即佔絕對優勢。德艦始終不敢出海一戰，否則難逃俾斯麥及沙恩霍斯特號之悲運也。

德國海軍重心在潛艇，生產率已達每日一艘標準，經常有四五百艘參加戰鬥，多係740噸級或更重級者，其效率、航程、武裝與機動性，均有顯著之改進，時速20－24海里，航程15000海里，能航行六至八星期之久，構造異常堅固，可潛水至海面下六七百英尺，普通深水炸彈威力所不及之深度。新式潛艇以狄塞爾

引擎代替笨重之蓄電池與電氣發動機，故機動性更大，並可多載
魚雷，平常裝二十一吋發射管六具。魚雷發射，新法用聽音器，
由敵艦音響測定其方向，無需伸出潛望鏡，以免暴露。新式魚雷
有藉電力推進、水面不留痕跡者，亦有結合磁性導力與傳音爆炸
者。潛艇甲板上裝高射砲與4·1吋大砲，潛水時收縮入艙，浮出
後伸出發射，火力與舊式中型巡洋艦相埒，大戰初期，英國船艦
損失高達總噸位三分之一，足表現德國潛艇之輝煌戰果。

潛 艇 防 禦

第一次大戰時，德國潛艇跳躍恣睢，橫行公海，其後協約國
採用護航制度，其焰始殺。二次大戰伊始，德國潛艇復以新穎之
戰術與裝備，大肆活躍，盟國船隻，重遭荼毒，於是潛艇防禦新
法，遂層出不窮。

軍艦防禦魚雷，原有張掛魚雷網之一法，網為鋼索所編，網
格大小為2·5—6·5英寸，離艦三十英尺，浮水四呎，沒水二十餘
尺，只能於停止或緩進間使用，若在急進間，網必因海水阻力上
升，減低效用，甚至網索絞纏螺槳，反生危險，且其防禦功用，
與環境有關，未見十分有效，故美國已屏而不用，而英日尚採用
之，英國並曾在港口張掛鋼綫網，排列如簾，以防敵艇闖入。

偵察潛艇現用電測術，電測術之大略，已詳空軍篇末。無線
電波自不能透入水內搜尋，然潛艇亦不能長蟄水中，勢必時常出
水探視，遂不免為電波所俘。英美將輕便電測器裝置海軍飛機或
軍艦內，名之曰千里眼，德艇畏之如虎。英美尚有一秘密武器，
即一種具有數百萬支燭光之探照燈，可想見潛艇在海中之行動。

軍艦偵察潛艇方法，有用聽水器者，聽水器（Hydrophone）
原理與防空聽音機同，水中音速為空中之五倍，聽筒距離自應加

長，始克保持聽覺之靈敏。水中阻力大，聽筒不能如防空聽音機，隨音源自由轉動，故相對增減聽管長度，以調節其聽音差。用電力操縱之橡皮聽水器最長於聽測潛艇發動機‧螺槳打水‧艇壳擦水等所構成之複雜水聲。

潛艇位置發現後，雖匿入水中，亦可用深水炸彈擊毀之，驅逐艦並可藉快速用船首衝毀潛艇，新法有用飛機佈放水雷網，使敵艇觸網中雷者。

由於種種新式武器之發明，潛艇在一次大戰中出沒無常之威力，現已消失，不復爲航海之患，只能作爲能沉沒之小戰艦而已。

磁 性 水 雷

磁性水雷爲德國秘密武器之一，使用之初，德人用亨格爾式魚雷機乘薄暮黎明，將磁性水雷密佈于英國海口外淺水中。英國猝未加防，船舶損失重大，航運上發生一度嚴重恐慌。幸隨即覓得有效對付方法，時至今日，此項新式武器，已無復神秘與威力矣。　磁性水雷重半噸餘，長約八呎，直經二呎，外形略似炸彈。外壳係不具磁性類似鋁合金之金屬所製，壳內前裝高級炸藥650磅，中部爲發火機構，尾部係金屬尖壳，內藏降落傘。亨格爾式魚雷機之魚雷發射管，適可攜帶磁雷兩枚。磁性水雷一離飛機，尾部自行脫落，降落傘張開，使磁雷徐徐落下。沉入海底後磁雷壳外附有突起物，不致滾動；降落傘溶化于水，水面不留痕跡。

一切鋼鐵物受地磁影響，均略呈磁性，平常磁針之所以指向南北，亦係受地磁作用，現代船舶均係鋼鐵所製，航行海中，無殊一大磁鐵，雖磁性不強，而駛近磁性水雷時所引起之磁場變化，足使磁雷發火機構之電路中，電流可以通過，因此雷管發火‧磁雷爆炸。　普通水雷用鋼纜寄碇海底，漂浮于水下數呎，必與船

身相撞始炸，磁性水雷不必與船身相觸，附近行船即能引爆。故不僅如普通水雷在船舷炸裂，有時並在船底爆炸。船底爆炸之破壞效果更強，蓋船邊炸洞有時可用貨物堵塞，如煤船之煤，能自動堵住漏洞，使船不沉。若炸洞在船底時，則水深壓力大，堵塞甚難，故磁性水雷之危險圈及破壞力均比普通水雷大。

磁雷之發火機構，具有數重保險裝置，對震撞絕對安全，故佈放時，不致因觸水碰炸。保險裝置有利用壓力作用者，磁雷非沉至相當深度，受相當水壓，不能發火，可保證飛機載運及佈雷時絕對安全，不致誤發。

磁 雷 防 禦

普通水雷因有繫纜，掃雷艦可用掃雷索撈出海面而刈除之。磁雷不具繫纜，深沉海底，掃雷艦不獨無法清除，且駛近即有引炸危險。英國忍受磁性水雷之攻擊，直至俘獲一隻，研明其構造，始籌得對策。

去磁圈　英國初步對策，係在鋼船上繞一長線圈，通以電流，所產生之人造磁場，恰使與船身受地磁影響而生之磁力，大小相等，方向相反，以對消其作用。如此，鋼船不復具有磁性，竟同木船，可安然駛近磁性水雷而不引炸。德國喧揚頗久之秘密武器，從此遂同廢物。

掃雷機　解除船艦磁性以免引炸磁雷，雖能奏效，究屬消極方法，英國旋又發明積極清除磁雷之法，即使用飛機掃雷是也。

英國威靈吞式轟炸機下，水平裝一線圈，圈徑與機身長度略同，通入電流以造成磁場，在海面上六十呎作低空飛行，用磁力線搜索海底，威力所及，可使磁雷在海底盲炸。水之特性，固善于傳播壓力，使磁雷附近數百呎，悉遭致命打擊。然水對于破片之阻力又極大，故掃雷機雖在低空飛行，亦不致為水中爆炸所波及。

登 陸 汽 艇

美國新式登陸汽艇原係二噸半普通載重車，車輪六，車壳作汽艇式樣，不漏水，故能水陸兩用，稱兩棲車輛（Amphibian vehicle）。由軍艦吊下水面，載武裝士兵四五十名，向海岸駛進，達到海灘後，汽艇逕行登

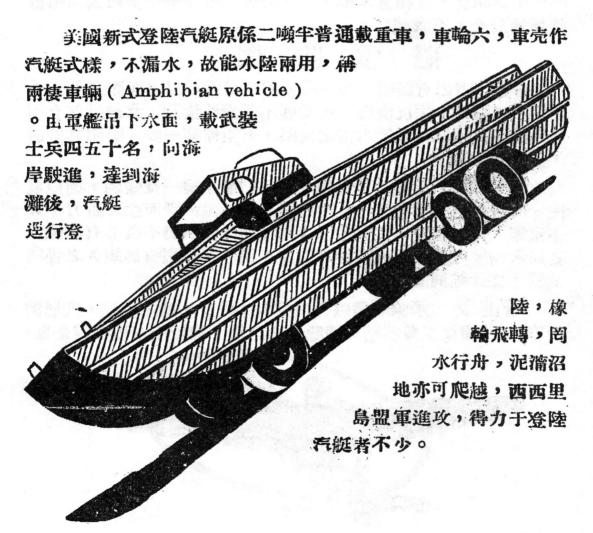

陸，橡輪飛轉，閱水行舟，泥濘沼地亦可爬越，西西里島盟軍進攻，得力于登陸汽艇者不少。

樣 板 之 製 造　　袁植菖

（一）引言

　　現代工業化之國家，對於成對動作之製品零件咸賦有高度之互換性，甲軸配於乙孔，甲螺桿配於乙螺帽，其嵌合之適度一如甲軸配於甲孔，甲螺桿配於甲螺帽然，不特生產量可以增加，一方損壞對方易於修配⋯⋯其他優點殊不勝言。　我國機械設備向落人後，因精密儀器機器之缺乏，工人技術之低劣，雖竭力追倣舶來，仍未能達高度之互換性，良以此問題關係方面太多非一時所能解決也。抗戰以還，材料儀器益形缺乏，技術亦更低劣，不僅抗戰前已進達之程度不能保持，且在節節退步趨向於昔時作一物配一物之一途，甲槍機不能裝配於乙槍，甲廠炮彈不能適用要乙廠所造之炮等現象數見不鮮，其所以然者蓋皆忽視樣板之重於性所致，作者有鑒於斯因草是篇。

（二）公差之法則

　　製品尺寸大者，公差較大，尺寸小者公差亦小，然公差之加減並不與尺寸之增加成正比例，尺寸雖增加二倍公差不一定有增加二倍之必要也。現今世界各國所用之公差法則多以下式求之：

$$T = a\sqrt[3]{D} \quad\cdots\cdots\cdots\cdots\cdots\cdots\cdots\cdots\quad (1)$$

　　上式 D 為直徑，以公厘計，a 為常數，茲將德日數制比較如下：

（1）日本制　日制 a 為 0·005，但僅適用於一級物，其他二三四等級則須以係數 $1\frac{3}{5}$，3，及 8 等乘之；一級物適用於球軸承滾輪軸承等之高級品，按其精細之程度復分五等；二級物適用於工作機械各種電機及其他準確之諸機械，按其精細程度之差

異復分九等；三級物適用於普通一般機械，按其精細程度之差異復分四等；四級物適用於農業用諸機械亦分四等。T 與 D 之關係，若用（1）式計算固可一一求出，但頗麻煩費時，為應用便利計，常將若干尺寸用同一公差，分段列成一表備查，日制之分段為：

1—3,3—6,6—10,10,10—18,18—30,30—50,50—80,80—120, 120—180,180—260,260—360,360—500,其詳情可參閱 J、E、S、規格第117號B27類。

（2）德國制　德國之公差法則亦依（1）式而定，精密級係數為 1，精細級係數為 1·5，普通級係數為 3，粗製級係數為 10，其詳細分等與日制相仿，精密配合應用於精密機器或測量器械之需要特別高度之精密性者具極細之公差，因此其配合面須由極潔淨之磨工及修擦而成，精細配合應用於高度精密而能互換之機件，其基孔之公差大於精密配合1·5倍，若為基軸則與精密配合同；普通配合以用於可推移及活動的配合件為主而具較大之公差，如限制器搖柄齒輪等，其配合面可在優良之車床上以寶砂磨光之；粗製配合公差甚大，應用於機車及普通車輛之拉成另件或應用於農業機械。其分等情形如下表：

其分段法與日制同，詳於D.I.N.—Passungen gesamtübersicht nennabmass。

（3）萬國制　萬國制之公差法則，與上二制稍異，依下式計算：

i以 $\dfrac{1}{1000}$ 公厘計，D以公厘計。

$$i = 0.45 \sqrt[3]{D} + 0.001\,D \cdots\cdots\cdots（2）$$

按精粗程度共分12級，每級又以字母細分之如五號軸分爲g_5 h_5 j_5 k_5 m_5 n_5六等，六號軸分爲g_6 h_6 j_6 k_6 m_6 n_6 p_6七等，與德制相比較則g_5 h_5 j_5 k_5 m_5 n_5屬精密級，d_3 e_8 f_7 g_6 h_6 j_6 k_6 m_6 n_6 p_6屬精細級，d_{10} e_9 f_8 hg h_8等普通級，d_{11} h_{11}等屬粗製級；至樣板之公差等級則隨之而變但不得超過It，7級，其對照數可如下表：

製品公差所屬級…………It 5 6 7 8 9 10 11 12 13 14 15 16

工作樣板所屬級（內）……………2 3 3 3 3 5 5 7 7 7 7

工作樣板所屬級（外）……………2 3 3 4 4 4 5 5 7 7 7 7

原樣板　所屬級…………1 1 1 2 2 2 2 2 3 3 3 3

以上爲平面及圓體之公差法則，如爲螺絲面則又不同，德制依螺距之大小，英制則依最大徑之大小，茲將德英二制之相異處比較如下：

a．德制　德國之螺絲公差依下式計算之：

$$1\,G.P.E = 67\sqrt{P} \cdots\cdots\cdots\cdots（3）$$

式（3）中P爲螺距，G.P.E即螺絲公差；P以公厘計，G.P.E以 $\nearrow$ 計（ $1\nearrow = \dfrac{1}{1000}$ 公厘），按精粗程度之不同分爲三等，

精螺絲＝1G.P.E. 普通螺絲＝$1\frac{1}{2}$G.P.E，粗螺絲＝$2\frac{1}{2}$G.P.E。

b．英制　英國之螺絲公差依下式計算：

$$T = 0.01\sqrt{P} \cdots\cdots\cdots\cdots（4）$$

　　T 為公差數，以吋計，P 為螺距亦以吋計，但不久即變更，以最大徑D為因子而表示之：

　　　　外 徑 公 差 ＝ － 0·0035 $\sqrt{D}$

　　　　底 徑 公 差 ＝ － 0·0045 $\sqrt{D}$

　　　　螺 距 公 差 ＝ ± $\dfrac{0·0015}{\sqrt{D}}$

　　　　有效徑公差 ＝ 0.005 $\sqrt{D}$

　　螺絲公差甚為嚴格，二吋左右之工作樣板及檢收樣板可允許 0·015 公厘之誤差，製造螺絲樣板時誠不可不深加注意也。

（三）樣板之分類

A·樣板之分類法甚多，因用途之不同可分為三種：

　1·工作樣板　製造製品時用以測定製品之尺寸。

　2·檢收樣板　用以檢收製品者，其尺寸等於工作樣板之最大消磨度並顧及工作準度而定。

　3·原樣板　依照原樣板造出對板，依此對板製造工作及檢收樣板，其精度較高。

B·因測量方法不同而分類：

　1·樣板　不論工作或檢收用以直接測量製品之尺寸者。

　2·對板　用以測量樣板之準度者。

　3·消磨樣板　用以測量樣板之消磨度者。

　4·消磨樣板之對板　用以測量消磨樣板之準度者。

C·因式樣及使用場合不同而分類：

　1·內徑樣板　用以測量製品之內徑，式樣有拴樣板平面樣板捧樣板三種。

　2·外徑樣板　用以測量製品之外徑，式樣有環樣板及外卡樣板

二種。

3·深度樣板　用以測孔之深淺，式樣有平面樣板及感覺樣板二種。

4·傾斜度樣板　用以測量製品之傾斜度者，大抵爲拴形及平面形。

5·輪廓樣板　用以測量製品之外形，以平面樣板爲宜。

6·位置樣板　用以測量製品各部位之寬窄間隔是否合乎規定公差，亦以平面樣板爲宜。

7·螺絲樣板　用以測量製品之螺絲部分者：

（A）絲圈　用以測量製品外面之螺絲。

（B）絲按位　用以測量製品之內絲者。

（C）螺距樣板　用以測量螺距之大小。

8·指針樣板　利用彈簧力或桿槓之作用製成，或爲厚薄樣板，或爲深度樣板均可。

9·感覺樣板　利用簧力及劃綫二裝置製成，其感度較普通樣板爲優，構造見於下節。

（四）樣板之公差

樣板之公差常隨製品公差而變化，製品尺寸大者其公差大，則其樣板公差亦大，製品尺寸小者其公差小，則其樣樣之公差亦小，不僅如此，卽工作樣板與檢收樣板之公差亦各不同。　工作樣板易於消磨，爲延長其壽命必須另加一許可消磨度，至檢收樣板則不然，但須顧及本身之工作準度卽可（有時亦須增減工作樣板之消磨度）茲舉例以明之：

圖（1）所示孔徑爲40公厘，工作及檢收樣板之工作準度爲 H，製造該項樣板時，其本身工作準度必須在H範圍內，本例H爲

13655

十5″，A為許可消磨度，在圖示為-6″，中圖為工作樣板適能通過之最小孔，工作樣板之最小尺寸即為檢收樣板之主要尺寸，惟檢收樣板本身之工作準上例為±2·5″，須等於工作樣板之不通面之工作準度，工作樣板不通面，不許通過鑽孔，故不需許可之消磨度，只有工作準度±2·5″，第2圖為尚能合用之最大孔，檢

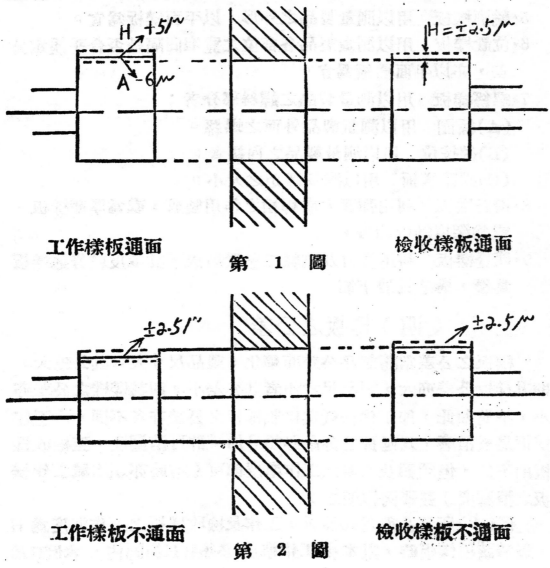

工作樣板通面　　　　　　　　　　　　　檢收樣板通面

第　1　圖

工作樣板不通面　　　　　　　　　　　　檢收樣板不通面

第　2　圖

收樣板之主要尺寸 等於工作樣板 之最大尺寸 ， 其工作準度亦爲
±2·5／，以是工作樣板不通之製品，檢收時亦爲不通。

至量軸樣板則反是，其消磨度及工作準度皆同（同尺寸者）
惟檢收樣板通面之主要尺寸等於工作樣板之最大尺寸，檢收樣板
不通面之尺寸等於工作樣板不通面之最小尺寸而已。茲將H.G.
N. D.I.N. I.S.A.及炮彈樣板諸法規之定法列舉於下，以作
參考：

（1）H.G.N. 本法詳見下表

　　　Dmax＝最大尺寸　　Dmin＝最小尺寸

　　　H＝工作準度　　　　A＝消磨度

樣板種類 用途	量 外 徑	量 內 徑
工作樣板一通面	Dmax＋2H	Dmin＋2H
不通面	Dmin±H	Dmax±H
檢收樣板一通面	(Dmax＋A)±H	(Dmin－A)±H
不通面	(Dmin－H)±H	(Dmax＋H)±H

表列H與A等數值可由附表一查出，例如一軸之尺寸及

公差爲40^{-18}則其工作樣板之公差爲若干即可算出：

　　　　通面＝40^{+50}／

　　　　不通面＝$39.982^{±25}$／

（2）D.I.N. 此法較上法爲精細，其計算依下表：

	量　外　徑	量　內　徑
工作樣板—通面	$(Dmax-A)-H$	$(Dmin+A)+H$
不通面	$(Dmax-\dfrac{H}{2})\pm\dfrac{H}{2}$	$(Dmin+\dfrac{H}{2})\pm\dfrac{H}{2}$
檢收樣板—通面	$Dmax\pm\dfrac{H}{2}$	$Dmin\pm\dfrac{H}{2}$
不通面	$Dmin\pm\dfrac{H}{2}$	$Dmax\pm\dfrac{H}{2}$

上例工作樣板及檢收樣板之尺寸公差爲：

工作樣板—通面＝$(40-4\cdot5^{\curvearrowright})-5^{\curvearrowright}=39\cdot995^{-5^{\curvearrowright}}$

不通面＝$(39\cdot982+2\cdot5^{\curvearrowright})^{\pm2\cdot5}=39\cdot985^{\pm2\cdot5^{\curvearrowright}}$

檢收樣板—通面＝$40^{\pm2\cdot5^{\curvearrowright}}$

不通面＝$39\cdot982^{\pm2\cdot5^{\curvearrowright}}$

此等數值於 "lehren" 一書皆有表可查。

（3）I.S.A　萬國制之規定，工作樣板之尺寸公差與檢收樣板者同，一組樣板製造完竣即以儀器測量之，區分爲優劣二類，（指大小合格者而言）則優者即爲工作樣板，劣者即爲檢收樣板，以是工作樣板能通之製品，檢收樣板亦能通，工作樣板不能通之製品，檢收樣板亦不能通，此法於製造設計皆較簡便，各國採用者頗衆。其計算法如下表：

	量外徑	量內徑
工作樣板—通面	$(Dmax-Z)\pm\dfrac{H}{2}$	$(Dmin+Z)\pm\dfrac{H}{2}$
不通面	$Dmin\pm\dfrac{H}{2}$	$Dmax\pm\dfrac{H}{2}$

　　上例之軸查 I.SA. 公差表相當於 h6 級，再查附表三則工作樣板之尺寸爲若干即可求得：

$$工作樣板—通面 = (40-3\cdot5)\pm\frac{4}{2}=39\cdot996^{\pm2/\!\!\!\!\!\!}$$

$$不通面 = 39\cdot982^{\pm2/\!\!\!\!\!\!}$$

（4）炮彈樣板　此法係卜福司廠所制定，精密程度較 H.G.N 法稍高，其計算如下表：

	量外徑	量內徑
工作樣板—通面	$(Dmax-A)-2H_1$	$(Dmin+A)+2H_1$
不通面	$Dmin\pm H_1$	$Dmax\pm H_1$
檢收樣板—通面	$Dmax\pm H_2$	$Dmin\pm H_2$
不通面	$(Dmin-Z)\pm H_2$	$(Dmax+Z)\pm H_2$
檢查樣板—通面	$(Dmax+Z)\pm H_3$	$(Dmin-Z)\pm H_3$
不通面	$Dmin\pm H_3$	$Dmax\pm H_3$

　　註：Dmax＝最大尺寸　Dmin＝最小尺寸　A,Z,爲消磨度，$H_1 H_2 H_3$ 各爲工作準度，諸值俱詳於附表四。

上例之工作樣板—通面 $= (40 - 10/'') - 2 \times 4/'' = 39 \cdot 99^{-8/''}$

$$不通面 = 39 \cdot 982^{\pm 4/''}$$

$$檢收樣板—通面 = 40^{\pm 3/''}$$

$$不通面 = (39 \cdot 982 - 10/'') \pm H_2 = 39 \cdot 972^{\pm 3/''}$$

四法中 I．S．A 及 D．I．N 二法較精密，H．G．N．及炮彈樣板二法則較粗，應用時須酌量製造能力與製品之精粗程度而定之。

（五）樣板之結構

樣板之結構視乎製品數之多寡及便於使用等而定，有時用平面樣板感覺樣板，有時用記號樣板指針樣板；其外形常以使用輕便不易疲勞爲原則；測量面須長大否則易於消磨，不能久用；測量面轉角及盡頭處不能與他部份連接，圖3上爲優良之形狀，下爲不良之形狀：

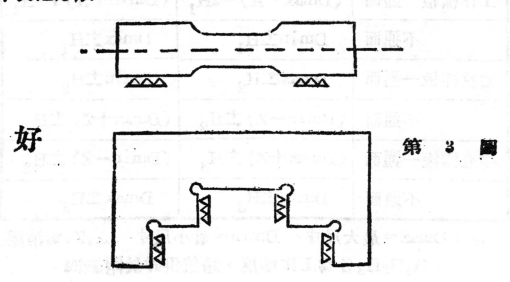

好　　　　　　　　　　　　　　　第 3 圖

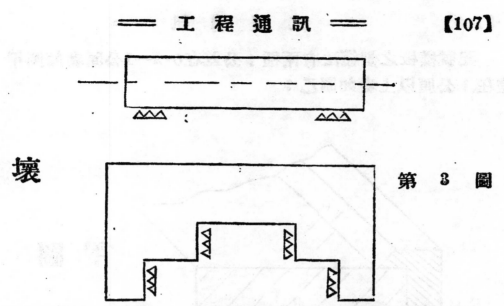

壞

第 3 圖

為縮短測量之時間，一塊樣板常有數測量面（但不得超過六面）但由整塊鋼料製造是項樣板，施工旣不易，亦不經濟，最好將各測量面分開製造，最後再合併成一件。

圓錐形樣板宜用記號式，不宜用階級式，因樣板消磨過度時，記號式者可磨光重刻新記號。（第四圖）

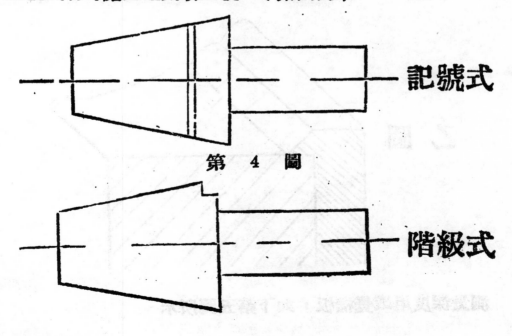

記號式

第 4 圖

階級式

記號樣板之劃綫法有兩種；公差在0‧2—1公厘者如圖甲，公差在.1公厘以上者如圖乙：

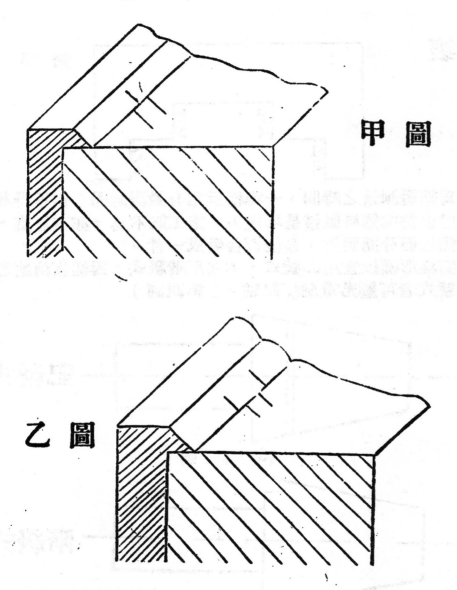

甲圖

乙圖

測量深度用感覺樣板，如下第五圖所示

第 5 圖

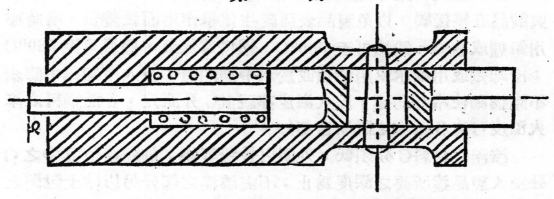

深淺之公差以刻綫表示於突出部 e，最深之製品突出物頂端與端面平，不露綫時之製品即為合格之製品，若刻綫露出端面甚多則此時製品之深度即大小，此式感度甚佳，使用亦便利。

（六）樣板之淬火

為使樣板外堅而中柔並易於較準，樣板之淬火須用滲淬為佳全淬之樣板轉角處不宜太銳，否則淬火時易生裂痕，大型樣板如炮彈外形樣板等常用較硬之鋼料製成，以免淬火之麻煩。

複雜之樣板在淬火前必須退火以解除製造時所生之內力，使組織趨於均一，將來淬火得良好之結果，其始須漸漸加熱，400°C以上可稍急，達規定之退火溫度時須支持一時間，俾使其分子得以充分達鬆動狀態，然後息火，閉爐門，使其在爐內徐徐冷却，退火溫度與含炭量之多寡最有關係，炭分愈高則退火溫度愈低降，茲錄之如下：

炭量	退火溫度
0·12—以下	871°—943°C
0·12—0·29	843°—871°C
0·3—0·49	815°—843°C
0·5—1·0	786°—815°C

13663

淬火爐大多用平爐或 Mufiel 爐，燃料為煤氣油，火焰不應與製品直接接觸，以免製品表面發生化學作用而致變質，有時亦用鉛爐或鹽爐，鉛爐可至 900°C，燃料為煤氣，鹽爐可至 960°C；冷却劑或用溫水或用油類或於水中加油面；投入冷却劑中時須不斷搖動使冷却勻速；淬火溫度亦視其C分而定，各種鋼料之淬火溫度可查各廠家之說明書卽知。

滲淬之材料C分須低，外圍以骨粉等物，加熱後使其中之C分侵入製品達所要之深度為止；不需滲淬之部分另以粘土包閉之，滲淬製品須從750°C 冷却之。

淬火後材料內發生伸張力並擴張其容積，故須待若干時間方可應用；欲解除此張內力使並其靱性增加，則須施行囘火；囘火作用始於100°C，終於600°C，100°C以下硬度靱性彈限俱無變化，溫度在600°C 以上則三者俱恢復未淬火前之狀態，究以何種溫度為宜，全視其用途而異，樣板之囘火溫度約為 100°—150°C。

（七）樣板之材料

製造樣板之材料大抵為工具鋼（Werkzeugstahl）合金鋼（鉻鋼等）調製鋼馬丁鋼、鑄鋼、銅、青銅等，平面樣板外卡樣板多用含C 0·5 % 之調製鋼製成，因此種鋼價廉且不易燒壞而易於鍛鍊也，足架及非測面則用馬丁鋼製。

最佳之材料則推玻璃，其壽命可達150000次，高出鋼製者3倍，美國各工廠已大部採用之，其優點有下述數點：

1. 樣板以玻璃製造，因此可省下多量之工具鋼移作他用。

2. 檢查時刻割明顯易於覺察。

3. 鋼製樣板需甚多之人工機器，尤其是熱處理時倘有變形卽暴廢，工料消耗均巨，玻製者則較節省。

4·玻製樣板無鎔融之損耗。

5·玻璃係不鎔物，故貯藏使用無上沙之麻煩。

6·玻璃傳熱性遜於鋼，以是使用時手熱不致影響其尺寸。

7·受輕打擊不致生毛頭或改變其尺寸功用。

8·檢查時樣板與製品須套緊者，玻製者不易損傷變形。

9·能養成使用者小心使用之習慣。

10玻璃之表面光滑，檢查時之括擦阻力小於鋼製者。

11鋼製者墮落一次即致變形，每不易發覺其已不準確，至玻
　　製者則不然，墮落即致粉碎·決無變形後已不準確而仍在
　　使用等情形。

　　樣板玻璃具有與炭鋼相埒之大膨脹係數，並具適度之韌性與
括擦阻力俾便以低速磨製，彈性係數爲鋼之三分之一，磨時須用
鉄丹（Fe_2O_3）其製法有模型法滾壓法抽伸法三種。

（八）應設備之儀器

1·深度測量器(Tiefenmass Von Zeiss)一須裝有測力簧者，其精
　　度與分厘卡同等（$\frac{1}{100}$公厘）並須具備大小不同之測桿，俾使
　　可測各種深度。

2·分厘卡——分厘卡之種類甚多可以任意擇購，但須注意其精度
　　是否能達$\frac{1}{100}$公厘，常用之尺寸計有十種：25—50，　50—70
　　70—100　100—150，　150—175，　175—200，　200—225，
　　225—250，　250—275，　275—300：

3·螺絲分厘卡——構造與測定範圍與分厘卡同，但須附有英制及
　　米制等各式螺絲之接觸子。

4·標準棒樣板——其準度較高自0·001公厘起至0·0005公厘止須具備數種（例如卅二塊一盒者，四十八塊一盒者）。

5·角度樣板——其精度爲5—10分，至精細之角度則可以工具顯微儀用角度鏡頭測量之。

6·工具顯微儀——用以測螺絲角度頭徑底徑節徑等爲最佳，須具備各種鏡頭。

7·光學測定儀——其精度甚高可達0·0002公厘，用以測量內外徑圓管之厚薄等尺寸，有直式臥式兩種，因用途不同須同時設備。

8·干涉比較儀——用以比較普通儀器及樣板之準度，其精度最高。

9·投影儀——用以測量形狀樣板位齊樣板最佳，須備有數種放大鏡頭以應需要並須採用優良之炭條俾發強度之弧光。

10硬度機——硬度機種類甚多，測大物件須用 Brinell 式者。測小物件者以 Rockwell 及 Shore 式者爲佳。

11測簧機——須能有兼測拉壓簧之裝置。

12量錶——其精度爲0·01公厘，倘備有各式支架用途甚廣。

13內徑測量器——有Brown and Sharpe 內徑分厘卡，蔡司內徑樣板及Krupp內徑測微儀等多種，其精度皆在0·01公厘以上。

14厚薄樣板——用以測量窄小之深溝其精度自0·1—0·05公厘。

（九）結論

任何構造複雜之製品，皆可視爲下列五種尺寸所組成：

(1)孔與軸之直徑

(2)寬度與長度

(3)深度與高度

(4)圓度

(5)螺絲

需要若干樣板，但須就此各項尺寸分別設計即可例如：

 （1.）測孔之樣板以具有一端通，一端不通之安位爲最普遍。

 （2）測軸之樣板或爲套圈，或爲具有一端通一端不通之外卡樣板。

 （3）測厚度與長度之樣板以用厚度數公厘而具有一端通一端不通之板樣板爲最宜。

 （4）測深度與高度之樣板用刻綫樣板。

 （5）測圓度之樣板用圓弧樣板。

 （6）測內絲之樣板需通與不通二安位以測其頭徑，通與不通二絲安位以測其節徑。

 （7）測外絲之樣板需通與不通二絲圈測其節徑，及套圈或外卡樣板測其頭徑。

 樣板數既定，然後參酌各種樣板之公差決定其製造公差，就其性能上之要求，選擇材料詳載於圖樣；製造者但須按照圖樣逐步製造，隨時檢查其尺寸並施以熱處理以增加其硬度或調整其內力。迨完成後再以精密儀器測其精度，決定取捨，樣板之製造至此乃告畢事矣。

植莨寫於孝平12·12·1943

資源委員會所辦事業   李待琛

（一）煤鑛事業主辦及參加凡二十單位，四川有嘉陽、威遠，四川，建川四煤鑛公司，及南桐煤鑛；雲南有明良與宜明兩煤鑛公司，及鳥格煤鑛；貴州有貴州煤鑛公司；廣西有西灣煤鑛；湖南有祁零，湘南兩鑛局，辰谿湘江兩公司，及辰谿煤業辦事處；江西有天河高坑兩煤鑛；廣東有八字嶺煤鑛；甘肅

有甘肅煤鑛局，及甘肅鑛業公司。

(二)石油有甘肅油鑛局，四川油鑛探勘處。

(三)鋼鉄採冶事業，主要凡十二單位，除與兵工署合辦之鋼鐵廠遷建委員會及其綦江鉄鑛外，四川有陵江鍊鐵廠，威遠鉄廠，資和鋼鉄冶鍊公司，資渝鍊鋼廠，及電化冶鍊廠；雲南有易門鉄鑛局及雲南鋼鉄廠；廣西有半路墟鍊鐵廠；江西有江西鍊鐵廠；此外有康黔鋼鐵事業籌備處。

(四)非鐵金屬，關於銅鉛鋅鑛之採冶有滇北鑛務局，及川康銅鉛鋅鑛務局；其專事精煉者，有昆明鍊銅廠，及電化冶鍊廠。

(五)特種鑛產，鎢銻錫汞之管理事業，各設管理處，並在適當地點，設立分處六處，及雲南出口鑛產品運銷處。除一部分自營生產外，分別管制贛湘粵桂黔川滇七省之特種鑛產。

(六)化學工業，酒精有資中四川簡陽瀘縣北泉遵義雲南及咸陽八廠；油料有動力油料廠，及犍為焦油廠；酸鹼肥料，有江西硫酸廠，裕滇磷肥廠，昆明化工材料廠，甘肅化工材料廠，及參加天原電化廠；窰製品有甘肅水泥公司，重慶耐火材料廠。此外參加中國聯合鍊糖公司。

(七)電器工業，主要有中央電工器材廠，中央無線電器材廠，及中央電瓷廠；其應西北及東南之需要而建者，有華亭電瓷廠，江西電工廠。

(八)電氣事業凡二十一單位，除水力發電勘測總隊外，各重要電廠及分廠分設於川康滇黔桂湘浙陝甘青等十省，計有萬縣長壽瀘縣自流井宜賓五通橋西昌昆明貴陽修文柳州長沙衡陽沅陵辰谿西安王曲寶雞蘭州漢中天水西甯及浙東各地。

(九)機械工業，主要有中央機器廠；其應地方需要而設者，有中央機器廠四川分廠，甘肅機器廠，江西機器廠，江西車船廠，及粵北鉄工廠。

度（半數），　　　　　イ＝消磨度，

3.5-5.5	5.5-8	8-10	12-18	18-25	25-35	35-55	55-80
0.02-0.035	0.035-0.05	0.05-0.08	0.08-0.11	0.11-0.15	0.15-0.21	0.21-0.34	0.34-0.5
0.0005	0.003	0.0035	0.04	0.005	0.006	0.007	0.008
0.005	0.006	0.008	0.01	0.012	0.014	0.017	0.02
0.03-0.045	0.045-0.06	0.06-0.1	0.1-0.15	0.15-0.2	0.2-0.29	0.29-0.45	0.45-0.6
0.003	0.0035	0.004	0.005	0.006	0.007	0.008	0.009
0.006	0.008	0.01	0.012	0.014	0.017	0.02	0.023
0.035-0.055	0.055-0.08	0.08-0.11	0.11-0.18	0.18-0.25	0.25-0.35	0.35-0.55	0.55-0.8
0.0035	0.004	0.005	0.006	0.007	0.008	0.009	0.01
0.008	0.01	0.012	0.014	0.017	0.02	0.023	0.026
0.04-0.065	0.065-0.10	0.1-0.15	0.15-0.22	0.22-0.3	0.3-0.42	0.42-0.66	0.66-1
0.004	0.005	0.006	0.007	0.008	0.009	0.01	0.012
0.01	0.012	0.014	0.017	0.02	0.023	0.026	0.03
0.05-0.08	0.08-0.12	0.12-0.18	0.18-0.26	0.26-0.35	0.35-0.5	0.5-0.79	0.79-1.2
0.005	0.006	0.007	0.008	0.009	0.01	0.012	0.015
0.012	0.014	0.017	0.02	0.023	0.026	0.03	0.04
0.06-0.1	0.1-0.14	0.14-0.2	0.2-0.31	0.31-0.45	0.45-0.59	0.59-0.93	0.93-1.4
0.006	0.007	0.008	0.009	0.01	0.012	0.015	0.018
0.014	0.017	0.02	0.023	0.026	0.03	0.04	0.05
0.07-0.11	0.11-0.16	0.16-0.22	0.24-0.36	0.36-0.5	0.5-0.7	0.7-1.1	1.1-1.6
0.007	0.008	0.009	0.01	0.012	0.015	0.018	0.023
0.017	0.02	0.023	0.026	0.03	0.04	0.05	0.06
0.08-0.13	0.13-0.18	0.18-0.28	0.28-0.42	0.42-0.6	0.6-0.81	0.81-1.3	1.3-1.8
0.008	0.009	0.01	0.012	0.015	0.018	0.023	0.03
0.02	0.023	0.026	0.03	0.04	0.05	0.06	0.08
0.095-0.15	0.15-0.21	0.21-0.32	0.32-0.48	0.48-0.7	0.7-0.93	0.93-1.5	1.5-2.1
0.009	0.01	0.012	0.015	0.018	0.023	0.03	0.04
0.023	0.026	0.03	0.04	0.05	0.06	0.08	0.10
0.11-0.17	0.17-0.24	0.24-0.38	0.38-0.54	0.54-0.75	0.75-1.1	1.1-1.7	1.7-2.4
0.01	0.012	0.015	0.018	0.023	0.03	0.04	0.05
0.026	0.03	0.04	0.05	0.06	0.08	0.10	0.13
0.13-0.19	0.19-0.27	0.27-0.40	0.40-0.61	0.61-0.85	0.85-1.2	1.2-1.9	1.9-2.7
0.012	0.015	0.018	0.023	0.03	0.04	0.05	0.07
0.03	0.04	0.05	0.06	0.08	0.10	0.13	0.17
0.14-0.22	0.22-0.3	0.3-0.45	0.45-0.68	0.68-0.95	0.95-1.3	1.3-2.1	2.1-3.0
0.015	0.018	0.023	0.03	0.04	0.05	0.07	0.09
0.04	0.05	0.06	0.08	0.10	0.13	0.17	0.22
0.18-0.28	0.28-0.4	0.4-0.6	0.6-0.9	0.9-1.2	1.2-1.8	1.8-2.8	2.8-4
0.018	0.023	0.03	0.04	0.05	0.07	0.09	0.12
0.05	0.06	0.08	0.10	0.13	0.17	0.22	0.30
0.2-0.3	0.3-0.45	0.45-0.7	0.7-1.0	1-1.4	1.4-2	2-3	3-4.5
0.023	0.03	0.04	0.05	0.07	0.09	0.12	0.15
0.06	0.08	0.10	0.13	0.17	0.22	0.30	0.40

表一　H.9.N. 制工作樣板及檢收樣板

製品尺寸	T=公差 PE=配合單位 H=工作車	0.6—0.8	0.8—1	1—1.5	1.5—2	2—2.5	2.5—3.5
1—3	T	0.004—0.005	0.005—0.006	0.006—0.009	0.009—0.012	0.012—0.015	0.015—0.02
	H	0.0007	0.001	0.0013	0.0016	0.002	0.0022
	A	0.0012	0.0016	0.002	0.0025	0.003	0.004
3—6	T	0.005—0.007	0.007—0.008	0.008—0.013	0.013—0.018	0.018—0.02	0.02—0.03
	H	0.001	0.0013	0.0016	0.002	0.0022	0.0025
	A	0.0016	0.002	0.0025	0.003	0.004	0.005
6—10	T	0.006—0.008	0.008—0.01	0.01—0.015	0.015—0.02	0.02—0.025	0.025—0.035
	H	0.0013	0.0015	0.002	0.0022	0.0025	0.003
	A	0.002	0.0025	0.003	0.004	0.005	0.006
10—18	T	0.007—0.01	0.01—0.013	0.013—0.019	0.018—0.025	0.025—0.03	0.03—0.04
	H	0.0016	0.002	0.0022	0.0025	0.003	0.0035
	A	0.0025	0.003	0.004	0.005	0.006	0.008
18—30	T	0.009—0.012	0.012—0.016	0.016—0.022	0.022—0.03	0.03—0.035	0.035—0.05
	H	0.002	0.0022	0.0025	0.003	0.0035	0.004
	A	0.003	0.004	0.005	0.006	0.008	0.01
30—50	T	0.01—0.014	0.014—0.018	0.018—0.027	0.027—0.035	0.035—0.04	0.04—0.06
	H	0.0022	0.0025	0.003	0.0035	0.004	0.005
	A	0.004	0.005	0.006	0.008	0.01	0.012
50—80	T	0.012—0.016	0.016—0.02	0.02—0.03	0.03—0.04	0.04—0.05	0.05—0.07
	H	0.0025	0.003	0.0035	0.004	0.005	0.006
	A	0.005	0.006	0.008	0.010	0.012	0.014
80—120	T	0.014—0.018	0.018—0.024	0.024—0.035	0.035—0.045	0.045—0.06	0.06—0.08
	H	0.003	0.0035	0.004	0.005	0.006	0.007
	A	0.006	0.008	0.01	0.012	0.014	0.017
120—180	T		0.02—0.027	0.027—0.04	0.04—0.05	0.05—0.07	0.07—0.095
	H		0.004	0.005	0.006	0.007	0.008
	A		0.010	0.012	0.014	0.017	0.02
180—260	T		0.024—0.03	0.03—0.045	0.045—0.06	0.06—0.08	0.08—0.17
	H		0.005	0.006	0.007	0.008	0.009
	A		0.012	0.014	0.017	0.02	0.023
260—360	T		0.008—0.035	0.035—0.053	0.053—0.07	0.07—0.09	0.09—0.12
	H		0.006	0.007	0.008	0.009	0.01
	A		0.014	0.017	0.02	0.023	0.006
360—500	T		0.03—0.04	0.04—0.06	0.06—0.08	0.08—0.10	0.1—0.14
	H		0.007	0.008	0.009	0.01	0.012
	A		0.017	0.02	0.023	0.026	0.03
500—700	T		0.04—0.05	0.05—0.06	0.08—0.10	0.1—0.13	0.13—0.18
	H		0.008	0.009	0.01	0.012	0.015
	A		0.02	0.023	0.026	0.03	0.04
700—1000	T		0.05—0.06	0.06—0.10	0.1—0.12	0.12—0.15	0.15—0.20
	H		0.009	0.01	0.012	0.015	0.018
	A		0.023	0.026	0.03	0.04	0.05

13670

表三 **I.S.A.**制工作樣板之工作準度及磨耗度(六)

製品種類 (軸或孔)		1—3	3—6	6—10	10—18	18—30	30—50	50—80	80—120	120—180	樣板類號
5 號軸	H	2	2	2	2	2	3	3	4	5	2
	A	2	2	2	3	3·5	4	4	5·5	6	
	Z	1	1	1	1·5	1·5	2	2	2·5	3	
6 號孔	H	2	2	2	2	2	3	3	4	5	2
	A	2	2·5	2·5	3·5	3·5	4·5	4·5	6	7	
	Z	1	1·5	1·5	2	2	2·5	2·5	3	4	
6 號軸	H	3	3	3	3	4	4	5	6	8	3
	A	3	3·5	3·5	4·5	6	6·5	7	9	10	
	Z	1·5	2	2	2·5	3	3·5	4	5	6	
7 號 孔軸	H	3	3	3	3	4	4	5	6	8	3
	A	3	3·5	3·5	4·5	6	6·5	7	9	10	
	Z	1·5	2	2	2·5	3	3·5	4	5	6	
8 號 孔軸	H	4	4	4	5	6	7	8	10	12	4
	A	5	6	6	8	9	11	12	14	15	
	Z	2	3	3		5	6	7	18	9	
9,10號 孔軸	H	5	5	6	8	9	11	13	15	18	5
	A	8	9	10	12	13	16	18	21	24	
	Z	5	6	7	8	9	11	13	15	18	
11,12號 孔軸	H	7	8	9	11	13	16	19	22	25	6
	A	10	12	14	16	19	22	25	28	32	
	Z	10	12	14	16	19	22	25	28	32	

13671

表四　　炮彈樣板工作準度及消磨度表

製品尺寸 公釐	製品公差 公釐	工作準度			消　磨　度	
		H₁	H₂	H?	A	Z
1—3	0·06—0·12	4	3	2	10	10
	0·12以上				20	
3—6	0·08—0·15	4	3	2	15	10
	0·15以上				25	
6—10	0·1—0·2	5	3	2	20	12
	0·2以上				30	
10—18	0·12—0·25	6	4	2	25	12
	0·25以上				40	
18—50	0·15—0·30	8	5	2	30	15
	0·30以上				50	
50—120	0·18—0·40	10	7	3	40	20
	0·40以上				70	
120—260	0·20—0·50	12	9	4	50	25
	0·50以上				80	

註：1·╱″ = $\dfrac{1}{1000}$ mm

2·製品公差詳於圖樣

3·倘尺寸大時而公差少時則工作準度及消磨度取相當於小
公差之值例如 40±0·1 之樣板工作準度當爲4,3,2 消磨度
當爲15╱″,25╱″

讀「中國之命運」後研習不平等條約

李 待 琛

目 次

參考及摘抄之書籍

中國之命運　　　　　　　　　　　蔣委員長著

中外條約彙編　　　　　　　　　　黃月波等編
　　　　　　　　　　　　　　　　商務印書館

近百年外交失敗史　　　　　　　　徐國楨編
　　　　　　　　　　　　　　　　世界書局

中國最近三十年史　　　　　　　　隨功甫編
　　　　　　　　　　　　　　　　商務印書館

中外條約司法部分輯覽　　　　　　郭雲觀主編
　　　　　　　　　　　　　　　　商務印書館

經濟彙報　　　　　　　　　第七卷第一、二期
　　　　　　　　　　廢除不平等條約紀念專號

13673

讀「中國之命運」後研習不平等條約

一‧各國各時期在中國取得的特權

依照中國之命運第三章，自鴉片戰爭至辛亥革命（1842——
1912）各國由不平等條約在中國取得的利權，可分為三個時期，
又辛亥革命至國民黨改組（1912——1924）又成一個時期，茲分
別說明之。

（一）第一個時期：鴉片戰爭至甲午戰爭1842——1894

　　〔1〕前期：鴉片戰爭至英法聯軍（1842——1858）此期以鴉
　　　　片戰爭失敗訂立的南京條約為中心。各國由不平等條約
　　　　取得特權，要目如下：

　　　【甲】領事裁判權　中國的司法權，為之破壞。

　　　【乙】關稅協定權　中國的經濟財政權，操於外人。

　　　【丙】最惠國條欵　喪失特權於一國，就是喪失特權於各
　　　　　國。

　　〔2〕後期：英法聯軍至甲午戰爭（1858——1894）此期以天
　　　　津條約為中心，各國取得之特權，主要者如下：

　　　【甲】領事裁判權擴充　確定觀審權會審權。

　　　【乙】租界　多數的租界，在此期內畫定。

　　　【丙】軍艦行駛停泊權　自此通都大邑，多受外國砲艦之
　　　　　威脅。

　　　【丁】海關稅務管理權　自此以英人為總稅務司。

　　　【戊】重訂關稅稅則　對於外貨之保障，又進一層。

　　　【己】沿海貿易權　中國沿海貿易，為外商所壟斷。

【庚】內河航行權　內河航運，為外人所霸佔。

(二)第二個時期：甲午戰爭至八國聯軍（1894 – 1901）此期以中日馬關條約為主，各國所得特權，要目如下：

【甲】勢力範圍　各國爭先畫定中國領土，為其勢力範圍。

【乙】租借地　競取中國領土為租借地。

【丙】鐵路建築權　各租借地條約內，大都有允許建築鐵路之權。

【丁】鑛山開探權　情形同前

【戊】增設租界　在此時期內，增設租界十餘處。

【己】外國軍隊駐紮權　以帝俄在中東鐵路一帶強制駐紮護路隊為嚆矢。

【庚】郵政洋員採用權及外國郵局　德國強迫清廷在郵局內任用洋員，各國復各在中國自設郵局。

【辛】工業製造權　始於馬關條約，各國繼之，外人在中國設廠製造，我國無法管理。

(三)第三個時期：八國聯至辛亥革命（1901——1912）此期以辛丑條約為主，各國所得特權，要目如下：

【甲】使館界　各國在北京畫定使館區，有外兵常川駐守。

【乙】北京至山海關駐兵權及撤除我國在大沽口及北京至海口一帶砲台。

【丙】日本的勢力範圍　以遼東半島為日本勢力範圍·

【丁】增闢租界數處。

【戊】大連海關稅務管理權　1907年日本取得此權。

【己】變更關稅制度　由辛丑條約與馬關條約。

【庚】關稅支配權，關餘保管權　關稅為庚子賠欵的抵押，故由總稅務司支配，餘欵亦存入外國銀行，由其保管。

【辛】整理內河（北河，黃浦）及使用外國引水人建造燈塔浮
　　標等項之權。

(四)第四個時期：辛亥革命至國民黨改組（1912——1924）在此
　　時期內，以日冠獨佔的侵略為主，要目如下

【甲】二十一條　簡直是亡國而有餘。

【乙】政治借款　供北洋派武力政策之消耗。

【丙】軍事協定　許敵人向中國的領土進兵。

二·不平等條約的訂立年代及內容摘要

　　我國與各國締結之許多不平等條約，可因其時代與內容·分
為幾個時期講述。自鴉片戰爭至辛亥革命，可分為三個時期，自
辛亥革命至國民黨改組又成一個時期，茲分別列舉如下：

(一)第一個時期：鴉片戰爭至甲午戰爭

　　〔1〕前期：鴉片戰爭至英法聯軍（1842——1858）

　　中英南京條約十三款：1842，8，29，道光22，壬寅

　　　　此為不平等條約的開端，是我國第一個國恥，即鴉片戰
　　　　爭失敗造成的。其內容大要如下

　　　　賠款二千一百萬兩，割香港，開上海，寧波，福州，廈
　　　　門，廣州五口通商，准英國派領事住居及英商自由往來
　　　　。

　　中英虎門條約十五款：1843，道光22，癸卯。

　　　　此即五口通商章程，有領事裁判權，值百抽五的關稅權
　　　　，及片面的最惠國條款等規定，亦即此等特權的發端。

　　中美望廈條約三十四款：1844，7，3，道光24，甲辰。

　　中法黃浦條約三十六款：1844，10，2，道光24，甲辰。

中瑞挪條約三十三欵：1847，3，20，道光 27，丁未。

中俄塔爾巴哈台通商條約：1851，咸豐元，辛亥。

　　各國由此等通商條約取得領事裁判權，值百抽五的關稅
　　權及片面的最惠國條欵。

〔2〕後期：英法聯軍至甲午戰爭（1858——1894）

　　天津條約爲此期內一個重要關鍵。在此時期各國在中國
　　開闢通商口岸，以通商口岸爲基點設立各種特權。最惠
　　國條欵的惡例，普遍爲各國所援引。聯軍的起因，爲一
　　中國商船揭英國旗，被水師探悉爲奸商而搜索，並拔去
　　英旗，繼有法國教師被害，乃聯合舉兵。

中英天津條約五十六欵：1858，6，26，咸豐8，戊午。

　　賠欵四百萬兩，開長江流域三口岸（後定爲漢口九江鎮
　　江）及牛莊，登州，台灣，潮州五處通商，確定領事裁
　　判權，取得觀審權與會審權，確定關稅協定權，並規定
　　長江一帶各英商船隻俱可通航。

中法天津條約四十二欵：1858，6，27，咸豐8，戊午。

　　此約與英約同，惟第二十九欵有許法兵艦游弋通商口岸
　　保護商民之規定，比英約更進一步。

中美天津條約三十欵：1858，6，18，咸豐8，戊午。

　　確定領事裁判權，關稅協定權，及取得沿海與內河航行
　　權。

中英通商章程善後條約十欵：1858，11，8，咸豐8，戊午。

　　新定關稅稅則，並規定得邀請英國人幫辦稅務。

中俄璦琿條約：1858，咸豐8，戊午。

　　此爲中國與俄國所訂不平等條約之開端，起因是俄國乘
　　中國內亂（太平軍）而實行侵略，駐兵黑龍江威迫中國

承認其要求，結果割讓黑龍江北岸之地數千里。

中英北京條約九欵：1860，10，24，咸豐10，庚申。

此即中英天津條約之續增條約，天津條約訂立後，以清廷反復，聯軍乃進迫天津直陷北京，清帝避走熱河，俄使居中調停，訂立北京和約。增闢天津爲商埠，割九龍司地方一區與英，加償軍費八百萬兩。

中法北京條約十欵：1860，10，25，咸豐10，庚申。

即中法續條約，大體與英約相同。

中俄北京條約：1860，咸豐10，庚申。

英法聯軍之役，俄使以調停有功，向清廷索取烏蘇里江以東之中國領土爲報酬，清廷不得已而允許。

中德天津條約：1861，9，11，咸豐11，辛酉。

中葡天津條約五十四欵：1862，8，13，同治元，壬戌。

中丹天津條約五十五欵：1863，7，13，同治2，癸亥。

中荷天津條約十六欵：1863，10，6，同治2，癸亥。

中西天津條約五十二欵：1864，10，10，同治3，甲子。

中比北京條約四十七欵：1865，11，2，同治4，乙丑。

中義北京條約五十五欵：1866，10，26，同治5，丙寅。

中奧北京條約：1860，同治8，己巳。

中秘華盛頓條約：1874，同治13，甲戌。

中英煙台條約十六欵：1876，9，13，光緒2，丙子。

中美續補條約四欵：1880，11，12，光緒6，庚辰。

中巴天津條約：1881，10，3，光緒7，辛巳。

各國由以上條約，取得領事裁判並觀審權與會審權，關稅協定權，增闢商埠，畫定租界，沿海貿易，內河航行，軍艦行駛停泊等特權。

（二）第二個時期：甲午戰爭至八國聯軍（1884——1901）

在此時期中，中日馬關條約，實爲改變中日過去平等關係爲不平等關係的樞紐。此期的特點，爲滿清與各國之間的各租借地租約，各鐵路合同，及各國發表有關勢力範圍之宣言等。

中日天津條約：1885，光緒11。

此爲關於朝鮮問題之條約，朝鮮於明代萬歷二十年（1592年）始與日本互通使臣，對於中國常是朝貢之國。光緒十年，其親日派與親華派互相傾軋，愈演愈烈，兩國派兵入朝鮮，形勢嚴重，遂於1885年在天津訂定條約，兩國均不得駐兵於朝鮮，均不得爲朝鮮教練士兵，將來有事出兵朝鮮，先行互相知照。

中英滇緬界務商務條約二十四欵：1894，3，1，光緒20，甲午。

緬甸本爲中國藩屬之一，英見法併安南，即欲取爲己有，自道光初年以來，三次侵略而遂併吞，是爲光緒十二年即1886年事。此條約係根據1886，7，24，中英會議緬甸條第三欵，訂立專關於勘定中緬邊境及通商事宜。其結果緬甸亡於英國，開思茅梧州，三水，江根墟爲通商口岸，湄公河左右岸成爲英國之勢力範圍。

中日馬關條約十一條：1895，11，8，光緒21，乙未。

此條約爲甲午戰爭中國失敗的結果。戰爭近因是朝鮮東學黨之亂中日各派兵赴朝鮮遂致衝突。馬關條約是中國中英南京條約以後第二次重大創傷。承認朝鮮自主，割遼東半島及台灣澎湖與日（後因俄法德三國干涉，由我出三千萬兩贖回遼東半島）賠軍費二萬萬兩，開沙市、重慶、蘇州、杭州等五處爲商埠。在中國通商口岸，任便從事各項工藝製造，或將機器裝運進口。

中俄華俄道勝銀行合同與東三省鐵路合同：1896，9，2，光緒22，丙申。

此約係俄國以助清廷索回遼東有功，請酬俄國得以中東鐵道橫貫滿洲北部達海參威，並許其運兵，許設華俄道勝銀行，俄國可因此對華作經濟上與政治上之侵略；許中東鐵道公司有無限制之開鑛權，及設警察之權。

中德膠澳租借條約十款：1898，3，6，光緒24，戊戌。

此約起因於德國代中國向日本索還遼東請酬不許，及山東曹州二德教士被殺，德國立刻派兵佔領膠州灣。中國迫於武力，只得與訂立條約。租借膠州灣，以99年為期，並允德國建築膠濟鐵路及開採鐵路沿線三十里以內之鑛產。民3歐戰日寇乘機佔領膠州，民11，依華府會議，將膠州德國租借地及其他權利交還中國。

中俄租借旅大條約九款：1898，光緒24，戊戌。

德國佔據膠洲灣以後，不出一月，俄國又派兵艦入旅順口，向中國提出條件，訂約租借旅順大連以二十五年為期，旅順為俄國軍港，只准中俄兩國船舶出入，大連為商埠，各國船舶都可出入。許俄國築造自哈爾濱至旅大鐵路，規定遼東西岸為其勢力範圍。

中英威海衞租借條約：1898，6，9，光緒24，戊戌。

英國見德俄分佔膠州旅大而引起醋意，於是命令駐華公使提出要求，訂定長江沿岸為英國勢力範圍，不再割讓或租借他國，租借威海衞以25年為期，總稅務司永歸英人。（威海衞已於民19，10，1，收回）

中英九龍租借約：1898，6，9，光緒24，戊戌。

此即中英展拓香港界址專條，租借九龍半島，99年為

期。

中法廣州灣租借條約七欵：1899，11，16，光緒25，己亥
法國初以保持均勢，要求租借廣州灣，尚未談判妥協；
後該處附近有法人被殺，遂被武力强迫租借，規定租借
廣州灣，99年爲期，以廣東廣西雲南爲其勢力範圍，東
京至雲南鐵路由法築造，以後郵政事務，由總稅司分下
時，用法人承辦。

(三)第三個時期：八國聯軍至辛亥革命（1901——1912）

在「第一個時期」，帝國主義者在中國作平行的競爭；在「第
二個時期」，他們由平行轉入對峙。至八國聯軍之役，國際
對峙的形勢，更盤旋於門戶開放與共同瓜分的兩種政策之間
。日寇不甘心遼東半島的讓與，帝俄在東北亦繼續其佔領的
企圖，遂於1904年有日俄在中國領土內的東三省鏖戰，以瓜
分其勢力範圍的國恥，而日寇亦從此樹立他的大陸政策的基
礎（看中國之命運三四頁）

各國辛丑條約十二欵：1901　9，7，光緒27，辛丑。

外人壓迫中國過甚，義和團乘時崛起以扶清滅洋爲號召
，殺洋人，焚教堂，巨禍遂因之而起。八國聯軍（英俄
德法美日意奧）攻破大沽口砲台，陷天津，直迫北京。
慈禧太后與光緒帝走避長安，聯軍破北京城，大肆殺掠
。當時列强瓜分中國之說甚盛，終以其國際政策轉變，
由李鴻章與各國議和締結辛丑條約。其主要事項如下：
懲辦禍首，賠欵四萬萬五千萬兩，三十九年償清，以海
關與鹽稅收入作抵：劃定使館區，（卽東交民巷使館區
）由各使館共同管理，准其常川駐兵；北京經天津至山
海關鐵路，亦准駐紮外國軍隊；拆毀在大沽口及北京至

海口一帶砲台；並容許各國軍隊佔領各要地，以保障其
由北京至海濱之交通；以白河黃浦兩河修濬權給與外國
。辛丑條約訂立後，中國國際地位因此一落千丈。

中英馬凱條約十六欵：1902，9，5，光緒28，壬寅。

此即中英續議通商行船條約，開長沙，萬縣，安慶，惠
州及江門為通商口岸，根據辛丑條約第十一欵，關於通
商行船及關稅，予以改訂。

中美續議通商行船條約十七欵：1903，10，8，光緒29，
癸卯。

此亦根據辛丑條約第十一欵，關於通商行船及關稅等予
以改定。

中日續議通商行船條約十七欵：1903，6，8，光緒29，癸
卯。

與上述中美續議條約性質略同。

中日會議東三省事宜正約三欵附約十二欵：1905，12，22
，光緒31，甲辰。

日俄戰爭日本戰勝後，因美國總統羅斯福的調停，於19
05年議和，訂立朴次茅斯條約於美國。俄國承認日本管
理朝鮮，及以中國之允諾，將旅順大連之租借權與中東
鐵路之長春至旅大南滿支線並附屬一切特權財產讓與日
本。挾戰勝餘威與中國訂立正約三欵，強迫我國承認其
接受俄國在華一切特權。並訂立附約十二款，其重要者
如下：開東三省遼陽，長春，齊齊哈爾等十六地為商埠
；安奉鐵路仍由日本接續經營，海陸銜接，改為轉運各
國商工貨物鐵路，准南滿鐵路與中國各鐵路接續聯絡；
豁免南滿鐵路所需各項材料之一切稅捐釐金；劃定營口

安東奉天府各商埠，爲日本租界。

中瑞通商條約十七欸：1908，7，2，光緒34，丁未。

訂定設立總領事，領事於各通商地方，通商，航運，稅課，保護等各項條件，中國瑞典對舉，尚屬平等，惟領事裁判權，則係片面。

(四)由辛亥革命至中國國民黨改組時代，其間十有三年，一般人士對於國民革命根本的意義，認識不深，一般國民在不平等條約及專制政體之下，養成驕奢淫佚苟且偸安的習慣，不能改革，軍閥政客交織而成的政治局面，走到了窮途末路，適第一次世界大戰發生，使中國國民發生絕大的希望，以爲中國可從此脫離帝國主義的壓迫，然而軍閥政客，不識現代政治與經濟爲何物，反造成更大的國恥，這就是日本帝國主義者初則利用袁世凱帝制自爲的野心，提出所謂『二十一條要求』，繼又迎合北洋派的武力政策，成立借欵，更締結所謂『中日軍事協定』，這些國恥，激起我國强烈的革命要求。國父於民三以嚴密的紀律，組織中華革命黨，民八改定中華革命黨爲中國國民黨，十二年十一月發表改組宣言，十三年一月開全國代表大會於廣州，改組始告成功。（見中國之命運第二章第三節）。

日本二十一條要求：1915，5，9，民4，乙卯。

此爲集合各種不平等條約的大成。共爲五號，二十一條，第一號，爲德國在山東權利之移讓；沿岸土地及島嶼，槪不割讓租借與他國，准日本建造鉄路與膠濟路連接；速開主要城市爲商埠。第二號，爲旅順大連及南滿安奉兩鉄路租借權展至九十九年，准日本人在南滿及東部內蒙蓋造應用房屋及農作有租借地與所有權並住居經商

；在滿蒙有開採鑛山權；在滿蒙有供給政治財政軍事各
項人才與借欵之優先權。第三號，爲漢冶萍公司歸中日
合辦；該公司附近鑛產，不許他人開採。第四號，爲中
國沿海港灣島嶼不得租借或割讓他國。第五號，爲中國
政府聘用政治財政軍事等項之日本顧問；中國內地之日
本醫院寺院學校允其有土地所有權；中日合辦警察及合
辦軍械廠於中國；日本有武昌與九江南昌，南昌與杭州
，南昌與潮州間之鐵路建築權；在福建有借欵優先權；
允許日本人在中國有布教之權。

五月七日日本最後通諜要求承認其修正案（保留五號）
中國被迫簽字。華府會議山東問題部份勉强解決，其餘
各條仍未解決。

借欵條約甚多，茲舉數種於下：

中日與亞公司實業借欵合同六條：1916，9，9，民5，甲
辰。

第一條訂定借欵金額，爲日幣五百萬圓，但每百圓實收
九十四圓。第二條訂定本借欵爲經營太平山水口山鑛業
之資金。第二號附帶合同第一條，訂定中國政府負責任
使將來中日合辦水口山鉛鑛事業及太平山鐵鑛借日欵經
營。

中日交通銀行借欵合同十四條：1917，1，20，民6，丁己
此項借欵係日金五百萬元。以整理業務爲名。

中日吉長鐵路借欵合同二十條：1917，10，12，民6，丁
己。

此爲該路第四次借欵，日金四百五十一萬餘元。本鐵路
在借欵期內，委托南滿洲鐵路公司代爲指揮經理營業，

為此即任日本人為主任，及充當工務，會計，運輸主任各職，其喪失權利，為我國借款修路各約之冠。

中日有線電報借款合同十二條：1918，4，30，民7，戊午
借款金額為日金二千萬元。中國政府全國有線電報之一切財產及其收入為擔保。

中日吉黑金鑛森林借款合同：1918，8，2，民7，戊午。
借款金額為日金三千萬元。以吉黑兩省之金鑛及國有森林，並前兩項所生之政府收入為擔保。

中日擴充電話借款合同八條：1918，10，25，民7，戊午。
借款金額為日金一千萬元。自簽約起七年以內交通部擴充及新設各處電話時，所需材料，由日方供給之。

中日四洮鉄路借款合同二十六條：1919，9，8，民8己未
借款金額為日金四千五百萬元，以日本人為總會計，專司本鉄路一切收支各款，中國政府指定南滿洲鉄道會社於造路期間為經理購買由外國運來各材料機器什物之人。

中日軍事協定：1918，民7，戊午。
日寇軍隊，可進駐吉林黑龍江及外蒙古內地。

三·我國各種特權喪失發端

(一)最惠國條款，始於虎門條約第八款，繼之以中美望廈條約，中法黃浦條約。

(二)領事裁判權，始於虎門條約第十三款，詳於天津條約。

(三)租界·在條約上無此二字，其意義，南京條約第二款虎門條約第二款，略有記載。

(四)外人在中國之租借地，始於1535年（明代嘉靖十四年）葡萄

牙租借澳門，繼之以1898年德國租借膠州灣。

(五)北京使館區域，1901年各國辛丑條約第七欵劃定界線；於其附件十四規定駐兵保護。

(六)租借地駐兵權，租借地條約規定。

(七)北京至山海關駐兵權，辛丑條約第九欵規定。

(八)租界內駐兵權，無條約根據。

(九)租界外駐兵權，毫無條約根據。

(十)鐵路護路隊，始於帝俄1896年中東鐵路兩旁駐兵。

(十一)外國軍艦停泊游弋權，發端於1858年中法天津條約第二十九欵。

(十二)協定關稅，發端於中英南京條約，明訂於虎門條約，美法瑞俄等隨而訂立此項條約。

(十三)沿海航行權，肇始於1844年中美通商條約第三欵之規定。各國援例享得。

(十四)內河航行權，肇自1858年中英天津條約第十欵。法美荷等國接踵享得。

(十五)沿海貿易權，始於1858年中法換文中不明顯記載，被法曲解爲沿貿權，各國繼之。

(十六)工業製造權，始於1895年中日馬關條約第六欵之規定，各國繼之。

(十七)聘用客卿，稅務人員之聘用外人，導源於太平天國委托外人管理上海稅務，於1858年中英通商條約，規定得邀請英人幫辦稅務。郵務人員之聘外人，肇始於1898年法國強迫清廷於郵政局內任用外員。

(十八)整理河道條欵，肇始於辛丑條約第十一欵及附件十七。

四·我國喪失各種特權的內容

（一）片面的最惠國條欵

最惠國條欵，在近世商約中最爲普通，卽甲國與乙國訂定，凡甲國現在或將來如有利益給予任何第三國，乙國亦能享受；反之乙國如有利益給予第三國時，甲國亦照樣享受。其用意在謀彼此通商之便利，故理應平等互惠。惟中國以往與外國所訂最惠國條欵，多屬片面性質，所以祇規定中國對各該簽約國負有此項義務，而並不規定各該簽約國對我負有同樣義務。且其範圍並不以通商航行爲限。片面之最惠國條欵，始於1843年之中英虎門條約第八條，繼之以次年之中美望廈條約，中法黃浦條約等。此等條約皆有規定，如望廈條約第一欵『，……如中國另有利益及於各國，美國民人亦一體均沾，用昭公允。』如黃埔條約第卅六欵『………中國將來如有特恩曠典優免保佑，別國得之，法國亦與焉』。所以要中國喪失特權於一國，同時便要喪失特權於各國。我國許多特權利益的喪失，多是由於此片面的最惠國條欵。

（二）領事裁判權

昔日歐洲各國最初於土耳其，取得此種權利，繼行於東方其他各國，如日本，暹羅，波斯，埃及諸國，1528年土耳其與法國訂立之條約，卽有領事裁判權之規定。中國之有領事裁判權之制度，始於1843年中英虎門條約，其第十三欵訂明英領事有權審理訴訟，次爲1844年之中美望廈條約（見第二十一、二十四、二十五欵），中法黃浦條約（第二三、二五至二八欵），1847年之中瑞挪條約（二一、二四、二五、二九，三三欵）等。其大要規定（甲）中國與外國人之民事案件先由領事官調停，調停無效，則移請中國地方官『會同審訊』，秉平訊斷。（乙）中國人與外國人之

刑事案件，則中國人由中國地方官按中國法律審斷。外國人則由其領事官按其本國法律審斷。（丙）外國人與外國人有爭執時，中國官府不必過問。至1858年之天津條約及以後各條約，關於領事裁判權有更進一層之規定，卽又取得觀審會審特權。（甲）觀審權，由於上述『會同審訊』之誤譯，確立此觀審權，凡中國人與外國人之民事刑事案件，外國使館官派員觀審。如觀審員以爲辦理未妥，可以詳細辯論。（乙）同治七年上海地方官與英美議定『洋涇濱設官會審章程』。自此以後，不獨中國人與外國人民刑案件由『會審公廨』會審，卽租界內純粹中國人間之民刑案件亦歸『會審公廨』會審，以後各國紛紛援例，而有上海法租界『會審公廨』，漢口『洋務公所』，及其他處類似機關。（中國之命運二五頁，中英烟台條約第二款，續補中美條約第四款），以後各國與中國訂約時，均援用最惠國條款，享有領事裁判的特權，故自十九世紀末葉以來，外國人在中國多不受中國法律的管轄，而恃此領事裁判爲護符，爲非作歹，橫行無忌。國民政府奠都南京後，曾於十八年四月由外交部向英、美、法、義、日、挪威、荷蘭、巴西等八國，提出照會，聲明自十九年一月一日起，撤廢領事裁判權，但各國回電請求中國注意法權調查會之報告，就是說：中國要先改良司法，才能談到撤廢的問題。本來可採取斷然手段，但因九一八事變發生，其事遂寢。現在各國在中國事實上有領事裁判權的，祗有英、美、法、巴西、祕魯等五國。至於德、奧、蘇聯、墨西哥等國，因與我國訂有新約，已經放棄。日、義兩國領事裁判權，自前年正式宣戰以後，已不存在。還有荷、比、挪、葡、瑞典、瑞士幾個國家，已與中國訂立新約，允許放棄領事裁判權，但以其他各國撤廢爲先決條件。所以現在祗要英美放棄

，其他國家，毫無問題。

附各國在中國所取得領事裁判權的年代一覽

領事裁判權，始於中英虎門條約，但詳細規定，在中英天津條約，此端一開，各國紛紛援例要求，其取得此項權利之年代如下：（參照近百年外交失敗史）

英	國	1858	天津條約第十五欵
法	國	1858	天津條約第卅八、卅九欵
美	國	1858	天津條約第十一欵
俄	國	1860	北京條約第八欵
德	國	1861	天津條約第卅七欵
荷	蘭	1863	天津條約第六欵
丹	麥	1863	天津條約第三欵
西班牙		1864	天津條約第十二欵
比	國	1865	北京條約第二十欵
義	國	1866	北京條約第十二·十五欵
奧	國	1869	北京條約第卅九·四十欵
祕	魯	1874	華盛頓條約第十三·十四欵
巴	西	1881	天津條約第十欵
葡	國	1887	中葡條約第四七·四八欵
日	本	1896	行船條約第二〇·二一、二二欵
墨	國	1899	中墨條約第十四·十五欵
瑞	典	1908	中瑞條約第十欵

（三）外人在中國之租界

我國於通商口岸劃出一定區域與有約國人民住居通商而予以方便者，即所謂租界。當初租界的設立，不過是對於外國人一種優待，查各條約中並無租界二字，不過1842年中英南京條約第二

欵說：『自今以後大皇帝恩准大英帝國人民帶同所屬家眷寄居大清沿海之廣州、福州、廈門、寧波、上海等五處港口貿易通商無礙。』翌年虎門條約第二條說：中華地方官必須與英國管事官，各就地方民情，議定於何地方，用何房屋或地基係准英人租借。』既無租界的名稱，租界內的行政權警察權更未交與外國人。而是外國人漸漸利用帝國主義的手段攫奪去的。

現在的外國租界，可分三類：（甲）專管租界，由一有約國領事單獨設工部局管理者，即所有行政警察權完全由外國掌理；（乙）公共租界，由界內納稅人（不分國籍）選舉代表組織工部局，受成於有約各國領事管理者。（丙）居留地，僅劃定一地與外人住居，管理權仍屬我國。

附外人在中國之租界及居留地一覽

租界及居留地共有十九處，其設立年代如下：

上海　公共租界1843，法租界1849，吳淞外人居留地1899。

廈門　英租界1851，日租界1900，美租界1899，鼓浪嶼公共租界1902。

廣州　英租界1861，法租界。

福州　外人居留地1842，日租界1899。

寧波　外人居留地1842。

漢口　英租界1861，德租界1895，俄租界1896，法租界1898，日租界1898。

長沙　公共居留地1904。

重慶　公共居留地1901。

九江　英租界1861。

蕪湖　公共居留地1904。

南京　公共居留地。

鎮江　英租界1861。

杭州　日租界1895，公共居留地。

蘇州　日租界1895，公共居留地。

濟南　公共居留地1916。

周村濰縣　均有公共居留地。

天津　英租界1861（推廣於1897），法租界1861，德租界1895，日租界1898，俄租界1901，比租界1901，義租界1902，奧租界1903。

營口　英租界1858，外國區域。

　　（參照近百年外交失敗史）

　　（四）外人在中國之租借地

各國在中國之租借地及其租借原因，分條列下：

膠州灣　1898年因曹州教案借與德國，1914年歐戰中，日本強行佔領，依華府會議交還中國。

旅順，大連　1898年先由俄國藉口德國租借膠州灣爲辭借去，日俄戰後，又被日寇佔去，改25年期限爲99年。

威海衞　1898年英國藉口俄國租借旅順大連爲辭借去，期限25年，但已於民19．4，18，收回。

廣州灣　1899年法國藉口保全均勢爲辭借去，1897年提出要求，武力威迫，幾破國交。期限99年。

九龍半島　1896年英國藉口法國租借廣州灣，足以危害香港爲辭借去，期限99年。

澳門　本係1535年卽明嘉靖十四年，葡人向明政府納租金二萬兩借去者，1887年中葡訂約：一・葡萄牙永遠租借；二・不得中國苗肯，不得讓與他國。所以澳門並非割讓，仍屬中國的主權。

　　（五）外國軍隊駐防權

一國領土以內，本來不許有外國軍隊駐紮的，但中國領土或因條約的規定，或僅藉口保護僑民生命財產，外國隨時出兵駐防

(一)租借地駐兵權：這是根據租借地條約而來的，因為租借地本有軍事根據地的性質。如德租膠州灣條欵，訂明租借區域內，德國得建造砲台等事。又自灣面潮平點之周圍一百華里之陸地為中立地，內准德國軍隊無論何時可以通過。俄租旅大條約訂定俄國得於旅大建築砲台，界內不准中國軍隊駐紮。

(二)北京使館區（東交民巷）駐兵權：此係根據辛丑條約附件14規定使館界線內『中國應允諸國常留軍隊，分保使館』。德奧兩國的駐兵權民六年與我宣戰後撤消，俄國駐兵民九年經蘇聯自動放棄，英美於去年雙十節放棄。

(三)北京至山海關沿線駐兵權：駐兵地點有黃村、郎坊、楊村、天津、軍糧城、塘沽、蘆台、唐山、灤州、昌黎、秦皇島、山海關十二處，這是根據辛丑條約第九欵的規定。德奧蘇駐兵權均已撤消，英美亦已放棄。

(四)租界內駐兵權：租界本身原無條約根據，租界內駐兵更無根據。

(五)租界外駐兵權：理由為保護僑民及領事館，如北帶河每年夏季均有外國駐兵，實則並無根據；又遼寧的六河溝，及吉林的延吉等處，日本亦常有兵駐紮，均無根據。

(六)鐵路護路隊：帝俄時代，中東鐵路公司於1896年起，在中東鐵路一帶強制駐紮，所謂『中東鐵路護路隊』，這是外國在中國駐兵之始，但自蘇聯革命後，即已撤消。日俄戰事以後，日本在南滿洲鐵路及安奉鐵路一帶駐紮軍隊。

(七)外國軍艦停泊游弋權：我國沿海及沿江各埠，均有外國軍艦

停泊或游戈，這是發端於1858年之中法天津條約，查其二十九條』大法國皇上任憑派撥兵船在通商各口地方停泊，彈壓商民水手，俾領事得有威權。……』。中英天津條約，關於軍艦入口，亦略涉及，第五十二條，『英國師船別無他意，或因捕盜駛入中國無論何口，一切買取食物修理船隻，地方官妥為照料。……』。以後英美各國均援法國例取得權力。

（六）協定關稅

清道光二十二年（1842年）鴉片戰爭之後，與英締訂南京條約，開放五個口岸，即有協定關稅。其第十條規定英商在海關按例納稅後，即可遍行全國，不得再徵英國進口貨以他稅，僅可照估價則例，每兩加稅不過數分。是我國內地稅，已受條約之束縛，不能自由徵收矣。但依條文解釋，議定則例之權，仍操諸我，非僅對稅率未有規定或限制，且變更稅率時，亦無須徵求對方同意，故尚未有協定之意。惟至翌年與英議定五口進出口稅則及通商章程（虎門條約），即簽訂值百抽五之片面協定稅率，以後美法瑞俄亦成立此項條約。此端一開，其他的子口稅（代替釐金之稅），復進口稅（國內土貨由此口運到彼口，或在輸出外國以先運入他處口岸者被課之稅），船噸稅（對於內外商船所課之稅，亦稱船鈔）及陸路關稅等，亦先後與各國成立協定，稅則之修改·更限制羈嚴束縛愈甚，我國關稅自主權至此乃全告喪失。咸豐四年（1854年）由美國領事之策動海關聘用洋員，咸豐八年中英天津條約第十欵有「邀請英人幫辦稅務」等語，翌年清廷設總稅務司於上海任用英人李國泰為總務司，旋由赫德（R.hand）繼任，彼並請增用洋員襄理通商各口稅務，且其任免考核之權全委之總務司，於是沿海各省之稅務行政，逐亦入於外人之手。

國府奠都南京後，十七年一月發表對改革關稅大政方針之宣

13693

言，美國首先贊同，旋卽與我簽訂「整理中美兩國關稅之條約」，撤消兩國歷來條約有關關稅稅則限制之條欵，並承認我關稅自主與互惠國待遇，同年復與德、挪、比、義、丹、葡荷、荷、瑞、法、西等國締結新關稅條約，內容大致相同，惟英國則附以請我早日裁撤釐金與常關稅之照會，一俟中日新約成立，卽可實施，但日本故意要挾，延至十九年五月始肯簽訂新約，內容雖與各國相同，惟另附稅表，規定若干項特定貨物須維持訂約時所施行之稅率一年至三年，期滿乃告無效，只得忍痛遷就。

自關稅自主，國定稅則施行後，以前所徵之附加常關稅、釐金、子口稅、土貨復進口稅及鐵路貨捐等已於廿年六月前先後裁撤，此後所徵之稅項，僅有進口稅、出口稅、轉口稅、附加稅及船舶噸稅五種。

（七）沿海內河航行權

世界各國之沿海內河航權，大抵皆由其國人獨佔，不許外人染指。惟我國自南京條約開放沿海五口爲商埠以來，外國船隻根據自由貿易權，卽自由航行於各口岸之間，當時政府昧於世界大勢，而不加制止，美國更思以條約規定之，乃於1844年中美通商條約第三欵中規定美國人民及商船得自由出入及航行於廣州，廈門，福州，寧波，上海五口之間。各國援引最惠國條欵，遂亦同享此項權利，爾後商埠開放愈多，外人之沿海航行權，則愈漫無限制。

內海航行權之喪失，肇自1858年之中英天津條約第十欵規定：『長江一帶各口英商船隻俱可通商』，同年之中法中義，及1863年之中荷等條約，均有此項特權讓與之規定。自是以後長江沿岸亦許外輪通航矣。外輪航行，初僅限於漢口，九江，鎮江三地而已，其非通商口岸仍不許通行，1876年中英烟台條約第三條有

准許英輪在沿江之非通商口岸之大通安慶，湖口，武穴，沙市等處停泊上下客商貨之規定。1895年之中日馬關條約增開沙市，重慶，蘇州，杭州外，更畀日人以滬蘇杭內港行輪之權，英人遂亦提出同等之要求。我政府乃於1898年頒定內港行輪章程，凡在我國註册之外輪均得自由往來內港各地，英人猶不以為足，更於1902年馬凱條約第十條將內港航行權以條文規定，日人效法英人亦於1903年中日通商條約第三條規定。至此我國內河航行權喪失殆盡。

享有我國內河航權之國家，計有英，美，法，比，日，義，墨，荷，挪，巴西，丹麥，祕魯，葡，西，瑞典等十五國。自國民政府成立以來，拒絕授予其他各國以內河自由航行權，故與德，奧，瑞士，波，蘇聯，及捷克等各國所訂之商約，皆無此項特權。日義兩國自前年正式宣戰，此項特權已不存在，英美於去年雙十節放棄，成立平等互惠新約。

我國自沿海及內河航行權開放以來，輪航事業，即由外商經營，以迄今日大洋航運固盡由外商專利，即沿海及內河航運，亦為外人所霸佔，如民25年（1936）出入我國沿海內河船隻總噸數，外輪佔六四、五％。單就出入長江輪船總數而言，外輪所佔地位更高，如民24統計，外輪佔總噸數七一、四四％，華輪僅佔二八、五六％。我國航業之衰可知。

我國收回沿海及內河航行權，已不成問題，惟我國戰前全部船舶約六十萬噸，在抗戰中多已損失，若外輪一旦全部引退，國內船隻必頓感不足，以造船業之幼稚，一時必不易補充，故於抗戰終結內河航行權收回後之數年內，似宜以妥善方法，利用外輪，以維持水運。外輪航行須應我需要加以限制，須服從我國法律之支配，不待言也。

（八）沿海貿易權

外國船隻專在本國各海口爲沿岸貿易，各國多加禁止，因爲這是專屬於本國國民的權利，決不輕易送給外人。中國於1842年南京條約開放五口以後，又以天津，北京各條約陸續開放牛莊、登州、台灣 潮州、溫州、天津六口岸，當初訂約之意，不過允許外人通商及船隻進口停泊，並非准許外人有沿岸貿易權，但1858年中法換文，載有『凡法船在中國各埠頭常川來往』一語，法人遂解爲有沿海貿易權。於是他國紛紛援例最惠國條欵，中國之沿岸貿易，逐盡爲外商所龍斷矣。國民政府成立後與外國所訂立的條約，如1929年中波友好通商航海條約等，均互相保留沿海貿易權於本國國民。

（九）工業製造權

一個國家爲了保護自國工業的發展，通常不准外國人在本國境內設廠製造。但在我國境內，外國却可無限制的開設工廠，此項權利之喪失，實以1895年的中日馬關條約開其端。依據該約第六欵第一規定『日本臣民得在中國通商口岸城邑任便從事各項工藝製造』。自馬關條約訂立後，各國又援例最惠國條欵，而在中國通商口岸獲得工業製造權，外人在華之工業製造，以紡織、電氣、烟草、造船等爲最著。外人在華設廠製造，顯然有很多的利益：（一）購買原料，無須輸出，即可省納出口稅；（二）製成品無須輸入，即可省進口稅；（三）可省原料出輸及製品輸入的兩次運費；（四）中國工資低廉成本很輕。有此四利，外國人在中國製造的成品，自易壓倒中國的土貨，而難與之競爭了。

（十）聘用客卿

我國政府聘用外國技術人員原無不可，但由不平等條約的强制聘用，則爲國際習慣所不容許。在中國的客卿，共有兩種，一

為海關稅務人員，一為郵務人員。稅務人員的聘用，導源於太平天國時代。太平軍佔領上海時，中國稅務人員逃跑一空，清廷委託外人管理。至1853年清廷與上海英美法領事訂立條約成立上海稅司署，聘請英美法各國人員辦理稅務。1858年中國又與英國訂立中英通商條約，其第十歀規定中國得邀請英人幫辦稅務。於是英國設立海關總稅務司，管理海關，所有關稅都要存在外國銀行，作為外債担保，非經海關總稅務司簽字，不能動用。關稅餘歀也是這樣。

自清廷聘請英人為總稅務司以後，法國也藉端向中國要求，1898年強迫清廷任用洋員，清廷遂與法國訂立協定，承認中國辦理郵政時一定要由法國政府推薦一人充郵局職員。因此中國在創辦郵局時，根據這協定聘請法人辦理，這也是由於不平等條約而來的。

（十一）通商口岸

通商口岸主要者始於南京條約開放上海寧波福州廈門廣州五處，繼以中英天津條約開放漢口，九江，鎮江三處，中英北京條約之天津一處，中英滇緬界條約及商務條約之思茅，梧州，三水，江根墟四處，中日馬關條約之沙市，重慶，蘇州，杭州四處，中英馬凱條約之長沙，萬縣，安慶，惠州，江門五處。綜計共達九十餘處之多。外人在中國通商，照理至多不過與本國人民享受同等權利，但實際不然，外人直接以不平等條約為護符，間接以砲艦政策為後盾，反而能享此中國人優勝的權利，以致我們的經濟方面受到絕大的影響，各國在中國通商各埠，在名義上雖是中國的領土，實際上差不多變成外人的經濟侵略根據地了。

附中國各地通商口岸地名及開放年代一覽

河北省　南苑1902，天津1860，秦皇島1898，張家口1924。

山東省　烟台1858，歷城1904，濰縣周村1904，龍口1913，濟寧 1902。

河南省　鄭縣1921。

江蘇省　上海1842，丹徒1858，南京1858，蘇州1895，吳淞1896 東海1905，浦東1911。

安徽省　蕪湖1876，安慶1902。

浙江省　永嘉1876，寧波1842，杭州1895。

湖北省　漢口1858，宜昌1876，沙市1895，武昌1900。

湖南省　長沙1903，湘潭，常德1905，岳陽1898。

四川省　重慶1895，萬縣1902。

福建省　福州，厦門1842，三都澳1898，鼓浪嶼1902。

廣東省　廣州1842，汕頭，瓊州1858，北海1876，三水1897，惠 州，江門1902，香洲1909，公益埠1912。

雲南省　蒙自1886，河口，思茅1895，騰衝1897，昆明1905。

甘肅省　嘉峪關1881。

廣西省　龍州1887，蒼梧1897，邕寧1898。

遼寧省　營口1858，瀋陽，安東1903，大東溝1903，鳳城，遼陽 ，新民，鐵嶺，通江子，法庫1905，葫蘆島1908，洮南 1914，錦縣1916。

吉林省　吉林，長春，哈爾濱，甯古塔，琿春，依蘭1905，局子 街，百草溝，頭道溝，龍井村1909。

黑龍江省　龍江，璦琿，呼倫，滿洲里1905。

熱河省　赤峯1924。

察哈爾省　多倫1924。

綏遠省　歸綏1924。

新疆省　疏勒1860，伊犂，塔城，通化及天山南北可城均1881。

原刊缺第一百四十一頁

範圍，1899年英俄相約劃分長城以北為帝俄建築鐵路範圍。日本亦在1898年及1915年先後聲明將福建、山東劃作勢力範圍。此外德國亦曾劃定範圍，不過在第一次歐戰後取消了。

五·公元與我國年號對照表

公　　元	年　號	甲子	公　　元	年　　號	甲子
1840	道光20	庚子	1866	5	丙寅
1841	21	辛丑	1867	6	丁卯
1842	22	壬寅	1868	7	戊辰
1843	23	癸卯	1869	8	己巳
1844	24	甲辰	1870	9	庚午
1845	25	乙巳	1871	10	辛未
1846	26	丙午	1872	11	壬申
1847	27	丁未	1873	12	癸酉
1848	28	戊申	1874	13	甲戌
1849	29	己酉	1875	光緒　元	乙亥
1850	30	庚戌	1876	2	丙子
1851	咸豐　元	辛亥	1877	3	丁丑
1852	2	壬子	1878	4	戊寅
1853	3	癸丑	1879	5	己卯
1854	4	甲寅	1880	6	庚辰
1855	5	乙卯	1881	7	辛巳
1856	6	丙辰	1882	8	壬午
1857	7	丁巳	1883	9	癸未
1858	8	戊午	1884	10	甲申
1859	9	己未	1885	11	乙酉
1860	10	庚申	1886	12	丙戌
1861	11	辛酉	1887	13	丁亥
1862	同治　元	壬戌	1888	14	戊子
1863	2	癸亥	1889	15	己丑
1864	3	甲子	1890	16	庚寅
1865	4	乙丑	1891	17	辛卯

1892		18	壬辰	1920		9	庚申
1893		19	癸巳	1921		10	辛酉
1894		20	甲午	1922		11	壬戌
1895		21	乙未	1923		12	癸亥
1896		22	丙申	1924		13	甲子
1897		23	丁酉	1925		14	乙丑
1898		24	戊戌	1926		15	丙寅
1899		25	己亥	1927		16	丁卯
1900		26	庚子	1928		17	戊辰
1901		27	辛丑	1929		18	己巳
1902		28	壬寅	1930		19	庚午
1903		29	癸卯	1931		20	辛未
1904		30	甲辰	1932		21	壬申
1905		31	乙巳	1933		22	癸酉
1906		32	丙午	1934		23	甲戌
1907		33	丁未	1935		24	乙亥
1908		34	戊申	1936		25	丙子
1909	宣統	元	己酉	1937		26	丁丑
1910		2	庚戌	1938		27	戊寅
1911		3	辛亥	1939		28	己卯
1912	中華民國	元	壬子	1940		29	庚辰
1913		2	癸丑	1941		30	辛巳
1914		3	甲寅	1942		31	壬午
1915		4	乙卯	1943		32	癸未
1916		5	丙辰	1944		33	甲申
1917		6	丁巳	1945		34	乙酉
1918		7	戊午				
1919		8	己未				

中華民國三十三年五月出版

工程通訊 第二三期合訂本非賣品

編輯兼
發 行 者：中國工程師學會辰谿分會李神哉

通 訊 處：湖南社壇坪鞏固商行

印 刷 者： 鞏 固 商 行 印 刷 所

工程學報

工程學報

第一卷　第一期

中華民國二十二年一月十五日

廣東西村士敏土廠

廣東國民大學工學院土木工程研究會出版

李卓工程師事務所

靖海路西三巷第一號

電話：13652

關以舟建築工程師

樓房設計

事務所

土地測量

大南路三十三號三樓

電話：16103

朱炳麟建築工程師事務所

豐寧路八十八號三樓

鄭成祐工程師事務所

豐寧路二八一號二樓

電話：16091

目　　錄

13709

廣東國民大學工學院土木工程研究會

第一屆執行委員表

總務部——部長：　吳民康　張建勳

財政組——主任：　吳魯歡

事務組——主任：　吳燦璋

文書組——主任：　陳福齊

庶務組——主任：　杜至誠

研究部——部長：　吳絜平　王文郁

各　組——主任：隨時增減

攷察部——部長：　黃德明　莫朝豪

調查組——主任：　曾炊林

參觀組——主任：　葉仁生

出版部——部長：　江昭傑　李寵偉

編輯組——主任：　李炤明

印刷組——主任：　李融超

卷 頭 語

救國之道唯何？提倡科學而已，輓近列邦，科學昌明，日進千里，廻觀我國，瞠乎其後，同人等深感科學爲建設之要素，乃以在學之身，奮起研究，以所學爲土木工程也，乃組織土木工程研究會；旣可作學術上更深之探討，又可免課外無謂之消閒，舉凡足以增我智識，廣我見聞者，靡不努力求之，將研究所得，編成「工程學報」，按期出版，以收相互切磋之效，並作科學救國之先聲．爲力雖渺，希望實深．甚望師長先進，有以匡正之，敎導之．俾得日臻美善，不勝厚幸。

鋼筋混凝土禦墻之簡易設計法

S. H. Clendenin 原著

吳 民 康 譯

禦墻所受之主要外力，乃墻後填土之壓力，土壓力之大小，視乎土之性實與墻頂土面所成之斜度而變更。

多數關於禦墻土壓力之理論常由假設以定之，非常見於實用也。

今示之法，乃經多數學者強有力之分析而得，以之決定土壓力之大小，可得 10.% 內之結果；於實用上信稱準確而安全也。 此法(示如第一圖)乃由 Mr. H. M. Gibb 所發明，經 John Wiley & Sons 公司之許可，於 Howe 氏之禦墻一書內採出。 填土對於墻之企塊之壓力可作流體之水壓力計算。

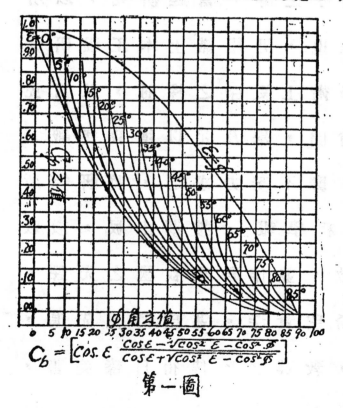

$$C_b = \left[\cos \varepsilon \cdot \frac{\cos \varepsilon - \sqrt{\cos^2 \varepsilon - \cos^2 \phi}}{\cos \varepsilon + \sqrt{\cos^2 \varepsilon - \cos^2 \phi}} \right]$$

第 一 圖

第二，三及四圖示出此法計算上之基本要件。

第三及四圖之計算部份包含企塊 Stem 與墻之右部 right Cantilever of

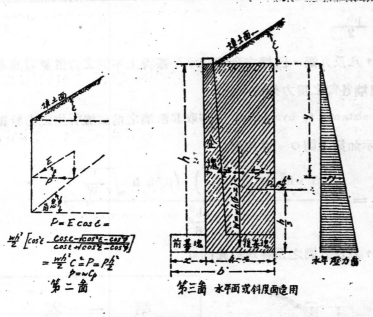

$$P = E \cos \varepsilon =$$
$$\frac{wh'}{2}\left[\cos \varepsilon \cdot \frac{\cos \varepsilon - \sqrt{\cos^2 \varepsilon - \cos^2 \psi}}{\cos \varepsilon + \sqrt{\cos^2 \varepsilon - \cos^2 \psi}}\right]$$
$$= \frac{wh'}{2}C = P = p\frac{h}{2}$$
$$p = wCp$$

第二圖

第三圖　水平面或斜度面適用

the wall（即後基塊又名後跟）及在右部之填土，其重量均以每立方呎計算。

一等量流體之重 p 為每立方呎若干磅，可示如下式

$$P = wCp \qquad (1)$$

式中 Cp 之值乃由第一圖檢得，

w 為填土每立方呎若干磅之重量。 py 之表示（參看第三，四圖）乃代表在任何深度 y 對於牆之企塊後背所施之水平土壓力之強度。

由圖內檢得 Cp 之值又由第一表撿出各種泥土之自然傾斜角度，再選定如下所釋之兩種適合於此類填土之角度（即牆後填土之自然傾斜角度 ε 及假設之息角 ϕ）。

所謂息角 Angle of repose ϕ 乃假定其土為傾斜所成之角度，宜常大於填土之自然斜度角 ε。除非為極濕之填土外，通常 Cp 之值不宜大過 0.50。

施於由牆底向上三分一處之水平總壓力 P 可以下式得之

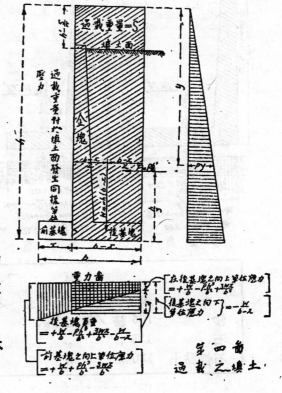

第四圖
過載之填土

$$P = \frac{\mathrm{l}h^2}{2} \tag{2}$$

第五，六，七，八及九圖，因墙之企塊在水平基塊上不同之位置更以其高度 h 之關係，示出墙各部之壓力公式。

廻旋抵抗力 resistance to overturning 乃取其沿墙之前底塊所生之力計算而得。 計算各件示如第七圖。 其比率

$$\frac{負彎率}{正彎率} = \frac{\left(0.58\ wh^2 \times \sqrt{\dfrac{P}{W}}\right)\left(0.58\ h\ \sqrt{\dfrac{P}{W}}\right)}{\dfrac{ph^3}{6}}$$

第五，六，七，八及九圖之解釋均與此同。

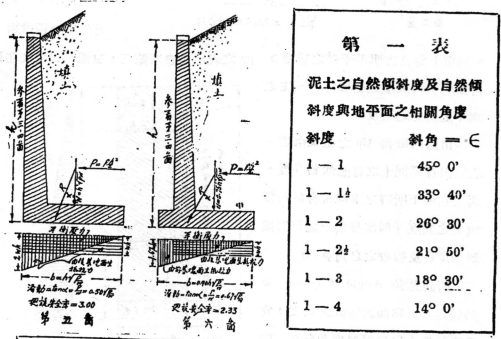

第 五 圖　　　第 六 圖

第 一 表	
泥土之自然傾斜度及自然傾斜度與地平面之相關角度	
斜度	斜角 = ∈
1－1	45° 0'
1－1½	33° 40'
1－2	26° 30'
1－2½	21° 50'
1－3	18° 30'
1－4	14° 0'

第 二 表			
未 掘 前 原 土 之 平 均 重 量			
沙	105 磅／每立方呎	沃土	90 磅／每立方呎
石	135 ,,　　　,,	硬砂礫	130 ,,　　　,,
石性黏土	130 ,,　　　,,	已乾汚物	40 ,,　　　,,

第三表　鋼筋混凝土樑之常數 C.

$$n = 比率 \frac{鋼筋之彈率}{混凝土之彈率}$$

鋼筋之工作強度	混凝土之工作強度	n = 10		n = 15	
		鋼筋面積與鋼筋上面之樑之比率	常數之安全工作值	鋼筋面積與鋼筋上面之樑之比率	常數之安全工作值
每方吋磅數	每方吋磅數	r	C	r	C
12000	500	0.0061	0.123	0.0080	0.109
	600	0.0083	0.106	0.0107	0.095
	650	0.0095	0.100	0.0121	0.090
	750	0.0120	0.089	0.0151	0.081
14000	500	0.0047	0.129	0.0062	0.114
	600	0.0064	0.111	0.0084	0.099
	650	0.0074	0.104	0.0095	0.093
	750	0.0093	0.093	0.0120	0.083
16000	500	0.0037	0.135	0.0050	0.118
	550	0.0044	0.125	0.0058	0.110
	600	0.0051	0.116	0.0067	0.103
	650	0.0058	0.109	0.0077	0.096
	700	0.0067	0.102	0.0087	0.091
	750	0.0075	0.096	0.0097	0.086

用於 12 吋闊之樑者：

$$t = 厚 = 0.29\,C\sqrt{M}$$

$$As = 鋼筋面積 = 12\,rt$$

用於 1 吋闊之樑者：

$$t = C\sqrt{m}$$

13715

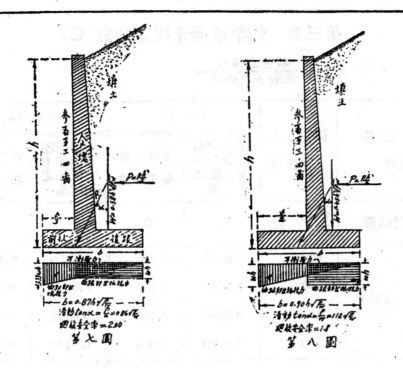

第七圖　　　　　　　第八圖

飄墻式禦墻之設計

設計全部示如第十圖

例　題　　設禦墻離地基之高度為十六呎。　計算各件及企塊在基塊上之位置均照第七圖。　泥土之重為每立方呎100磅，土面與墻頂向後所成之斜度為水平 1½ 呎與垂直 1 呎（即 1.5 與 1 之斜度），而所成之斜度角 $\in$ = 33°—40' 其息角 ϕ 為 37°—0'。　Cp 之值由第一圖得 0.46。

依 (1) 式

$$p = 100 \times .46 = 46 磅 / 每立方呎$$

再由第七圖內求 b 之式

$$b = 0.7h\sqrt{\frac{r}{W}} = 0.87 \times 16 \times \sqrt{\frac{46}{100}} = 9.46 尺 = 底濶$$

由前基塊之末端至企塊之垂直面之距離 $= \frac{b}{3} = 3.15$ 呎

今旣得底之濶度及企塊之位置，進而求此墻與其一呎橫條塊之比例。

企 塊 之 設 計

水平總壓力 P 由（2）式，得

$$P = \frac{ph^2}{2} = \frac{46 \times 256}{2} = 5,888 \text{ 磅}$$

此壓力施於距底 $\frac{h}{3}$ 處（參看第三，四圖），其牆底基塊之撓灣率 bending moment.

$$M = 5,888 \times \frac{16}{3} 12 = 375,000 \text{ 吋磅}$$

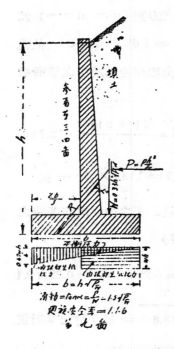

第 九 圖

求 t 之公式（參看第三表）知在十二吋長之鋼筋混凝土塊面之 t = 0.29 C $\sqrt{\quad}$ 式中之 t 為塊面之厚度，C 為常數，M 為求得之撓灣率。因鋼筋每方吋之牽引應力為 16000 磅，而混凝土每方吋之壓縮應力為 500 磅，又 n = 鋼筋與混凝土之彈性比率 = 15，故得 t = 0.29 × 0.118 $\sqrt{375000}$ = 21 吋。設鋼條須包入 2 吋則 T = 21 + 2 = 23 吋 = 企塊底部共厚度，如第十圖。

鋼筋面積用於 12 吋長塊面者（參看第三表之公式）為 As = 12 rt = 12 × 0.005 × 21 = 1.26 方吋。式內 r 為由第三表 n = 15 項內檢得之值。

所得 1.26 方吋之面積可用 7/8" 圓形鋼筋，排列距離為 5¼"（即 7/8" φ @ 5¼" C — C.)

禦牆頂部之闊度作為 12 吋；又因應力向牆部上續漸減少，有所鋼筋無須依牆島一樣排滿，故鋼筋之排列應如第十圖所示。企塊內之橫列鋼筋為抵抗熱度變更之應力及避免牆之破裂者也。

前 基 塊 之 設 計

由第七圖內所示之公式，知在前基塊末端處之向上壓力為單位土耐力

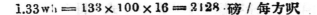

$1.33wh = 1.33 \times 100 \times 16 = 2128$ 磅 / 每方呎

在底塊與企塊接連處（該處與前趾末端之距離爲 $\frac{b}{3}$）所生之向上土耐力示如第十圖之壓力圖 $= 1450$ 磅 / 每方呎。

在前趾（前基塊）之垂直向上合力之力距（moment arm）爲 1.68 呎 $= 1.68 \times 12$ 吋。 故在前趾與企塊接連處所生之撓灣率爲

$$M = \frac{2128 + 1450}{2} \times 3.15 \times 1.68 \times 12 = 113,600 \text{ 吋 — 磅}$$

由第三表之公式求前基塊之厚度，得

$$t = 0.29 \, C \sqrt{M} = 0.29 \times 0.1$$

$$18 \sqrt{113,600} = 11.5 \text{ 吋加 } 2 \text{ 吋混}$$

凝土於鋼筋下面得 $T = 13.5$ 吋，作 14 吋。

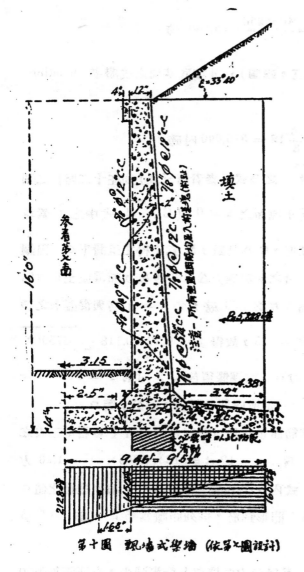

第十圖 飄墻式擊墻（依第九圖設計）

因各垂直鋼筋均屈入前基塊內，可保持其結合，並使該部得巨量之加大強度。

後基塊之設計 該部分本身重量及在其上面高之土重聯合生出一種對於後跟（後基塊）之撓灣率。 此種力 $=$ wh$\times$ 後跟之長 $=$ wh $\times 4.38$

及其挺率 (lever arm) $= \dfrac{4.38}{2}$ 呎 $= 26.28$ 吋。　後跟之撓彎率依法得

$$M = 100 \times 16 \times 4.38 \times 26.28 = 182,000 \text{ 吋—磅}$$

由第三表得 t 之值為

$$t = 0.29 \times 0.118 \sqrt{182,000} = 14.6,\text{"}\quad 作 15.\text{"}$$

再由第三表之公式得鋼筋之面積

$$As = 12 \times .005 \times 15 = 0.90 \text{ 方吋}$$

用 $\frac{3}{4}$ 吋之圓形鋼筋，排列距離為 $5\frac{3}{4}$ 吋如圖可放在底塊上部。　設加厚 2 吋則該部之共厚 $= T = 15 + 2 = 17$ 吋

（完）

運輸速度與道路交通量之關係

摘譯 " Civil Engineering " for Jan. 1932 P. 23—24.

胡　鼎　勳

關於路面各種濶度之運輸容量問題。現在尚無極確切之解答。以加省 California 之情形論 Dennis 氏估計 1940 年運輸程度用下列最安全之容量以計算其路面之濶度。

路　式	車輛數目
兩交通線之路	每小時　700 輛
三交通線之路	每小時 2000 輛
四交通線之路	每小時 3200 輛

照此數量計算凡車以每小時行四十哩之快速率之車須准其超過其他較緩者。此數已包括 30% 安全率在內。換言之即在兩交通線之路上每小時車輛交通最可增至 1000 輛而無窒碍之虞也

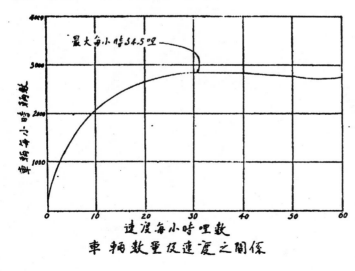

車輛數量及速度之關係

由空中攝影測量 Baltimore 及 Washington D C. 間公路運輸之結果 A. N. Johnson M. Am. Soc. C. E. 對於兩交通線路之理論的交通額推算得一公式。此公式氏在 1928 年公路研究會第八次年會會報會

13720

著一論文發表之。 N 為經過某指定地點每小時車輛數目。V 為每小時速度哩數。車輛平均長度以 15 呎計其式如下：

$$N = \frac{5280V}{C + 15}$$

式中 C 為車行時二車間須保留之空位。 以呎計。 就觀察上所得此距離約視速度之指數 4/3 而定

若將 C 值代入上式。 則得每一交通線每小時車輛數目如下：

$$N = \frac{5280V}{0.5V^{1.3} + 15}$$

其結果如上圖曲線所示

多行交通線路之應用

為使司機者各歸本線俾無阻礙于他車之向前越過 Massachusetts 省會創造雙重式 (Dual—type) 路面。 路之中央用較粗劣之路面。 如是運輸必多在外行線。 而內行線可為閃車之用。 以免危險。 觀於全國每年行車意外損失其數約一萬萬元。 可見安全問題之重要矣！

在適合車輛自由超越別車之條件。 四交通線路之實際上容納量比兩交通線路之理論上容納量增加甚少。 凡公路不僅能容極大之運輸量更當使其交通流動無阻。 所謂自由超越常隨時允許也。 若要達此目的須許在內交通線行駛之車以高速度行駛而隨時可以超過在外邊交通線行駛之車。 質言之即令車輛在各交通線內在每一方向之進行無阻也。

附註：　多謝李文邦教授給我謌譯的材料　　　　譯　者

平面測量學問答

吳 民 康

第 一 編

外 業 Field Work.

1. 何謂海面 (Sea level)，任何地方之海面應如何決定？

   間於潮長與潮退之平均潮謂之海面。 任何地方之海面可用自記驗潮尺 (Self-registering gages) 經長時間之觀測而決定之。

2. 何為平面測量中之四種量度？

   此四種量度為(一)水平距離，(二)水平角，(三)垂直距離，(四)垂直角。

3. 試述祇以直線量度測一已知點與兩其他點相關之方法。

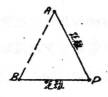

   如圖設 A 與 B 為兩根據點而 P 為與 A 及 B 相關之受測點。 法可測 AP 與 BP 兩距離。

4. 試述以角距法而測一點之兩法。

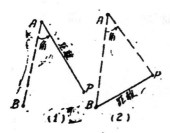

   圖示兩法：(1)測 A 角與 AP 距離（或 B 角與 BP 距離）。 (2)測 A 角與 BP 距離（或 B 角與 AP 距離）。

5. 試述祇以角測一點之法。

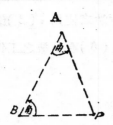

圖示之法，乃設由 A 至 B 之距離爲已知，而祗測 A
角與 B 角之值即得 P 點之位置。

6. 試述測一點之別二法．

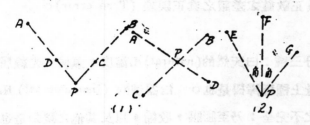

圖示兩法皆爲求 P 點之
位置．　(1) P 爲間於
四已知點 A, B, C, Γ 之
兩直線之交點．　　(2)

P 爲由該點與三已知點 E, F, 及 G 所成之兩角而測得．　上述兩法，無須
量度距離，因間於兩根據點之距離爲已知故也。

7. 何謂測量員之三部工作？

測量員之工作有三：　(1) 外業 (Field Work)；　(2) 內業 (Office Work)
；　(3) 儀器之保管與整理 (Care and Adjustment of Intruments)。

8. 外業包含之事項有幾？

外業所包含之事項其主要者，卽距離或方向之測定及野簿 (field note) 之
記載是也。

9. 內業包含之事項有幾？

內業所包含之事項可分二種：卽製圖與計算是也。所謂製圖 (drawing) 也
者，乃將實地各種情狀及其相互關係，根據實測及計算結果，以一定比例
尺表之於紙上；反之，或將原有情狀應行如何改變之處，以及各種建築物
之位置，表示於紙上，俾可依此設定之於實地者也。

又計算 (Compulation) 之目的有二：由野簿算出各種數量，供給製圖材料
，一也；由野簿及所製之圖，算出關於該測量區域之結果及材料，二也。

10. 試言測量中關於外業之幾個重要問題？

測量之外業所應注意者爲：（1）角度之準確；（2）方法之使用；（3）儀器之使用；（4）誤差之起因與預防之方法；（5）敏捷；（6）有系統之工作；（7）測量之正當估價等是也。

誤　差　Error.

1. 何謂測量之眞正誤差？

一量之測定數值與其眞正數值之差謂之眞正誤差 (True error)。

2. 誤差之起因有幾？

誤差之起因概別之可分三種：曰天然的(natural)凡溫度，氣候，光線屈折，重力作用，以及測量上種種障碍是也。　曰器械的 (instrumental) 凡器械構造之缺點，訂正之不完全，乃至膨脹，收縮，以及其他之變勤是也。

曰個人的 (Personal) 凡人類視覺及觸覺之缺點，及實際各種錯誤是也。

3. 誤差之種類有幾？

誤差之種類有三：曰錯誤的 (Mistake)，由測者精神上所發生者也。　曰定差 (Constant error)，其原因爲吾人所習知，且可排除之者也。　曰偶差 (Accidental error)，錯誤及定差以外者也。

4. 定差與偶差之分別若何，試詳述之。

誤差之原因非只一種，故其結果乃各種原因之代數和。　在同一狀態之下，定差常具同一符號，同一數量；若偶差則亦正亦負，其可能性彼此恰相等。　今舉一例以明之：以卷尺測兩點之距離時，若卷尺因溫度伸長 1/4 吋，則此種誤差屬於定差；蓋凡在此種溫度所測者，誤差常爲 +1/4 吋故也。　又若因溫度過低短縮 1/4 吋，則凡在此種溫度所測者，誤差常爲 -1/4 吋。　以是知：同係溫度所生之定差，雖有正有負；而在同一狀況之下，固非正卽負，不能或正或負也。　反之，若因吾人目力之缺點，不能常使卷尺末端確在起點之上，而生誤差，則此種誤差屬於偶差；然末端之位置，或許太過亦許不及，因之所測距離失於過長者有之，失於過短亦有之，卽誤差可正可負者也。

5. 何謂累差與殺差？

誤差依其性質又可分之爲二：即累差與殺差是也。 凡誤差具同一符號者，謂之累差（comulative error）；反之，符號或正或負，正負之可能性彼此相等者，謂之殺差（compensating error），普通定差概屬累差，偶差槪屬殺差，性質使然也。

6. 差異與誤差之分別若何？

差異（discrepancy）者，乃工作上之錯誤，固與誤差有別也。 兩次量度間之差（difference）謂之差異，而每一量度間則含有一誤差（error）且有極大之可能性。 譬如量度一線，其眞長爲400呎，若所用之卷尺因溫度縮短 ½ 呎，第一次得402呎，第二次 402.05 則差異只爲 0.05 呎，而第一次之眞正誤差爲 2 呎，第二次爲 2.05 。

7. 定差應如何避免？

定差之避免，可半以外業之一定法式，半以計算與更正。 所謂外業之一定法式，乃在同一水平間作兩次前視與後視，或將經緯儀之兩個遊標分畫讀出等是也。

8. 偶差應如何減少？

偶差固無由避免者也，若欲其減少，可用一數學之法式，將叠次量度之結果而比較之，斯可矣。

野 簿 Field note.

1. 何謂野簿？

外業每得一結果，即當記錄之；此種記錄小册，謂之野簿（field note）。

2. 試言記載野簿之要重。

野簿爲外業與內業之連鎖，關係於結果者至巨，故其記載，務求明瞭而整齊，詳細精確；筆迹模糊，亂雜無章者，使從事內業時，不易檢尋其所要之材料，勞神費時，諸多錯誤；記載不詳，則重要材料或有遺漏，因之結果不能完成，勢須補測，徒增跋涉之勞；至精確尤爲野簿之生命，記載錯

13725

誤，足使任何精密之外業，全功盡付東流，安可不慎之又慎。　野簿之重要如斯，此所以記載之任，爲領袖者常自司之，卽熟練之助手，亦不敢輕託之也。

3.　試述記載野簿所應注意之事項。

（一）野簿宜堅固耐用。

（二）鉛筆宜尖硬（3H 或 4H）

（三）野簿記載宜從左至右自下而上依次行之。

（四）須急速記載，毋稍恃記憶

（五）須認定測量之目標

（六）野簿之前數頁宜留作標題及目錄之用。

（七）記錄作業有一定之格式，可以將此列成一表者，除表列上開之量度數值及描圖外，仍應加入下列之記載：（甲）日期及氣候；（乙）測量隊之組織；（丙）所用之儀器；（丁）作業時間。

4.　野簿之內容有幾？

野簿之內容有三：（一）數值　關於一切量度之記載；　（二）描圖　關於外形相關之地位及形勢；　（三）說明　關於一切有解釋性質之記載而使上述之數值及描圖明瞭者，非此，則有暗昧誤會之虞也。

（待　續）

用皮尺作圓形曲線法

美國普渡大學工程教授

W. E. Howland 著

胡 鼎 勳 譯

一點對於一定点而移動之距離 z 常等於常數 K 乘此点與另一定点而移動之距離 w ○ 則所成之曲線爲一圓形 ○ 此二定點稱曰「作點」○ 此簡單之觀念 ○ 甚易證明 ○ 若在 Cartesien 之坐標上設立此曲線之方程式 ○ 便可見此方程式之結果爲一圓之普通式 ○ 此曲線之半徑等於 $\dfrac{K}{K^2-1}$ 乘二作點間之距離，及由圓心至曲線外之作點之距離等於 K 乘半徑 ○

余在一極有趣味之古書（1737年出版）牛頓 Isaac Newton 所著之 "Treatise of Method of Fluxious and Infinite Series" 中發現此原理之證明 ○ 牛頓當時引此例以證明吾人現在稱爲微分學之新觀念 ○ 更詳究之，則由定點距離而定之曲線，其切線之畫法，可於牛頓之引證中得之 ○

在野外測量，有時遇到特別情形，如儀器失其效用，或因時間宨促，欲作一不甚長之曲線而又不能取得圓心時，依此原理可得一簡易之曲線作法 ○

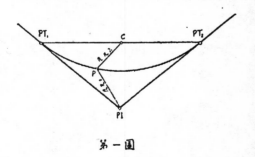

第一圖

例如圖一　先定圓弧兩切線之交點 PI 及切點 PT_1, PT_2 之位置 ○ 次求出弦之中點 C ○ 乃於 PI 及 C 兩點各釘一樁，樁頂加一突出之鉄釘 ○ 計算切線長度與弦長之半之比 K ○ 取二皮尺，分繫兩端於樁頂之鉄釘上 ○ 握此兩尺，如欲定某一點之位置，將此二尺向該點移動，令此點與 PI 量點得之距離等于此點

13727

與 C 點量得之距離之 K 倍，則此點卽爲弧線上之一點。照此方法，單人工作，片刻間便可得弧線上之各點矣。

　　如曲線太長，皮尺之長度不敷時，可將曲線分爲二部份，每部份從新決定二作點，由此等作點將曲線分二次完成之。

　　由牛頓之解析更可得一富有趣味而有用之方法用以畫弧線上任何點之切線

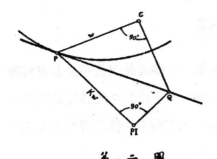

第 二 圖

　　如圖二　設以 w 爲弧線上某點 P 及作點 C 之距離，則 P 點與 PI 點之距離爲 Kw，由 PI 作直線垂直於 Kw，及由 C 作直線垂直於 w。此二垂線之交點 Q 卽在於由弧線上 P 點所引出之切線上。

道 路 淺 說

黃 德 明

緒 言

國家之有道路，猶人身之有血脈也。覘人國者，每覘其道路之多寡，運輸之便利，一國之繁富，胥於是焉判之。其關係之重且大如此，顧可以忽之哉！我國以數千年之文化舊邦，屹立東方，世人近矚遠瞻，靡或不加之意，而環視境內，道路之崎嶇，街巷之曲折，風起沙揚，雨降渠成，車馬傾覆，人視畏途。而泰西各國於道路之修，竭盡全力，自都會而及鄉村，無不通衢大道，康莊平坦。故近世最文明之國，即道路最多之邦，此其明證也。苟吾人欲圖文明進步，實業發達，非興修道路不為功。然道路之建築，必須於事前詳細考慮，與多方研究，方易功成而事集。顧欲研究良善之方法，先宜明瞭道路之種類及造法，知某種道路工程之迅速，而某種道路費用之節省，求其經濟利弊之先明，然後定其優劣，而取舍焉。

（一） 道路之意義

邃古之時，文明未開，人與人之關係，限于部落，人與地之關係，遠不過於百里，衣食住之供給，仰於隣近物產，民生各自為計，老死不相往來，道路遂不得而發達，及民智日開，知人類非互助不能互存，非廣拓地利不能厚生之於是人與人之往還，乃日趨頻繁，日漸擴大，道路遂為滿足人類物質精神之重要工具，而日益發達。降至近代，歐美各國，道路進步，更一日千里。

考道路（ Highway ）之稱：有所謂國道（ National Highways ）省道（ Provincal Highways ）縣道（ District Highways ）及鄉道（ Country or

Parish Roads) 等之名○然道路種類雖多，總別之可分爲郊野公路，(Country Road) 及城市街路 (City Street) 兩種○兹分述如下：

1. 郊野公路 (Country Road)

郊野公路；就是都會與村鎮間之道路，延路兩旁，多半是田地原野或是山陵，溪谷，人烟稀少之景象；其距離多半是極長幾十里，乃至幾百里，多以砂，坭，碎石建成○

2. 城市街道 (City Street)

城市街道；就是都會或市鎮內部之縱橫互相連絡之道路，延路兩旁，大都是高樓大廈，建築巍峩，商業繁茂，交通發達之景象：其距離多半是不長，普通僅數里，至多亦不過十數里而已○多以石塊，磚塊，木塊，混凝土等鋪築而成○

凡於道路兩旁，鋪設路面，以供步行之用者，謂之旁路，(Side Path) 又名之謂人行路○ (Side Walk)

（二）　道路之歷史

遠古時候，最初之交通方法，爲徒步，爲獸駄，是皆不需有用人工保存之道路，其往返於曠野間，同一小徑而已○迨乎求運輸迅捷，而往發生修道之想○至其沿革，慨略分述之如下：

1. 起源時期

道路之發生最早，稽之史籍，在外國者，如埃及，(Egypt) 當西曆紀元前三千零五十年時，建築金字塔，(Pyramid) 因輸運坭石，曾造道路○ 惟學鋪設築建道路之最先者，爲加非治人，(Carthage) 及至羅馬 (Roman) 隨之繼續，史載西紀元前三十二年，羅馬首建之第一條鋪道，名爲亞比亞逞 (Appia)○

考諸我國，始於黃帝之造舟車；舟以行水，車以逞陸，逮至有周，其道如砥○按周禮云：『匠人營國，國中九經九緯：經涂九軌，環涂七軌，野涂五軌』又云：『逐人夫間有逐，逐上有經；十夫有溝，溝上有畛：百夫有洫，洫上有涂，千夫澮上有道，萬夫川上有路，以達於畿○』國語曰：『司空視途』，又

曰：『列樹以表道』，由是觀之，我國之道路，萌於黃帝，擴於周郅也明矣○

　　2.　進步時期

　　中古時期，西洋之所謂道路者，實際乃軍路也○當埃及亞伯王(Roicheors)十年之時，已築成能容十萬人之大道○波斯 (Persia) 及巴比倫 (Babylon) 於西紀元前一千九百年時，亦已築路三條，由巴比倫起，一至色士，(Suze) 一至愛克排打納，(Ecdatone) 一至沙而特 (Sardes) ○時希臘 (Hellas) 偕爾打雪 (Carthaginois) 地方之人民，始造極堅固之道路○迨鋪石之發明，自始以後，羅馬人始知築路於人民交通上，有莫大之便利，遂逐漸開闢新路，其路面所鋪之石塊，大抵為方形，與長方形○其他隣國皆將小路做効更築大道○降至十九世紀，益為改進○

　　3　注重時期

　　晚近各國，對于善良道路之建設，惟恐或後，當此廿世紀中，自各國注重道路建設以來，全球道路哩程增加極速○茲據美國國內外商務局 (Bureu of Foreign and Demestic Commerce) 之調食；美洲 (America) 近有道路哩程為 3,574,731, 菲洲 (Africa) 有道路哩程為 205,902. 亞洲 (Asia) 有道路哩程為 418,457, 歐洲 (Europe) 有道路哩程為 1,976,037○其開闢之速，與時俱進○

（三）　道路之利益

　　道路之利益是因地方情形各異，所以展拓道路之後，一處與一處受益不同○現在分別舉出其利益槪述如下：

　　1.　發展工業

　　凡人旣知工業發展之條件，除資本，原動力，原料等而外，卽為交通之便利，中國雖貧，但集中財力，尚有可為，原動力之供給，不外鐵，煤，電等，而全國各省均有出產，卽山西一省藴煤之多，已可供世界三千餘年之使用，產鐵之區，亦有十餘省○至電力之原，如巫峽翁源之水力，卽有電化全國之可能○工業原料之供給，如棉，蔗，羊毛等，更取之不盡，用之不竭○所以中國工業發達之命運，實多決定於道路之是否發達，交通之能否便利而已，因為貨物

之運銷，原料之輸送，工人之散聚等交通問題，均深切關於工業之盛衰，故道路能使工業得無窮發展之利益。

2. 發展農業

我國爲大陸國家，以農立國，農業爲各種產業之主。農業經濟之建設，無論在國計民生，俱爲最要，而農業之改進，土地價值之增加，皆賴於道路之展拓，故道路增展，於農業有莫大之利益，括述之有三：

a. 優良道路，於農業得收之利益，可使耕種收穫便利減少其生產耗費時間，能得深耕易耨，遠墾荒郊，使野無廢土。

b. 優良道路，於農業得收之利益，可使農產品銷售便利，使生產與消費，得以調劑，農業經濟，自然進步。農業新法，易於推廣，勞力價值，報酬日豐。

c. 優良道路，於農業得收之利益，可使農人生活環境刺激增加，供給生活改良之資料便利，則生活之各方面，必日卽圓滿，而農業生產之質量，亦必日有改進。

3 發展商業

求地盡其利物盡其用，貨暢其流，與乎國家商業之興盛，商人事業之繁茂，非修建道路不可。故道路之發達與商業之發達，實爲平行。因爲道路或交通之便利，可益於商業者有四：

a. 便於生產地與消費地之市價平均，市價穩定。不致因需要與供給不調合，致於最短時間內，價格變遷無常。

b. 便於商人之資本流通迴轉迅速，效用增加，勞力消耗減少，而効率亦增加。

c. 便於商人營業方法改善，以適應市塲競爭劇烈，中顧客之心理。

d. 便於資本之利率減低，使有能力者，借資懋遷有無，安隱善而無他變。

4. 發展教育

　　道路交通，可能增加受優良教育之機會，因爲道路便利，能使學校設備完美，教師優良。又可使鄉村社會教育，補習教育發達；如名人演講會，流通圖書館，各種講習所，各種展覽會，及短期平民學校等，藉賴交通便利，得以設立或推廣之。至如專門之學術考察，無論考古學，生物學，礦物學，社會學，地質學，或自然科學等之實地考察，亦可賴乎道路之開闢交通之利便得以尋求探討。所以道路利於教育之發達，不論在數量上或質量上，均有極大之助力。

　　5.　地方治安

　　求地方秩序之安定，達到夜不閉戶，道不拾遺之境界，則須借助於道路之便利，交通之進步。凡擾亂地方之治安，最要者爲盜匪，盜匪恣肆所憑藉之環境，一定是道路崎嶇，山川險阻之地方。在此交通不便之地方，經濟實不能發展，百業實不能興盛，倘遇天災人禍，強者挺而走險，流爲匪盜，病害地方。故山川險阻，道路崎嶇之地方，剿匪困難，常有此擊彼竄之苦。假如道路便利，則可以澈勦其巢穴，殲覆其隱藏之所矣。

　　6.　國防鞏固

　　保障國家獨立，消滅國家危機，以鞏固國防爲要旨。然國防鞏固，須有軍事之準備。軍事設備最重要者，莫若交通，全國之動員，給養之輸送，戰情之報告，全軍首尾連絡，救援呼應，莫不須敏捷正確，而後無失機誤事之虞。昔日歐戰初開，德軍於二十小時，即集中完竣，出沒如神，敵難能測，乃收連戰連勝之效，其所以致此之由，則其國內交通機關之發達，實爲最有力之援也。我國地方遼濶，每有鞭長莫及之虞，平日無事，行政上已每覺隔閡，一旦邊氛告警則迂兵輸粮萬端遲鈍，外人乃乘我之虛，大兵壓境，反制我之先，我乃莫可如何，惟有俯首聽命而已。故道路發達，可助國家安如磐石。

（四）　道路與鐵路之比較

　　建築道路是求發展交通之最急工作，蓋築造道路，工程簡，築費廉，而創建易，用途廣多，除行各種車輛外，可供人民步行來往之用。鐵路雖亦爲運輸

重要之工具，但其修造工程大，而費用多，然仍不失其爲重要。茲將道路與鐵
路差異及關係，比較如下：

1. 鐵路交通所需要之建築費大，道路交通所需要之建築費小，（例如鐵
路建築，每里須化六萬元，道路建築每里只須二千五百元）所以道路交通容易
舉辦。

2. 道路之運費比鐵路高，所以大量而距離遠之運輸旅客或貨物，道路不
及鐵路優。

3. 近距離之交通，火車難以發達，因火車宜於交通量大廣濶之地方，而
遠距離之交通，車輛難以發達，因車輛宜於交通數量不多之地，故近距離交通
，以道路爲宜，遠距離交通，以鐵路爲宜。

4. 鐵路交通設備完善，乘客衆多，車輛運送旅客，則輕快舒暢，免去混
雜，且可專用。

5. 鐵路以供國家交通爲主，道路以供地方交通爲主。鐵路交通發達，則
道路交通，必因之而發達：道路交通發達，則鐵路交通亦因之而發達，所以二
者乃相互爲用，而非相互爲敵。

（五）　道路測量

道路於建築之前，以測量爲着手之先務，蓋道路中各項關係，無不基於此
者，測量旣定，而後開始興築工作，從未有不知地勢而建築一路者也。

測量 (Surveying) 有平地測量 (Plane Surveying) 地形測量 (Topographic
Surveying) 等之別；平地測量，專測面積，角度及圓周之距離。地形測量，專
測地勢之高低凹凸，及地方曲面之計算。

測量時應有之設備　　測量道路平面時應用之器具甚多，最簡單須有之設
備，如測角器，平板儀，羅盤，卷尺，準繩，標桿，表冊，紀錄簿，鉛筆，紙
張，木椿，斧頭等。測量高低時所用器具亦甚多，最小亦須設備；如經緯儀，
水準儀，分度桿，計算尺，繪圖儀器，及日用器具等。

道路測量法者，爲測定路綫，計算土工，安設曲線之法也。而測量路道，

又有測量郊野公路與城市街道之分，茲逐一討論之！測量郊野公路是因地方情形而異，多視路線所經，其地勢與人民境況者何，而後詳細測量，故路綫未測之前，先要選定路綫，路線選擇時，先要考慮其應注意之點有三，試簡述如下：

1. 效用之注意

築路之目的，在乎利便交通，與農業，關富源，振工商，故路線所經之地方，宜注意其市鎮，商業，農產，工廠，礦產，森林，與夫路旁之人民數量，能否得受利益於此路爲根據。

2. 工程之注意

道路築建以路綫愈直爲愈妙，兩地間之距離，愈短爲愈好，坡度愈小爲愈佳，因爲路綫直，距離短，坡度小，則節省築費及養路費，惟有時路綫須橫過江河，或須越嶺穿山，更或須傾斜坡度太大，遇此情形，則要考察路綫是否必須通過而選定之。路經江河，要注意其川流水勢，水流速度，河流方向，是與路綫成直角否。潮水漲落有波及交通之處否？兩岸及河底坭土性質，是否可築堅固之基礎？然後架建橋梁。路經山嶺，要注意其山嶽之構造，山土之性質，與乎有無雪塊滑下及山崩之處？岡陵起伏，則路傾斜，路之傾斜，其兩端高低相差，不得超過百分之六，設過之，則一端須削劃，一端須填坭，以符一定之斜度。故路綫所經之地，宜注意其沿路綫之工程。

3. 經濟之注意

選擇路綫，除注意功用，工程外，尚有注意者爲經濟。夫築路費之多寡，視乎路綫之長短，築堤，填濘，橋梁等之多小，築路材料之優劣，及路綫接近之築材是否易於供給而定。若圖築費低廉，可用微小資金造建完成，然不過日後有崩壞傾圮，表層常發生凹凸高低而已，故路之築造工費，路之維持修養費，車輛行走時，輪胎損壞耗消費等，均宜注意及之。

路綫旣經選定，其次爲測量路線，路線之測；分爲路面，距離，曲線，測者先指定一路，爲路基，斯路基不論爲曲爲直均可，如係曲者，測明其長短，

角度，段落，如係直者，測明其長度。現將各種測法，擇其要者，分述之如下：

測路線之直線法　　測直線法者，先置儀器於線之起點，及方向已定之始點上，使儀器安平，用望遠鏡依設定之方向窺望，使鏡內之竪線，正對所定之方向，而於任何距離上，竪以標桿或打以木椿，以識之，斯爲直線所安設之第二點，如線距離甚遠，不能再向前測望，則可將儀器放在第二點上，其安置時，極須注意，務使三足架所懸之錐頭，正對第二點，否則令三足架遷變至較正之，次使儀器安平，以鏡向後囘窺始點是否正對，然後旋鏡前望，以定第三點，卽再以標桿依所指方向，任何距離，竪插於地，使適與望遠鏡內之竪線絲切合爲度，於是第三點再卽打一木椿別之，如是向前可定得多點，倘距離太遠，而不能向前測望時，又可遷儀器於最末定得之點上，依先法測望之，可得向前各點，照此類推，雖無窮長之一直線，由斯法可以求得之。

路線之距離測法　　測量路線之距離。茲提其要緊者述之，便可以舉一反三也。由此端至彼端間之長短者，謂之距離。測距離者，卽由此起點量至彼末點間之若干是短也。然測距離最易簡，爲測直線之兩點間距離，在量度時之方向進行無碍者，可用量器直接量度，便知其距離長短若干矣。惟測路線兩點間距離時，在量度之方向，常遇有江河，山岡，機房，屋宇及他類障礙物，致不能直接依量度之方向進行，則必須用卽接法測之，今略論之如下：

測兩點之距離，其間爲江河所阻者　　如 A 圖。CD 爲量度之方向，惟其間有江河所間斷，至河邊不能以量器量過，則於 CD 之方向上，任取一 P 點及 Q 點，PQ 之距離，必先量得，次從 CD 距離內之 P 點，作一 PM 線，爲 CD 距離之垂線，卽 P 角爲直角。又從 Q 點作一 QR 線，爲 CD 距離之垂線，卽 Q 角爲直角。PM 之長，可任意定之，M 點旣定，再依 CD 之方向，在隔岸任定一 N 點，則準 M 與 N 點之定向用標桿觀望法，令 QR 垂線之 R 點，適在 PN 之方向上，此因 QR 線之長

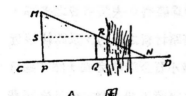

A 圖

短，原無一定，故可任意加減，求令 R 點與 M 及 N 兩點，成一直線便得○R 點既定，可從 R 點作 RS 與 QS 成直角，與 QP 等長而成 RSM 直角三角形○RS 與 RM 兩線，可以直接量得之○∠RSM 與 ∠NQR 為相似三角形，而 QR 之長，亦可直接量得之，依三角形理得：

$$MR : SR :: RQ : QN$$

$$故\quad QN = \frac{SR \times RQ}{MS}$$

測兩點之距離其間為山岡所阻者　量度不能到之兩點之距離，可用測角度法求之，如 C 圖○CD 為求測之兩點，中間為山岡阻隔，今欲定其距離，可選 R 點，得同時見此兩點，測定 CR 及 PR 之距離，又測∠CRD，則由 CR + LR : CR — DR

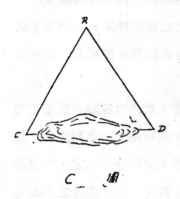

C 圖

$$= \tan \tfrac{1}{2}(D + C) : \tan \tfrac{1}{2}(D - C)$$

及 ∠C + D = 180° — ∠R 可求出 C,D 之差，即 ∠C 及 ∠R 均可求，故 CD 之距離，可測知矣○

測兩點之距離其間為建築物所阻者　設進行量度時，其量之方向前，突為建築物所阻，不能直接量過，則用幾何學之垂線，及直角法以測之○如 B 圖○CD 為量度之方向，R 為建築物，可任取一點如 D，作一 DP 線

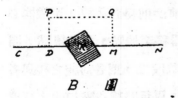

B 圖

，為 CD 之垂線，DP 之長，可視 R 建築物之大小而定，再自 P 點依 CP 平行之方向，直前觀望，不再為 R 建築物所阻為適合，又自 P 點，作一 PQ 線，為 DP 之垂線，則 P 角為直角○PQ 之長，以過 R 建築物而定，又由 Q 點，作一 QM 線，為 PQ 之垂線，則 Q 角為直角○令 QM 之長，與 DP 之長相等，於是定得 M 再由 M 點作 MN 與 QM 成直角，則 CN 必成為一直線，而 CN 之長，可以間接測知○其式即

$$CD + PQ + MN = CN$$

$$\therefore \quad CN = CD + PQ + MN$$

路綫之斜度測法　斜度者，地面與水平面所成之斜坡也。即表示地面傾斜之度，斜度恆以百分法明之，如每百呎高若干呎，或低若干呎之謂也。測路綫之斜度法，則先在地面上適宜之點，放置水平儀，測望附近之標誌點，以定儀器之高度，定妥儀器之高度，（高出水平基面若干呎）則打一木椿，以明高度之定點，由此儀器在起點之上，以望遠鏡內竪綫絲正對路綫，指導量者，按路綫之方向，以尺直量，每距離若干呎，即打一木椿以定一點，如路綫太長，將之分爲若干段點，測至最末之段點，即知從路綫之低端起點測，每距若干呎之一段，其斜度漸升若干，其斜度桿數必少若干，由此類推，觀算分度桿所示之數，則測知路綫之傾斜若干也。

測路綫之高低求水平法　路綫之高低測接法者，爲求其各點高低差之法也。凡測路綫之高低，（如點與點間之距離近者，則爲兩點相差之高度也。如兩點相較遠，或是兩點之間，不能以一地望見兩點者，則可分段測之，即將沿地面上，所定之路綫，裁分若干段，每段之長定以一百尺，或其長短之距離任定之）先在道路之一端，以爲起點，安放儀器，乃以分度桿置於路綫之起點附近之標誌點上，測者即觀望遠鏡內橫綫絲截得桿上之度數，記載於簿內，以定儀器之度，然後置分度桿之所定路綫上之各段，依前法則得各前視，至儀器必須移至他點時，先擇定一轉點，測定前視，而將儀器移至他點，再向博點，測得後視，以定此時儀器之高度，如是繼續測之，至終段點，則各前視之和與各後視之和之較，即爲各段推得之高度，而繪成一圖，以示路綫各點相關之高度，而得路綫高低之形矣。再於路之中央，打以木椿，求其成水平之各點，自得路綫之水平，而於何段宜掘低，何段宜填高也。

測路綫之曲線法　曲線云者，爲不同方向之直線接連之謂也。測設路綫所用之曲線，多爲單曲線，與雙曲線兩種。表示曲線銳緩，有二法：

（A）以曲線之半徑計之，如半徑爲五百呎。

(B)以與百呎長之弦相對圓心角度計之，如四度曲線是。

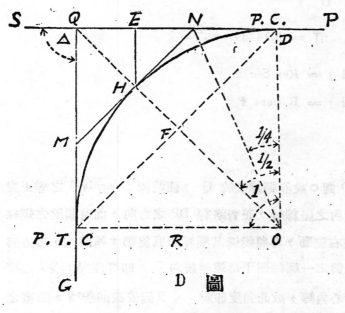

D 圖

半徑與圓心角度，有相互之關係，半徑愈長，則曲線愈緩，半徑愈短，則曲線愈尖，此固易知者也。茲舉其普通測法述之，其餘關於深奧詳細測法，可另求之鐵路測量學。凡測路線之曲線，須先明其推算曲線應求各件之公式，然後易於着手測設。現先將其所用之名目，及代字，舉之如下：如 D 圖。

半　徑 (Radius) R = CO = DO

弧　長 (Length of Arc) L = CHD

頂　點 (Vertex) V = Q

切線長 (Tangent of Length) T = QC = QD

外距長 (External Distance) E = QH

中距長 (Middle Distance) M = HF = EH

半弦長 (Half chord) ½ C = DE = DF

中心角 (Central Angle) I = I = $\angle$COD

偏倚角 (Deflection Angle) △ = $\angle$SQM

曲　點 (Point of curvature) P. C.

切　點 (Point of Tangency) P. T.

依三角及幾何原理，曲度之對 100呎長弧之中心角，及與圓半徑之關係，得其各式如下：

$$R = \frac{360 \times 100}{2 \pi D} = \frac{5730}{D}$$

$$L = R \times \frac{\pi}{180} I \qquad \pi = 3.14159 = \frac{22}{7}$$

$$E = R (Sec \tfrac{1}{2} - 1) = Rex \ Sec \tfrac{1}{2}$$

$$M = R (1 - \cos \tfrac{1}{2}) = R \ vers \tfrac{1}{2}$$

$$T = R \tan \tfrac{1}{2}$$

$$\tfrac{1}{2} C = R \ Sin \tfrac{1}{2}$$

　　測設曲線法　　如 D 圖○設置經緯儀於 Q，使遊標（Vernier）之零正對分度盤之零，且令望遠鏡內之豎線絲，正對路線 DP 之方向，而將圓盤之螺絲旋緊，則望遠鏡勿使有左右旋動，再將鏡依其橫軸豎直旋動，轉向 QS 之方向，然後依常法，再旋鬆上盤之一螺絲照平轉遠望鏡向 C，即可測得 ∠SQC 之度數，此再與曲線所乘之中心角等，故此角度即為 I ○又因安設曲線時，曲線之度數必已先定，即 D 為已知之數，故依 $R = \frac{5730}{D}$ 式，又可求得半徑 R 之長○再依 $T = R \tan\tfrac{1}{2}$ 式，又可求得 T 之長○乃以卷尺自 Q 點量 QD 及 QC，與求得之 T 等，即可得 D 及 C 兩點，如 D 為曲線之始點（P. C），則 C 必為曲線之終點（P. T.），次於各站求其轉偏倚角之各點，以線聯已定之各點，則成一平圓曲線矣○

（待　續）

我國鐵道概況

吳民康編

我國最初鐵路，始於清同治五年，英人之築淞滬線，旋因人民反對而罷。光緒三年，開平礦局，築唐山至胥各莊線，爲我築鐵路之濫觴。中，日戰後，國人漸知注重鐵路，或借外資，或籌商款，計今所成平奉，平綏，平漢，粵漢，津浦，滬寧，滬杭甬，等線，及外人經營之南滿，安奉，滇越等線，僅長二萬里。以我國面積之廣，區區此數，實不敷用，其去 孫中山先生建國方畧中十萬英里鐵路之計劃尚遠也。願謀交通者其注意及之。茲將各省之鐵路概況，分述如下：

江蘇省 本省前所擬築諸線，均已告成。一曰滬寧鐵路，自南京至上海，並有支路通吳淞，爲江南交通要道。一曰滬杭甬鐵路，滬，杭間巳通車，爲南入浙江之要道。一曰隴海鐵路，自河南陝州起，經銅山，過東海，至海濱之大浦，已告成功，爲我國橫亙東西之大幹線。一曰津浦鐵路，自山東入境，經銅山，穿安徽，達浦口，爲南北往來之幹線。

浙江省 滬杭甬鐵路已通車者，北端由杭縣達上海，東端由鄞縣至曹娥江邊。江中鐵橋，前經德國工程司包辦，已巠建橋塊，因歐戰發生，工程中止，全路通車，蓋猶有待也。其餘豫定之線，有浙贛，寧福，浙閩，諸線；均徒有計劃，而未建築。

安徽省 已成之鐵路，僅津浦一線，由江蘇銅山入境，經本省之東北部，復入江蘇，達於浦口，不特爲皖北交通之關鍵，亦我國南北往來之衝途也。其擬而未築者，在皖南有寧湘鐵路，起自江蘇省之江寧，經安徽，江西移於湖南之長沙，以聯絡津浦，粵漢兩鐵道爲目的。又有蕪廣，蕪屯二鐵道，定爲寧湘之支線，將來則任取其一，土工已築至灣址，以費竭中止。在皖北有浦信

13741

鐵道，自江蘇省浦口發軔，終於河南之信陽，爲江淮間交通要衝，惜借英款建
築，因歐戰而中止也。

江西省　　已成者凡二。　　一曰萍株鐵路，自安源經萍鄉達湖南之株州，爲運
輸萍鄉之煤而設。　　一曰南潯鉄路，自九江達南昌對岸之牛行，完全商辦；惟
內容窳敗，借日債甚鉅，日人屢思染指，是在我贛民之好自爲之也。　　預擬之線
四：　　一曰贛粵路線，自南昌南行至廣東。　　一曰閩贛路線，自南昌東南行入
福建。　　一曰浙贛路線，自南昌東行達浙江。　　一曰宵湘路線，自江甯經皖南
入本省，接萍株路以達長沙，其路線尙無確實之規定。　　今贛粵路線之建築，
甚囂塵上，果能成爲事實，則南北之交通，可便利不少矣。

湖北省　　已成者有二：　　一曰京漢鐵路，由漢口通北平；一曰粵漢鐵路，由
武昌已築至湖南之淥口；均爲我國南北之大幹線。　　另有鐵廠至石灰窰之大冶
鐵路，則專爲運鐵而設。　　未成者有川漢鐵路，自漢口經應城，宜昌達四川成
都，爲我國東西之大幹線。　　擬而未築者，有許襄，信襄，荊襄，沙奧等四線。

湖南省　　粵漢鐵路之北段，武昌，長沙間，　早已通車，　南段自長沙已築至
淥口；淥口以南，接廣東韶州一段，不日亦將興築。　　自株州至江西安源之萍
株鐵路，則爲運輸萍鄉之煤而設。　　預擬路線凡三：　　一曰湘桂路線，自粵漢
西歧，沿湘水至廣西桂林。　　一曰沙奧路線，自沙市經常德，沿沅水經芷江至
貴州之奧義；另有支路，自常德至長沙，接粵漢路。　　一曰廣重路線，自重慶
經貴州，直下湘西，穿廣西至廣州。　　均但有計劃而未建築。

四川省　　川漢鐵路，雖清季之時，已著手進行，而以國有商辦之爭，釀成川
省之大流血，而肇民國之基，迄今猶在停頓中。　　其由成都達西藏之川藏鐵路
，成都經陝西至山西大同之同成鐵路，及四川經貴州，雲南，廣西以達廣東之
廣重，欽渝二鐵路，建設之議，雖時有所聞，更未見諸實行。

河北省　　已成之幹線凡五：　　平奉鐵路，自北平經山海關至瀋陽，爲通關東
之要道。　　平綏鐵路，自北平至歸綏，爲通蒙古之要道。　　正太鐵路，自正定

石家莊至山西陽曲，爲通山西及西北諸省之要道。　平漢鐵路，自北平至漢口；又津浦鐵路，自天津至浦口；均爲通長江流域之要道。　此外有行將竣工者，一曰滄石鉄路，自滄縣達石家莊，所以聯絡津浦，平漢，正太三線也。　擬而未築者二：　一曰平熱路綫，由熱河之承德，入古北口以達通縣，與平通路接軌。　一曰濟順路線，自順德至濟南，與膠濟鉄路銜接；爲日本二十一條所要求建築，蓋欲藉此爲長臂，以攫取山西之煤礦也。

山東省　　鉄路之已成者有二：　曰膠濟鉄路，橫亘於省之東西，自膠州灣達歷城縣。　前爲德國經營，歐戰開釁，日本佔據之。　自華盛頓會議解決，我國承認出日金四千萬元向日本贖回，主權始歸我有。　曰津浦鉄路，自河北之天津，貫本省西部，達江蘇之浦口，爲南北交通要道。　預擬之鐵路凡三：　曰煙濰路線，自煙台至濰縣，以聯絡膠濟鐵路，振興煙台商務爲目的。　曰高徐，濟順二路，爲日本二十一條中所要求建築，經華會議決，改歸國際銀行團投資。　高徐線，自高密通至江蘇徐州；濟順線，自濟南通至河北順德；以聯絡膠濟，平漢，津浦爲目的。

河南省　　平漢鉄路自北而南，縱貫省之中部；有自豐樂鎮至六河溝及和尙橋至禹縣二支線。　隴海鐵路自東而西，橫貫黃河南岸，與平漢鐵路在鄭縣成交叉點；其名隨地而異：徐州，開封間，曰開徐鐵路，開封洛陽間，名汴洛鐵路，洛陽，潼關間，稱洛潼鐵路，現通車至陝縣矣。　道清鐵路自道口鎮發軔，沿衛河而西，原擬築至山西晉城，以太行山之阻隔，止於清化鎮，專爲運煤所設；今擬展築至孟縣，已實行興工建築矣。　此外計劃建築者，有浦信，許襄，信襄等鐵路：一自信陽，經安徽以達浦口；一自許昌通湖北襄陽；一自信陽通至襄陽。

山西省　　鐵路之已成者有二：在北部者曰平綏鐵路，發軔於北平，經張家口西行入境，逾天鎮，陽高而至大同，北折出長城而至綏遠之歸綏，　其支線有至大同，經平旺至口泉間一段，計長三十六里，專爲運煤而設。　在中部者曰正太鐵路，自平漢線之石家莊起點傍娘子關入境，經平定，壽陽，楡次而抵省城

，為燕，晉間唯一捷徑。　擬而未築之同成路線，為縱貫本省南北一大幹路，北起大同，與平綏銜接，中經省垣，沿汾水流域，南出風陵渡，經陝西至四川之成都，為東北至西南之幹路。　民國二年，曾向法，比兩國鐵路公司，承借英金一千萬磅，嗣因歐戰中止，迄未建築。　此外河南之道清鐵路，亦擬延長至晉城，因沿途羣山蟠鬱，工作難施，亦未興辦；致晉城無盡藏之煤鐵，因運輸不便，無由發展，良可惜也。

陝西省　本省尚無已成之鐵路，　隴海鐵路（自江蘇海州起，經河南，陝西而達甘肅蘭州）。　雖已築至河南陝縣，因進行紆緩，在本省境內，尚未實行興工。　至同成一線（自山西大同起，經本省達四川成都止）。　在民國二年，當局以建築名義，曾向法，比兩國鐵路公司，借英金一千萬磅，將款項移作別用，其興築更無時期矣。

甘肅省　青海省　寧夏省　隴海鐵路，西起皐蘭，經秦，豫二省，以至江蘇海州，今東段將築至陝西潼關，因工作進行紆緩，全路通車，尚需時日。　豫擬路線有二：　一曰包甯路綫，自包頭鎮至寧夏。　一曰伊蘭路綫，自皐蘭以達新疆之伊犂。　現均未興工，觀成更無期矣。

福建省　漳廈鐵路，為本省鐵路之濫觴。　自廈門對岸松嶼起，至江東橋止，已造成功；江東橋至漳州尚未建築，豫擬路線，有浙閩，閩贛，閩粵，寧福諸線。

廣東省　已成者凡四：　一曰粵漢鐵路，自番禺至曲江間，早已通車，至坪石之一段，亦正興工建築，並有支路自番禺至三水。（稱廣三鐵路）　一曰廣九鐵路自番禺至香港對岸之九龍。　一曰新甯鐵路，自江門至斗山，並有台山至白沙之支路，今更擬由江門延長至南海。　一曰潮汕鐵路，自汕頭至意溪，汕頭至樟林間，則更有汕樟輕便鐵路。　豫擬者有廣重，閩粵，贛粵，欽渝諸路，均未興築。

廣西省　本省預擬未築之鐵路有六：　曰南龍線自南寧（即邕寧）至龍州。曰南梧線，自南寧至梧州（即蒼梧）。　曰湘桂線，自桂林至湘省長沙。　曰渝

柳線；自柳州（卽馬平）貫貴州至重慶。　曰廣重線，自廣州至蒼梧，北沿桂江，經桂林穿湖南，貴州而至重慶。　曰欽渝線，自欽縣經邕寧，循右江，經百色，越貴州，至昆明，更北達重慶。　凡此諸線，計劃已具，興築無期。　而法人所興築之鐵路，已自越南河內，直抵國界鎮南關，且欲進展至龍州矣。

雲南省　　鐵路已成者二：　一曰滇越鐵路，爲法人所經營，自省城直達安南之河內，不特滇，越之交通，因以便利，卽本省與中區諸省之交通，亦舍往時之陸道，改乘汽船至海防，遵此路以入滇矣。　惟沿途駐紮法兵，臥榻之旁，他人鼾睡，實爲肘腋之患。　一曰臨箇壁鐵路，自箇舊經蒙自達滇越路之壁虱寨，又自雞街達建水，以運箇舊之錫爲主，乃我國商民所經營者。　擬築路二：　一曰欽渝路線，自省城至川者，曰滇蜀段，有東西二線；東線經霑益，畢節至瀘縣，西線經東川，昭通達宜賓，將來興築，則任選其一。　自省城東至廣西百色者，爲滇百段，中經羅平，南籠等處。　一曰滇緬路線，自省城經大理，騰衝入緬，乃英人所要求建築者也。

貴州省　　本省鐵路，預擬未築者計有四線：　（一）曰欽渝路線，自四川之重慶，南經本省西部之畢節，威寧，雲南東北部之宣威，霑益，東折入本省之南籠，與沙興線接軌，穿廣西達廣東之欽縣。　（二）曰沙興線。自湖北之沙市經湖南之西部，入本省，西南行，經鎮遠，平越，貴陽，以達南籠，而接於欽渝線。　（三）曰廣重路線，自重慶經本省東北部之正安，銅仁，湖南西部之麻陽，通道，而達廣州。　（四）曰渝柳路線，自重慶南下，縱貫本省中部之桐梓，遵義，貴陽以會與沙線，轉東折南，經都勻，荔波，以達柳州。

遼寧省　　已成鐵路，有南滿，安奉，北寧，四洮，洮昂，奉海，打通七線：南滿線自吉林之長春，經省垣達大連；（有蘇家屯至千金寨，煙台至華子溝，大石橋至營口，臭水子至旅順，諸友路）。　本俄築東淸支線，日，俄戰後；割讓日本，（原定三十六年後，由我國收回；自日本提出二十一條要求，欲強延長爲九十九年矣！）安奉線自安東抵渾河南岸蘇家屯；有支線自本溪達牛心台；並於鴨綠江上，建築鐵橋，與朝鮮鐵路銜接。　（日人所築；原訂十五年後

，估價售與我國；亦以二十一條要求，日人強欲延長爲九十九年！）以上二路，均歸日本南滿鐵路會社經營，日人侵我南滿之工具也。　北寧路自北平經山海關抵省垣；有連山，大窰溝，錦朝，溝營諸友路。　四洮線自四平街至洮南；有鄭白支路。　洮昂線自洮南達黑龍江昂昂溪，以上三路，皆借外資所建築者也。　奉海路自省垣達海龍；有梅河口至西安之支路。　打通路自打虎山至通遼，我國自資建築之路，惟此二線而已。　此外尚有吉海路，自海龍達吉林；亦自資建築，不久當可告成。　金福路自金州達貔子窩，爲中，日商辦。

吉林省　　已成之鐵路五：　一曰東省鐵路，原名東清鐵路，一稱中東鐵路，自濱江入境，斜貫省境中部，至綏芬河入俄國沿海州；本爲俄人經營，歐戰後由我國收回，惟車務管理之權，仍操於俄人，實未能達完全收回之目的也。　有支線自濱江迄長春，接南滿鐵路。　一曰南滿鐵路，自長春經本省西南隅入遼寧，歸日人管理。　一曰吉長鐵路，自吉林省城至長春，借日資建築。　一曰天圖鐵路，自天寶山至圖們江岸，名爲中日合辦，權實操於日人。　一曰吉敦鐵路，自吉林達敦化，爲我國自辦。　擬築之路線三：　曰吉會，吉開，長洮均爲日人所要求敷設。　今遼吉人民，鑒於外人築路之掣肘，就吉開路線，自築吉海路，聯奉海路。（二路亦合稱奉吉路）　已將竣功矣。

黑龍江省　　已成鐵路有三：　一曰東省鐵路，上接赤塔鐵路，自臚濱入境，經呼倫達西與安嶺至昂昂溪，更渡松花江，斜貫吉林省，以達俄境沿海州，與烏蘇里鐵路銜接；本俄人所築，原名東清鐵路，今由我收回，改爲今名，亦稱中東鐵路，惟仍難免俄人之掣肘耳。　一曰齊昂鐵路，自省會至昂昂溪，聯絡東省鐵路，乃本省找回領地價銀與商款合辦之輕便鐵路。　一曰齊洮鐵路（現以收買齊昂鐵路，尚未成事實，僅築至昂昂溪，稱曰洮昂鐵路）自四洮延長至昂昂溪，銜接齊昂鐵路，達龍江省城，乃借日資所建築者也。　此外頗擬路綫，有自呼蘭西南松浦鎮起點，經綏化，海倫至嫩江者，曰呼嫩路線。　自龍江經嫩江，璦琿至大黑河屯者，曰齊黑路線。自東省鐵路之對青山站起點，經呼蘭，海倫，龍鎮，至大黑河屯者，曰對大路綫（一稱濱黑路線）今惟呼嫩路線之

南段，松浦鎮，海倫間，（此段路線，亦稱呼海路線），已築成通車。

新疆省　　僅一預擬之伊蘭路線，自隴海路延長，由蘭州西北行，出嘉峪關至哈密；經奇台，廸化，更西行逹伊寧。　惟雖經提議，尚未勘測，興築更無期也。

熱河省　綏遠省　察哈爾省　　已成者有三：　一曰平綏鐵路，自北平經萬全穿山西出長城歷豐鎮，平地泉抵歸綏。　一曰綏包鐵路，自綏遠達包頭鎮。一曰錦朝鐵路，由奉天錦縣起點，達於朝陽。　擬築者有平熱，洮熱，張庫，包寧（即由綏包鐵路延長，築至寧夏，故亦稱綏寧路線）等諸線，

西康省　西藏　　西康為川藏鐵路經過之區。　在境內者，自康定起，橫藏中部至太昭，而逹西藏，路線早已擬定，修築邈無時期。　西藏則預擬者，有川藏一線，自川省經西康，沿雅魯藏布江達拉薩，惟與建築尚遙遙無期。　而英人所經營之印藏鐵路，聞已由印度展至國境亞束，而北逹江孜矣。

外蒙古　　預擬而未興築者有二線：　一為張庫路線，起張家口，迄庫倫。一為庫恰路綫，起庫倫，迄恰克圖。　統合名之，曰張怡路綫，至俄境，以接西伯利亞鐵路。　然蒙古地大物博，最需鐵路，以移民開邊，區區張怡鐵路，實不敷用；惜乎並此亦未興築耳！

　　統計全國鐵路，屬國有已成者二十，省有已成者一，民有已成者大小二十有八，國際已成者五。　國有現築者八，省有現築者一。　國有擬築者二十有三，省有擬築者三，民有擬築者十二，國際擬築者五。　所有哩數，列表如下：

	國有哩數	省有哩數	民有哩數	國際哩數
已　成	7570	7	935	1070
現　築	3359	150	×	×
擬　築	17491	1010	3337	1157

　　附注：　本文取材於屠思聰氏之中華最新形勢圖，特此聲明，以示不敢掠美云耳！

我國公路概況

吳民康 編

我國公路，據中華全國道路建設協會最近報告，民國十年時，各省之公路僅有一千五百英里；至民國十四年底，各省已有公路一萬五千英里；此後六年中，至民國二十年，其數更增至三萬五千英里。

又南京社會雜誌所載云：自民國十五年至十九年止，五年之間，全國公路，已增爲五一・二一〇公里，較十五年以前，共增二六五倍强。 若再積極進行，五年之後，其成績當更有可觀！ 卽孫中山先生之一百萬英里碎石路之計劃，亦不難實現也！ 茲將各省公路概況，分述如下：

<u>江蘇省</u>　公路已成者甚多。 以上海爲中心，有通川沙，南滙，柘林，瀏河諸線。 以南通爲中心，有通海安，掘港，海門，天生港諸線。 以淮陰爲中心，有通沐陽，漣水，宿遷，寶應諸線。 以銅山爲中心，有通碭山，蕭縣，宿遷諸線。 此外尚有自南京至湯水，自鎮江至江都，自宿遷至邳縣等線。其尚在勘測建築中者，如自南京至浙江杭縣，鎮江至句容，泰縣至嘶馬，江陰至無錫，蕭縣至碭山，淮陰至東海等線，尚不勝屈指焉。

<u>浙江省</u>　長途汽車路之已成者，有杭縣，（杭縣至餘杭）餘臨，（餘杭至臨安）杭富，（杭縣至富陽）杭海，（杭縣至海寧 杭紹，（杭縣對岸西興至紹興）新嵊，（嵊縣至新昌）諸線。 紹嵊，（紹興至嵊縣）寧杭（江寧至杭縣）鄞奉（鄞縣至奉化）諸線，則正在建築勘測中。

<u>安徽省</u>　本省公路，頗等發達，而以皖北爲尤。 其已成而最著者，有皖北長途汽車公司所築之東南西北西線：諸線均以阜陽爲中心，東線經鳳臺至蚌埠；南線經正陽關，六安至合肥；西線經太和至河南周家口；北線經亳縣至河南

13748

商邱。　宿縣至亳縣間，亦有經河南永城之宿亳公路相通。　其在皖南，則有蕪湖至宣城，秋浦至江西景德鎮之二線。

江西省　公路之已成者，有自景德鎮至安徽秋浦之一線；其直達九江之線，猶未聞其告成也。　今贛縣至廣東曲江之路頗聞其已着手測量，興築之期，當亦不遠矣。

湖北省　自老河口經樊城，隨縣，安陸至花園，及自襄陽經宜城荆門至沙市之縱橫二幹線，現已告成。　自宜昌經江洋，長江埠至漢口，及由沙市沿長江至新堤之二線，一部亦告成。　此外由黃陂至灄口，宋埠至楊邏，武昌至金口，及漢陽至蔡甸等短距離路線，大抵均已通車。

湖南省　公路之已成者，有長沙至湘潭，湘潭至永豐二線。　永豐至寶慶一線，不久可告完成。　其他雖頗有計劃，均未付諸實行。

四川省　已成者自成都至灌縣，成都至雅安，成都至嘉定，成都至彭縣，成都至廣安，成都至趙家渡諸線。　此外成都至巴縣，綿縣，萬縣，及雅安至康定，遂寧至合川，重慶至涪陵諸線，均在經營建築中。

河北省　公路有北平至天津，北平至承德，北平至馬仲橋，天津至保定，天津至辛集，定縣至辛集至南宮至德縣，大名至武安等線，均已通車。

山東省　主要已成公路至凡八：曰煙濰公路，自濰縣渡膠，濰二河，沿海岸經龍口，東抵煙台。　曰禹東公路，自禹城經高唐，博平至聊城。　曰禹下公路，自禹城經惠民至無隸縣下窪海口，有支路達坨子口。　曰德臨公路，自德州經夏津至臨清。　曰周清公路，自周村至清河鎮。　曰菏濟公路，自荷澤至濟寧。　曰平武公路，自平原至武城。　曰東臨公路，自聊城經館陶至臨清。此外尚有聊城至陽穀，臨沂至嶧縣等線。

河南省　已通路線凡九：一自商邱至安徽亳縣；一自開封至周家口；一自淮陽至○河鎮；一自駐馬店至南陽；一自信陽至固始；一自陝縣至潼關；一自清化鎮至濟源及黃河鐵橋；一自武安至河北大名；一自安陽至楚旺鎮。　自開封經許昌，南昌至襄陽之路，正在興築，亦將全部通車矣。

13749

山西省　　山西公路，以陽曲爲中心點，南至安邑，北至大同，爲全省幹路。其大支路凡五：一由太谷經楡社，長治至晉城；二由忻縣經定襄至五台；三由崞縣之原平鎮，經寗武，五寨至保德；四由省城經汾陽，離石至軍渡；五由新絳經稷山至河津；大半均已告成。　　自平定之陽泉起點，經昔陽，和順至遼縣之公路，則民國九年，晉省饑荒，美國紅十字會以工代賑所建築者也。

陝西省　　其已通行者，祇潼關長安間，及長安經咸○，三原，耀縣，以至同官之二線。

甘肅省　青海省　寧夏省　　已成公路，有自綏遠包頭鎮至寧夏，皋蘭至平凉，皋蘭至天水，皋蘭至固原，寧夏至平凉諸線。

福建省　　閩南一隅，公路頗稱發達。　　自漳州至和溪，華村，石碼，已告成功。　　自漳州經同安，安海晉江至莆田之線，各自分段建築，大抵亦已告竣，不久即可聯絡一氣。　　自和溪至㟍嚴之線，現正在積極進行中。

廣東省　　本省築路事業之發達，尤爲各省之冠，而瓊州島之東北部，公路尤爲發達，以嘉積市爲中心，有至瓊山，瓊東，樂會，船崖，青藍諸線。　　公益埠至恩平，白沙之線，亦已告成。　　餘如石龍至羅浮山及潮安，北海至廣西邕寗諸線，或正在興築，或已有一部分告成。　　（關於本省公路，茲僅錄其大署，欲知詳細記載，請參看去年廣東建設廳出版之「公路特刊」）。

廣西省　　公路在本省已築成而通車者，計兩線；一自邕寗至武鳴，一至貴縣達鬱林。　　龍州至水口關間，有公路，亦可通汽車。　　邕寗經賓陽至貴縣之線，現尚半成。　　桂林經陽朔，蒙山達潯江之桂潯公路，尚在計劃中。　　賀縣至八步之短距離線，則正在建築。

貴州省　　本省公路建築之成績，堪居全國第二位，該省現在已有公路六千七百華里，或二千二百六十三英里，又在最近規劃興築中之公路，約有六千二百一華里，或二千一百三十三英里。

遼寧省　　奉省公路之建築，現方勃興而來有艾。其已竣工或在建築中者，有榆楡至太平川，雙山至遼源，海城至大孤山，瀋陽至遼中，四平街至楡樹台，

開原至西安，洮南至突泉，大孤山至普蘭店，大孤山至安東諸線，交通利便不少矣。

熱河　察哈爾　綏遠　　長途汽車路之已成者，有平熱，（北平至承德）張多，（萬全至多倫）張庫，（萬全至外蒙古，庫倫）平涼（平地泉至涼江）包蘭，（包頭鎮至甘肅蘭州）諸線。

西康　西藏　　自成都至本省鑪城一段，已派員勘測，名為成康馬路。

外蒙古　　長途汽車路有二：一曰張庫長途汽車路，自張家口北行，經烏得，叨林而至庫倫。　一曰庫恰長途汽車路，通於庫倫，恰克圖間。

茲將本省與全國公路里數列表如下：

廣東省各縣公路里數表

道 別＼里 數	公 路 里 數	已 成 里 數	未 成 里 數
省　道	12256.45	5766.95	6489.0
縣　道	13769.80	7494.70	6275.10
鄉　道	2072.60	1008.00	1064.60
總　計	28098.85	14269.65	13829.20

中華全國公路里數表

（中華道路協會最近調查所得）

省　名	已完成之公路		在計劃中之公路	
廣　東	12,218	華里	9,982	華里
貴　州	6,790	華里	6,310	華里
甘　肅	6,010	華里	1,000	華里
河　南	5,710	華里	1,000	華里
江　蘇	5,557	華里	500	華里

四　川	5,426	華	里	4,074	華	里
遼　東	4,990	華	里	2,000	華	里
察哈爾	4,864	華	里	2,400	華	里
廣　西	4,820	華	里	2,500	華	里
外蒙古	4,550	華	里	9,000	華	里
綏　遠	4,342	華	里	2,000	華	里
遼　寧	4,165	華	里	2,300	華	里
寧　夏	4,115	華	里	2,600	華	里
熱　河	4,055	華	里	2,000	華	里
陝　西	3,925	華	里	4,200	華	里
山　西	3,809	華	里	1,200	華	里
安　徽	3,776	華	里	6,700	華	里
吉　林	3,690	華	里	3,500	華	里
黑龍江	3,585	華	里	1,600	華	里
福　建	2,603	華	里	7,500	華	里
湖　北	2,465	華	里	6,600	華	里
河　北	2,437	華	里	6,700	華	里
湖　南	2,404	華	里	3,500	華	里
雲　南	2,385	華	里	9,500	華	里
新　疆	2,300	華	里	4,000	華	里
Kokonor	1,980	華	里	05,00	華	里
浙　江	1,978	華	里	7,000	華	里
江　西	1,395	華	里	2,500	華	里
西　康	999	華	里	4,000	華	里
合　計	117,343	華	里	合　計 120,266	華	里

量 法 述 要

（Menseration）

本文原非爲各同學研究之材料，以其過於顯淺，似無記載之必要。然作者以爲供給一般中學生之需要，是亦本會宗旨之一，從前並未及此，或已忽畧之者，得此不無少補，其於測量工作之人員，尤爲不可或缺之基本學識也。　　民康識

下列之公式，除非作別樣解釋外，其代表字母之意義如下：

D ＝ 大直徑

d ＝ 小直徑

R ＝ 與 D 相當之半徑

r ＝ 與 d 相當之半徑

p ＝ 周界或圓周

C ＝ 凸出部分之面積＝扁平部分之面積

S ＝ 全面積 ＝ C ＋ 邊際之面積

A ＝ 平面形之面積

π ＝ 3.1416（約）＝ 任何圓周與其直徑之比率

V ＝ 立體之體積

其他字母之使用見於下面之解釋。

圓 形 Circle

$$p = \pi d = 3.1416 d$$

$$p = 2\pi r = 6.2832 r$$

$$p = 2\sqrt{\pi A} = 3.5449\sqrt{A}$$

$$p = \frac{2A}{r} = \frac{4A}{d}$$

$$d = \frac{p}{\pi} = \frac{p}{3.1416} = .3183p$$

$$d = 2\sqrt{\frac{A}{\pi}} = 1.1284\sqrt{A}$$

$$r = \frac{p}{2\pi} = \frac{p}{6.2832} = .1592p$$

$$r = \sqrt{\frac{A}{\pi}} = .5642\sqrt{A}$$

$$A = \frac{\pi d^2}{4} = .7854d^2$$

$$A = \pi r^2 = 3.1416 r^2$$

$$A = \frac{pr}{2} = \frac{pd}{4}$$

三　角　形　Triangle

例　I. —— 已知底 b 與高 h,

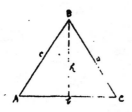

$$A = \frac{bh}{2}$$

例　II. —— 已知三邊 a,b 與 c,

$$A = \sqrt{S(s-a)(s-b)(s-c)}$$

式　中　$$S = \frac{a+b+c}{2}$$

例　III. —— 已知兩邊 a 與 c 及其夾角 B,

$$A = 2\tfrac{1}{2}\, ac\, \mathrm{Sin}\, B$$

例　IV. —— 已知 b 邊及 A, B 與 C 角,

$$A = \frac{b^2\, \mathrm{Sin}\, A\, \mathrm{Sin}\, C}{2\, \mathrm{Sin}\, B}$$

亦　即　　$A = \dfrac{b^2}{2\,(\cot A + \cot C)}$

矩形與平行四邊形
Rectangle and Parallelogram

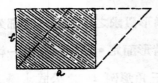

$A = ab$

梯　形　Trapezoid

例　I —— 已知兩底邊 b_1 與 b_2 及其高 h,

$$A = \frac{(b_1 + b_2)\,h}{2}$$

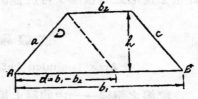

例　II —— 已知兩底及任一邊之兩鄰角,

$$A = \frac{b_1^2 - b_2^2}{2\,(\cot A + \cot B)}$$

或　　$A = \dfrac{(b_1 - b_2)\,(b_1 + b_2)\,\sin A \sin B}{2 \sin (A + B)}$

例　III —— 已知四邊,

$$A = \frac{b_1 + b_2}{d}\sqrt{S\,(s-a)\,(s-b)\,(s-c)}$$

式　中　　$S = \tfrac{1}{2}\,(a + b + c)$

不平行四邊形（歪方形）
Trapezium

分爲兩三角形及一梯形

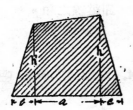

$A = \tfrac{1}{2}\,bh' + \tfrac{1}{2}\,a\,(h' + h) + \tfrac{1}{2}\,ch;$

或　$A = \tfrac{1}{2}\left[\,bh' + ch + a\,(h' + h)\,\right]$

或畫一對角線分之爲兩個三角形，以對角線爲兩三角形之底，以 l 代其長度；又以 h_1 與 h_2 爲兩三角形之高度，則

$$A = \tfrac{1}{2} l (h_1 + h_2)$$

其 他 多 邊 形　Other Polygons

任何多邊形之面積，均可分爲若干三角形以求之。無論任何部分亦與其面積之計算有關。各部分之量度，視其特有情形而定。設如測圍田一幅，鐵鏈尚爲。如每三角形之邊測得後，其面積可以三角形例 II 之公式求得之，苟用羅盤儀或經緯儀，則測得各角之後再代以三角形例 III 或 IV 之公式，以倍子午距求多邊形之面積法，可於他書求之。

直 線 與 曲 線 所 成 之 面 積

Area Included between a straight line and a curve

縱線之選擇——由曲線上每一轉向點畫垂直線於 AB，而以間於兩連續垂直線之一部分曲線作爲

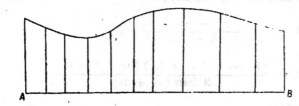

一直線，則此圖可視作多數之梯形，其面積以既示之公式求之可也。

梯形之法則——如圖沿直線之等間距 d 量度縱線，則面積等於

$$A = \left(\frac{a + n}{2} \sim h \right) d$$

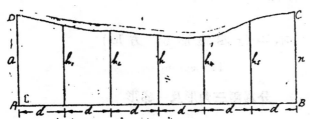

式內 ∼ h 爲各間距縱線之和。

例題——設由直線 AB 至曲線 DC 之縱距爲 19, 18, 14, 12, 13, 17 與 23 哩，各相距 50 哩。求曲線與直線所含之面積若干。

解—— 面積 A B C D $= \left(\dfrac{19+23}{2} +18+14+12+13+17 \right) \times 50$

$= 4,750$ 方哩

詹臣法則—— Simpson's Rule.——基線（底綫）務須分爲相等之間距，則面積等於

$$A = \left(a+n+4\angle h_2 +2\angle h_3 \right) \dfrac{d}{3},$$

式內 $a+n$ 爲兩邊縱綫之和；$4\angle h_2$ 爲四倍偶數縱綫之和；及 $2\angle h_3$ 爲二倍奇數縱綫之和。此法則較之梯形法則尤爲準確。

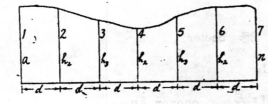

例題——如前題用詹臣法則試求 A B C D 之面積。

解——$A = [19+23+4 (18+12$

$+17) + 2 (14+13)] \times \dfrac{50}{3} = 4,733$ 方哩。

不整曲綫形之面積

Area Bounded by an Irregular Curve.

設求如下圖粗綫所成不整曲綫形之面積。

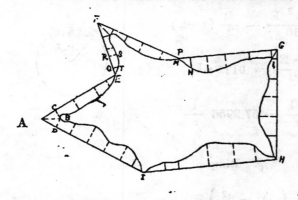

隨便繞曲綫形畫一折綫 AEFM GHIA。再如圖示從曲綫形上各曲折點畫支距於直綫上。多邊形 AEFMGHIA 之面積可以上示各法之一求之，然後由此面積減去曲綫與折綫所含之面積之和，其計算之法一如上述。

在角點 A, 三角形 ABC 與 ABD 可由量度基綫 AC 與 AD 及其高度 BC 與

BD 計算之● 一切四邊形如 QRST 可視作梯形；三邊形如 MPN 可視作三角
形。

橢　圓　形　Ellipse

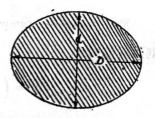

※
$$p = \pi \sqrt{\frac{D^2 + d^2}{2} - \frac{(D-d)^2}{8.8}}$$

※ 橢圓之周界非有精密之計算不能得其整確● 此式僅可示其約值而已。

$$A = \frac{\pi}{4} Dd = .7854\, Dd$$

扇　形　Sector

$$A = \tfrac{1}{2}\, lr$$

$$A = \frac{\pi r^2 E}{360} = .008727\, r^2 E$$

$$l = \text{弧 之 長}$$

弓　形　Segment

$$A = \tfrac{1}{2}\left[\, lr - c\,(r-h)\,\right]$$

$$A = \frac{\pi r^2 E}{360} - \frac{C}{2}(r-h)$$

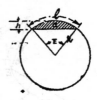

$$l = \frac{\pi r E}{180} = .0175\, r E$$

$$E = \frac{180\, l}{\pi r} = 57.2956\, \frac{l}{r}$$

環　形　Ring

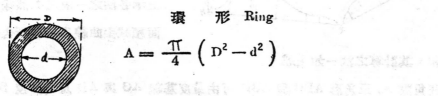

$$A = \frac{\pi}{4}\left(D^2 - d^2\right)$$

弦 Chord

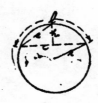

C = 弦之長度

$$r = \frac{c^2 + 4h^2}{8h} = \frac{e^2}{2h}$$

$$c = 2\sqrt{2hr - h^2}$$

$$l = \frac{8e - c}{3}\left(約值\right)$$

螺 旋 形 Helix

設計一螺旋形:

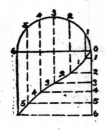

l = 螺旋形之長

n = 轉之次數

t = 心距

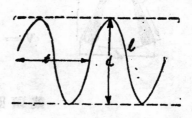

$$t = \sqrt{\frac{l^2}{n^2} - \pi^2 d^2}$$

$$l = n\sqrt{\pi^2 d^2 + t^2}$$

$$n = \frac{l}{\sqrt{\pi^2 a^2 + t^2}}$$

圓 柱 體 Cylinder

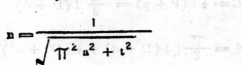

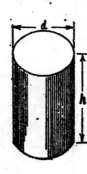

$$C = \pi dh$$

$$S = 2\pi rh + 2\pi r^2$$

$$= \pi dh + \frac{\pi}{2} d^2$$

$$V = \pi r^2 h = \frac{\pi}{2} d^2 h$$

$$V = \frac{p^2 h}{4\pi} = .0796 p^2 h$$

截 頭 圓 柱 體 Frustum of Cylnder.

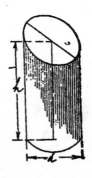

$h = \frac{1}{2}$ 最大與最小之高度和

$C = ph = \pi dh$

$S = \pi dh + \frac{\pi}{4} d^3 +$ 橢圓頂之面積

$V = Ah = \frac{\pi}{4} d^2 h$

圓 錐 體 Cone

$C = \frac{1}{2} \pi dl = \pi rl$

$S = \pi rl + \pi r^2 = \pi r \sqrt{r^2 + h^2} + \pi r^2$

$V = \frac{\pi d^2}{4} \times \frac{h}{3} = \frac{.7854\, l^2 h}{3} = \frac{p^2 h}{12\pi}$

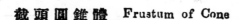

截 頭 圓 錐 體 Frustum of Cone

$C = \frac{1}{2} l (P + p) = \frac{\pi}{2} l (D + d)$

$S = \frac{\pi}{2} \left[l (D + d) + \frac{1}{2} (D^2 + d^2) \right]$

$V = \frac{\pi}{4} (D^2 + Dd + d^2) \times \frac{1}{3} h$

$= .2618 h (D^2 + Dd + d^2)$

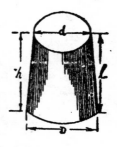

球 體 Sphere

$S = \pi d^2 = 4\pi r^2 = 12.5664 r^2$

$V = \frac{1}{6} \pi d^3 = \frac{4}{3} \pi r^3 = .5236 d^3$

$= 4.1888 r^3$

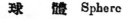

圓 環 體 Circular Ring

D ＝ 中間直徑（平均直徑）

R ＝ 中間半徑（平均半徑）

S ＝ $4\pi^2 Rr = 9.8696\ Dd$

V ＝ $2\pi^2 Rr^2 = 2.4674\ Dd^2$

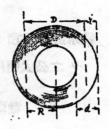

楔 形 體 Wedge

$$V = \frac{1}{6}wh(a+b+c)$$

擬 塝 體 Prismoid

擬塝體爲一立體，兩端爲平行平面。聯平

面，三角形面或四邊形面之交線爲其邊。

A ＝ 一端之面積

a ＝ 其他一端之面積

m ＝ 間於兩端中間之剖面面積

l ＝ 間於兩端之垂直距離

$$V = \frac{1}{6}l(A+a+4m)$$

m 之面積非常爲間於兩端面積之中，然其邊則爲間於兩端之相當長度間也

$$V = \frac{A+a}{2} \times l \text{（約值）}$$

正 角 錐 體 Regu'ar Pyramid

P ＝ 底之周界

A ＝ 底之面積

C ＝ $\tfrac{1}{2}bP$

S ＝ $\tfrac{1}{2}Pl + A$

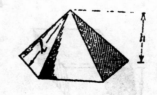

$$V = \frac{Ah}{3}$$

欲求底之面積，可分之爲若干三角形而求其各該面積之和。

V 之公式適用於底爲 A 高爲 h 之任何角錐體。

截頭正角錐體　Frustum of Regular Pyramid.

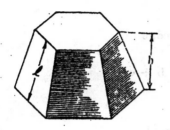

a ＝ 上底面積

A ＝ 下底面積

p ＝ 上底周界

P ＝ 下底周界

$C = \frac{1}{2} l (P + p)$

$S = \frac{1}{2} l (P + p) + A + a$

$V = \frac{1}{3} h \left(A + a + \sqrt{Aa} \right)$

V 之公式，任何截頭角錐體均可適用。

螺旋曲線之長度　Length of Spiral.

$l = \pi n \left(\frac{D + d}{2} \right)$　　　n ＝ 旋繞之次數

l ＝ 螺旋曲線之長度

$l = \frac{\pi}{t} \left(R^2 - r^2 \right)$　t ＝ 心距

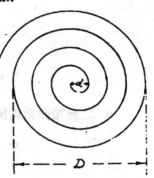

角 柱 體 或 平 行 六 面 體

Prism or Parallelopiped

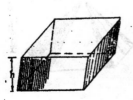

C ＝ Ph

S ＝ Ph + 2A

V ＝ Ah

角柱體之兩底為正多邊形時，　P = 邊之長度×邊之次數。

欲求底之面積，　若其為多邊形，可分為若干三角形然後計算其各個之面積。

截頭角柱體　Frustum of Prism

設垂直於邊之一剖面為一三角形，方形，平行四邊形。

$$V = \frac{邊長之和}{邊之次數} \times 直剖面之面積$$

臘青混凝土路面之建築法。

莫 朝 豪

本文純用簡明的申述，把臘青混凝土路面的建築，寫出來，多是根據本省築造的實地經驗方法，其餘詳細的理論從署，特此註明。

緒 論

從道路的歷史上說，最初的只有沙呢路；那時築路的手續比較簡易，多是把高的部分鏟平，低的地方填高；路的傾斜，曲線，等等都未曾詳細的研究，其目的只求人或馬的能夠來生和載重便是了。 後來築路的科學發達，人們對于交通的需求更加密切，到十八世紀的中期，歐洲的人們會利用碎石分佈在道路的路基上，經過重大的車轆底壓堅，使石與石的互相摩擦而生出石粉，再加以適當的水分並應用壓力造戉一種富於粘生的堅固底道路，這就所謂水固碎石路。 (Water-Bound Macadam Road) 近世築路逐漸利用焦油或地臘青作路的建造底結合物，因此更有臘青碎石路。 (Bituminous Macadam Road) 自士敏土的發明而應用到築路上的，稱爲混凝土路。(Portland Cement Concrete Road)，混凝土 (Concrete) 是用士敏，沙，石碎三種結合物而成的，所以這種道路又稱爲三合土路。 近年來化學工學的發達，臘青鋪路 (Asphalt Pavements) 已成爲各國大都市道路進步底象徵，然而這種鋪路多因工作的方法底不同而分爲數類：——

a. 臘青三合土路。 (Asphalt Concrete Pavement)

b. 臘青板路。 (Sheet Asphalt Pavement)

c. 臘青塊舖路。 (Asphalt Block Pavement)

d. 臘青岩舖路。 (Rock Asphalt Pavement)

本文所說的是屬于 a 類，其他更有鋪石，鋪木，鋪磚，等路，現在把臘青三合土路在經濟交通各方面與其他的鋪路之比較，寫在下面。

（一）關于經濟方面的。　這種道路在初築費一層來說，雖然比坭沙路，碎石路的價錢高過；但是比起那些花崗岩石塊砌的道路和上等的鋪磚路，鋪木路就覺得牠破費有限了。從道路的壽命來統計，腊青混凝土路在商業區可以維持十年以上，在住宅區裏便可增至二十年的期限，比起沙坭，路的一經暴雨冲洗就坭濘滿路，時常需要修理便相宜得多了。這種道路的初築費間或破費多些，然而路的壽命長遠和減縮了養路的費用也就是牠的好處。

（二）關於交通方面的。　路的牽引阻力之多少與路面的優劣是成正比例的。若以載重一噸（ton 2000 磅）所須的牽引力來計算，以沙路的牽引力爲最大即由 500 非/ton ---- 350 非to/n，而牽引力最少的爲良好的花崗石軌路，鋪木路，鋪磚臘青版鋪路，混凝土路，每頓所須的牽引力由 27 磅至 38 磅。臘青混凝土路牽引力爲 40 t磅/on 。但是如果當天氣濕潤的時分，這種路面便比較容易滑動了。對于下坡時雖然減少了車輛的阻力，然上坡時就增加了不少牽引力。

（三）關於衞生方面的。　臘青混凝土路和各種道路比較，可說是最美觀的，其次可說是鋪木路了，牠還具備無混雜好厭的騷音，很少沙塵，易于清掃的好處，不但對于衞生上俾益不少，就是人們步履在路上，也感覺得一種愉快的心情。

我們選擇道路的要件，當然要視乎築路的環境而定，總之路面的種類適合我們所需求的條件的一半便算是合式了。臘青混凝土路是適宜于需要耐久，無騷音，美觀，的條件下，在本省的地方來說優等的住宅區，商業的繁盛區域都很需要這種臘青混凝土的鋪路。

路面之建築

凡每建築道路之前，必先預定其路面之濶度，由政府布告道路所經的住戶

，令其自行縮拆，當其拆至規定的尺度之後，我們便可以做開始築造的工作。築造的程序，首推路心的渠道，兩旁人行路和接駁每一間住戶的小渠，和旁渠，進人井，及留沙井，渠邊石，等等的工程。　如果上述之工作將屆完成的時候，第二步工作，就是路面之建造。

(一)路面坡度和橫剖面的斜度

理想的道路，多是希望路線所經的地方是水平的，使她能減少車輛貨物的牽引力，步履的便利，免除交通的危險,但是,每因為地勢的自然狀態，建築的經費等等的關係，所以道路便免不了要相當的坡度。腊青混凝土路之極大坡度，不能超過 5-6%，(百分之五至六)。至於橫剖面 (Cross Section) 的坡度，其目的不外想路面的水至停滯而自然地傾流于路旁，關於求其坡度的方法，有許多實驗的公式，如 Andrew Ros，Water 應用下式以求路的橫剖面底坡度：——

$$C = \frac{W\,(100\ 4\vec{r})}{6000}$$

　　C＝ 路冠的高度以英吋計

　　W＝ 路面的濶度以英吋計

　　G＝ 路之縱向坡度的百分率 (%)

　　　　即每百呎路長，所斜的度敷，如 6%，4% 之類。

有些規定臘青混凝土路之橫剖面坡度為 1/4"—1/2" 的。廣州市工務局所建造這種路面所取的坡度却多由 1/8' 至 1/4"(由中線起計)。

(二)路基及三合土塊之鋪造方法

路基及三合土塊所需之材料必先須早選定。

A. 路基的石　　分為兩種(甲)六吋方的黑魚頭石或白麻石(乙)二吋大的黑或白石碎。所用的石角要堅硬，無粉質為合。石碎要尖利起峯，整潔無坭質混合為好。(如用黑石，在本省而言，以英德所出產者最佳)

B. 沙　　不論粗幼，俱要不含鹽質為合。

C. 士敏士　　士敏士為建築物中主要之材料，故其質地之良否與建築物的力量發生莫大的關係，因此各國對於士敏士之製造，必經當地政府特別化驗，審定其力量是否合式，始准發售。本市所用的士敏士多採用國產，如西村士敏士廠所出之五羊牌，天津啓新公司所產之馬牌等。外國泊來之士敏士亦須經工務局化驗審定合格，方准採用。

D. 三合土塊所用之石碎　　以六分至一吋大堅硬之荔石為限。

材料旣經選定，可以將其搬運至築路的地點，妥為安放，以備採用。

路 基 之 鋪 造

先將原有路面令至適合的平水，如遇有路中的凹穴未及規定的高度時，須卽將淨坭或磚碎瓦礫等塡足然後用十二噸至十五噸的重汽輾輾至平實毫無凸凹不平的狀態為止。

路盤經已輾平，卽將預備應用的石角六吋方，厚度最少要四吋，鋪墊在上面，用三角的小鐵鋤將之均平迫密，再用二吋大的石碎鋪蓋在石角上，厚度二吋；石角間所餘的空隙，務須用石碎塞實，然後再用汽輾輾至平實為止。

三 合 土 塊 之 鋪 造

路基上的三合土塊之鋪造所用的份量，多為一，三，五，或一，三，六兩種，照廣州鋪造的路面，全用一份士敏士，三份黃沙，五份六分至一吋大石碎的比例。

厚　度　在路面兩邊濶三呎至四呎，厚六吋，其道路中部厚度三吋。為鋪造腊青層之預用。

三合土材料之計算　　我們旣定確路基上之三合士所用的比例為 1：3：5 或 1：3：6，用求積的計算。由路的長度，濶度，和三合土塊的厚度可以推知全路所須的三合士總量。再應用 Ful'e5 氏的材料計算公式，可以計算所須的士敏，沙，石的材料。

$$C = \frac{11}{c \times s \times g}$$ 式中的 c = 士敏的分數

$$G = C \times g \times \frac{3 \cdot 8}{27}$$ g = 石碎的分數

$$S = C \times s \times \frac{3 \cdot 8}{27}$$ s = 沙的分數

如 1 : 3 : 5 等

式中的 C = 每一立方碼的三合土所需的士敏士（桶數）

G = 每一立方碼的三合土所需的石碎（立方碼計）

S = 每一立方碼的三合土所需的沙（立方碼計）

註：（一桶的容量多以四個立方呎計）

在本市的沙，和石，全以華井計算，即是高一呎丁方十呎爲之一井，現可以一百八十五個立方英呎作一華井計算。

三合土之混合法　凡製三合士，最好應用三合土混合機製造，牠可以節省時間，使預定的力量不至減低。但在本國內地如遇有不得已時，可以用手工的混合法替代。其法即預先將沙，石，用竹篩篩過，用清水洗淨，務須盡去其雜質爲止。然後用木斗（如一立方呎，三立方呎，五立方呎）量度其份量。先將一份士敏士與三份黃沙和勻乾撈三次至五次，然後加入五份一吋（或六分）大之石碎，再用鏟及鐵鈀乾撈，同時用花洒隨隨灌洒淨水，撈至粘質充足爲止。但每邊每次混合之時間不能少過兩分鐘。再注意不可用水度多，至減低三合士的力量。　如欲試驗三合土之粘質是否合式，可用上邊四吋直徑，下邊八吋直徑，高十二吋，一分厚的鐵筒，另備五分圓鐵二十一吋長之鐵筆一枝，將巳撈好之三合士漿質分三次撥入筒內，每次高四吋，並以鐵筆插入三十次，至三次完畢，即將鐵筒抽起，看其所餘之三合士堆低過筒高度數，而知其粘質良否。但低過之度不得過五吋，若過此數，即須減少水份而從新混合。

三合士既經混合完妥，即分段（由五十呎至一百呎長）將三合土依照所定的厚度及平水一次落足，同時用鏟背槌實，用鐵筆插實，每次須將盛載三合土之鐵鏟反背撥在路基上，免三合土乾後發生蜂巢形的孔穴。當三合士將凝結時，

即用鐵匙或板將表面盪至平滑，然後用麻包濕透水份蓋鋪面上，每晨用花灑灑過一次，約三日後始行脫去，免損壞已鋪之三合土。

(三)臘青層之鋪造方法

臘青層所用之臘青，多爲外國所產，茲將廣州工務局臘青材料標準如下：

(甲)　或 Specific Gravity (25% 25°c.) 或 (77°% 77°F.) 1.025 — 1.050

(乙)　Flash Point 不得少過攝氏 175 度或華氏表 347 度

(丙)　Pentration 60 — 70 (用氣候等而變更)

(丁)　Ductility 不得少過 40

(戊)　Loss at 攝氏表 1 3 度（或華氏表 325 度）五點鐘內不得過百分之三十。

(己)　Total Bitumen Soluble in Carbon D.sulphide 不得少過百分之九又四五

臘青層的厚度多由 2 吋至四吋，現採用三吋厚計算，分作兩部，其厚度及所用材料如下圖表：——

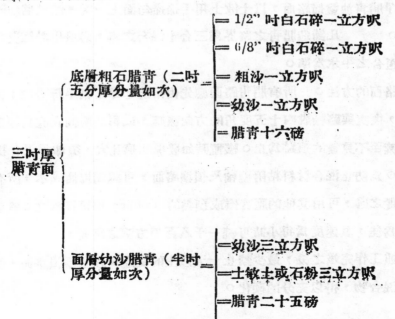

```
                                            ┌ = 1/2" 吋白石碎一立方呎
                                            ├ = 6/8" 吋白石碎一立方呎
                        底層粗石臘青（二吋   │
                        五分厚分量如次）   = ├ = 粗沙一立方呎
                       ┌                    ├ = 幼沙一立方呎
                       │                    └ = 臘青十六磅
        三吋厚         │
        臘青面  ┤
                       │
                       │                    ┌ = 幼沙三立方呎
                        面層幼沙臘青（半吋   │
                        厚分量如次）      = ├ = 士敏土或石粉三立方呎
                                            └ = 臘青二十五磅
```

鋪築的天氣要在華氏五十度以上，方可開工，如遇天雨或路面潮濕都是不

利于工作的。

熱度及腊青混合物的煮法。　　腊青混合沙須先將砂煮至華氏 320 度，然後將士敏土或石粉加入，配足份量用鐵鏟由底抽上反覆和勻撈至五次以上，然後加入熱腊青混合抽勻，約至華氏 350 度至 400 度，使行鋪造。直至鋪實，熱度不得少過華氏 275 度。若溫度過 400 度時，腊青的彈性必隨之減少，不宜取用。

鋪 築 程 序

在未行鋪造腊青之先，必須將路基用椰衣掃將塵埃等雜質掃洗乾潔之後，再用煮熱之腊青油塗掃路基上，及應鋪腊青界邊及進入井蓋旁與自來水井蓋傍，均要塗掃一片，然後以手車將煮至恰合規定的熱度底腊青粗石混合物推至應鋪腊青之部份上，用木枋作厚度標準，照路面的坡度鋪二时半以上高度，再以木板將已鋪好的腊青混合物刮平，卽用熱鐵轆乘熱轆實再用五噸或八噸汽轆轆實至厚度二时半爲止。粗石腊青層鋪好後，卽乘熱照上法鋪築半时厚之幼砂腊青層。再以净腊青油塗掃路面，以士敏土用手掃掃勻面上一次，然後將幼砂散布在路面上。　　凡鋪造腊青之路界與三合土混合之處，必須用熱鐵熨斗隨界邊熨實至適合之平水爲準。

轆腊青路面的方法。　　所有腊青路面應先由兩邊起準路軸平行方向，漸次向路心輾壓，復次與路軸成四十五度角的方向輾壓，或再與路軸成直角輾壓一次，總之以轆至不見轆的痕跡爲止。輾轆時如發現凹痕孔穴，須卽用混合物填平再加轆壓。爲防止混合材料粘附轆輪及損壞路面，可濕潤以油或水，所有汽轆所不能轆實之處，可用其他的壓實機或預熱的 Tamper 搗錘打實之。汽轆輾壓總以遲慢爲佳，其速度爲每小時可轆一千八百平方呎之路面，

以上各種工作完竣之後，最少禁止一天以上的交通，以免傷損路面，使其已築之腊青混合物，得以充分的硬化。

業主與承建人之規約章程

馮 錦 心

關于工程建築工料。必須有一定之規約章程，因有章程，然後能得根據。故工程設計，務宜詳細考慮，所用材料之多寡，尺寸之厚薄，施工之方法，一一逐條列明。俾承建者有所遵守，業主亦得明瞭，今假有圖書館壹座建築，其章程細則，附錄如下。

某某大學校建築圖書館章程

第 一 章 總 則

（一） 建築地址，在廣州市荔枝灣，某某大學校內，

（二） 依照本章程及圖則之規定建築圖書館一座，

（三） 關于建築工料，及其他一切之合約，以本章程及圖則所規定爲根據，必經業主及承建人雙方親自署名後，方發生效力，凡本章程所稱業主，係指某某大學校校長而言，工程師，係指計劃建築圖書館受業主委托之工程師而言，承建人係指承建圖書館之承建人而言。

（四） 承建人立約後三日內，即須向工務局呈報建築，由工務局發給建築憑照後兩日內，即須興工。

（五） 承建人於興工前，須依照本章程，及圖則之規定，置備各種應用物料器具，及雇足工人，分別使用施工。

（六） 各項物料運付工作地點時，應具單通知業主，逐項檢驗，如果認爲不合時，不得使用。

（七） 凡本章程所載，而圖則所無，或圖則所有，而章程所未載，或章程與圖則均未載備，在工程習慣，認爲不能不備者，當視爲本章程與圖則

俱有載備之列，或本章程與圖則間有不符之處，又或大樣與圖則間有不合之點，則依業主所委託之工程師之意而定。

（八）承建人須依照本章程及圖則之規定，由興工之日起，限…………天內，將全部建築完竣，點交業主驗收，倘若逾期，每一天罰扣銀…………元，並不得逾期…………天，但因風雨，或特別故障，經業主認可者，不在此限。

（九）承建人於興工後，未將全部建築完竣點交業主之前，如因工程未能穩固，以致損壞；或傾圮，承築人須完全負責，再行建造，仍須在重建期內，每天罰銀…………元。

（十）立約後如業主于建築有所變更時，得請由工程師另繪圖則交由承建人建妥之，其建築費之增減，則由工程師按照所變更之程度，以公平之價值斷定之，承建人毋得異議。

（十一）承建人所造一切工作，除依照本章程及圖則辦理外，應罷定一富有工程經驗之監工，常川在工作地點，管理一切，併遵時秉承業主之意旨，指揮工作，業主對于承建人所雇之工匠，認為不稱職時，得適時通知承建人撤換之。

（十二）在工程地點，如有發生各項危險或損壞，依他人物業或身體，均歸承建人負責，概與業主無涉。

（十三）圖則內各項說明，均為規定章程之一種，如承建人遇有不明瞭時，可向工程師詢問一切。

（十四）合約遇下列之一種，即應解除。

　　（A）合約及本章程圖則所載各條件，承建人不能履行者。

　　（B）承建人無故停工至七天者。

　　（C）承建人違背本章程及圖則之規定，以類似之物料構造，經業主發覺予以更正，延不履行者。

（十五）承建人受解除合約之處分，所有一切已建未建之材料，均歸業主所

有。

（十六）承建人因事停業，或宣告破產，業主卽通知其代理人繼續工作，如該
　　　　代理人不能照辦，則由業主僱別人繼續施工，承建人之材料器具棚架
　　　　等件，則交由業主使用，至工程完竣爲止。

（十七）業主及工程師見本工程之工作，或所用之材料，遇有不合之處，則令
　　　　承建人更正之，如承建人延不履行，則業主及工程師於發給通知書後
　　　　之翌日，卽將該不合之工作或材料，僱人更正之，其費用若干，卽在
　　　　本工程工料費項下扣除。

第　二　章　　地　基

（十八）依照圖則之規定，承建人應將柱腳墻腳施掘土工，掘後，地面須留心
　　　　打實整平，務令適合于平水綫，以備收容地基。

（十九）柱腳墻腳，均掘深……尺至四尺，

　　A.　三合土柱腳長……尺，濶……尺，厚……寸，用……寸，圓鋼枝，橫直每
　　　　邊……條，打……寸尾，……尺長樁，每墩……條，共……條。

　　B.　墻腳濶……尺，墩腳濶……尺，均……寸厚，打……寸尾，……尺長杉樁，
　　　　約共………條。

（二十）柱腳墻腳，均用一，三，六，英坭黑石三合土倒結。（照普通工程多
　　　　用二，三，六。）

第　三　章　　建　築　法

（廿一）依照閣則規定，建築圖書館壹座，計……層，地面一層，高……尺，二樓
　　　　一層，高……尺，墻均用……閘，館內拋面高出外面地面………尺。

（廿二）地面須整平樁實，上鋪一、三，六、灰坭磚碎石屑三合土，厚……寸，
　　　　面鋪英坭花墻磚，磚柱……條，批作……寸，八角形，方形，或圓形，三
　　　　合土樓面，厚……寸，內藏……分鋼枝，直橫各……度每度中至中距離……寸
　　　　，樓面或另用一，二，雲石米，紅色水坭沙漿邊面，厚……寸，須邊
　　　　滑並磨光滑各度。

（廿三）　鋼筋三合土陣，樓面均用一，二，四，白石仔三合土，照圖則之規定造妥。

（廿四）　外牆四週，均造昂渠一道，厚……英寸，鋪一，二，四，灰泥磚碎，邊面川一，三，水泥沙漿，厚……寸，昂渠斜度，每………尺，傾斜一尺，至適合水流為度，渠邊至牆脚之地面，須先椿實，上鋪一，三，六，磚碎三合土……寸厚，另一，三，水泥沙漿邊面，厚……寸。

第　四　章　　泥　水　土

（廿五）　砌柱用一，三，水泥沙漿，砌牆用一，三，灰沙漿，雙隔用一順一橫，均在一行砌結，牆心用灰沙填實，各磚俱要浸透水氣，方可應用，磚罅之濶，不得過……分，門窓項上須加一條……寸厚，……寸濶，……分，T字形鐵，再砌磚拱，砌拱用一，三，水泥沙漿。

（二六）　瓦面用四六瓦，用草根灰烏煙齊碌瓦筒，惟門面牌樓，則用綠油瓦筒，（如係三合土平天台可照樓面材料及尺寸）

（二七）　所製三合土，應照原定份量，量妥，先將水泥及乾淨粗沙二種，用鐵鏟撈透，再和碎石，該碎石必須用清水洗淨，不得夾有樹葉攙撻，撈透激後，方可落水，落水時，應用花洒淋洒，不得用桶或水壳灌注，淋水時工人不得停劃，計先後共撈至六次方合，落三合土時，須用鐵枝插透，以去氣泡，凡落妥之三合土，必須用濕蔴包遮蓋，上面常時淋水，濕透至三合土凝結為度，凡開妥之三合土，必須卽時應用，逾時不用，須將拋棄，不得復用。

（二八）　外牆均用水泥，拼磚口鈎綫，併稍為磨光，門面牌樓及柱陣，均批假石，其餘磚柱及大綫，均用紅泥作底，刷灰二次，另過灰油一次，其顏色依業主之意主定，內牆畢牆、及樓底均掃白灰水三重，內外牆牆脚及二樓牆脚，均用一，三，水泥沙漿，造……分厚牆脚綫一度。

第　五　章　　木　工

（二九）　釘三合土板模，須用一寸厚松板，刨滑釘密，用杉撐穩，並先用平水

尺較妥板模，方可落三合上，落後須經過三星期，方准將杉頂板模折落。

（三十） 大門門框，濶…寸，厚…寸門梆濶…寸厚，…寸均用…木行門門框濶…寸厚…寸下梆濶…寸，厚…寸，均用…木。

（三一） 窻門框濶…寸，厚…寸，窻梆濶…寸，厚…寸上梆濶…寸，厚…寸，下梆濶…寸，厚…寸，均用…木。

（三二） 樓梯一度，全用…木造妥，級面板厚…寸，踢脚板厚…寸，梯底板厚…寸，砌…字形，扶手梯柱欄杆等，均用…木，所有尺寸，悉照詳細圖規定，（如用石屎樓梯則須詳明用鐵，大小數量）。

（三三） 瓦面木桁，用……寸尾圓杉，距離中至中……寸，杉桷用……分厚，大桷䙓板用……分厚，杉板入柳F暗釘釘固。

（三四） 木料須乾，爽平正不得有朽節腐爛，完工後六個月內，如有變動爆裂彎曲，等弊，承建人須負責賠償。

第六章 鐵釘雜具

（三五） 門鉸大……寸，每隻門……度，所有插邮螺絲，鈎向外窻，撑及銅珠，門扭門鎖等件，均用銅質製，或上等鉛水鐵製，須與該工相稱，並須先期送交樣辦，由業主選擇。

（三六） 所有窻口底均安綠油花窻照大樣造妥。

（三七） 所有鐵料，須先擦淨，再油色油，木料須先修妥刨光後，油色油……重，連打底共油……重其顏色依業主之意而定，

（三八） 雨水筒，共……度，用……寸方綠油瓦筒，自簷口至地面，其斗桄筒筒管等，應用英泥收密，并用各合式釘鈎馬等件釘固。

（三九） 大門及行門，均用白蔴石砌級，並舖攔口石。

第七章 材料

（四十） 水泥須用原裝啓新，或泰山青洲英坭。

（四一） 碎石用半寸至六分白石仔，惟甃脚可用六分至一寸半黑石或白石仔。

（四二）　沙須用尖利潔淨粗沙。

（四三）　鋼筋須用軟竹節鋼枝。

（四四）　磚用南崗上明企紅磚，須實壁而四角端正，每個磚之尺寸，必須一律，瓦用四六白坭瓦。

（四五）　灰用東安石灰，惟批盪用紙根堄灰，紅坭須純淨，不得夾有草根。

（四六）　油料用原裝色油，不上縐紋者，其顏色依業主之意而定。

（四七）　玻璃用十六安士玻璃片，不得有泡紋等弊，安玻璃須用白沿油，安妥後釘囘生木線。

（四八）　工料費每…………尺發給一次，由業主按照承建人，做妥若干，核實價值支給……成，所餘……成，俟驗收妥後，方始發給，惟每次核驗工料費不及………元者，須列入下期計算。

（四九）　此工程連工包料實銀…………元。

廣州市建築材料調查報告

莫 朝 豪

此次調查廣州市建築材料狀況，詳爲考察，其目的係欲解決廣州市建築界供給之問題，茲將調査所得，分述如下：

（一） 廣 州 市 石 灰 之 調 查

（1） 石灰在中國之小史 (The History of Quicklime in te China)

石灰之用於中國，周禮已有記載：然其時爲用最簡只以之爲漂白，所用者爲蜆灰，迨至李唐，石灰工業大興，爲用漸繁，近則更發達矣。建築工程幾全賴之，惜製法多守舊，故出品未能收盡善盡美之效，吾望我國業石灰者知所革也。

（2） 石灰之分類名稱 (Name and Classification)

石灰本指用石燒成之灰而言，然習慣則用爲各灰之總稱：其間最顯著者分爲石灰蜆灰與蠔灰三種，石灰中又分爲草灰（以草燒成者）和煤灰（以煤燒成者）兩種，此爲乾灰之分類，至濕灰之分類，則分爲草根灰，紙根灰，油灰及沙灰等，各以形狀分類，可總分爲團灰與灰粉，團灰爲成團之灰，灰粉則碎如粉。

（3） 原料之來源與商業及化學上之名稱。

廣州石灰之來源可分近城與遠處，近城如河南，東山，芳村及西村等處均有出產，遠處則西北兩江最多，東江間亦有之，但爲數甚少，西江則多來自肇慶，東安等處，北江則爲英德，連江等處。商業上之名稱總如上節所述，至化學上則總名氧化鈣（Ca-）即生石灰）或氧化鈣（Ca(OH)₂ 即熟石灰。

（4） 原料採取法 石灰之原料取自石灰石礦，我國各地多產之，

有產于山中者，亦有產于平地者，其採掘法，先將礦面之土鋤去，至見礦石止，小者則用鋤掘起，其大者則在礦石之底鑿一小孔深約一二尺，以火藥塞實之，火藥之中心，藏一火藥製之導火線，伸出孔口尺餘，置一燃著之香枝于導火線之側，其火約經數分鐘便能與導火線相遇而燃，燃則孔中之火藥爆炸，石卽飛起；再則運之于窰。

蜆灰取自于蜆殼，蜆產于河海中，其取法，用疏篩（每眼方約方三寸）在河海之底將沙坭從篩孔掏出，蜆則留于篩上，蜆旣得，則置于釜中，用水煮之或乾炒之，至相當溫度時，殼自開，肉則離殼脫出，殼乃可得。

蠔灰取自蠔殼，蠔亦產于河海中，吾國多築水池養之，池中置蠔石，以爲蠔之棲息，取法用網或他器，其取殼法與取蜆殼法同。

（5）製作法　（a）火灰製法　我國之石灰窰，多爲圓形，上小下大，周壁以磚爲之，中空，上亦空下有門一，窰底如釜底，較地面約低數尺，其製石灰法，先置乾草于窰底，其量以能燒熟該窰所能容之石灰爲度，再將石灰石在草面堆叠，然四周均叠有火路，使燒時之火，不至偏于一方，名曰裝窩，窰已裝妥，然後在窰門處用火燒之，容二百餘擔重石燒，約再經相當時間，灰卽可用封窰時常將細碎之石灰石從窰頂之孔倒下，使焗熟之。（b）蜆灰均蠔灰製作法　其法與石灰製法器異，多用煤或穀亮燒蜆亮與蠔亮成之，窰形如何，及其手續如何，則無從調查。

（6）石灰之用途　石灰之用途，可分爲工業與農業，農業則多爲田料，工業則多用於建築，漂白亦用之，茲僅就用于建築者述之：石灰在建築材料，佔一重大之位置，我國古時建築物泰半用石灰，其用途分爲下列數種：

（a）石　灰：　Ⅰ　石灰牆　　　　Ⅱ　砌磚砌瓦筒縫口灰
　　　　　　　　Ⅲ　批盪　　　　　Ⅳ　砌線

（b）蜆灰與蠔灰：　多用于砌線及批盪，其他少用之，以其價昂也。

（7）關于石灰應用之比較　（a）容沙量　石灰之容沙量不一，其

普通者，縫口灰爲一與三之比，以一與二之比爲最上，此爲砌磚之縫口灰，至砌瓦筒縫口灰間亦有用砌磚者，但多用草根灰，簡稱草灰，其容沙量則較砌磚縫口灰多，爲一與四之比，此灰批盪亦多用之，砌線灰用者爲紙根灰，簡稱紙灰，以蜆灰或蠔灰爲多，其容沙量爲一與三至一與四之比。　（b）收量　用沙若干與灰若干和勻後得灰漿若干，名爲收量，此收量殊不一定，因灰之優劣不同，及各應用不同，且坭水匠等因循而用，毫不關心，故甚難得一準確之數字。　（c）強力　灰之強力高于沙磚，其壓力爲每方吋 150 磅，牽引力據匠人稱最優之縫口灰，如用灰連結九磚，硬後能將此九磚牽固，須提起上一磚，下之磚亦不至崩裂下墜，但其力究爲若干，則不知也，蜆灰與蠔灰則較強。

(d) 容水率　匠人稱爲 1:2 至 1:3 之比。但化學之容如下：

$$Ca_0 + H_2O \longrightarrow Ca(OH)_2 \cdot$$

$$75.7 + 24.3 = 100 \,(灰漿重) \cdot$$

(e) 色澤　建築物爲美術之一，故應用一切材料，除耐用堅固外，其各種色澤亦須甚研究，故石灰之色澤，當爲純白色，蓋純白之灰，爲最優之灰，裝飾上亦甚美觀也。

（8）價值　石灰之價分爲兩種，草燒灰每擔現值一元五毫，煤灰每擔現值一元三毫，但漲落不定，近年中最低價爲一元　毫，最高值爲一元柒毫，蜆灰與蠔灰之價約相上下，每擔現值十五元，草根灰每擔現值四毫右左。

（9）與他種材料利害之比較　石灰之應用于建築上，我國向無代替物，自士敏土東漸後，建築界則爲之一大變，蓋士敏土可爲石灰各種用途之用，其硬度與強力，遠非石灰所能及，故近來之建築物多用之，以其強硬也，于拆毀殊非易易，且拆後之材料皆不能復用，而石灰之建築物拆毀較易，拆落之材料皆多可復用，磚砌牆最爲明顯之例，此又石灰勝于士敏土也，價值石灰亦廉于士敏土，故石灰仍能在建築上佔重大位置也。

（二）　廣州市磚瓦之調查

（1）　磚　瓦　之　種　類

（a）　磚

Ｉ　青　磚

（甲）大　青

（乙）二　青

ＩＩ　紅　磚

（甲）上　明　企

（乙）中　明　企

（丙）洞　　地（俗稱）

ＩＩＩ　碴　磚

（甲）上　寸　半

（乙）中　寸　半

（丙）中　寸　方

（丁）上　寸　方

ＩＶ　灰　泥　花　沙　磚

Ｖ　磁　磚

ＶＩ　三　合　士　雲　石　磚

（b）　瓦

Ｉ　紅　白　瓦

ＩＩ　綠　瓦

ＩＩＩ　海　綿　瓦

（2）　磚　瓦　之　來　源

　市上所用之磚瓦，其來源除本土少量供給外，多來自東北西各江，亦有來自外洋者，然外洋者多爲士敏土製成，或磁製之花碴磚，用以敷設地面墻邊之

用，種色皆備，有作花草形，圖案形不等，然此等外來洋貨，質雖美而價不廉，舍大建築用之以爲美觀之裝飾外，通常建築物不多用也，舍西北江各地外他如新會，中山，等縣亦多出產，惟景無多，如無別處供給，實不足以敷用也。

（3） 磚 瓦 之 製 法

夫磚瓦之製法不外設爐燒練而成，東北各江設廠煉磚者頗多，每年出產足供全省之用而有餘，製時先以泥圍一大爐作圓筒狀，而將田泥和水製成各樣模形，重疊置爐內而下火燒之，下火之法，有在爐之下發火淡燒，有在爐上開列多孔，以柴或煤由孔入發火燃燒，三數日或六七日不等，視其數量之多寡而定時之久暫，經長時間之火化，取出之則爲現成之磚瓦矣。如欲爲花草樣則塗色於其上再燒之，則成，各種磚瓦多用此法，然用士敏土製者則不同，製時不用經火用以水和以士敏土置于模形上，乾之則成，故其製法與泥製磁製者不同也。

（4） 磚 瓦 之 時 價

磚 之 種 類	單 位 價 目	附　　　　　　　註
上 明 企	C $270.00 — C$230.00	C＝廣東毫銀。此種磚（供以一萬計算，一萬爲一單位）
中 明 企	C $250.00 — C$255.00	仝 上
地 洞	C $220.00 — C$230.00	仝 上
大 青	C $690.00	此種磚現今用者甚少古代建築則多用之如定製其價目不過約數此種磚形大而扁長以一萬個爲單位
東莞縣大青	C $700.00	仝 上
二 青	C $320.00	仝 上
上 寸 半	C $21.00 —— C$22.00	此 種 以 每 百 塊 計
中 寸 半	C $18.00 —— C$19.00	仝 上
中 寸 方	C $17.00 —— C$17.50	仝 上

上　寸　方	C$19.00 ── C$20.0)	仝　　　上
灰　沙　磚	C$200.00 ── C$210.00	以　每　一　萬　個　計
磁　　　磚	本市甚少無從調查	以　每　百　個　計
三合土雲石磚	視　成　分　人　工　而　定	每　塊　計　算　須　定　製

瓦　之　類　別	單　位　價　目	附　　　　註
白　瓦　連　筒	C$132.00 ── C$199.00	四成瓦筒六成瓦片
净　白　瓦　片	C$200.00 ── C$230.00	全　是　瓦　片
綠　瓦　連　筒	C$560.00 ── C$3 0.00	質好者價昂且須定製

（三）　廣州市木材之調查

（１）木材名稱：　杉木，櫟木，松木，櫻木，樟木，抄木，柚木，楠木，坤甸，鐵抄，森林酸枝等。

（２）木材來源：　北江之四會，榮昌，廣寧，西江之防城，封川，廣西之懷集，柳州等地，多產杉木。　坤甸，柚木，酸枝等則來自荷蘭，南洋，台灣，安南，緬甸，美洲等地。　樟木則本省之北江及我國之東三省，亦有來自外地，如安南，緬甸，錫蘭等。至於松木，森林，本省各地均有出產，尤以西北兩江爲多。

（３）木材用途：　各種木材，雖名稱各異，種類不一，惟皆以之用於建橋造屋，以其性質之不同，而異其用途，松木等通常建築用之，坤甸，酸枝，則用之以製樑柱，枱椅之用，他如柚木，櫟木，櫻木等，各就其性質之堅脆以製板材，圓材及桷材等。

（4）木材價格：

名　稱	造材分類	長度或面積	單位價目
坤甸	圓材	一尺二寸尾（長八尺）	C$65.00—C$85.00
	板材	七分板（由七尺至一丈二尺）	$28.00—$40.00
柚木	圓材	一尺二寸尾	$50.00—$65.00
	板材	七分板	$28.00—$35.00
松木	板材	一寸板（長丈二）	$7 00—$8 00
楠木	板材	二寸（七尺至丈二）	$18.00
		三寸（七尺至丈二）	$19 00
森木	圓材	（長八尺至丈二）三寸尾至四寸尾	$3.00—$4.00
	板材	一寸至二寸板（長八尺至丈二）	$7.00—$9 00
樟木	圓材	一尺尾（長丈二）	$5.00—$6.00
	桷材	二寸半至五寸	$5.00—$5 50
	板材	七分板（每井計）	$12.00—$15 00
		二寸板（每塊計）	$13.00—$16.00

（5）木材之定限應力：

受力之種類　木之種類	壓力 Compression	引力 Tension	剪力 Shear	彎力 Bending
杉木，松木，櫻木，樟木，檖木，	1 000 井/口′	1.00 井/口″	150 井/口″	1.000 井/口″
柚木，抄木，	1,400 井/口″	1,400 井/口″	200 井/口″	1.400 井/口′
坤甸，鐵抄	1,800 井/口″	1.800 井/口′	00 井/口″	1 800 井/口″

（6）木材本身重量：

木 材 之 各 種 類	每 立 方 尺 重	每 平 方 尺 重
杉木，松木	4 0 磅	4 2 磅
橉木， 櫻木， 樟木	5 0 磅	8.2 磅
坤甸， 抄木， 柚木	6 0 磅	5 磅

（四）　廣州市士敏土之調查

（1）　士敏士（英坭）　爲近代建築材料之最占重要者也。爲用甚廣，堅固有力，歷久不變，其他土製之灰坭遠不如也，往者古代建築多用泥木瓦磚，然其力僅足勝一二層樓之高，歷時僅數十載，過高則力不支，過久則材力失其用，故其自身之堅固莫英坭若也，迨近代新式建築興，材料之用英坭者益廣，橋樑磚瓦皆以此代之，英坭之用途于以逾益顯著。舉凡可以英坭代之者皆用之，雖其價較坭灰磚木爲昂，然人以其耐久固美，仍樂用也，故英泥在近代建築中，銷路最爲發達，而種類之繁出亦逾多，惜我國對於此重要工業出品，未能加以研究，出品無多，坐使大好利源，爲他人取去，最可痛心者，則本市內之士敏士幾爲劣貨（日本產）占盡利益，充斥市面，良可悲也，願我國人其注意及之，茲將調查所得分表臚列於下：

（2）　士敏士之名稱）Name of cement.）　英文稱之名曰 Cement，在商業及工程界多稱之曰紅毛泥，蓋其泥先出產於英國，故稱曰紅毛泥，在吾人稱爲士敏士又曰水泥，蓋士敏士中含有水泥之成份也。

（3）　嘜頭（Brand）　現時所查得嘜頭共有二十五種，茲將各名目分列于下：

商標或嘜頭	出產地或製造所	時　（以廣東毫洋計）　價		備　考
		每桶價	每包價	
獅　　球	本市河南士敏土廠	c$12. c$10.—12. c$ 60	c$6 80—$6 90.	
大　　連	日　　本	" "	c$7 00—c$7.50	賣禁
宇　　部	日　　本		c$7.20—c$7.40	禁賣
A　　C	日　　本		c$7.80—c$7.20	禁賣
O　　K	日　　本		c$6.70—$7 40	禁賣
馬　　嘜	直隸唐山廠	c$ 18. c$40—c$13. c$ 60	c$6.50—c$6.70	
帆　　船	日　　本		c$6.20—c$6.30	禁售
青　　洲	香港澳門(英辦)		c$8.00—c$8 10	
龍　　嘜	海　　防		c$3.00—c$8.80	
地　　球	日　　本	c$ 10. c$ 11. c$ 20.		禁售
雙　　馬	海　　防	c$12.00— c$12.30		
鐵甲車	日　　本	$13.00— c$13.20		禁售
塔　　嘜	湖北啓新廠		c$6.80—c$7.20	
花　　嘜	德　　國	c$ 0.20— c$11.00		
泰　　山	上海中國水坭公司		c$6.90—c$7.10	
大船嘜	日　　本		c$5.40—$5.20	禁售
城　　樓	日　　本		c$6.30—c$6 40	禁售
鳳　　嘜	暹　　羅		c$6.20—c$6.50	卽雙十牌
象　　嘜	日　　本		c$7.10	禁售

中　　央	日　　本			C$5.40	禁　售
汽　　船	日　　本			C$5 70	仝
手　　嗎	日　　本			C$6.10	仝
雙　　喜	日　　本			C$6 30	仝
五　　羊	興遮公司			C$7.0）	
廳　　嗎	日　　本			C$7.10	禁　售

（4）　士敏土拉力　照工務局所試驗平均成績之高低及工務所規定不得少過之拉力（由民國十九年）（一月至十二月）

月　份	嗎　頭	一三沙士〇土七天拉力磅數	一三沙士敏土廿八天拉力磅數	淨士敏土一天拉力磅數	淨士敏土七天拉力磅數	淨士敏土廿八天拉力磅數
1	大　連	305	320	300	720	200
	獅　球	135	210	205	525	555
	五伯助來泥	155	195	195	550	580
2	宇　部	215	335	195	665	730
	A　C	230	360	285	600	725
	O　K	300	340	420	800	800
3	馬　嗎	245	280	410	560	615
	帆　船	345	310	265	800	800
	靑　洲	325	275	320	800	685
4	龍　嗎	235	355	485	790	750
	地　球	265	320	575	720	635
	宇　部	355	385	460	720	800

5	雙	馬	335	370	410	800	660
	鐵 甲	車 球	330	350	455	680	655
	獅	球	160	2.5	帆船325	475	555
6	獅	球	180	2.5	320	810	545
	鐵 甲	車	395	400	485	600	615
	帆	船	345	385	465	⋅00	800
7	雙	馬	330	400	385	690	775
	自來水廠泥		275	300	445	625	715
	塔	嘜	225	295	440	655	625
8	花	嘜	295	290	310	800	800
	青	洲	275	285	400	760	785
	A	C	215	280	405	615	630
9	大	連	335	32⋅	465	655	665
	馬	牌	275	275	315	385	645
	伍技士養記泥		305	375	3⋅5	435	505
10	仝	上	290	340	280	⋅70	665
	市政府來馬牌		325		400	720	
	青	洲	315		345	680	
11	泰	山 牌	295	360	⋅20	530	655
	馬	牌	290	3⋅0	310	655	710
	A	C	285			460	

	字　　部	305	335		770	460
12	A　　C	320	315		800	490

（5）　淨士敏士一天拉力（Tension）　　最少不得少過 175 井（磅）

最好者在（515 井以上）地球嘍。

次優者（在 300 井以上）龍嘍，○甲車，馬嘍，帆船，宇部，

塔嘍，O.K，雙馬 AC，大連青洲，花嘍，泰山。

合格者（在 175 井以上）獅球。

淨士敏士七天拉力　　最少不得少過 175 井（磅）

最好者（在 800 井以上）OK，帆船，青洲，雙馬，花嘍，AC。

次優者（在 700 井以上）龍嘍，宇部，大連，地球。

合格者（在 500 井以上）塔嘍，馬嘍，鐵甲車，獅球泰山。

淨士敏士廿八天拉力　　最少不得低過 600 （磅）

最好者（在 800 井以上）OK，帆船，宇都，花嘍。

次優者（在 700 井以上）青洲，雙馬，龍嘍，AC，馬嘍。

合格者（在 600 井以上）鐵甲車，泰山，地球，塔嘍。

不合格者獅嘍

（6）　各種 1：3，比例士敏士黃沙之比較表　　七天之拉力工務局

規定不能少過 200 井。

最優者（在 395 井以上）鐵甲車。

次優者（在 300 井以上）字部，帆船，大連，青洲，雙馬，A

C，馬嘍。

合格者（在 200 井以上）OR，龍嘍，地球。

不合格者獅球。

廿八天之拉力規定不能少過 275 磅

最優者（在 350 井以上）鐵甲車

次優者（在 00 井以上）雙馬，地球，泰山，AC，青洲，龍嘜．

合格者（在 275 井以上）宇部，大連，OK，馬嘜．

不及格者獅球．

（7）　試驗 1：3 士敏土黃沙之力量表

（EXperiment strength of 1:3 cement and sans）

所經日期	試驗之程序	拉力 Tensile Strength of	壓力 Compressive of Strength
七　天	放 1：3 士敏土黃沙之混合體在濕空氣中一天水中六天○	200/□ 井,, Pound per Square inch	1200/□ 井,, Pound per Square inch
廿八天	在濕氣中一天在水中廿七天	300/□ 井,, Pound per Square inch	2000/□ 井,, Pound per Square inch

試驗鋼鐵之便法

黃德明譯

試驗鋼鐵之優劣方法頗多，惟簡便之法不多見○茲將此篇譯出，以介紹於一般常用鐵鋼者，以其易於辨別鋼鐵之堅脆剛柔故也○

鋼之試驗便法

鋼面加硝強水一滴，則顯黑點，鋼愈硬其色則愈黑○凡欲試驗鋼之級性，可將其一塊置於生鐵砧上，以錘打之，上等鋼能嵌入砧內成凹形，下等鋼錘擊之即碎○

上等軟鋼之剖面恒彎曲，光色勻淨，畧帶灰色○硬鋼之剖面暗白如銀，色亦勻淨○如有裂縫，或有絲紋，或有光點，即為下等鋼之明證○

上等鋼加熱至白，能因脆性而自裂成粉，如加熱至明紅，以錘擊之亦脆而成屑，若熱至暗紅，可用錘打成細尖○

凡鋼欲引成細尖，必先看其頭上有無凹形，如有凹形必須磋平，然後引成細尖，方不破裂，引成細尖之後，須侵入冷水，再將其尖折斷，便能劃碎玻璃○

鐵之試驗便法

鐵面加硝強水一滴，而其面色不變者為鐵○

凡將鐵緩緩折斷，視其斷紋長如絲，顏色灰如鉛，將斷之時仍能繞連，知為軟而級之熟鐵○

剖面之折紋如勻淨，而有絲紋，知為上等鐵○

折斷時，如有顯而黑之絲紋，為不合法鍊成之熟鐵○折紋若極細，為硬性之鐵，冷時或脆而硬○

直剖面之折紋，如粗而有光亮之顆粒，間有點形，為冷脆之鐵，然冷脆鐵能在熱時粘連，並能打成各式○又鐵條之邊有裂縫，為熱脆之鐵，凡上等鐵，加熱容易，用錘打之，性軟而所發火星甚少○

13790

土工計算之簡易法

連 錫 培

　　計算土工必須先求其橫斷面面積，故在路線測量，此種計算乃不可或免之事。但橫斷面之形狀，乃由地面之形狀，地基之寬度，地面至路基之高度或深度，及斜坡之坡度而定。地面之形狀可由橫斷面圖得之。路基寬度乃由路之種類而定，高度或深度乃縱斷面與施工基面之差，斜坡之坡度亦因土質及高度等而定。故根據此等數值即可計算面積矣。

　　一般橫斷面之面積，可將橫斷面劃分為數個三角形或四角形，分別計算而總合之，或用面積計量計之，但一二特別者——全體成一四角形或五角形者——則另有簡法。茲述之如下。

　　三準面之土工——路線之橫斷面，除地勢特別平坦或極端不平者外，一般概可作如第一圖所示；中心線兩傍各成一斜面，而左右各異其坡度，此則中心線及左右兩坡首之高度各不相同，因之中心至兩坡首之水平距離亦異；此種斷面稱之為三準面 (Three — level Section) 其面積可用下法計算之。

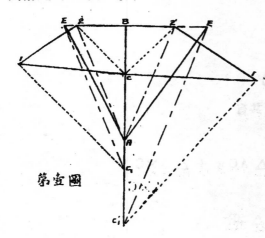

第壹圖

　　設 b 為路基之寬度

　　　c 為地面中線至路基之高

　　　B 為路基之中點

作圖法。先定 AB 為二十尺。

由點 1. 畫 1C 線與 O2 線平行。

再由點 c 畫 EC 線與 A2 線平行。

聯 EA 線則 △ABE ＝ OB21.

13791

△ ABE 之面積 $= \dfrac{AB \times BE}{2} = \dfrac{20 \times BE}{2} = 10\,BE$

而四邊形 OB2'1' 亦可用前法變成三角形 ABE'

△ ABE' 之面積 $= \dfrac{AB \times BE'}{2} = \dfrac{20 \times BE'}{2} = 10\,BE'$

故該橫斷面面積 $= △ABE + △ABE' = 10BE + 10BE'$

$\qquad\qquad = 10\,(BE + BE') = 10 \times EE'$

故欲計算該面積祗用比例尺量度 EE' 之長度即可得其面積矣。該計算法是由幾何學所得，茲證明其原理如下：

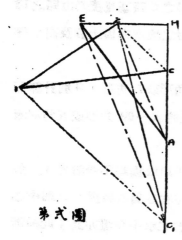

第式圖

設 OB21 為一四邊形

　O2 線平行 1C 線

　A2 線平行 EC 線

　聯 EA 及 C2 線相交於 X 點

證　因 O2 平行 1C

　　則 △ O21 = △ O2C

　（兩三角形之底高相等）

　　而 △O2X 為兩三角形所共有

故 △ x21 = △ xCO

因 A2 平行 CE

則 △ A2C = △ A2E

（兩三角形之底高相等）

而 △ A2X 為兩三角形所共有

故 △ 2EX = △ ACX

因 △ X21 = △ xc2 = △ AOx + △ A×C

△ AXC = △ 2EX

故 △ x21 = △ AOx + △ 2Ex

$$\triangle \text{X21} + \text{OB2X} = \triangle \text{AOX} + \triangle \text{2EX} + \text{OB21}$$

$$\text{OB21} = \triangle \text{ABE}\cdot$$

　　此計算法是適用於地勢特別不平者。不論其形狀如何，皆能以短小之時間而得準確之數值。茲用此法計算五準面（Five — Level Section）之土工如第三圖。

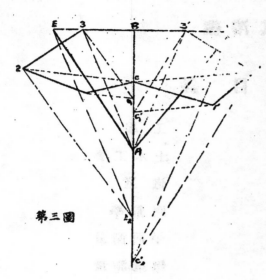

第三圖

在 OB21 四邊形 O2 線平行 1C$_1$ 線 C$_1$3 線平行 2C$_2$ 線 EC$_2$ 線平 A3 線聯 EA 線

則 OB21 = $\triangle$ ABE.

在 OB2'1' 四邊形 O2' 線平行 1C'$_1$ 線 C'$_1$3' 線平行 2'C'$_2$ 線 E'C'$_2$ 線平行 A3' 線聯 E'A 線

則 OB2'1' = $\triangle$ ABE'

總面積 = 10×EE'

英華工學分類字彙

A Classification of Engineeing terms.

溫其濬編

Contents 目　錄

13794

(4) Rail and rail fastenings	軌條與軌條配件
(5) Switches and Crossings	轉轍器與岔道
f. Foundation	基　礎
g. Tunneling	山　洞　隧　道
h. Bridge	橋
(1) Bridge Stress	橋梁應力
(2) Bridge members	橋　材
(3) Bridge details	橋梁條目
(4) Bridge abutment	橋　臺
(5) Bridge pier	橋　腳
i. Signalling	信　號　法
j. Railway Structure	鐵　道　構　造
k. Topographical forms	地　勢　式
l. Rolling Stock	鐵　道　車　輛
m. Station	車　站
n. Railway Service	鐵　道　職　務
III Mechanical engineering	機　械　工　學
IV Mining engineering	採　礦　工　學
V Electrical engineering	電　機　工　學
VI Architectural engineering	建　造　工　學
VII Highway engineering	道　路　工　學
VIII Military engineering	軍　事　工　學
IX Materials	材　料　學
a. Timber	木
b. Stone	石
c. Brick	磚

13795

d. Clay   泥

e. Lime   石 灰

f. Cement   水 泥 洋 灰

g. Mortar   膠 泥

h. Sand   沙

i. Concrete   混 合 石   三 合 土

j. Metal   金 屬

     (1) Steel   鋼

     (2) Iron   鐵

     (3) Miscellaneous Materials   雜 材

X Tools   工 具

XI Machinery   機 械

XII Drawing and drawing instrument   圖畫與畫圖儀器

XIII Color and paint   顏色與顏料

I Engineering 工 學

Engineering	工學 工程學	Gas Engineering „	煤氣工學
Agricultural engineering	農業工學	Geodetic „	量地工學
Architectural „	建造工學	Highway „	道路工學
Bridge „	橋梁工學	Hydraulic „	水利工學
Canal „	開河工學	Irrigation „	灌溉工學
Chemical „	化學工學	Locomotive „	機車工學
Civil „	土木工學	Marine „	造船工學
Electrical „	電機工學	Mechanical „	機械工學
Experimental „	試驗工學	Metallurgical „	冶金工學

Military	,,	軍事工學	,, laboralory	工程試驗室
Mining	,,	採礦工學	,, Machinery	工程機械
Municipal	,,	城鎮工學	,, Mathematics	工程數學
Naval	,,	造船工學	,, Mechanics	工程重學
Railway	,,	鐵道工學	,, News	工程報
River and harbor	,,	河海工學	,, problem	工程問題
Sanitary	,,	衛生工學	,, scale	工程比例尺
Steam	,,	蒸氣工學	,, science	工程科學
Structural	,,	構造工學	,, shop	工程廠
Transportation	,,	轉運工學	,, society	工程會
Engineering drawing		工程畫	,, student	工程生
,, formula		工程式	,, strain	工程車
,, graduate student		工程畢業生	,, work	工程　工程業
,, inspection		工程稽查		

II Civil Engineering 土木工程

(a) Railway 鐵道			Coast	,,	海邊鐵道
Railroad		鐵道　鐵路	District	,,	城鎮鐵道
Railway		鐵道　鐵路	Double track	,,	雙軌鐵道
Aerial railway		架空鐵道	Electric	,,	電車鐵道
Agricultural	,,	農業鐵道	E'erated	,,	高架鐵道
Atmospheric	,,	氣壓鐵道	Ferry	,,	渡河鐵道
Broadgage	,,	廣軌鐵道	Funicular	,,	鑱條鐵道
Cable	,,	懸索鐵道	Goverment	,,	國家鐵道
Circular	,,	圓形鐵道	High speed	,,	急速鐵道

13797

Horse	„	馬車鐵道	Suspended	„	懸索鐵鐵
Interurban	„	市間鐵道			吊架鐵道
Joint	„	併合鐵道	Temporary	„	輕便鐵道
Level	„	平地鐵道	Underground	„	地底鐵道
Light	„	輕便鐵道	Sub-way	„	地底鐵道
Local	„	本地鐵道	Urban	„	城內鐵道
Logging	„	林業鐵道	Railway accident		鐵道出險
Long distance	„	遠方鐵道	„ account		鐵道帳目
Military	„	軍用鐵道	„ administration		鐵道行政
Mine	„	採礦鐵道	„ appliance		鐵道用具
Monorail	„	單軌鐵道	„ boundary		鐵道地界
Mountain	„	急斜鐵道	„ brake		鐵道輪制
Narrow gage	„	狹軌鐵道	„ bridge		鐵道橋
Over head	„	高架鐵道	„ Car		鐵道車
Portable	„	輕便鐵道	„ carriage		鐵道客車
Private	„	商辦鐵道	„ company		鐵道公司
		民業鐵道	„ Conductor		鐵道車守
Rack	„	齒軌鐵道	„ Construction		鐵道建築
Sea shore	„	海邊鐵道	„ Crossing		鐵道岔道
Single track railway		單軌鐵道	„ curve		鐵道曲線
Standard	„	標準鐵道	„ diagram		鐵道圖
Steam	„	汽車鐵道	„ economy		鐵道經濟
Street	„	電車鐵道	„ engineer		鐵道技師
		市街鐵道	„ engineering		鐵道工學
Suburban	„	郊外鐵道	„ fence		鐵道柵欄
Surface	„	平地鐵道			

（未　完）

廣東國民大學工學院土木
工程研究會簡章

名稱： 本會定名爲廣東國民大學工學院土木工程研究會。

宗旨： 以團結工學院各級同學間感情，互相研究科學，期有所以
供獻於學校，社會，國家爲宗旨。

會址： 設在本校第二學院（廣州市惠福西路）

組織： 本會組織採用委員制，開會時主席由總務部負責，各科設
顧問若干人，由本會敦請本學院院長暨各該科主任教授擔
任指導一切。

（甲）部委員： 各部由全體大會選出會員二人担任，主理勷助
該部所轄各組事宜，

（乙）組主任： 各組設主任一人負責主理該組一切事務

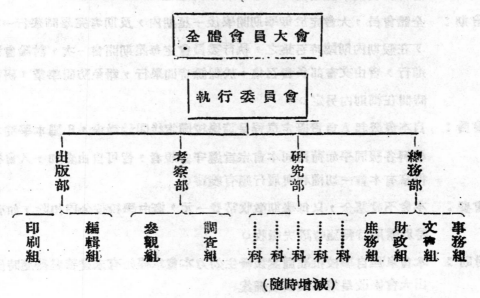

全體會員大會

執行委員會

出版部 ── 印刷組 · 編輯組

考察部 ── 參觀組 · 調查組

研究部 ── 科 · 科 · 科 · 科 · 科

總務部 ── 庶務組 · 財政組 · 文書組 · 事務組

（隨時增減）

13799

(子)總務部：　內分四組

　　.1事務組：　主理本會日常一切事務

　　.2文書組：　主理本會一切文書事務

　　.3財政組：　主理本會財政收支事宜

　　.4庶務組：　主理本會各部採辦事宜

(丑)研究部：　內分各科，分別研究，隨時增設，由本會會員自由參

　　　加，於中選出一人主理該科事務，研究時間以每星期兩小時為最

　　　低限度，每次均於課外舉行。

(寅)考察部：　內分二組

　　.1調查組：　調查關於外間工程狀況，建築材料，及代表本會對

　　　外接洽一切事宜。

　　.2參觀組：　負責領導前往各地攷察事宜。

(卯)出版部：　內分二組

　　.1編輯組：　主理編輯本會一切出版刊物。

　　.2印刷組：　主理本會一切繪印圖表刊物等事。

任期：　各部組委員，任期均為一學年，但得連任。

會期：　全體會員，大會定於每學期開學後一星期內，及期考完畢時舉行一次
　　　，在假期內則臨時召集之，執行委員會定每星期開會一次，討論會務
　　　進行，皆由文書部負責召集，於課餘時間舉行，籍免防碍學業，研究
　　　時間在細則內另定。

會員：　自本會發起人負責擬定章程呈請學校備案後開始徵求，凡屬本學院本
　　　學科各級同學如荷贊同本會宗旨遵守會規者，皆可自由參加，入會後
　　　得享有本會一切權利與履行應有義務。

會費：　本會不設基金，只每學期徵收常費一元，概由學校按金內扣除，如有
　　　特別需用時得隨時議決徵收。

附則：　本會章程自學校批准備案後發生効力本會章程如有未盡善處得隨時提
　　　出大會修改呈請學校核准備案

會 務 報 告

張 建 勳

籌備經過 本校自十九年度第一學期成立工學院以來，因時勢之需求，環境之關係，暫設土木工程一科，現已辦至第三年，統核各級人數，共約五十人之譜，同學雖少，然多積極努力之士，故不以人數過少而致學校創辦者灰心也。茲因同學間深感團結之必需，切磋之重要，乃有土木工程研究會之組織，由李君融超等發起，積極籌備，草大綱，擬章程，先後呈請 學校批准立案，基礎既定，於是廣發通告，徵求會員，不數日間，整個工學院之同學，幾已全數加入，從可見同學擁護本會之熱忱，而本會使命之重大，益形顯著，會員既集，乃作舉行成立典禮之籌備焉，

成立經過 在未舉成典禮之前，曾召集一次全體會員大會，各部委員，於焉選定，再經一次執行委員之會議，將成立典禮交由總務部負責辦理，深幸各同志均能踴躍從事，卒於去月廿六日在本校第二學院禮堂舉行盛大之成立典禮，其時參加者有盧院長，溫教授，暨各科各級同學代表等，同時又蒙名媛，音樂家多人，蒞場助慶，一堂濟濟，盛極一時，復蒙院長，教授，代表等，訓勉有加，益令同人等增感莫大之印象。故成立以來，時間雖短，而於各種需要與建設，積極以謀實現。

現在進行 同人等自經全體會員大會交付責任以來，夙夜匪懈，工作是從，名雖分工，實乃合作，各部各組，均有其工作之表現，如本會會址，經總務部之請求，已蒙學校優遇有加，准撥巨款在四樓建築一座堂麗之會所並圖書室、晒圖室等，刻已興工，不日便可落成，迨時辦事有歸，切磋有地，會務之發展，可斷言也，關於研究方面，其已進行者：有三角網測量隊之積極工作，製造建築模形之籌設，疑問箱之設置，各科研究組之成立等，關於攷察方面則有參

觀團，調查團之組織，關於出版方面則有工程學報之刊發，圖表之印刷與收藏，凡此種種，皆爲現目所經進行而已見諸事實者也。

將來計劃　本會爲貫澈初衷實現宗旨起見，於可能範圍內定下一般計劃，以謀次第實施。如舉行土木工程學術演講，發刊定期雜誌，編譯土木工學叢書，調查建築材料，長期測量實習，參觀偉大工程與工廠，徵集欵項，籌辦教育機關，與接受關於土木工程學上問題之研究與解答等，事體雖大，苟能按步就班努力以從之，是誠未可厚非也。

本報啓事之一

本報蒙

學校補助印刷費壹百伍拾圓

盧院長熙仲捐助弍拾圓

黃教授森光捐助拾元

李教授文邦捐助拾圓

溫教授其濬捐助伍圓

羅教授清濱捐助伍圓

偉文印務局捐助肆拾圓

謹此鳴謝

本報啓事之二

報本出版，既蒙學校教授等予以多量物實之惠賜，精神方面亦復援助不少。稿件之供給與修正，尤得李文邦教授莫大之助力。本報之得與社會人士見面，皆學校，院長，教授等之所賜也。本會同人，不勝感幸，順此道謝。

13802

13803

萬昌隆軍服店

依時不誤

工精料美

中　西　服　式

軍　學　制　服

地　址：中　華　中　路

電　話：一　六　一　九　五

價格克己

快捷妥當

林廣發工程建築公司

承接建造大小工程

地址：西關逢源西約十三號

13804

本 報 投 稿 簡 章

(一) 本報登載之稿，概以中文爲限，原稿如係西文，應請譯成中文投寄。

(一) 投寄之稿，不拘文體文言撰譯自著，均一律收受。

(一) 投稿須繕寫清楚，并加圈點，如有附圖必須用墨水繪在白紙上。

(一) 投寄譯稿，并請附寄原本，如原本不便附寄，請將原文題目，原著者姓名，出版日及地址詳細叙明。

(一) 稿末請註明姓名，別號，住址，以便通信。

(一) 投寄之稿，不論揭載與否，原稿概不發還。

(一) 投寄之稿，俟揭載後，酌酬本報。

(一) 投寄之稿本報編輯部得酌量增删之，但以不變更原文內容爲限，其不願修改者，應先特別聲明。

(一) 投稿者請交廣州市惠福西路廣東國民大學工學院土木工程研究會出版部收。

價 目 表

零售	每期	銀毫四角	郵費四分	外埠函購辦法
訂購全年	二册	銀毫柒角	郵費七分	(一)郵票十足通用 (二)寄費加一

工程學報第一卷第一期

出版期　中華民國廿二年一月十五日
編輯者　廣東國民大學工學院土木工程研究會
發行者　廣東國民大學工學院土木工程研究會
分售處　廣州各大書局
印刷者　廣州九曜坊偉文印務局
會　址　廣州惠福西路　自動電話：10715

13805

廣州光華發記電器製造廠

（星）（隱）

本廠專製燈咀電筒

工精料美久蒙　各用家

同聲讚美加以起貨迅速

所有大帮定製均皆依期

交貨信用素彰倘蒙　賜

顧無任歡迎

廠址：豐寧路白沙巷

第四號

電話：一零六八四

TRADE ★ MARK

The Brilliant China

CANTON

MADE IN CHINA